Ahrens · Multidimensionale Skalierung

Hans Joachim Ahrens

Multidimensionale Skalierung

Methodik, Theorie und empirische Gültigkeit mit Anwendungen aus der differentiellen Psychologie und Sozialpsychologie

Beltz Verlag · Weinheim und Basel 1974

ISBN 3 407 54512 6

Gesamtherstellung: Beltz, Offsetdruck, 6944 Hemsbach über Weinheim
Printed in Germany

Meiner Frau Christa
gewidmet

Inhaltsverzeichnis

Teil III

Vorwort

Das vorliegende Buch beschäftigt sich mit Methoden der multidimensionalen Skalierung (MDS) von Reizähnlichkeiten, und zwar unter besonderer Berücksichtigung der Bedeutung dieser Methodengruppe für die Theorienbildung im Bereich der Wahrnehmung und Kognition und vor allem der Psychologie der Urteils- und Entscheidungsbildung. Diese Akzentuierung auf den theoretischen Erklärungswert geometrischer MDS-Modelle läßt eine Gliederung der Abhandlung in drei Teile zweckmäßig erscheinen: Im ersten Teil werden hauptsächlich meßtheoretische Grundprobleme behandelt. Der zweite Teil dient der Darstellung ausgewählter Methoden der multidimensionalen Ähnlichkeitsskalierung, währenddem im dritten Teil eine Reihe von eigenen empirischen Untersuchungen zur differentiellen und sozialen Urteils- und Entscheidungsbildung erörtert wird. Diese Untersuchungen dienen einmal der Demonstration bestimmter Anwendungsmöglichkeiten von MDS. Zum anderen soll in diesem Teil der Frage nachgegangen werden, wieweit MDS-Methoden nicht nur die pragmatische Funktion der Beschreibung und Reduktion von Daten und die Konstruktion brauchbarer Meßskalen erfüllen, sondern wieweit sie sich im Sinne möglicher Verhaltensmodelle auch als Mittel der Theorienbildung bewähren können.
Die vorgelegte Abhandlung strebt also nicht primär im Sinne eines Lehrbuches oder Handbuches einen möglichst vollständigen Überblick über Methoden der multidimensionalen Skalierung mit Gebrauchsanweisungen und rechnerisch unmittelbar nachvollziehbaren und repräsentativen Anwendungsbeispielen an. Vielmehr wird vor allem auch versucht, einen bestimmten, meistens vernachlässigten Aspekt von MDS-Methoden zu problematisieren, nämlich ihre (implizite und/oder explizite) Bedeutung für die Theorienbildung im Bereich der Urteils- und Entscheidungspsychologie.
Das Buch wendet sich in inhaltlicher Hinsicht an alle Psychologen und Studierenden der Psychologie und benachbarter Sozialwissenschaften, die sich für Vorgänge der Kognition und der Urteils- und Entscheidungsbildung gegenüber sozialen Reizobjekten unter besonderer Berücksichtigung differentieller und sozialpsychologischer Aspekte interessieren. In methodischer Hinsicht erweitert sich der angesprochene Leserkreis auf alle Sozial- und Verhaltenswissenschaften, die mit Meß- und Skalierungsproblemen befaßt sind; denn

die Anwendungsmöglichkeiten von MDS-Methoden sind keineswegs auf die Psychologie beschränkt, sondern berühren mehr oder weniger unmittelbar auch die Soziologie, die Erziehungswissenschaften und wohl teilweise auch die Wirtschaftswissenschaften, die politischen Wissenschaften und bestimmte Bereiche der experimentellen Medizin.
Der interne Aufbau der so orientierten Abhandlung und die getroffene Auswahl an Methoden und empirischen Beispielen werden leichter verständlich, wenn man zusätzlich weiß, daß das Buch im wesentlichen auf die 1970 vorgelegte Habilitationsschrift des Verfassers zurückgeht und insofern mit bestimmten individuellen Bevorzugungen inhaltlicher und methodischer Art aus dieser Zeit belastet ist. Dazu gehört beispielsweise die Beschränkung auf geometrisch-dimensionale Strukturmodelle zur MDS von Reizähnlichkeiten, deren Bevorzugung nicht nur dadurch beeinflußt wurde, daß der Verfasser einen „Faktorenanalytiker", nämlich Herrn Prof. Dr. P. R. Hofstätter in Hamburg zum Lehrer hatte, und außerdem während der Hamburger Zeit einige Jahre eng mit Herrn Prof. Dr. F. Sixtl zusammenarbeitete. Hinzu kommt vor allem, daß ich schon in den Jahren 1964/65 von Prof. Dr. Dr. G. A. Lienert angeregt wurde, für den Beltz-Verlag ein Lehrbuch über „Multivariate Methoden" zu schreiben, von dessen Realisierung allerdings vorläufig nur ein Abschnitt, nämlich das geplante Kapitel über die multidimensionale Skalierung von Reizähnlichkeiten in „erweiterter" Form übriggeblieben ist. Dem Beltz-Verlag muß in diesem Zusammenhang für viel Geduld und Entgegenkommen gedankt werden.
Die in den drei Jahren seit Abfassung der Habilitationsschrift rapide vorangeschrittene Weiterentwicklung von MDS-Methoden wurde durch teilweise sehr einschneidende Überarbeitungen und viele Ergänzungen vor allem in Teil II berücksichtigt, so daß der Leser neben der Beschäftigung mit der genannten Grundlagenproblematik wenigstens in methodischer Hinsicht auch einen ausreichenden Überblick über die wesentlichen Neuentwicklungen gewinnen kann.
Das mathematische Anspruchsniveau des Methodenteils ist nicht sehr hoch angesetzt, und die formalen Darstellungen sind teilweise bewußt einfach und global gehalten, um ihr Verständnis auch für Nicht-Mathematiker zu ermöglichen. Beim Leser müssen allerdings bestimmte mathematische und methodische Grundkenntnisse, vor allem in der Matrizenalgebra und teilweise in der Topologie (z. B. zum Begriff einer Metrik) vorausgesetzt werden. Die verwendeten Formelsymbole sind zum größten Teil nicht vereinheitlicht worden, um dem Leser die ergänzende und weiterführende Beschäftigung mit Originalarbeiten zu erleichtern.
Zu danken habe ich den Professoren Dr. F. E. Weinert, Dr. C. F. Graumann, Dr. F. Sixtl, Dr. G. Menges und Herrn Dr. H. J. Skala als kritische Begutachter und/oder Leser der ursprünglichen Habilitationsschrift, weiterhin Herrn Dr. C. Möbus für viele fachliche Diskussionen, Herrn stud. psych. F.

Petermann für Korrekturarbeiten und vor allem meiner Frau für das Schreiben des Manuskriptes und die oft mühsamen Unterstützungen und Ermunterungen, die schon „fast" vergessene Habilitationsschrift für die Veröffentlichung zu überarbeiten und wenigstens einigermaßen auf den neuesten Stand zu bringen. Zu besonderem Dank verpflichtet bin ich auch den Herren Professoren Dr. Th. Herrmann und Dr. K. H. Stäcker, von denen ich vor allem während meiner Tätigkeit am Braunschweiger Psychologischen Institut viele Anregungen bekam, differentialpsychologische Gesichtspunkte in die Anwendung und Theorie von MDS-Verfahren mit einzubeziehen.

Heidelberg, September 1974 *Hans Joachim Ahrens*

„Zurückschauend können wir sagen, daß der inhaltliche Fortschritt der physikalischen Wissenschaft in erster Linie abhängt von der Ausbildung der Messungsmethoden. Insofern teilen wir ganz den Standpunkt des Positivismus. Aber der Unterschied ist der, daß nach positivistischer Auffassung die Messungserlebnisse die primären unteilbaren Elemente bilden, auf denen sich die ganze Wissenschaft aufbaut, während im Gegensatz dazu in der wirklichen Physik die Messungen betrachtet werden als das mehr oder minder verwickelt zusammengesetzte Endergebnis von Wechselwirkungen zwischen Vorgängen in der Außenwelt mit Vorgängen in den Meßinstrumenten beziehungsweise den Sinnesorganen, deren sachgemäße Entwirrung und Deutung eine Hauptaufgabe der wissenschaftlichen Forschung bildet. Daher müssen vor allem die Messungen zweckmäßig angeordnet werden; denn jede Versuchsanordnung stellt die spezielle Formulierung einer gewissen Frage an die Natur dar.
Aber zu einer vernünftigen Frage gelangt man nur mit Hilfe einer vernünftigen Theorie. Man darf nämlich nicht etwa glauben, daß man über den physikalischen Sinn einer Frage ein Urteil gewinnen kann, ohne überhaupt eine Theorie zu benützen."

M. Planck, Wege zur physikalischen Erkenntnis. Leipzig 1934, 225.

„Die *metrische Weltform* ist zweifelsohne notwendig und darum berechtigt; dabei darf aber nicht übersehen werden, daß sie uns nicht ursprünglich gegeben ist, sondern daß wir sie „gemacht" haben – und daß verschiedene Kulturen sie in verschiedener Weise aufbauen. Sie ist ein Hilfsmittel unseres Handelns – aber sie ist nicht identisch mit dem Wesen einer Welt, die ohne Berücksichtigung unserer Existenznöte bestünde . . . Für die Psychologie kommt aber nahezu alles darauf an, die sogenannte *Objektivität* der metrischen Weltreform in der richtigen Weise zu deuten. Objektiv ist jene nämlich nicht in dem Sinne, daß sie unabhängig von einem Subjekt schlechthin „da" wäre, sondern vielmehr in dem, daß sie immer nur als Objekt eines tätigen Subjektes gedacht werden kann."

P. R. Hofstätter, Die Psychologie und das Leben. Wien 1951, 19–20.

1. Einleitung

Reizähnlichkeit und Reizbeurteilung

Solange ein wissenschaftliches Interesse an der Beantwortung der Frage besteht, nach welchen Gesetzmäßigkeiten, unter Verwendung welcher Kategorien und sonstiger Ordnungsgesichtspunkte der Mensch die Reizmannigfaltigkeit und Erkenntnisobjekte seiner Umwelt wahrnimmt, ordnet und beurteilt, solange finden bevorzugt Antwortmöglichkeiten Verwendung, die sich in unterschiedlichen Versionen am Konzept der wechselseitigen *Reizähnlichkeit* orientieren. Ausgang entsprechender empirisch-psychologischer Untersuchungen ist die allgemeine Vorstellung, daß die uns umgebenden Reize nicht isoliert wahrgenommen und beurteilt werden, sondern immer nur in Bezug auf Eigenschaften, die sie in der jeweiligen Reizmannigfaltigkeit mit anderen Reizen gemeinsam haben und die sie mehr oder weniger unterschiedlich bzw. ähnlich erscheinen lassen. Bestimmte strukturelle Gesetzmäßigkeiten in der Wahrnehmung und Beurteilung von Reizobjekten lassen sich nach dieser Überlegung auffinden, indem man auf empirischem Weg zunächst subjektive Reizähnlichkeiten ermittelt, dann die Gemeinsamkeiten dieser Ähnlichkeitsbeziehungen sucht und schließlich feststellt, in welchem Ausmaß sich die einzelnen Reize hinsichtlich gemeinsamer Eigenschaften unterscheiden bzw. ähneln. Auf dieser Basis lassen sich Hypothesen gewinnen über strukturelle Eigenarten subjektiver Reizähnlichkeiten und damit auch Anhaltspunkte für die Herleitung theoretischer Konstruktionen zur allgemeinen Beschreibung und Erklärung von Wahrnehmungs- und Urteilsvorgängen gegenüber komplexen Reizobjekten.
So könnte beispielsweise die Erklärungshypothese erzeugt werden, daß der Beurteilung einzelner Politiker diejenigen Merkmale zugrundeliegen, die sich bei der Strukturanalyse subjektiver Politikerähnlichkeiten in der Sicht ihrer Beurteiler ergeben, und daß darüber hinaus die Formalstruktur der verwendeten Methode der Ähnlichkeitsanalyse gleichzeitig theoretische Eigenschaften der in Frage stehenden Urteilsgesetzmäßigkeiten repräsentiert (z. B. Beurteilung einzelner Politiker durch eine gewichtete Summierung der Urteile nach den Einzelmerkmalen „Parteizugehörigkeit“ und „Außenseiterposition“, vgl. *Ahrens* 1967).

Skalierung der Reizähnlichkeit

Zur Behandlung der genannten Fragestellung werden häufig Methoden der *multidimensionalen Skalierung* (MDS) zunächst in der Form herangezogen, indem man

a) die empirisch ermittelten subjektiven, globalen Ähnlichkeiten einer Reizmenge strukturell auf möglichst wenige und allen Reizen gemeinsame Attribute (Dimensionen oder Skalen) zurückführt, und dann
b) die spezifischen Unterschiede der Reize auf diesen Ähnlichkeitsskalen durch Vergleich ihrer Skalenwerte feststellt.

Formal wird diese Aufgabe im Prinzip so gelöst, indem die paarweisen Ähnlichkeiten (bzw. Unähnlichkeiten) von Reizen als Distanzen in einen mehrdimensionalen metrischen Skalenraum abgebildet werden, wobei die Raumachsen gemeinsame Dimensionen (bzw. Skalen) der Reizähnlichkeit, die Reizpaarprojektionen in jeder Dimension spezifische Reizunterschiede und die Projektionen einzelner Reize ihre Skalenwerte beschreiben. Das psychologische Konzept der Reizähnlichkeit wird bei MDS also als Nähe im Ordnungssystem, d. h. als Distanz im mehrdimensionalen metrischen Modellraum expliziert. Darauf aufbauend kann man nach *Tversky* (1967) auch sagen, daß die allgemeine Zielsetzung der multidimensionalen Skalierung in der Zerlegung komplexer Phänomene in Mengen grundlegender Faktoren (bzw. Skalen) gemäß bestimmter Kombinationsregeln des verwendeten MDS-Modells besteht.
Indem wir uns zur Analyse subjektiver Reizähnlichkeiten eines metrischen und mehrdimensionalen Skalenraumes mit der Distanz als zentralem Bestimmungsstück bedienen, beschränken wir uns auf eine bestimmte Klasse von mathematischen Modellen, nämlich auf *geometrische Strukturmodelle*, die eine geometrisch-räumliche Repräsentation der postulierten subjektiven Urteils- oder Wahrnehmungsstrukturen erlauben (vgl. z. B. *Degerman* 1972). Bezogen auf das oben angedeutete experimentelle Beispiel war der subjektive Urteilsraum bei der Beurteilung von Politikern geometrisch durch zwei Achsen mit der Interpretation „Parteizugehörigkeit“ und „Außenseiterposition“ gekennzeichnet – und zwar zunächst nur im Sinne einer zweidimensional reduzierten *Deskription* der zugrundeliegenden subjektiven Reizähnlichkeiten: Die beurteilten Politiker konnten also hier durch eine zweidimensionale Punktekonfiguration und ihre Ähnlichkeiten (bzw. Unähnlichkeiten) durch Punktdistanzen repräsentiert werden.
Der Einsatz von Skalierungsmethoden, insbesondere von multidimensionalen Skalierungsverfahren, wird hier auf die Strukturanalyse subjektiver Reizähnlichkeiten bzw. zugrundeliegender Wahrnehmungs- und Urteilssysteme zen-

triert. Historisch gesehen muß man sich allerdings vergegenwärtigen, daß die Entwicklung von Skalierungsmethoden ursprünglich in der Tradition der Psychophysik erfolgte. Insofern muß als primäre Zielsetzung von MDS die *Messung* subjektiver Reizattribute herausgestellt werden. Wir werden aber noch sehen, daß besonders nach der Auffassung von Messung als isomorpher (strukturtreuer) Abbildung empirischer Gegebenheiten enge Verflechtungen zwischen der Messung und der theoriezentrierten Strukturanalyse empirischer Daten bestehen (vgl. z. B. *Guttman* 1971).

Auch *Torgerson* (1967, 151) betonte in seinem Beitrag anläßlich einer Sommertagung über psychologische Meßtheorie in Den Haag 1966 als primäre Zielsetzung von Skalierungen zunächst die *Messung,* und zwar als notwendigen und einleitenden Schritt bei der Konstruktion und Geltungsbegründung wissenschaftlicher Theorien. Gleichzeitig illustriert er jedoch anhand von vier fiktiven Personen die unterschiedlichen Interessen, die der konkreten Beschäftigung mit Meßmethoden unterliegen können:

Person A folgt der Standardauffassung, d. h. die Skalierung wird zur Gewinnung von Eigenschaftsmessungen eingesetzt, die in anderen Zusammenhängen weiter verwendet werden.

Person B interessiert sich für das spezielle Skalierungsmodell, insbesondere für Bedingungen und Umstände, unter denen es nicht angemessen ist.

Person C wendet Skalierungsmethoden zur Klassifikation und Organisation von Objekten an.

Person D ist an der Untersuchung von Urteilsprozessen und Urteilsstrukturen interessiert. Die verwendeten Skalierungsmodelle werden gleichzeitig als Urteilsmodelle betrachtet.

Torgerson kommt schließlich zu dem Schluß, daß das primäre Interesse an Skalierungsmethoden nur in den wenigsten Fällen direkt an der Konstruktion praktikabler Skalen orientiert ist. Auch unsere Beschäftigung mit der Theorie, Methodik und Anwendung von Verfahren der multidimensionalen Ähnlichkeitsskalierung richtet sich nicht primär auf die Bereitstellung von Meßskalen. Sie ist vielmehr am ehesten mit der Position der fiktiven Person D verwandt, die in der multidimensionalen Skalierung in erster Linie ein methodisches Hilfsmittel zur Theorienbildung im Bereich der *Psychologie der Urteilsbildung* sieht.

Skalierungsmodell: Deskription und Erklärung

Im Zusammenhang mit der Einschätzung des theoretischen Stellenwertes faktorenanalytischer Strukturierungsversuche wird vielfach das Problem diskutiert, ob man den identifizierten Faktoren gegenüber den abgebildeten empirischen Gegebenheiten einen *erklärenden* oder „nur“ *deskriptiven* theore-

tischen Status beimessen soll (vgl. z. B. *Hartley* 1954). Dieselbe Problematik ist auch für die Verwendung multidimensionaler Skalierungsmodelle relevant; denn die üblichen Verfahren entsprechen in ihren dimensionsanalytischen Anteilen dem Konzept der Faktorenanalyse.
Will man den mathematischen Formalismus geometrischer MDS-Modelle nicht nur zur Deskription bzw. Messung subjektiver Reizattribute und zur Reduktion von Datenmatrizen, sondern auch als Strukturmodell mit erklärenden Eigenschaften verwenden, so ist allgemein und für den jeweiligen Anwendungsfall zu untersuchen, ob und wieweit sich die formalen Bestimmungsstücke des MDS-Modells auch als geeignete Erklärungskonzepte im Rahmen der theoretischen Strukturierung der abgebildeten Wahrnehmungs- und Urteilsvorgänge erweisen, oder – in einer schwächeren Form formuliert – wieweit sich formale Termen des Modells auch empirisch-psychologisch sinnvoll interpretieren lassen (vgl. dazu z. B. *Shepard* 1964, *Beals, Krantz & Tversky* 1968, *Wender* 1969, *Micko & Fischer* 1970, *Adams, Fagot & Robinson* 1970).

Erklärungen sollen Antwort auf Warum-Fragen geben. Um den Erklärungswert von MDS-Modellen abschätzen zu können, benötigt man – wie bei jeder wissenschaftlichen Erklärung (vgl. *Hempel & Oppenheim* 1948, *Stegmüller* 1965, 449ff.) – bei der Erklärung von Ähnlichkeitsurteilen zwei Klassen von Aussagen, nämlich (a) Gesetzeshypothesen und theoretische Annahmen im Rahmen des MDS-Modells, und (b) bestimmte, empirisch erfaßbare Antezedensbedingungen (bzw. Randbedingungen) für das konkrete Zustandekommen der zu erklärenden Ereignisse (subjektive Reizähnlichkeiten). Auf die erforderliche Differenzierung des hier nur global angedeuteten Erklärungskonzepts nach deterministischen, probabilistischen, kausalen und weiteren Prinzipien gehen wir später noch genauer ein (vgl. *Westmeyer* 1973, 15ff.)
Die Erklärungsmöglichkeiten des MDS-Modells können auf dieser Grundlage untersucht werden, indem man das voraussichtliche Auftreten der zu erklärenden empirischen Ergebnisse (Explanandum) aus den beiden genannten Aussageklassen (Explanans) herleitet und z. B. im Sinne statistischer Erklärungen mit Hilfe geeigneter zufallskritischer Verfahren die Falsifikationsmöglichkeit entsprechender Hypothesen prüft. So kann man beispielsweise die theoretische Annahme treffen, daß ein bestimmter Metrikparameter des MDS-Modells mit der Schwierigkeit der Urteilsbildung variiert. Verschiedene Schwierigkeitsgrade lassen sich als Antezedensbedingungen durch die experimentelle Variation der Zeitdauer der Reizdarbietung herstellen. Lassen die beobachteten Reizähnlichkeiten die Falsifikation entsprechend hergeleiteter Hypothesen nicht zu, so kann der Metrikparameter des MDS-Modells nebst der zugehörigen semantischen Interpretation als „Schwierigkeit der Urteilsbildung" bis auf weiteres als brauchbares Erklärungskonzept für das Auftreten bestimmter subjektiver Reizähnlichkeiten dienen (vgl. *Wender* 1969).

Weiterhin ist allgemeiner und übergreifender zu klären, ob der postulierte (und später noch genauer zu fassende) Erklärungswert den verwendeten mehrdimensionalen Raummodellen nicht nur in speziellen Fällen, sondern auch prinzipiell zukommen kann, wie beispielsweise *Kalveram* (1971) anhand systemtheoretischer Betrachtungen darlegt. Wie andere geometrische Strukturmodelle (z. B. Faktorenanalyse) hat nämlich die MDS die Eigenart, daß die „unabhängigen" Variablen auf der Eingangsseite des Modells nicht direkt manipulierbar sind; denn es handelt sich um nicht direkt beobachtbare interne Reizdimensionen (bzw. Faktoren) hypothetischer Natur. Nur die „abhängigen" Variablen, nämlich die subjektiven Reizähnlichkeiten, sind über bestimmte Verhaltensäußerungen direkt beobachtbar. Es muß dann beispielsweise untersucht werden, wieweit statt der direkten eine stellvertretende Manipulation der unabhängigen Variablen gemäß bestimmter Antezedenzbedingungen im Erklärungsmodell möglich ist. Mit anderen Worten: Es ist auch zu diskutieren, wieweit die geometrischen Strukturmodelle von der Art des MDS-Modells dem Konzept wissenschaftlicher Erklärungen in der strikten Version nach *Hempel & Oppenheim* überhaupt zugänglich sind oder ob modifizierte Erklärungskonzepte herangezogen werden müssen (vgl. z. B. *Westmeyer* 1973, 27ff.).

Zielsetzung der Abhandlung

Nur im Rahmen der hier angedeuteten speziellen und allgemeinen Erwägungen zur multidimensionalen Skalierung kann ein Beurteilungsversuch darüber erfolgen, wieweit der durch das Skalierungsmodell abgebildete mehrdimensionale Urteils- bzw. Wahrnehmungsraum nebst der verwendeten Analysemethodik als Gerüst von theoretischen Konstruktionen mit Erklärungseigenschaften gelten kann. Neben der systematischen Durchführung direkter Untersuchungen zum Erklärungswert von MDS-Modellen bzw. der abgebildeten theoretischen Konstrukte sind auch vor allem Untersuchungen gleichermaßen wichtig, aus denen wenigstens die psychologische Interpretationsmöglichkeit bestimmter Modelleigenschaften, ihr intendierter psychologischer Geltungsbereich und ihre formalen Voraussetzungen deutlich ersichtlich sind. Die psychologische *Interpretierbarkeit* ist als sinnvolle Voraussetzung dafür anzusehen, daß ein MDS-Modell über ein rein deskriptives Hilfsmittel hinaus auch als Erklärungskonzept für empirisch erfaßbare Relationen eines psychologischen Gegenstandsbereichs verwendbar sein kann.
Nach den bisherigen Erörterungen kann als übergreifende Zielsetzung oder „roter Faden" der vorgelegten Abhandlung die Absicht herausgestellt werden, bestimmte Methoden der multidimensionalen Ähnlichkeitsskalierung, ihre zugrundeliegenden Strukturmodelle und ihre Anwendbarkeit am Beispiel von

Vorgängen der Urteils- und Entscheidungsbildung unter einer *solchen* Perspektive darzustellen, daß der Versuch einer Einschätzung der theoretischen Erklärungseigenschaften von MDS-Methoden möglich erscheint. Einfacher ausgedrückt: Ausgewählte MDS-Konzepte sollen hinsichtlich ihrer Methodik, ihrer theoretischen Begründung und einiger inhaltlicher Anwendungsfälle so dargestellt diskutiert werden, daß ihre mögliche *Modellfunktion* und deren Grenzen bei der Theorienbildung deutlicher hervortreten als in den meisten anderen Arbeiten zur MDS-Methodik.
Diese Zielsetzung läßt sich auch auf dem Hintergrund dreier Aspekte umreißen, nach denen sich Probleme, Grenzen und künftige Forschungsschwerpunkte im Bereich der MDS-Methodik zusammenfassen lassen (vgl. *Green & Carmone* 1972, 125ff.):

a) Rechnerische Probleme (z. B. Eindeutigkeit eines iterativen Lösungs-Algorithmus)
b) Empirische Probleme (z. B. Auswahl der Reizobjekte, empirisch fundierte Skaleninterpretation)
c) Konzeptuelle Probleme (z. B. theoretische Konstruktion „Ähnlichkeit", Untersuchung der Distanzfunktion als Urteilsregel).

Indem wir uns besonders der Modellfunktion von MDS-Verfahren und ihrer empirischen Begründung zuwenden, beschäftigen wir uns hauptsächlich mit einer Verknüpfung der Problembereiche (b) und (c).
Neben der Behandlung dieser *allgemeinen* Fragestellung zur Modellfunktion von MDS am Beispiel der Untersuchung kognitiver Anteile in Urteils- und Entscheidungsvorgängen soll ein *differentieller* Aspekt besonders berücksichtigt werden. Die Anwendung von Skalierungsmethoden soll im engeren Sinne zunächst die Durchführung von Messungen ermöglichen. Messungen wiederum lassen sich im Rahmen einer allgemeinen Verhaltensgleichung V(P, U) begründen, in der Verhalten (V) als Funktion von Personeigenschaften (P) und Umgebungs-, Situations- oder Reizbedingungen (U) aufgefaßt wird (vgl. z. B. *Gutjahr* 1972, 40ff.; *Sixtl* 1972, 150; *Messick* 1972). Bei personzentrierter Skalierung nach P(V, U) und dem Verhaltensansatz V(P, U) wird gegenüber dem situations- bzw. reizzentrierten Ansatz U(P, V) der Psychophysik der differentielle bzw. psychometrische Gesichtspunkt betont oder mindestens gleichberechtigt einbezogen. In diesem Sinne soll im Rahmen der skizzierten allgemeinen Zielsetzung auch der besonderen differentialpsychologischen Frage nachgegangen werden, wieweit die postulierte Modellfunktion von MDS auch der Erklärung *individueller Differenzen,* d. h. intra- und interindividueller Urteils- und Wahrnehmungsdifferenzen gerecht wird.

Überblick

Die intendierte Problematisierung der möglichen Modellfunktion von MDS-Methoden impliziert nach den bisherigen Erörterungen eine ausgewogene Berücksichtigung von theoretisch-grundlegenden, methodischen und empirisch-inhaltlichen Überlegungen. Dieser Plan läßt eine dreiteilige Gliederung der Abhandlung sinnvoll erscheinen.
Nachdem in einem einführenden Abschnitt im Überblick die besonderen Aufgaben multidimensionaler Skalierungen dargelegt werden, zielt der gesamte *erste Teil* auf theoretische, insbesondere *meßtheoretische Grundlagen* der Skalierung. Dabei wird vor allem auf die grundlegenden Arbeiten von *Suppes & Zinnes* (1963) zur fundamentalen und abgeleiteten Messung und zum Repräsentationskonzept von Messungen Bezug genommen. Weitere theoretische und auch wissenschaftstheoretische Fragen werden in Teil II bei der Darstellung einer Axiomatik der nonmetrischen MDS und in Teil III hinsichtlich der theoretischen Konzeption wissenschaftlicher Erklärungen behandelt.
Nach diesem meßtheoretisch orientierten Abschnitt wird im *zweiten Teil* eine Auswahl spezieller *Methoden* der MDS erörtert, und zwar unter Beschränkung auf diejenigen Verfahren, die auf der Basis geometrischer Strukturmodelle als essentiellen Bestandteil den metrischen Distanzbegriff enthalten, und die sich von den deutlicher an die Psychophysik angelehnten Verfahren der Verhältnisskalierung von Ekman und seinen Schülern abheben lassen (vgl. *Ekman & Sjöberg* 1969). Gemäß der besonderen Zielsetzung der Abhandlung kommt es hierbei nicht auf die lehrbuchmäßige Vollständigkeit in der Darstellung von MDS-Methoden an, und zum genaueren Methodenstudium muß auf die einschlägige Literatur verwiesen werden (z. B. *Torgerson* 1958, *Gulliksen & Messick* 1960, *Sixtl* 1967, *Shepard, Romney & Nerlove* 1972, *Green & Carmone* 1972, *Green & Rao* 1972). Gute Zusammenfassungen und Überblicksreferate findet man von *Ekman & Sjöberg* (1965), *Zinnes* (1969) und *Cliff* (1969, 1972, 1973). Auch verschiedene Handbücher zur mathematischen Psychologie enthalten Kapitel über Skalierung (z. B. *Coombs, Dawes & Tversky* 1970, *Restle & Greeno* 1970).
Nach der Darstellung der klassischen Methoden von *Torgerson* (1952, 1958) werden vor allem zwei verhältnismäßig neue Entwicklungslinien erörtert. Es handelt sich einmal um MDS-Methoden, die den Einbezug interindividueller Differenzen erlauben. Die Einleitung dieser Entwicklung verbindet sich vor allem mit einem von *Tucker & Messick* (1963) vorgestellten Vektormodell („points of view" model) zur MDS von intra- und interindividuellen Differenzen. Zum anderen werden Methoden von *Shepard* (1962) und vor allem von *Kruskal* (1964 a, b) zur nonmetrischen bzw. ordinalen MDS dargestellt.
Die Erweiterung der MDS-Prozedur nach *Tucker & Messick* u. a. ist in Hinblick auf den theoretischen Geltungsbereich von Skalierungsmodellen besonders

deshalb so wichtig, weil mit Hilfe des zugrundegelegten Modells neben intraindividuellen Urteilsstrukturen auch gleichzeitig interindividuelle Differenzen erfaßt werden können. Dieser Aspekt eröffnet beispielsweise weitreichende Möglichkeiten für den Einsatz multidimensionaler Skalierungen bei der Behandlung kognitionspsychologischer Probleme in der differentiellen Psychologie und beleuchtet gleichzeitig bestimmte grundlegende Fragen zur Abhängigkeit von allgemeiner und differentieller Psychologie (vgl. *Sixtl* 1972).
Die Verfahren der ordinalen bzw. nonmetrischen MDS implizieren verschiedene vorteilhafte Eigenschaften. So kann zum Beispiel ein metrischer Skalenraum entfaltet werden, obwohl auf der Eingangsseite des Modells lediglich „nonmetrische" (ordinale) Annahmen über die empirische Information erforderlich sind. Hinsichtlich der möglichen Modellfunktion dieses Verfahrens ist es vor allem sehr vorteilhaft, daß auch nichteuklidische Metriken an die Daten angepaßt werden können, und daß für die *Kruskal*-Prozedur ein ausführlicher Axiomatisierungsversuch vorliegt (vgl. *Beals, Krantz & Tversky* 1968, *Tversky & Krantz* 1970). Die Darstellung und Diskussion dieses theoretischen Begründungsversuchs der ordinalen MDS bildet den Abschluß des Methodenteils.
Der *dritte Teil* der Arbeit ist der Behandlung der wichtigsten Frage zur theoretischen Funktion von MDS-Methoden vorbehalten, nämlich wieweit sich theoretische Brauchbarkeit und der Erklärungswert der dargestellten Modelle anhand *empirischer Untersuchungen* stützen lassen. In diesem Teil werden – wie im Vorwort schon begründet wurde – fast ausschließlich Ergebnisse aus empirischen Untersuchungen diskutiert, die der Verfasser selbst oder zu gleichen Teilen mit anderen durchgeführt hat. Diese Arbeiten sind inhaltlich gegliedert nach *sozialpsychologischen* und *differentialpsychologischen* Forschungsbereichen: Es handelt sich um Vorgänge der politischen und diagnostischen *Urteilsbildung,* d. h. um Spezialbereiche der Psychologie des Urteilens und Entscheidens. Die gefundenen Ergebnisse werden vor allem unter dem Gesichtspunkt der Modellfunktion der verwendeten Datenverarbeitungsmethoden diskutiert, weshalb der gesamte Teil III mit einem Abschnitt über Prinzipien der wissenschaftlichen Erklärung eingeleitet wird. Einige der empirischen Untersuchungen sind so angelegt, daß der Erklärungswert der verwendeten Modelle gemäß der einführenden Erwägungen ziemlich direkt abgeschätzt werden kann. Andere Experimente wiederum dienen zunächst „nur" dazu, den psychologischen Interpretationswert der MDS-Modelle zu verdeutlichen. Dieser Gesichtspunkt zielt – wenn auch nur indirekt – gleichfalls auf die Einschätzung des möglichen Erklärungswertes; denn die semantische Interpretierbarkeit formaler Modellkonzepte ist wohl als unerläßliche Voraussetzung für die gezielte und direkte Untersuchung ihres theoretischen Erklärungswertes anzusehen.

Zusammenfassung

Eine wesentliche Zielsetzung der Psychologie besteht in der Suche nach Erklärungen für das Verhalten und Erleben von Personen. Die wissenschaftliche Erklärung wird hier als Antwort auf die Frage verstanden: Aufgrund welcher Antezedenzbedingungen und kraft welcher Gesetze bzw. theoretischer Annahmen ist es der Fall, daß bestimmte zu erklärende Ereignisse (hier: subjektive Reizähnlichkeiten etc.) auftreten? Die vorliegende Abhandlung richtet sich inhaltlich vor allem auf die Erklärung von Urteils- und Wahlverhalten und von Wahrnehmungsvorgängen in verschiedenen Varianten, und zwar unter Verwendung von MDS-Methoden. Da die MDS-Methodik entscheidend in die formale Struktur der theoretischen Annahmen und Gesetzeshypothesen im allgemeinen Erklärungsmodell eingreift und diese hinsichtlich vieler Eigenschaften prägt, ist zu prüfen, wieweit sich die Struktur von geometrischen MDS-Modellen als brauchbarer Bestandteil von theoretischen Erklärungsversuchen im genannten psychologischen Gegenstandsbereich erweisen kann. Die Hervorhebung theoretischer Implikationen von Datenverarbeitungsverfahren von der Art der MDS-Methoden basiert auf der Vorstellung einer Erkenntnisverkettung, in welcher die inhaltliche und theoretische Strukturierung eines bestimmten Erkenntnisbereichs als weitgehend abhängig von den Eigenschaften und Voraussetzungen der verwendeten Methodik der Datenanalyse betrachtet wird. Die übergeordnete Frage nach der Modellfunktion und theoretischen Brauchbarkeit von MDS-Verfahren läßt eine Dreigliederung der Abhandlung nach Theorie, Methodik und Anwendungsbeispielen sinnvoll erscheinen.

Teil I

2. Meßtheoretische Grundlagen der multidimensionalen Ähnlichkeitsskalierung

2.1 *Zur Zielsetzung multidimensionaler Skalierungen*

Die klassische Psychophysik beschäftigt sich mit der Untersuchung der Relationen, die zwischen physikalisch meßbaren Reizattributen und ihren subjektiven Äquivalenten in Wahrnehmungs- und Urteilsvorgängen bestehen. Von den Arbeiten *Webers* (1834) zur Unterschiedsschwelle ausgehend hat sich insbesondere *Fechner* (1860) mit der „psychophysischen Funktion" beschäftigt, die den Zusammenhang zwischen physikalischem und subjektivem Kontinuum beschreibt.

In dieser Tradition haben sich folgerichtig die *eindimensionalen Skalierungsverfahren* mit der Zielsetzung entwickelt, das dem physikalischen Kontinuum zugeordnete subjektive Kontinuum meßbar zu machen. Für die Quantifizierung der physikalischen Merkmalsvariablen der Objekte sind physikalische Meßverfahren zuständig. Die psychologischen Skalierungsverfahren richten sich auf die korrespondierenden psychologischen Prozesse, wobei psychologische Eigenschaftsskalen ermittelt werden sollen, auf denen subjektive Attribute der Objekte anhand von Vpn-Reaktionen „gemessen" werden können. Der systematische Aufbau von eindimensionalen Skalierungsmodellen wurde vor allem durch die Arbeiten von *Thurstone* (1927) zum „law of comparative judgment" eingeleitet (der übrigens in einem Nachruf von *Guilford* (1955) als „Mr. Psychological Measurement" apostrophiert wurde). Das wichtigste Merkmal der eindimensionalen Skalierung besteht darin, daß die Reize jeweils nur nach *einem* kontrollierten Attribut variiert und die Beurteiler angewiesen werden, ihre Urteilsbildung nur nach dieser Dimension zu organisieren. Entsprechend soll das Ergebnis der eindimensionalen Skalierung z. B. die Eigenschaft aufweisen, daß die Reizobjekte x, y, z ... so entlang einer einzigen subjektiven Eigenschaftsskala angeordnet sind, daß die Transitivitätsbeziehung „wenn $x < y$ und $y < z$, dann auch $x < z$" für Ordnungsrelationen „kleiner als" ($<$) gilt.

Insbesondere durch die Arbeiten *Thurstones* (1928, 1929, 1959) zur Einstellungsskalierung bei nicht physikalisch objektivierbaren Reizen, durch den ersten systematischen mehrdimensionalen Ansatz zur „multidimensionalen Psychophysik" von *Richardson* (1938) auf der Basis der Theoreme von *Young*

& Householder (1938) und durch weiterführende allgemeine Arbeiten von *Torgerson* (1952, 1958) zur multidimensionalen Skalierung wurde eine über die klassische Psychophysik hinausgehende Entwicklung eingeleitet, die nach *Gulliksen* (1961) besonders durch folgende Eigenarten charakterisierbar ist (vgl. dazu auch *Luce* (1972):

1. Skalierung von Reizen, für die keine relevante physikalische Messung bekannt ist.
2. Erweiterung der Skalierung auf multivariate Variationsbereiche.
3. Systematische Erfassung und mehrdimensionale Beschreibung individueller Differenzen.

Die Verfahren der *multidimensionalen Skalierung* (MDS) stellen eine Erweiterung der Skalierungsabsicht auf multivariate Reizvariationen dar. Die am häufigsten verwendeten und theoretisch untersuchten Methoden der MDS verwenden das psychologische Konzept der subjektiven Ähnlichkeit (bzw. Unähnlichkeit) zwischen Objekten, dem auf seiten des Skalierungsverfahrens der Begriff der metrischen Distanz oder räumlichen Nähe zwischen Punkten im mehrdimensionalen Raum zugeordnet ist. Skaliert werden dabei nicht die Objekte selbst, sondern vielmehr bestimmte Eigenschaften oder Attribute der Objekte, welche die Basis *subjektiver* Wahrnehmungen, Urteile, Kognitionen, Lernprozesse etc. gegenüber den Objekten bilden. Insofern kann man bei dimensionalen Darstellungen der Reizobjekte von einem subjektiven oder *psychologischen Reizraum* sprechen, dessen metrische und dimensionale Repräsentation das Ziel der multidimensionalen Skalierung darstellt. Der Annahme eines psychologischen Raumes korrespondiert methodologisch eine dimensionale Analyse der Ähnlichkeitsdaten. Unter einer Dimensionsanalyse versteht man in der Psychologie gewöhnlich eine Zerlegung der Kovarianz empirischer Daten in bestimmte latente Komponenten, die als Dimensionen eines geometrischen Raummodells abgebildet werden, wobei meistens die euklidische Geometrie und der Spezialfall orthogonaler Dimensionen bevorzugt werden. Der räumliche Zerlegungsprozeß bei der Anwendung von MDS-Methoden kommt vor allem in Definitionen zum Ausdruck, in denen MDS-Modelle als geometrische „Dekompensationsmodelle" bezeichnet werden. So charakterisiert beispielsweise *Tversky* (1967; vgl. auch *Young* 1972) die allgemeine Zielsetzung von MDS durch die Zerlegung komplexer Phänomene in Mengen grundlegender Faktoren gemäß den speziellen Kombinationsregeln des verwendeten MDS-Modells. *Tversky & Krantz* (1970) führen als wichtige Grundeigenschaft bei der dimensionalen Repräsentation von Ähnlickeitsdaten die „Zerlegbarkeit" (decomposability) ein. Diese Modelleigenschaft besagt, daß die Distanz zwischen Reizpunkten eine Funktion komponentenspezifischer Beiträge ist. In den Theoremen von *Young & Householder* (1938) wird dieser Schritt als räumliche „Einbettung" bezeichnet.

Die *geometrische* bzw. *räumliche* Darstellung psychologischer Konzepte ist in verschiedenen Zusammenhängen üblich, wie z. B. beim semantischen Raum in der Psycholinguistik (vgl. *Osgood, Suci & Tannenbaum* 1957), beim Farbkreis der Farbwahrnehmung (vgl. *Helmholtz* 1896, *Judd & Wyszecki* 1950, *Indow & Kanazawa* 1960, *Helm & Tucker* 1962, u. a.), bei der Formwahrnehmung (vgl. z. B. *Attneave* 1950), bei Klassifikationen in Diskriminanzräumen (vgl. z. B. *Sebestyen* 1962, *Baumann* 1972), bei der Abbildung faktorenanalytischer Persönlichkeitstheorien (vgl. z. B. *Cattell* 1966, *Pawlik 1968, Herrmann* 1969), bei der Strukturanalyse informationsübertragender Prozesse (vgl. *Shepard* 1963, *Schroder, Driver & Streuffert* 1967), bei soziometrischen Untersuchungen (vgl. z. B. *Goldstein, Blackman & Collins* 1966), etc. Die Beispiele zur Verwendung von Raumkonzepten in der Psychologie ließen sich ohne Schwierigkeiten noch weiter vermehren. Man muß allerdings sehr deutlich sehen, daß die Wahl geometrischer Strukturmodelle besonders bei ihrer Benutzung zur Lösung von Meß- und Skalierungsproblemen jeweils theoretisch begründet werden muß (vgl. z. B. *Beals, Krantz & Tversky* 1968, *Tversky & Krantz* 1970); denn die Lösung psychologischer Meßprobleme ist keineswegs auf die Verwendung des mehrdimensionalen und geometrisch interpretierbaren Distanzmodells beschränkt. So wurden beispielsweise für die Testtheorie Meßmodelle entwickelt, die im Prinzip zunächst von der Eindimensionalität der zu messenden latenten Größen ausgingen und zur Formalisierung einfache stochastische Modelle verwenden (vgl. *Rasch* 1960, 1961, *Birnbaum* 1958, 1965, *Fischer* 1968, *Gutjahr* 1972, u. a.).
Kalveram (1968) hat kürzlich in einer Arbeit über „Messen und Maß oder vom überflüssigen Abstand“ in einer meßtheoretischen Untersuchung von Meßproblemen darauf hingewiesen, daß die Distanz zweier Punkte lediglich *eine* Möglichkeit darstellt, in einer Objektmenge ein Unterschiedsmaß zu erzeugen. Insofern stellt das Distanzmaß keineswegs den Prototyp für Maße zur Kennzeichnung von Objektunterschieden oder -ähnlichkeiten dar, wie man aus der verbreiteten Verwendung dieses Maßes schließen könnte. Diese Relativierung ist berechtigt und sollte insbesondere bei der kritischen Überprüfung aller Vor- und Nachteile berücksichtigt werden, die durch die Festlegung der Skalierung auf den geometrischen Distanzbegriff entstehen. *Kalveram* schlägt zur Behandlung von Meßproblemen einen eindimensionalen Ansatz unter Verwendung der Maßtheorie vor, durch welchen einige problematische Konsequenzen des mehrdimensionalen Distanzbegriffes vermieden werden. *Restle* (1959) versucht eine mengentheoretische Fundierung von Meßproblemen, allerdings unter Beibehaltung des Distanzbegriffes und der mehrdimensionalen Deutung von Distanzen. Das Vorhandensein einer mehrdimensionalen Struktur latenter Variablen wird auch in dem „latent structure model“ von *Lazarsfeld* (1950) angenommen, wobei allerdings kein deterministisches Faktorenmodell, sondern vielmehr eine stochastische Modellvorstellung mit

Polynomanpassungen verwendet wird. Auch die häufige Verwendung von Wahlmodellen (choice models) zur Lösung von Skalierungsproblemen unter besonderer Berücksichtigung der *Luce*schen Wahlaxiome (*Luce* 1959; vgl. auch *Luce & Galanter* 1963, *Bock & Jones* 1968, *Bock* 1970, *Tack* 1968, *Zinnes* 1969) enthält nicht das übliche faktorenanalytische Modell der Mehrdimensionalität, sondern vielmehr einen wahrscheinlichkeitstheoretischen Ansatz. Es wurde auch versucht, diesen Ansatz auf die Analyse von Ähnlichkeitsurteilen zu generalisieren (*Luce* 1961, *Krantz* 1967). Weiterhin sind z. B. graphentheoretische Ansätze (vgl. z. B. *Boorman & Arabie* 1972), informationstheoretische Konzepte für diskrete Strukturen (vgl. *Boyd* 1972) und vor allem Skalierungsmethoden zu erwähnen, die im Rahmen der signal detection theory über die Psychophysik hinausgehend auch die Skalierung sozialer Reize ermöglichen (vgl. *Cliff* 1973, 479ff., *Adams & Ulehla* 1971).
Im folgenden sollen nur solche Verfahren der MDS dargestellt werden, in denen der *Distanzbegriff* in seiner mehrdimensionalen und geometrischen Fassung explizit verwendet wird. Diese Form der Skalierung unter Verwendung von Distanzmodellen erfordert im ersten Schritt empirische Daten über die wechselseitige Ähnlichkeit bzw. Unähnlichkeit der Objekte. Im Gegensatz zu eindimensionalen Skalierungen wird in diesem Fall die Urteilsbildung der Vpn nicht durch bestimmte inhaltliche Prinzipien (z. B. Helligkeit von optischen Reizen, Sympathie gegenüber sozialen Reizen) verankert, sondern lediglich an allgemeinen Ähnlichkeitsvorstellungen gegenüber den Reizen. Als Quellen für Quantifizierungen der Ähnlichkeit kommen verschiedene Reaktionsformen in Frage, wie z. B. direkte Ähnlichkeitsschätzungen von Objektpaaren, Tripelvergleiche, multiple Rangordnungen, Konfusionshäufigkeiten, Entscheidungs- und Reaktionszeiten, Transferreaktionen, Wahlentscheidungen, Verhältnisurteile etc. (vgl. *Attneave* 1950, *Shepard* 1958, 1960, *Luce* 1961, *Ekman* 1963, *Sixtl* 1967, *Lüer* et al. 1970, *Green & Carmone* 1972, 53ff., *Shepard* et al. 1972).
Unter der Annahme, daß sich die empirisch gewonnenen Unähnlichkeiten wie metrische Distanzen verhalten, werden im zweiten Schritt der Ähnlichkeitsskalierung die Datenmatrizen einer multivariaten Analyse unterzogen. Dabei werden die Objekte als Punkte eines metrischen Raumes betrachtet, der nach expliziten Vorschriften des Skalierungsmodells so aufgespannt wird, daß bei minimaler Dimensionalität die beobachteten Reizähnlichkeiten bzw. -differenzen möglichst genau durch Punktdistanzen approximiert werden. Die Punktdistanzen lassen sich als *„globale Distanzen“* (*Micko* 1970) bezeichnen, weil sie zu den „global“ beurteilten Reizunähnlichkeiten korrespondieren. Durch die Abbildung globaler Distanzen in mehreren Dimensionen erhält man als Achsenprojektionen *„spezifische Distanzen“*. Jede Richtung oder Dimension des Abbildungsraumes repräsentiert eine spezifische psychologische Unterscheidungs- bzw. Ähnlichkeitsvariable für Reize, wobei diese Variablen gewöhnlich so expliziert werden, daß sie linear unabhängig sind und bei

minimaler Anzahl die globalen Distanzen möglichst vollständig, jedoch nicht redundant abbilden. Verwendet man das euklidische Distanzmodell, so kann man sich – wie schon *Richardson* (1938) – der Theoreme von *Young & Householder* (1938) bedienen, nach denen die Bestimmung der Konfiguration einer Punktemenge im n-dimensionalen Raum bei gegebenen Distanzschätzungen möglich ist. Dabei werden die Distanzen bei Festlegung eines gemeinsamen Ursprungs der Objektvektoren in Skalarprodukte transformiert und nach üblichen faktorenanalytischen Prinzipien dimensional analysiert.
Bei den älteren Methoden der MDS (z. B. *Torgerson* 1958) ist dieses Vorgehen deutlich in die beiden beschriebenen Schritte gegliedert (Distanzschätzung und Distanzzerlegung bzw. Bestimmung der mehrdimensionalen Reizkonfiguration), während neuere Methoden der ordinalen Skalierung (*Shepard* 1962, *Kruskal* 1963) neben anderen Eigenarten dadurch charakterisiert sind, daß sie beide Schritte in einer einzigen Anpassungsprozedur integrieren. Indem in dieser besonders durch *Shepard* und *Kruskal* eingeleiteten neueren Entwicklungslinie die MDS-Prozedur konsequent als Anpassungsprozedur verstanden wird, werden gegenüber den älteren „datenanalytischen" Modellen die statistischen Eigenschaften der MDS mehr in den Vordergrund der Weiterentwicklung gestellt. Die dabei sichtbar werdenden statistischen Probleme wie etwa die Frage der zufallskritischen Beurteilung entsprechender Anpassungskriterien werden gegenwärtig vielfach Lösungsversuchen zugeführt, in denen Monte Carlo-Methoden bevorzugt werden (vgl. *Rao* 1972, 11, *Sherman* 1972 u. a.).

2.2 Methodische und theoretische Bedeutung multidimensionaler Skalierungen

Obwohl insbesondere bei Verwendung euklidischer Distanzen zwischen MDS und einer der am häufigsten verwendeten Klasse *multivariater Methoden* – nämlich der Faktorenanalyse – enge Beziehungen bestehen (vgl. *Shepard* 1962, 240f., 1972, 2f., *Kristof* 1963, *Sixtl & Wender* 1964, *Pawlik* 1968, 293ff., *Tucker* 1972, *Lundberg & Ekman* 1973 u. a.), wird MDS in den meisten Lehrbüchern und Monographien über multivariate Methoden nicht oder nur am Rande behandelt.
Zum Verständnis der Unterschiede zwischen beiden Methodengruppen muß vor allem bedacht werden, daß MDS in der Tradition der Psychophysik entwickelt wurde und demgemäß im engeren Sinne als eine Menge von Methoden angesehen wird, die Instrumente zur Messung derjenigen Attribute bereitstellen sollen, die der subjektiven Beurteilung komplexer Reizobjekte vermutlich zugrundeliegen. Setzt man die Skalierung somit zur Lösung von *Meßproblemen* ein (vgl. z. B. *Torgerson* 1967, 151), so dient die in MDS

implizierte multivariate Analyse lediglich dazu, unter Verwendung bestimmter formaler Vorschriften und Transformationen aus manifesten Urteilsdaten (z. B. Ähnlichkeitsschätzungen) quantitative Informationen über latente Meßdimensionen der Reizobjekte herzuleiten. Durch die Betonung dieses Gesichtspunktes läßt sich eine deutliche Abhebung der mehrdimensionalen Skalierungsverfahren von anderen Methoden der multivariaten Analyse vollziehen. Vereinfacht könnte man sagen: MDS dient der *Gewinnung* von Meßdaten, und die multivariaten Methoden dienen der – meistens statistischen – *Analyse* von Meßdaten.[1]
Andererseits kann zwar jede MDS im engeren Sinne als Meßmethode, im weiteren Sinne jedoch auch als Methode zur quantitativen Strukturierung von multivariaten Verhaltensinformationen angesehen werden. *Guttman* (1971) hebt in diesem Zusammenhang besonders den Unterschied von Meßtheorie und statistischer Theorie hervor. Beide Konzepte richten sich auf die Analyse von Beobachtungen. Die statistische Theorie begründet den Inferenzschluß von der Stichprobe auf das Universum von Beobachtungen. Die Meßtheorie hingegen kann vor allem als eine Theorie zur Konstruktion struktureller Hypothesen in Termen ungeordneter, geordneter und numerischer Mengen von Kategorien unter Berücksichtigung der Regressionen bzw. Verknüpfungen zwischen den Variablen angesehen werden. Den Aspekt der Erzeugung von Strukturhypothesen hat MDS mit der Aufgabenstellung vieler multivariater Methoden gemeinsam. Insofern erscheint es gerechtfertigt, MDS als Spezialfall bestimmter Methoden der multivariaten Analyse anzusehen, nämlich solcher Methoden, welche der *Strukturanalyse* und dimensionalen Reduktion multivariater Beobachtungen dienen (vgl. z. B. *Hake* 1966, *Shepard & Carroll* 1966, *Morrison* 1967, 221 ff., *Green & Carmone* 1972, 97 ff. u. a.). Bei MDS bestehen die multivariaten Beobachtungen gewöhnlich aus Ähnlichkeitsurteilen, die nach den Vorschriften des Skalierungsmodells in latente Dimensionen zerlegt werden, die einerseits angeben, nach welchen subjektiven Attributen die untersuchten Objekte gemessen werden können, und andererseits strukturelle Hypothesen über die *Urteilsbildung* der beteiligten *Personen* implizieren.
Die Beachtung des letzteren Aspektes ist insbesondere deshalb nützlich, weil damit die psychologischen Implikationen von Skalierungsversuchen gegenüber der bloßen Reduktionsabsicht mehr in den Vordergrund gerückt werden. So hat beispielsweise *Coombs* (1967, 1971) mit Nachdruck darauf hingewiesen, daß bei Ähnlichkeitsskalierungen das Skalierungsergebnis nicht nur durch die Eigenart der Reizobjekte, sondern in hohem Maße durch das Urteilsverhalten der beteiligten Vpn festgelegt wird: Die Beurteiler „entscheiden“ über die Dimensionalität und Attribute der skalierten Reizstruktur. Auch *Sixtl* (1972) hat in einer Arbeit über die Verzahnung von allgemeiner und differentieller Psychologie am Beispiel von Skalierungsmethoden besonders den Fall herausgearbeitet, daß das „Agens“ (bzw. Hilfsmittel der Messung) in einem *Beurteiler*

besteht und insofern anhand der skalierten Reaktionen eher auf Eigenarten der Beurteiler als auf Attribute der zugrundeliegenden Reize geschlossen werden kann.

Beals, Krantz & Tversky (1968) begründen ihren Axiomatisierungsversuch der ordinalen MDS vor allem damit, daß die metrische und dimensionale Darstellung in MDS nicht nur als Datenreduktion mit Deskriptionswert angesehen werden kann. Vielmehr kann MDS auch als psychologische Theorie der subjektiven Reizähnlichkeit betrachtet werden, die entsprechende Verhaltensbereiche abdeckt. So lassen sich beispielsweise aus dem genannten Axiomatisierungsversuch bestimmte Postulate der intra- und interdimensionalen Additivität in Verbindung bringen mit inhaltlichen Theorien zur kognitiven Komplexität, und zwar hinsichtlich der Differenzierung von Reizen nach verschiedenen Dimensionen, der Diskriminierung innerhalb einzelner Dimensionen und der Integration von Dimensionen zu einem übergeordneten kognitiven Ordnungsschema (vgl. *Ahrens & Stäcker* 1970, *Ahrens* 1972).

Betrachtet man MDS als strukturelle Basis von *Verhaltenstheorien* – beispielsweise als Theorie der Urteilsbildung oder als Wahrnehmungstheorie – so ergibt sich langfristig allerdings die für jede Theorienentwicklung notwendige Konsequenz, sie kritischen Nachprüfungen zu unterziehen, die über bloße Prüfungen der Anpassung zwischen beobachteten und reduzierten Daten hinausgehen. Dazu gehört beispielsweise daß man aus dem theoretischen System auf logisch-deduktivem Wege Folgerungen ableitet und diese in Verbindung mit experimentellen Randbedingungen anhand von Erfahrungsdaten zu widerlegen sucht (vgl. *Popper* 1966). Nur wenn dieser Falsifikationsversuch scheitert, kann die zu überprüfende Theorie bis auf weiteres als bewährt angesehen werden. Diese Nachprüfung einer MDS-Theorie kann auf folgenden Bestimmungsstükken basieren:

a) Die konzipierte Formalstruktur der Theorie muß syntaktisch analysiert und begründet werden, d. h. die Annahmen und Folgerungen des theoretischen Systems müssen z. B. auf ihre innere Widerspruchsfreiheit hin untersucht werden. Grundlage der syntaktischen Analyse ist gewöhnlich die Axiomatisierung des Systems (z. B. syntaktische Begründung des metrischen Raumes).
b) Die syntaktische Form der Theorie muß semantisch, d. h. psychologisch, interpretiert werden. Diese semantischen Randbedingungen zielen auf den empirischen Gehalt der Theorie und bilden die notwendige Voraussetzung dafür, sie empirisch anzuwenden (z. B. semantische Interpretation des metrischen Raumes als subjektiven Urteilsraum).
c) Die empirische Prüfung der Theorie erfordert die Zuordnung von experimentellen Antezedensbedingungen, mit deren Hilfe Experimente konstruierbar und durchführbar sind, die aufgestellte Folgerungen und Hypothesen

falsifizieren können (z. B. Experimente zur Prüfung mehrdimensionaler, subjektiver Urteilsregeln).

Auf dieser Basis kann der theoretische *Erklärungswert* eines MDS-Modells abgeschätzt werden. Wie in der Einleitung am Beispiel deduktiv-nomologischer Erklärungen schon kurz erörtert wurde, erfordert die „Erklärung" beobachteter Phänomene (E) zwei Aussageklassen, nämlich bestimmte experimentelle und sonstige Antezedensbedingungen $A_1, \ldots, A_k$ für ihr konkretes Auftreten und die Aussagen (Gesetzeshypothesen, Theoreme, Postulate) $G_1, \ldots, G_r$ des theoretischen Systems. Ein wissenschaftlicher Erklärungsversuch besteht dann darin, aus der Gesamtheit der Aussagenklassen A und G Folgerungen über die zu erklärenden Phänome E herzuleiten und deren empirische Falsifikationsmöglichkeiten (z. B. über eine statistische Hypothese) zu prüfen. Haben sich die Folgerungen bewährt, so hat die Theorie bis auf weiteres Erklärungswert, d. h. es kann die Warum-Frage beantwortet werden: Aufgrund welcher Modellaussagen und kraft welcher Antezedensbedingungen kommt dieses beobachtbare Phänomen vor? Wir kommen auf die verschiedenen Varianten dieses Prinzips wissenschaftlicher Erklärungen später im Teil III (vgl. 4.1, 4.2) noch ausführlicher zurück.
Bei der Verwendung von MDS-Modellen sind die zu erklärenden Phänomene gewöhnlich Ähnlichkeitswahrnehmungen der Pbn gegenüber Reizpaaren. *Wender* (1969) hat z. B. untersucht, wieweit Ähnlichkeitsurteile gegenüber geometrischen Figuren in Termen eines ordinalen MDS-Modells zu erklären sind. Auf der Modellseite wurde als wichtigste Aussagenklasse die *Minkowski*-Metrik r des Raummodells verwendet, deren psychologisches Äquivalent semantisch als „Schwierigkeit der Urteilsbildung" interpretiert wurde. Als experimentelle Antezedensbedingung wurde die Darbietungszeit der Reizpaare variiert. Unter der Annahme, daß mit Verkürzung der Darbietungszeit die Urteilsschwierigkeit ansteigt, wurde die Folgerung hergeleitet, daß der Metrikparameter r der skalierten Ähnlichkeitsurteile in dem Maße systematisch ansteigt, in dem die Darbietungszeit der Reizpaare verkürzt wird. Diese Folgerung konnte nicht widerlegt werden, d. h. die unter verschiedenen Antezedensbedingungen zustandekommenen und theoretisch zu erklärenden Ähnlichkeitsurteile der Pbn konnten in Termen der Metrik des MDS-Modells erklärt werden.
Experimente dieser Art, aus denen nach üblichen Regeln der Erklärungswert bestimmter Bestimmungsstücke von MDS-Modellen unmittelbar abgeschätzt werden kann, sind bisher nicht häufig durchgeführt worden. In den meisten Untersuchungen mit MDS-Methoden wird die Modellfunktion überhaupt nicht beachtet oder aber nur hinsichtlich zweier notwendiger, jedoch nicht hinreichender Bedingungen untersucht. So haben beispielsweise *Beals, Krantz & Tversky* (1968) und *Tversky & Krantz* (1970) durch ihre Axiomatisierungsver-

suche zur ordinalen MDS die syntaktische Basis eines MDS-Modells geklärt, auf der dann weitergehende Untersuchungen zum psychologischen Erklärungswert denkbar sind (vgl. z. B. *Wender* 1970). In anderen Untersuchungen werden ausführliche semantische Interpretationsversuche unternommen. So haben z. B. *Shepard* (1964), *Cross* (1965 a) und *Micko & Fischer* (1970) versucht, die Metrik von MDS-Modellen in Abhängigkeit von bestimmten Aufmerksamkeitszuständen der Pbn zu deuten. Diesen Interpretationsversuchen liegen jedoch unterschiedliche Modellvorstellungen zugrunde, und empirische Überprüfungen wurden bisher nur ansatzweise vorgenommen.
Jede psychologische Skalierung oder Messung geht im Prinzip von einer „*Interaktion*" zwischen Subjekten und Objekten aus (vgl. *McKeon* 1964, *Leinfellner* 1967, 109ff., *Ahrens* 1972, *Sixtl* 1972). Die Frage der Meßbarkeit von Objektattributen wird einerseits mit den Reizobjekten und andererseits mit den Beurteilern verknüpft. Nach *Torgerson* (1958, 45f.) kann man auch von reizzentrierter und personenzentrierter und, zusammenfassend, von Responsezentrierter Skalierung sprechen. In diesem Sinne bezeichnet *Gutjahr* (1972, 45) den reizzentrierten (bzw. situationszentrierten, psychophysischen) und den personenzentrierten (bzw. psychometrischen) Ansatz lediglich als „zwei Seiten einer Medaille", nämlich des Response-Ansatzes (bzw. Verhaltensansatzes). Die Skalierung liefert also sowohl Informationen über die Urteilsprozesse der beteiligten Individuen wie auch über die latente Struktur subjektiver Objektdifferenzen (vgl. *Krantz* 1967, 227). Beide Aussagen enthalten wegen derselben Prozedur der Datenerhebung operational identische Elemente (vgl. *Bieri* et al. 1966) und gehen auch auf dasselbe Skalierungsmodell zurück. Wir fragen (auf den Beurteiler zentriert): Welche Reizattribute verwendet der Beurteiler, und wie kombiniert er sie zu einem globalen Ähnlichkeitsurteil? Oder (auf das Skalierungsverfahren als Meßmodell zentriert): Wie und unter welchen Modellvoraussetzungen können beobachtete Objektähnlichkeiten in relevante Komponenten zerlegt werden? Auch in der Testtheorie geht man davon aus, daß jeder Messung eine Zufallsvariable X_{vi} zugeordnet ist, die aus einer Kombination von Person i und Test v besteht (*Fischer* 1968, 24). Ähnliche Überlegungen liegen auch verschiedenen Weiterverwendungen des *Brunswik*schen Linsenmodells zugrunde (vgl. z. B. *Cohen* 1969), indem nicht entweder die Reize *oder* die Beurteiler untersucht werden, sondern vielmehr die Urteilsvorgänge zwischen beiden Anteilen, die zu bestimmten Urteilen führen.
Holzkamp (1968, 149ff., 304ff.) erörtert in seinem wissenschaftstheoretischen Entwurf zur „Wissenschaft als Handlung" insbesondere apparative Meßprozeduren, die als zweite Grundform des experimentellen Handelns (instrumentelles, idealwissenschaftliches Experimentieren) eingeordnet werden. In Weiterführung der Konzepte von *Duhem* (1908) und *Dingler* (1928, 1952) zur physikalischen Messung werden *Meßinstrumente* nicht als natürlich vorfindbar, sondern als Realisation bestimmter theoretischer Vorstellungen betrachtet, zu

denen formal insbesondere die euklidische Geometrie korrespondieren soll. Die Analyse der Meßinstrumente liefert demgemäß sowohl Einsichten in ihre zugrundeliegende Theorie als auch Einsichten in die empirischen Gesetzmäßigkeiten der mit ihrer Hilfe gewonnenen Meßdaten. Der *Holzkamp*sche Ansatz ist beschränkt auf die Analyse apparativer Messungen, kann aber versuchsweise generalisiert werden auf psychologische Skalierungen, bei denen Subjekte als „Meßinstrumente" fungieren, weil die resultierenden Skalen zur Messung der Objekte eindeutig von subjektiven Urteilen abhängen. Die formale Theorie dieser „Meßinstrumente" zur Skalierung von subjektiven Objekteigenschaften wäre dann gleichzeitig eine Theorie psychologischer Urteilsprozesse der beteiligten Subjekte, die empirisch abgesichert werden muß.[2]
Die Konsequenzen der *Modellabhängigkeit* von psychologischen Messungen wurden kürzlich von *Kalveram* (1968) kritisch diskutiert, und zwar insbesondere mit dem Hinweis, daß solche Messungen nicht nur schlechthin von Modellen, sondern von „Strukturmodellen" abhängen, weil an die zu messenden Größen bestimmte Forderungen gestellt werden, welche ihre Meßbarkeit erst gewährleisten sollen. Direkt auf MDS bezogen bedeutet diese Abhängigkeit, daß nur solche Schätzungen von Abstandsmaßen widerspruchsfreie räumliche Abbildungen der Objekte liefern sollen, die aus empirischen Daten hervorgehen, die bestimmte restriktive Modellannahmen erfüllen (vgl. dazu *Micko* 1969). In dieser von *Kalveram* nachteilig beurteilten Eigenschaft von Strukturmodellen ist jedoch andererseits ein Vorteil zu sehen; denn durch die Forderungen an die Meßbarkeit der intendierten Größen wird

1. gewährleistet, daß ein Meßmodell empirisch testbar und damit auch falsifizierbar ist und somit
2. prinzipiell auch zur Theorienbildung über die zugrundeliegenden psychologischen Prozesse der informationsverarbeitenden Subjekte geeignet ist.

Statt der Verwendung mehrdimensionaler Strukturmodelle bevorzugt *Kalveram* ein Prinzip der Messung, bei dem die Meßbarkeit von Größen und ihre Eindimensionalität definitorisch festgelegt werden. Der Autor lehnt sich dabei an das Vorgehen in den etablierten Naturwissenschaften an und meint, daß z. B. auch die Physik ihre Meßprobleme ohne mehrdimensionale Konzepte und Strukturmodelle behandeln kann.[3]
Wenn mehrdimensionale und strukturelle Meßmodelle zur Lösung von Meßproblemen vielleicht nicht zwingend sind, so ist jedoch zu fragen, wieweit sie über die engere Fragestellung der Messung hinaus nicht *nützlich* sind. Dazu sollte man den wissenschaftlichen Nutzen psychologischer Skalierungsversuche nicht nur in der Bereitstellung zweckmäßiger Meßinstrumente, sondern auch in der Entwicklung testbarer psychologischer Theorien über das Urteilsverhalten der beteiligten Subjekte sehen. Die Berücksichtigung dieses Gesichtspunktes

impliziert natürlich die Realisierung aller Überlegungen, die man – wie schon ausgeführt – sonst auch beim Aufbau und der empirischen Absicherung von Verhaltenstheorien anzustellen hat.

2.3 Interaktion zwischen Subjekten und Objekten und Problem des mittleren Beurteilers

Im vorangegangenen Abschnitt wurde andeutungsweise ein Interaktionskonzept der Messung deshalb erörtert, um auf bestimmte inhaltlich-theoretische Implikationen bei der Anwendung von MDS-Verfahren hinzuweisen, die über die Kennzeichnung von MDS als „rein" methodisches Hilfsmittel weit hinausgehen: Da jedes Skalierungsergebnis gleichzeitig Aussagen über die Reize *und* die Beurteiler impliziert, kann jede Meßtheorie zur Begründung der Messung von Reizattributen im Prinzip gleichzeitig als Ansatz einer strukturellen Theorie über die Urteilsbildung der „Agentien" (vgl. *Sixtl* 1972), d. h. der untersuchten Personen angesehen werden. Stillschweigend wurde bisher allerdings im Sinne allgemeinpsychologischer Fragestellungen die prinzipielle Gleichartigkeit oder Homogenität aller Beurteiler bzw. die Berechtigung des *mittleren Beurteilers* und einer zugeordneten allgemeinen Urteilstheorie vorausgesetzt. Das angedeutete Interaktionskonzept wäre aber schon aus formalen Gründen unvollständig, wenn nicht beide Anteile in der Interaktion „Subjekte × Objekte" – also auch die Subjekte bzw. Beurteiler – als variabel angesehen würden. Dieser differentialpsychologische Gesichtspunkt der *interindividuellen Heterogenität* der Beurteiler in MDS-Versuchen soll etwas genauer erörtert werden.
Schon in einer Arbeit von *McKeon* (1964, 24) werden Skalierungsversuche in den Kontext einer Interaktion zwischen zwei variablen Anteilen eingeordnet, nämlich zwischen Meßobjekten und Meßinstrumenten. Eine zweckmäßige Klassifikation von Interaktionsformen und dazugehörigen Meßvorgängen ergibt sich, wenn man Meßobjekte und Meßinstrumente jeweils danach aufteilt, ob es sich um Personen oder nicht um Personen handelt. In der Psychologie sind die Meßinstrumente gewöhnlich Test-Items oder Beurteiler (vgl. „technische Systeme" vs. „organische Systeme", *Gutjahr* 1972, 51 f.), und die Meßobjekte sind Reizobjekte oder Personen. Behält man die Interaktion „Items × Objekte" für physikalische Messungen vor (z. B. Längenmaßstab × Tischkante), so bleiben für die Behandlung von Meßproblemen in der Psychologie folgende Interaktionsformen:

1. Items × Personen (Testpsychologie, Diagnostik, Einstellungsmessung etc.),
2. Beurteiler × Reizobjekte (Präferenzmessungen, Skalierungsversuche etc.),
3. Beurteiler × Personen (Personenbeurteilung etc.).

Die in der MDS implizierte Meßabsicht wird vor allem im Kontext der zweiten Interaktionsform „Beurteiler × Reizobjekte" realisiert. Innerhalb dieser Interaktion können verschiedene Reaktionsformen der Subjekte untersucht werden. *Luce* (1963, 105) unterscheidet hier vier klassische Verhaltensbereiche, nämlich Reizentdeckung (detection), Reizwiedererkennung (recognition), Reizdiskriminierung (discrimination) und Reizskalierung (scaling). Alle Bereiche überlappen sich und werden teilweise mit identischen Methoden untersucht, die zu vergleichbaren Ergebnissen führen (vgl. z. B. *Tack* 1968, *Lüer* et al. 1970). Im folgenden soll in der Interaktion zwischen Beurteilern und Reizobjekten hauptsächlich diejenige Aktivität von Subjekten betrachtet werden, welche direkt zu Ausgangsdaten von MDS führt, nämlich zur Abgabe von Ähnlichkeitsurteilen gegenüber paarweise angeordneten Reizobjekten.[4]
In der Psychophysik und auch bei den meisten üblichen Anwendungen von MDS werden die Personen bzw. Beurteiler als fixiert betrachtet und man untersucht unter Verwendung entsprechender Mittelungsprozeduren die subjektive Variation bzw. Kovariation der Objekte in der Sicht des mittleren Individuums. Dieses Vorgehen entspricht der Sichtweise der *allgemeinen* Psychologie, deren klassische Zielsetzung in der Aufdeckung von Gesetzmäßigkeiten möglichst großer Allgemeingültigkeit an mittleren Pbn bzw. für alle Individuen besteht. Sofern Abweichungen von einem mittleren „allgemeinen" Individuum lediglich durch Zufallsannahmen zu erklären sind, kann das Problem interindividueller Differenzen als Störgrößenproblem betrachtet werden und mit Hilfe geeigneter Methoden der Versuchsplanung und Statistik behandelt werden. Wie *Sixtl* (1972, 154f.) nachdrücklich hervorhebt, sind jedoch Mittelungsprozeduren dann außerordentlich problematisch, wenn es sich um überzufällige bzw. systematisch reproduzierbare Unterschiede zwischen Individuen handelt. Vor allem ist dann die Deutung der Reaktion des mittleren Individuums als mittlere Reaktion und die Annahme der Gleichartigkeit von Reaktionsformen der einzelnen Personen und der allgemeinen, durchschnittlichen Reaktionsform aller Individuen nur unter bestimmten Bedingungen möglich.
Eine über die allgemeine Psychologie hinausgehende Zielsetzung liegt der klassischen, testpsychologisch begründeten *differentiellen* Psychologie zugrunde: In der Interaktion „Items × Personen" werden gewöhnlich die Items als fixiert angenommen, und die Variation der Subjekte wird in Form überzufälliger, reproduzierbarer Differenzen persönlichkeitsspezifisch interpretiert (vgl. *Hays* 1967, 74f.). Dabei zielt die differentielle Psychologie jedoch nicht den extrem individualistischen Fall, d. h. die definitive Unterschiedlicheit aller Individuen an. Nach *Stern* (1921, 2) ist „die differentielle Psychologie ... zunächst, gleich der generellen eine auf Allgemeingültigkeiten gehende Wissenschaft, aber die Allgemeingültigkeiten, welche sie sucht, sind anderer Art." Damit ist gemeint, daß nicht Gesetzmäßigkeiten mit Geltungsanspruch für alle Individuen, sondern für das Auftreten individueller Unterschiede gesucht

werden. Zwischen extrem individualistischen und allgemeinpsychologischen Zielsetzungen wird hier eine mittlere Position angezielt. Bezogen auf die Interaktion „Beurteiler × Reizobjekte“ als Gegenstand von MDS wird die Modifikation eines allgemeinen subjektiven Reizraumes zugunsten klassenspezifischer Beurteilerunterschiede angestrebt. Diese differentialpsychologische Konsequenz auf der Basis eines Interaktionskonzepts von MDS wird beispielsweise in einem erweiterten Vektor-Modell (points of view model) von *Tucker & Messick* (1963) berücksichtigt, in dem intraindividuell gegliederte subjektive Reizstrukturen ausdrücklich in Abhängigkeit von systematischen interindividuellen Differenzen der Beurteiler skaliert werden.

Auch *Sixtl* (1972) begründet seine schon erwähnten „Gedanken über die Verzahnung von Allgemeiner und Differentieller Psychologie“ auf dem hier als heuristisch besonders günstig herausgestellten Interaktionskonzept der Messung (vgl. *Ahrens* 1972) und der Unterscheidung von Objekten und Agentien (Meßinstrumenten) der Messung. Im Zusammenhang mit differentiellen Betrachtungen über das mittlere Individuum hinaus ist besonders der Fall interessant, daß *Personen* als Hilfsmittel (Agentien) der Messung fungieren. Zusammenfassend grenzt *Sixtl* (S. 157) vor allem folgende Möglichkeiten voneinander ab:

1. Die Wechselwirkung „Reize × Vpn“ ist Null, d. h. beliebige Personen als Agentien stellen dieselben Reizunterschiede fest. Es handelt sich um *reizzentrierte* Skalierung, die wenig Ansatzpunkte für differentielle Betrachtungsweisen bietet (z. B. klassische Psychophysik).
2. Die Wechselwirkung „Reize × Vpn“ kann durch bestimmte algebraische Transformationen zum Verschwinden gebracht werden. So könnte man beispielsweise durch eine lineare Transformation die individuellen Funktionen von N Vpn in zueinander parallele Kurven überführen (vgl. z. B. *Levine* 1970), sie damit einer einheitlichen Funktionsklasse zuordnen und hätte für differentielle Betrachtungen die Individualparameter zu schätzen. Ist diese Transformation möglich, so ist diese Art von Messung gleichfalls auf reizzentrierte Skalierung rückführbar und dem Gesichtspunkt der *spezifischen Objektivität* im probabilistischen Testmodell nach *Rasch* (1960, 1967) vergleichbar. Die Skalen sind reizspezifisch (bzw. Item-spezifisch) und populationsunabhängig, gestatten jedoch den Vergleich und die Differenzierung verschiedener Individuen. Dieser Gesichtspunkt entspricht dem direkten und testpsychologisch begründeten Ansatz der differentiellen Psychologie: Sowohl die Aufstellung eines allgemeinen Gesetzes als auch die Untersuchung der Individualparameter sind möglich.
3. Die Wechselwirkung „Reize × Vpn“ ist nicht durch Rückführung auf zufällige Unterschiede der Agentien (= Personen) zu eleminieren. Dieses Konzept reproduzierbarer individueller Differenzen begründet *reaktions-*

zentrierte Skalierungen, ist gleichfalls für differentielle Betrachtungen brauchbar und führt gewöhnlich über geeignete Klassifikationsanalysen der interindividuellen Differenzierung zur Typisierung der Agentien und zu korrespondierenden Gesetzen des Reiz-Reaktionszusammenhanges mit eingeschränkter Geltung.

Sixtl zieht zum Aufweis der Verzahnung von allgemeiner und differentieller Psychologie hauptsächlich die zweite Möglichkeit (mit spezifischer Objektivität und Populationsunabhängigkeit) in Betracht, indem er die Aufgabe der Differentiellen Psychologie darin sieht,

a) allgemeine Gesetze des Reiz-Reaktionszusammenhanges durch *eine* Funktionsklasse zu begründen, der alle Individualfunktionen angehören, und
b) in diesem allgemeinen Zusammenhang die differenzierenden Individualparameter zu untersuchen.

Besonders auf die Belange und Eigenarten geometrischer MDS-Modelle bezogen ist es jedoch m. E. günstig, auch die dritte Möglichkeit (Typen bzw. Funktionsklassen), und vor allem ihre Kombination mit der zweitgenannten Möglichkeit einzubeziehen, wenn man die Verzahnung von allgemeiner und differentieller Psychologie auf der Grundlage des Interaktionskonzepts umfassend diskutieren will. Die dritte Möglichkeit allein wird beispielsweise ausgeschöpft durch das MDS-Modell von *Tucker & Messick* zur Skalierung intra- und interindividueller Differenzen. Zur Ermittlung von „points of view" in der interindividuellen Heterogenität werden die Interkorrelationen zwischen Personen einer Faktorenanalyse im Sinne der Q-Technik unterzogen, wodurch eine faktorielle Typisierung der Beurteiler ermöglicht wird. Weiterentwicklungen dieses Modells (vgl. *Carroll & Chang* 1970, *Carroll* 1972) gehen zwar auch vom Konzept des mehrdimensionalen Personenraumes aus, vernachlässigen aber die Typisierungsmöglichkeit. Vielmehr wird angenommen, daß verschiedene Individuen die Reize nach den Dimensionen eines gemeinsamen Gruppenraumes wahrnehmen, die jedoch – in Abhängigkeit von der Position der Individuen im Personenraum – nur unterschiedlich gewichtet werden. Soweit ich sehen kann, implizieren Weiterentwicklungen dieser Art die Kombination beider von *Sixtl* genannter Möglichkeiten, nämlich der Verwendung reizspezifischer, gemeinsamer Dimensionen, die jedoch personenspezifisch, d. h. nach der Position des Individuums im *mehrdimensionalen Personenraum* unterschiedlich gewichtet werden. Wir kommen darauf zurück.
Im Zusammenhang mit der Untersuchung individueller Differenzen in der wechselseitigen Beziehung zwischen Reizobjekten und Personen ist ein spezielles Interaktionskonzept erwähnenswert, das von *Young & Cliff* (1972) insbesondere zur ökonomischen Behandlung von großen Reizmengen vorgeschlagen wurde. Dieses MDS-System basiert auf einer real-time-Interaktion

zwischen Computer und Beurteilungspersonen. Aufgrund bestimmter mathematischer Modellvorstellungen (vgl. *Ross & Cliff* 1964) wird zunächst nur eine Teilmenge der Reizobjekte skaliert. Durch Auswahl bestimmter „kritischer“ Reizpaare wird schließlich in einem sukzessiven Interaktionsprozeß zwischen Individuen und Computer die gesamte MDS-Konfiguration angepaßt. Dieses Interaktionskonzept soll sowohl die Strukturanalyse individueller Differenzen als auch die enge Verknüpfung zwischen Urteilsdaten und den postulierten kognitiven Strukturen sichern.

Eine *wissenschaftstheoretische* Einordnung des Interaktionskonzepts der Messung findet sich bei *Leinfellner* (1967, 108ff.), der Messen (bzw. Wahrnehmung, Beobachtung) als operatives Fundament an den Anfang empirisch geleiteter theoretischer Erkenntnis stellt. *Leinfellner* unterscheidet zunächst ein Meßsystem (MS) und ein zu messendes System (S). Der Meßprozeß besteht unter operativen Aspekten darin, daß das System MS mit dem System S in eine Wechselwirkung tritt, und daß die Messung bzw. der Meßwert als Resultat der Wechselwirkung MS × S registriert wird. Im Prinzip wird dabei kein Unterschied zwischen Wahrnehmung und Messung, bzw. zwischen Meßsystem MS als Person oder physikalisches Meßinstrument gemacht, d. h. der Physik und den Sozialwissenschaften wird eine einheitliche Meßtheorie mit dem Konzept der homomorphen bzw. isomorphen Abbildung als zentralem Bestimmungsstück zugrundegelegt. Zwei wesentliche Unterschiede werden jedoch herausgearbeitet, durch welche das Interaktionskonzept besonders für den Gebrauch in den Sozialwissenschaften relativiert wird.

Der erste Aspekt zielt auf die *Objektivitätsfrage*: Im Gegensatz zu Resultaten physikalischer Messungen ist bei subjektiven Wahrnehmungen die intersubjektive Nachprüfbarkeit und Vergleichbarkeit nicht gesichert. Ganz im Sinne der *Sixtl*schen Auffassung von Objektivität als intersubjektiver Beurteilerübereinstimmung (vgl. *Sixtl* 1967, 262ff.) wird hier mit überzufälligen interindividuellen Differenzen für den Fall gerechnet, daß in der Interaktion MS × S das Meßsystem MS durch verschiedene Subjekte repräsentiert wird. Die zweite Restriktion richtet sich auf die Form der Wechselwirkung MS × S. Zwei Formen werden unterschieden: *Symmetrische* und *nicht-symmetrische* Wechselwirkung. Meßprozeduren mit nicht-symmetrischer Interaktion sind typisch für die klassische Physik, wobei keine Rückwirkung vom Meßsystem auf das zu messende System angenommen wird. Für die Sozialwissenschaften (und z. B. auch für die Quantenphysik) muß jedoch mit symmetrischer Interaktion gerechnet werden. Wie in den vorangegangenen Überlegungen schon genauer ausgeführt wurde, sind im Fall von Skalierungsversuchen die Messungen nicht als Folge eines „passiven“ Registrierens von quantitativen Eigenschaften der Meßobjekte S, sondern vielmehr als Ergebnis aktiver und subjektiver Urteilsvorgänge von Personen zu deuten, die hier als Meßinstrumente oder Agentien MS fungieren.

Auch *Gutjahr* (1972, 39ff.) geht in der theoretischen Begründung der Messung psychischer Eigenschaften im Prinzip von einem Wechselwirkungskonzept aus, das allerdings in den allgemeinen Rahmen einer *dialektischen* Betrachtungsweise gestellt wird. Psychologie wird als Lehre vom Verhalten und Erleben von Personen definiert. Diese allgemeine Definition wird präzisiert durch die Unterscheidung von inneren psychischen Bedingungen oder Personeigenschaften (P), äußeren Einwirkungen oder Umgebungs-, Situations- oder Reizbedingungen (U) und Tätigkeit bzw. Verhalten (V). Alle Variablen können mehrdimensional sein. In einer einleitend schon kurz erwähnten fundamentalen Verhaltensgleichung V = f(P,U) oder kürzer V(P,U) wird Verhalten als funktional abhängig von Personeneigenschaften P und Reizeigenschaften U definiert. P entspricht den inneren und U den äußeren Bedingungen des Verhaltens. Die Wechselbeziehung beider wird als dialektischer Zusammenhang beschrieben. Die auf situations- bzw. reizzentrierte Skalierung zielende Psychophysik (vgl. U(P,V)) und die personzentrierte Skalierung der Psychometrie (vgl. P(U,P)) stehen dialektisch zueinander und ergänzen sich (wie „zwei Seiten einer Medaille"; S. 45) zum Verhaltensansatz (V(P,U)) als Synthese: Im dialektischen Verhältnis von inneren und äußeren Verhaltensbedingungen soll gleichzeitig das allgemeine (reizorientierte) Prinzip der Psychophysik und das differentielle (personenorientierte) Konzept der Psychometrie zum Ausdruck kommen, d.h. die Verknüpfung von allgemeinpsychologischen und differentialpsychologischen Verhaltensaspekten.

2.4 Daten und Skalierungsmodell

Nach *Coombs* (1960, 1964, 1967, 53) besteht die Hauptaufgabe einer Datentheorie darin, die Zusammenhänge von Meßwerten und Beobachtungsdaten zu klären und eine Menge von Konzepten bereitzustellen, die der Strukturierung von Datenerhebungsmethoden und Meßverfahren in verschiedenen Verhaltensbereichen dienen. Bei Verwendung geometrischer Konzepte soll dabei eine Abstraktion vom beobachtbaren Verhalten der beteiligten Personen geleistet werden, indem Verhalten in Termen von Relationen zwischen Punkten im metrischen Raum beschrieben wird. In Skalierungsexperimenten soll diese Abstraktion insbesondere dazu dienen, bestimmte Reizobjekte so in ein mathematisches System abzubilden, daß Aussagen über metrische Eigenschaften der Objekte getroffen werden können: Das verwendete mathematische System dient als *Meßmodell* bestimmter realer Objekte. Das Charakteristische einer Messung besteht dabei in der Abbildung einer Menge vorgegebener Objekte bzw. Objekteigenschaften und ihrer wechselseitigen Relationen in eine Menge reeller Zahlen und ihrer wechselseitigen Relationen:

Durch eine Messung wird ein empirisches Relativ in ein numerisches Relativ abgebildet. In Analogie zur Definition eines Tests (vgl. *Fischer* 1968, 18) kann man dabei erst dann von einer Messung sprechen, wenn als Mindestvoraussetzung die Art der Zuordnung vom empirischen auf das numerische Relativ bekannt, d. h. eindeutig festgesetzt ist. Gewöhnlich werden dabei funktionale Zuordnungsformen verwendet.
Der Aufbau eines empirisch bedeutsamen Modells für die numerische Abbildung eines gegebenen Objektsystems enthält nach *Coombs, Raiffa & Thrall* (1954; vgl. auch *Coombs, Dawes & Tversky* 1970, *Bjork* 1973) zwei grundlegende Anteile (vgl. Abb. 1):

1. Abstraktion der Realität (A)
2. Interpretation der Realität (I)

Nur aus Gründen der vereinfachten Darstellung und ohne Berücksichtigung wissenschaftheoretischer Implikationen sei die Realität hier einmal als etwas unmittelbar Gegebenes vorausgesetzt. Sie wird repräsentiert durch die Reizobjekte, die interaktiv mit den Subjekten verknüpft sind, welche sie beurteilen. In dieser vereinfachten Form entspricht dem Prozeß der Messung ein Abstraktionsvorgang gegenüber der Realität.

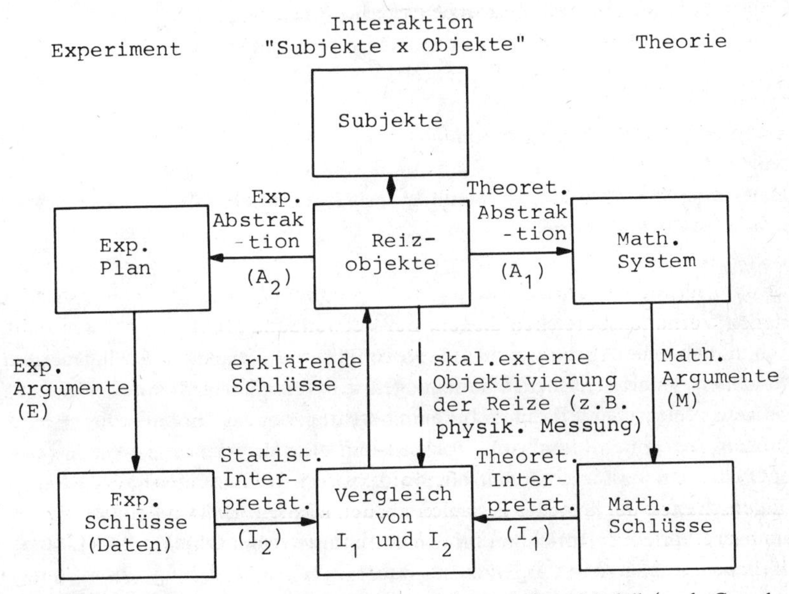

Abb. 1: Abhängigkeit von Experiment und mathematischem Modell (nach *Coombs, Raiffa & Thrall* 1954, 134).

Diese Abstraktion verläuft in zwei Richtungen: Durch die *theoretische Abstraktion* (A_1) wird die Realität auf ein mathematisches Modell abgebildet (z. B. auf die euklidische Distanzfunktion). Durch die *experimentelle Abstraktion* (A_2) wird dasselbe Objektsystem auf einen experimentellen Versuchsplan abgebildet (z. B. zur Gewinnung von Unähnlichkeitsurteilen).
Beide Abstraktionsrichtungen verlaufen praktisch simultan und haben weitergehende Konsequenzen: Aus dem mathematischen Modell resultieren unter Verwendung mathematisch-deduktiver Vorschriften (M) bestimmte mathematische Schlüsse (es wird z. B. bei Verwendung einer bestimmten Distanzfunktion eine Distanz in orthogonale Komponenten zerlegt). Aus dem experimentellen Plan resultieren durch Experimentieren (E) bestimmte empirische „Schlüsse" (z. B. Unähnlichkeitsschätzungen zu Objektpaaren). Korrespondierend zu den beiden Abstraktionsrichtungen werden nunmehr die Schlüsse beider Abstraktionsvorgänge interpretiert: Aus dem mathematischen System geht eine *theoretische Interpretation* (I_1) der Realität hervor (die Zerlegung der Distanzen in orthogonale Komponenten des Raummodells wird z. B. als formal-quantitative Abbildungsmöglichkeit der subjektiven Reizvariation bzw. des psychologischen Raumes interpretiert). Aus den empirischen Beobachtungen geht unter Verwendung bestimmter Rechenvorschriften eine *statistische Interpretation* (I_2) der Realität hervor (es wird z. B. angenommen, daß der mittlere Beurteiler seine Unähnlichkeitsurteile so aus einzelnen Reizattributen kombiniert, wie sie nach der Rechenvorschrift dekompensierbar sind).
Aus den Beispielen zu den beiden Interpretationsrichtungen geht schon unmittelbar hervor, daß die theoretische Interpretation (I_1) wie eine Hypothese und die empirische Interpretation (I_2) als ihre emprische Bewährungsmöglichkeit betrachtet wird. Man kommt – wie bei jeder Untersuchung in den empirischen Wissenschaften – auf zwei verschiedenen, jedoch aufeinander abgestimmten und praktisch simultan verlaufenden Wegen zu „erklärenden" Schlüssen über das Objektsystem:

1. Durch experimentell-statistische Argumente (empirische Daten).
2. Durch mathematisch-logische Argumente (Folgerungen aus dem Modell).

Wenn sich beide Schlüsse nicht widersprechen, so kann nach allgemeinen wissenschaftstheoretischen Überlegungen das verwendete Skalierungsmodell solange den formalen Rahmen für empirisch abgesicherte theoretische „Erklärungen" der Interaktion von Personen und Reizobjekten abgeben, bis sich entweder ein besseres Modell oder widersprechende empirische Ergebnisse finden. Der so hergestellte Zusammenhang zwischen Meßmodell und Skalierungsexperiment entspricht im Prinzip den anfangs schon diskutierten Maßnahmen zur Abschätzung des Erklärungswertes bzw. zur kritischen Überprüfung einer formalisierten Theorie (vgl. z. B. *Klix* 1961, *Popper* 1966, *Leinfellner* 1967, *Stegmüller* 1969, 1970, *Westmeyer* 1972).

Auch *Gutjahr* (1972) weist nachdrücklich darauf hin, daß der Aufbau einer Meß- oder Datentheorie zur Verknüpfung von Beobachtungsdaten und Meßdaten völlig analog zur Konstruktion und empirischen Begründung allgemeiner Verhaltenstheorien verläuft. In diesem Zusammenhang wird einmal die Theorieabhängigkeit von Messungen als selbstverständlich betont (S. 257). Zum anderen beruft sich *Gutjahr* (1972, 258ff.) hinsichtlich der Interaktion von Daten und Konzeptualisierung auf die Bezeichnung „zweibahniger Verkehr" von *M. H. Marx* (1964, 14), um die dialektische Verknüpfung von Daten und Theorie hervorzuheben. Zur genaueren Beschreibung dieses Verknüpfungsprozesses wird nach *Klaus* (1966) eine „dialektische Regelkreiskonzeption der Erkenntnis" (S. 259) bevorzugt. Dem Regelkreismodell quantifizierender Erkenntnis werden unter prozessualen Aspekten auch die Schritte der Beschreibung und Erklärung und der Induktion und Deduktion untergeordnet.
Betrachtet man die Skalierungsprozedur im engeren Sinne als Meßmodell zur Abbildung von Meßskalen der subjektiven Variation der Reizobjekte, so darf zwischen den nach Modellannahmen berechneten Skalenwerten und den beobachteten subjektiven Ähnlichkeitsurteilen kein Widerspruch bestehen. Die entsprechende Anpassungsgüte ist beispielsweise statistisch überprüfbar, indem man die modellabhängig berechneten Distanzen mit den beobachteten Unähnlichkeitsurteilen vergleicht und die Abweichungen zufallskritisch prüft. Alle Prüfungen dieser Art zur Anpassungsgüte wollen wir als „*skalierungsintern*" bezeichnen, weil als „internes" Krititerium genau die Beobachtungsdaten herangezogen werden, aus denen auch die Parameter der zu vergleichenden Struktur geschätzt wurden. Die Problematik dieser Form der Gültigkeitsprüfung wird später noch diskutiert (vgl. S. 103ff.). Als „*skalierungsextern*" sind hingegen alle Kriterien zu betrachten, die sich unabhängig von denjenigen subjektiven Urteilen objektivieren lassen, die unmittelbar zum Skalierungsergebnis geführt haben. Hierzu zählen vor allem solche Verhaltensweisen, die mittelbar von Urteilsprozessen abhängen, wie z. B. Präferenzentscheidungen und Lernvorgänge. Als externe Kriterien können jedoch auch Eigenschaften des Reizmaterials angesehen werden, die sich unabhängig von subjektiven Urteilen physikalisch objektivieren lassen. Man vergleicht dann die durch die Skalierung aufgedeckte subjektive Reizkonfiguration direkt mit der physikalisch bekannten Reizvariation. Dieser Vergleich ist primär Gegenstand der Psychophysik, die versucht, die Relation zwischen physikalischer und subjektiver Reizvariation durch psychophysische Funktionen zu quantifizieren. Die Eignung physikalischer Variationsprinzipien (bzw. eines objektiven Attributraums) als externes Gültigkeitskriterium für die Geltung des konstruierten subjektiven Attributraumes kann jedoch nicht uneingeschränkt postuliert werden (vgl. *Green & Carmone* 1972, 3f.), wie später noch zu diskutieren ist (vgl. S. 103ff.).
Der vorgeschlagenen Unterscheidung von skalierungsinternen und skalierungs-

externen Kriterien entspricht die Aufteilung der Geltung von Theorien nach *innerer* und *äußerer Gültigkeit*, wie *Micko* (1971) am Beispiel der Faktorenanalyse ausführt. Die empirischen Daten, auf welche eine Theorie angewendet werden kann, werden von *Micko* als „Eigendaten" bezeichnet. Eine Theorie wird dann als datentreu oder intern valide angesehen, wenn ihre Eigendaten mit den Parametern hinlänglich genau in dem postulierten Zusammenhang stehen. Die kritische Prüfung der inneren Gültigkeit kann in einer Kreuzvalidierung bestehen, indem die Parameterschätzung aus einer Teilmenge der Daten auf eine andere Teilmenge übertragen wird. Gewöhnlich werden jedoch *alle* Eigendaten zur Parameterschätzung herangezogen. Man vergleicht dann im Sinne der Anpassungsgüte die rückgerechneten mit den beobachteten Daten. Um hingegen die externe Gültigkeit einer Theorie A festzustellen, werden ihre geschätzten Paramter auf eine Theorie B übertragen, um deren Eigendaten vorherzusagen. Die Eigendaten der Theorie B sind dann „Fremddaten" für die Theorie A. Ist die Theorie B in diesem Zusammenhang datentreu bzw. intern valide, so werden die Ausgangstheorie A als extern valide und ihre Parameter als generalisierbar bezeichnet.
Coombs (1960) organisiert seine *Datentheorie* nach fünf allgemeinen Annahmen, von denen wir nur die vierte angeben, weil sie sich als Basis einer Klassifikation psychologischer Meßmodelle und Meßmethoden eignet. Danach wird angenommen, daß jedes Meßmodell drei Bedingungen erfüllt:

1. Es existiert eine Relation zwischen den Elementen eines Punktepaares oder zwischen Punktepaaren.
2. Die Elemente eines Punktepaares stammen aus zwei verschiedenen oder aus einer Menge.
3. Die Relation ist entweder eine Ordnungsrelation oder eine Ähnlichkeitsrelation.

Indem jede der drei Bedingungen dichotom aufgeteilt ist, kommt man zu einer Klassifikation von Meßproblemen nach $2 \times 2 \times 2 = 8$ Gesichtspunkten. Im folgenden verwenden wir nach *Coombs* (1967) hauptsächlich die Bedingung zweier möglicher Datenrelationen (Ordnungsrelation und Ähnlichkeitsrelation), um eine Gliederung wichtiger Datenmatrizen zu erhalten.

2.5 Datenrelationen und Datenmatrizen

Das empirische Relativ von Personenurteilen, das über ein Skalierungsmodell in ein numerisches Relativ abgebildet werden soll, enthält je nach Art der Datenerhebung bestimmte Relationen. In Skalierungsversuchen lassen sich zwei grundlegende Klassen von *Datenrelationen* unterscheiden (vgl. *Coombs* 1967, 53):

1. Dominanzrelationen
2. Ähnlichkeitsrelationen

Eine typische *Dominanzrelation* wird z. B. im Paarvergleich hergestellt, welcher der eindimensionalen Skalierung nach dem *Thurstone*schen „law of comparative judgment" zugrundeliegt. Die Vpn geben beim Reizvergleich an, welchen von zwei Reizen j und k sie jeweils bevorzugen. Aus der Summe aller Vpn-Urteile läßt sich als relative Häufigkeit die Proportion p_{jk} ermitteln, mit welcher ein Reiz j einen anderen Reiz k dominiert. Eine vollständige Dominanzmatrix P enthält p_{jk}-Werte für alle möglichen Paarvergleiche. Proportionen dieser Art werden auch bei Skalierungen nach dem BTL-Modell (*Bradley-Terry-Luce*-Modell; vgl. *Luce* 1959) zur eindimensionalen Abbildung von Reizen verarbeitet. Auch die Beantwortung von binären Testitems kann man sich als Herstellung von Dominanzrelationen vorstellen: Bei einer Ja-Antwort dominiert die Vp das Item, bei einer Nein-Antwort dominiert das Item die Vp. Dieser Ansatz wird beispielsweise in dem stochastischen Testmodell von *Rasch* verwendet (vgl. *Fischer* 1968).
Eine typische *Ähnlichkeitsrelation* wird z. B. realisiert, wenn die Vpn auf einer eindimensionalen Schätzskala die Ähnlichkeit bzw. Unähnlichkeit je zweier Reize j und k direkt einschätzen müssen. Neben dieser *direkten* Ähnlichkeitsschätzung kann man die Ähnlichkeit je zweier Reize auch *indirekt*[5] ermitteln, indem man z. B. Tripelvergleiche durchführen läßt. Es werden jeweils Tripel von Reizen vorgegeben, wobei die Vp entscheiden muß, welcher von zwei Reizen j und k einem Vergleichsreiz i ähnlicher ist. Aus der Menge aller Tripelvergleiche (vollständiger Triadenvergleich; vgl. *Torgerson* 1958) läßt sich dann eine Distanzmatrix für alle Reizvergleiche gewinnen, welche die Basis für die üblichen Methoden der MDS bildet. Während in Dominanzmatrizen angegeben wird, in welchem Ausmaß ein Zeilenelement jeweils ein korrespondierendes Spaltenelement dominiert, enthalten Ähnlichkeitsmatrizen bestimmte Konsonanzmaße, welche die Ähnlichkeit korrespondierender Elemente angeben. Ähnlichkeitsmatrizen sind gewöhnlich symmetrisch, können aber auch nichtsymmetrisch sein (vgl. *Green & Carmone* 1972, 30ff., 43ff.).
Auch verschiedene *probabilistische Skalierungsmodelle* verwenden das Konzept der Ähnlichkeitsrelation zwischen Reizen. So liegt beispielsweise der Analyse von Konfusionsmatrizen nach den *Luce*schen Wahlaxiomen die Annahme zugrunde, daß z. B. in Reizidentifikationsexperimenten (vgl. *Tack* 1968) die Verwechslungswahrscheinlichkeit zweier Reize mit ihrer wechselseitigen Ähnlichkeit zunimmt. Darüber hinaus existieren Versuche (vgl. *Luce* 1961, *Shepard* 1958, *Nakatani* 1972 u. a.), Konfusionswahrscheinlichkeiten nicht nur

als Funktion der Reizähnlichkeiten auszudrücken, sondern auch auf metrische Distanzfunktionen zurückzuführen. Diese Möglichkeit ist von *Krantz* (1967) kritisch diskutiert worden. Von *Cross* (1965a) stammt eine Arbeit, in der psychologische Interpretationen der Metrik von MDS-Modellen am Beispiel multidimensionaler Reizgeneralisierungen veranschaulicht werden.

Ähnlichkeitsrelationen werden indirekt auch bei der *Unfolding-Skalierung* nach *Coombs* (1950, 1964) in folgender Form realisiert (vgl. auch *Shepard* 1972, 24ff., 29): Ausgang der Skalierung ist die Relation zwischen Personen und Objekten. Indem eine Person explizit *Präferenzurteile* gegenüber den Reizen abgibt, stellt sie implizit Ähnlichkeitsbeziehungen zwischen ihrem Idealpunkt auf einem individuellen Kontinuum und den Reizpunkten her. Die im jeweils individuellen Idealpunkt gefaltete Skala der Objekte nennt man I-Skala, die im Prinzip für alle Personen unterschiedlich ist. Das Ziel der Unfolding-Technik besteht dann darin, aus den verschiedenen I-Skalen eine zunächst qualitative gemeinsame Skala (J-Skale = joint scale) zu entfalten, auf der sich Subjekte und Objekte gemeinsam abbilden lassen. Unter günstigen Voraussetzungen (z. B. Eindimensionalität) läßt sich aus Ranginformationen über die Reizähnlichkeiten eine quantitative J-Skala herleiten, die metrische Aussagen über die Ähnlichkeiten bzw. Distanzen der Reize zuläßt (higher ordered metric scale).

Erste Ansätze zur Weiterentwicklung, insbesondere zur *mehrdimensionalen* Erweiterung des *Coombs*schen Unfolding-Modells in der ursprünglichen nonmetrischen Form stammen von *Hays* (1954), *Bennett & Hays* (1960), *Coombs & Kao* (1960), *Hays & Bennett* (1961) und *Mc Ellwain & Keats* (1961). Die praktische Anwendbarkeit dieser frühen Konzepte wird von *Sixtl* (1967, 39ff.) allerdings als unrealistisch eingeschätzt (vgl. auch *Schönemann* 1970, 349f.), weil Anforderungen an die Daten gestellt werden, die praktisch nicht erfüllbar sind. Inzwischen wurden weitere, vor allem theoretische Arbeiten zur mehrdimensionalen Unfolding-Technik vorgelegt (vgl. *Green & Garmone* 1972, 71ff., *Shepard, Romney & Nerlove* 1972), wie beispielsweise zur Berücksichtigung von individuellen Differenzen (vgl. *Carroll & Chang* 1970, *Carroll* 1972, 114ff., *Schönemann & Wang* 1972), zur Analyse metrischer und geometrischer Eigenschaften (vgl. *Schönemann* 1970, *Davidson* 1972), zur probabilistischen Neustrukturierung des Unfolding-Modells (vgl. z. B. *Sixtl* 1973) und zur Einordnung in das übergeordnete Modell der „polynomial conjoint analysis" (*Young* 1972). Vor allem die Verbindung des Unfolding-Modells mit metrischer Ausgangsinformation (z. B. numerische Distanzen) scheint günstigere Anwendungsmöglichkeiten zu eröffnen (vgl. *Coombs* 1964, *Roos & Cliff* 1964, *Schönemann* 1970 u. a.).

Neben der Unterscheidung von Datenmengen nach der Art der Datenrelation kann man fragen, ob jeweils *vollständige* oder *unvollständige* Datenmatrizen vorliegen. Eine Datenmatrix ist immer dann als vollständig anzusehen, wenn für die gewählte Relation bei jedem Reizpaar Urteilsdaten vorhanden sind. Nach den Kategorien „Relation der Daten" und „Vollständigkeit der Datenmatrix" läßt sich ein Vierfelderschema bilden, in welchem sich alle bei Skalierungen praktisch vorkommenden Datenmatrizen einordnen lassen (vgl. Abb. 2).

		Relation	
		Dominanz	Ähnlichkeit
Datenmatrix	unvollständig	Einzelreizdaten (z.B. Psychophysik, Testpsychologie) II	Präferenzdaten (z.B. Unfolding-Skalierung nach COOMBS) I
	vollständig	III Paarvergleichdaten (z.B. BTL-Modell, law of comparative judgment nach THURSTONE)	IV Ähnlichkeitsdaten (z.B. MDS nach KRUSKAL)

Abb. 2: Vierfelderklassifikation von Datenmatrizen (nach *Coombs* 1967, 54).

Typisch für eindimensionale Skalierungsverfahren, die hauptsächlich in der Psychophysik, bei Einstellungsmessungen und in der Testpsychologie eingesetzt werden, sind Datenmatrizen in den Quadranten II und III. Die Quadranten I und IV hingegen enthalten Datenmatrizen, die im allgemeinen zu multidimensionalen Strukturen von Präferenzen oder Ähnlichkeiten führen. Während bei den eindimensionalen Verfahren die Urteilsdimensionen gewöhnlich explizit vorgegeben sind (z. B. Helligkeit bei Lichtreizen), müssen sie bei MDS erst aus den Ähnlichkeits- oder Präferenzurteilen der Vpn herausanalysiert werden, d.h. die Vpn „entscheiden" selbst über die latente Mehrdimensionalität der Reizobjekte.

Im folgenden beschränken wir uns ausschließlich auf Methoden der MDS, mit denen vollständige Ähnlichkeitsmatrizen (Quadrant IV) hinsichtlich latenter Strukturen analysiert werden können. Weiterhin sollen im Sinne der Aufteilung nach „distance models" und „content models" (*Ekman & Sjöberg* 1965) hauptsächlich Skalierungsverfahren erörtert werden, deren Daten nach „Distanzmodellen" erhoben werden.

Ein neuerer und differenzierter Ansatz zur Taxonomie multidimensionaler Methoden der Datenanalyse unter besonderer Berücksichtigung von Datentypen und zugehörigen Modellen stammt von *Shepard* (1972). Dieser Klassifikationsversuch ähnelt zum größten Teil den *Coombs*schen Unterteilungen. Als Datentypen werden Proximitätsdaten, Dominanzdaten, Profildaten und Conjoint-Measurement-Daten zu Grunde gelegt. Wegen der hauptsächlichen Beschränkung auf MDS-Methoden unter Verwendung von Ähnlichkeitsdaten in dieser Abhandlung können wir uns hier mit einem Überblick über Methoden mit *Proximitätsdaten* begnügen.

Unter Proximität (proximity) wird hier allgemein die Relation der gegenseitigen Nähe von Objekten verstanden, die beispielsweise durch Ähnlichkeitsschätzungen, Assoziationsmaße, Konfusionsmaße, Korrelationsmaße etc. operationalisiert werden kann. *Shepard* unterscheidet mehrere Fälle der Datenordnung. Für unsere Belange sind vor allem die quadratische $n \times n$-Matrix und das Vorliegen von Triadenvergleichen (*Torgerson* 1952) wichtig. In der $n \times n$-Matrix werden Zeilen und Spalten jeweils nach n identischen Reizobjekten gebildet. Die Zellen enthalten beispielsweise Ähnlichkeitsschätzungen s_{ij} zwischen je zwei Reizen $(i, j = 1, 2, \ldots, n)$. Im zugrundeliegenden Modell wird gewöhnlich mindestens gefordert, daß zwischen den Proximitätsmaßen S_{ij} und den Distanzen d_{ij} des Modellraumes eine monotone Relation besteht bei Gültigkeit bestimmter metrischer Distanzaxiome. Im Vergleich mit Conjoint-measurement-Daten implizieren dabei beispielsweise Proximitätsdaten, daß die Raumpunkte i und j jeweils Zeilen und Spalten der Datenmatrix im *gemeinsamen* mehrdimensionalen Raum repräsentieren mit den Distanzen d_{ij} als Punkteabstände. Bei Conjoint-measurement-Daten hingegen liegt eine Rechteckmatrix zugrunde, der Matrixeingang wird durch die Größe des gemeinsamen Effektes zweier Variablen i und j bestimmt, und Punkte i und j repräsentieren Zeilen und Spalten in zwei getrennten eindimensionalen Räumen (vgl. *Shepard* 1972, 32).

Hinsichtlich der zur mehrdimensionalen Analyse von Proximitätsmaßen vorliegenden *Methoden* unterscheidet *Shepard* (1972, 33 ff.) vier Hauptgruppen, nämlich

a) die klassischen metrischen MDS-Methoden nach *Torgerson* (1952, 1958),
b) die neueren non-metrischen (oder „ordinalen“) MDS-Methoden nach *Shepard* (1962 a, b) und *Kruskal* (1964 a, b),
c) die MDS-Methoden mit Berücksichtigung individueller Differenzen (vgl. *Tucker & Messick* 1963, *Carroll & Chang* 1970, *Carroll* 1972 u. a.),
d) und hierarchische Cluster-Analyse (vgl. *Ward* 1963, *Johnson* 1967 u. a.).

Wie schon erwähnt, beschränken wir uns in dieser Abhandlung hauptsächlich auf die Darstellung und Anwendung von MDS-Methoden zur Analyse von *Proximitätsdaten* und dabei wiederum auf einige typische Methoden aus den Gruppen a, b und c, die zum Zeitpunkt der diskutierten empirischen Untersuchungen auch hinreichend praktisch erprobt waren.

Zu erwähnen ist noch, daß *Shepard* (1972, 39ff.) seinem Klassifikationsversuch einen kurzen Überblick hinzufügt, aus dem verschiedene methodische Zusätze zur *Interpretation* der jeweils resultierenden räumlichen Datenrepräsentation hervorgehen. Der Überblick ist vor allem danach gegliedert, ob die Interpretation lediglich auf eine interne Analyse beschränkt ist oder ob ein Vergleich mit externen Daten einbezogen wird. Diese Gliederung von Interpretationsmaßnahmen ähnelt der von uns getroffenen Unterscheidung von „skalierungsinternen" und „skalierungsexternen" Kriterien bzw. „innerer" und „äußerer Validität" bei der theoretisch-inhaltlichen Beurteilung von MDS-Ergebnissen. Wir kommen darauf zurück.

2.6 Fundamentale und abgeleitete Messung

Alle bekannten Definitionen zum Begriff der Messung enthalten als gemeinsames Bestimmungsstück die Zuordnung von Objekten bzw. Objekteigenschaften und Zahlen, so daß bestimmte Relationen zwischen Zahlen analoge Relationen zwischen den zu messenden Objekteigenschaften abbilden sollen (vgl. z. B. *Russel* 1938, *Campbell* 1938, *Stevens* 1951, *Torgerson* 1958, *Sixtl* 1967, *Lord & Novick* 1967, *Gutjahr* 1972, 19ff.). Spezielle Meßprobleme ergeben sich somit auf der Grundlage der definierten Möglichkeit, Beziehungen zwischen Meßobjekten auf Relationen in der Menge der reellen Zahlen abzubilden. Die folgenden Abschnitte dienen der Diskussion einiger dabei auftretender grundlegender Meßprobleme, und zwar insbesondere der Erörterung eines umfassenden Konzepts von *Suppes & Zinnes* (1963) zur fundamentalen und abgeleiteten Messung. Dieser Aufsatz enthält als Kernstück ein Repräsentationstheorem, das „Messung als Repräsentation empirischer Gegebenheiten" (vgl. *Tack* 1970) im Sinne isomorpher (d. h. eineindeutiger oder strukturtreuer) Abbildung von empirischen Systemen in numerische Systeme versteht.
In der Folge grundlegender Arbeiten von *Campbell* (1920, 1928) werden Meßprobleme oft unter zwei allgemeinen Gesichtspunkten betrachtet (vgl. z. B. *Suppes & Zinnes* 1963, 15ff., *Ellis* 1966 u. a.):

1. Quantitäten (oder extensive Eigenschaften) vs.
   Qualitäten (oder intensive Eigenschaften).
2. Fundamentale vs. abgeleitete Messung.

Quantitäten sind nach der *Campbell*schen Auffassung Eigenschaften, für die empirische Operationen existieren, die zur arithmetischen Operation der Addition korrespondieren. So kann man z. B. in der Physik zwei Körper nach ihrer extensiven Eigenschaft „Gewicht" messen und das Gewicht beider Körper durch Addition ihrer durch Zahlen repräsentierten Einzelgewichte bestimmen. Zu dieser additiven Operation korrespondiert die empirische Möglichkeit, das Gewicht beider Körper durch gemeinsames Wiegen zu ermitteln. Diese Möglichkeit fehlt bei Qualitäten.

Eine Messung ist in dieser Version *fundamental*, wenn keine vorherige Messung enthalten ist und man sich direkt auf ein empirisches System bezieht, in welchem die arithmetische Operation der Addition eine empirische Bedeutung im oben genannten Sinn aufweist; sie ist *abgeleitet*, wenn eine vorherige fundamentale Messung erfolgte, aus der die Meßwerte rechnerisch hergeleitet werden (*Campbell* 1928, 14). Fundamental ist beispielsweise die Längenmessung: Länge wird in Termen der Länge gemessen durch direkten Vergleich mit einem Längenstandard (z. B. Metermaß). Die Temperaturmessung ist hingegen eine abgeleitete Messung, weil die Temperatur indirekt in Termen der Volumenvergrößerung einer Flüssigkeitssäule gemessen wird.

2.6.1 Additive Operationen und Isomorphieprobleme

Da nach *Campbell* (1938) nur Quantitäten eine fundamentale Messung erlauben, müßte nach diesem ursprünglichen Ansatz das *Additivitätspostulat* als notwendige Voraussetzung für die Definition eines sinnvollen Meßbegriffs angesehen werden (vgl. *Cohen & Nagel* 1934, *Guilford* 1954, *Goude* 1962, *Ross* 1964, *Ellis* 1966, *Tack* 1970 u. a.). Fraglich ist es allerdings, wieweit das primär für physikalische Messungen aufgestellte Additivitätspostulat auch in jedem Fall für psychologische Messungen eine sinnvolle Ausgangsbedingung darstellt. Bisher ließen sich additive empirische Beziehungen direkt nur in wenigen Experimenten nachweisen, wie beispielsweise bei physiologischen Grundvorgängen (vgl. *Comrey* 1950) oder hinsichtlich der Additivität bestimmter sensorischer Größen (vgl. *Goude* 1962).

Ein Beispiel für die mögliche Entwicklung eines sinnvollen Additionsbegriffs in speziellen psychologischen Bereichen gibt *Kristof* (1969, 13):

1. Zunächst sei es möglich, daß eine Vp im Experiment das durch zwei Reize A und B gebildete Intervall durch einen Reiz H subjektiv halbieren kann. Diese empirische Operation wird abgebildet auf Skalenwerten: $X_H = (X_A + X_B)/2$.
2. Weiterhin sei es möglich, daß die Vp auch die subjektive Verdoppelung des Reizes H vornehmen kann. Diese Operation wird abgebildet durch: $2\,X_H = X_A + X_B = X_S$.
3. Das Hintereinanderausführen der subjektiven Halbierung und Verdoppelung definiert also eine neue (additive) Operation, welche die numerische Eigenschaft der Addition von Skalenwerden impliziert.

Das Beispiel setzt voraus, daß den additiven Skalenoperationen empirische Operationen zugeordnet werden, die von einer Vp im Experiment auch durchgeführt werden können. Diese empirische Bezugssetzung wäre unerläßliche Voraussetzung für jede Skalenkonstruktion. Wenn es jedoch nur in wenigen Fällen möglich ist, die empirische Bezugssetzung durch die Möglichkeit einer subjektiven Additionsoperation zu spezifizieren, dann sollte als Grundlage psychologischer Meßprobleme ein Konzept bevorzugt werden, das allgemeinere Bedingungen enthält als die der additiven Relation (vgl. *Tack* 1970).
Genau unter diesem Gesichtspunkt hat das mathematische Konzept der *isomorphen Abbildung* Eingang in neuere psychologische und andere sozialwissenschaftliche Meßtheorien gefunden (vgl. z. B. *Suppes & Zinnes* 1963, *Pfanzagl* 1958, 1959, 1969, *Kristof* 1969, *Leinfellner* 1969, 129ff. u. a.). Bevor wir im Rahmen des Repräsentationstheorems der Messung genauer auf die formale Seite des Isomorphiekonzepts eingehen, soll kurz ein allgemeines Problem diskutiert werden.
Für den Fall von Meßproblemen reguliert das Konzept der isomorphen oder eineindeutigen Abbildung die Verknüpfung zweier Bereiche, nämlich der zu messenden empirischen Gegebenheiten und der zuzuordnenden Zahlenwerte. Man spricht auch von einem empirischen Relativ (z. B. Menge von Reizobjekten mit empirisch erfaßten Ähnlichkeitsrelationen) und einem numerischen Relativ (z. B. Menge numerischer Koordinatenpunkte mit zugehörigen Distanzen). Isomorphie oder Strukturgleichheit bedeutet die eineindeutige oder umkehrbar eindeutige Abbildung des empirischen Relativs in ein numerisches Relativ. Bezogen auf das *empirische* Relativ wird nun oft die Frage nach dessen „wahren", „realen" oder „wirklichem" empirischen Gehalt gestellt und als grundsätzliches Problem des Isomorphiekonzepts diskutiert (vgl. z. B. *Kalveram* 1968).
Aus der mengentheoretischen Interpretation der Isomorphie (vgl. z. B. *Schmidt* 1966) geht allerdings hervor, daß es nicht auf die individuelle Natur der Objekte oder auf deren „wahre" Eigenschaften ankommt, sondern vielmehr nur auf die Relationen zwischen den Objekten, d. h. auf die ihrer Gesamtheit aufgeprägte Struktur. Isomorphe Abbildungen sehen von der Natur (oder „Wahrheit") der Elemente ab; denn Isomorphie bedeutet lediglich *Strukturgleichheit*. Das Absehen von der „Wahrheit" oder „Wirklichkeit" der abzubildenden Objekte oder Objektrelationen bedeutet jedoch nicht, daß man damit auf jegliche Objektivierungsmöglichkeit der einen Seite der Isomorphiebeziehung verzichtet. Dann hätte die Einführung des Isomorphieprinzips in die Meßtheorie lediglich den Charakter eines nicht empirisch prüfbaren normativen Konzepts und könnte zu Recht als „platonische Idee" bezeichnet werden (vgl. *Kalveram* 1968, 2, *Lord & Novick* 1968, 38). Wenn die abgebildeten numerischen Relationen stellvertretend für empirische Objektrelationen verwendet werden sollen, so muß auch eindeutig festgesetzt werden, für *was* sie stellvertretend sein

sollen. In diesem Sinne (und nicht im Sinne einer vorgeordneten, letztgültigen Realität) ist dann zu fordern, daß die abzubildenden empirischen Operationen und Relationen schon *vor* der intendierten Messung festgesetzt und objektiviert werden müssen. Diese direkt objektivierbaren Relationen sind nicht numerisch, sondern lediglich „zahlenähnlich" (z. B. die Feststellung eines Lehrers, daß ein Schüler mit höheren IQ-Werten besser lernt, oder die Beobachtung in einem Laufwettbewerb, daß die Läufer mit den kürzeren Zeitmessungen die Ziellinie auch als erste überlaufen haben). Probleme dieser Art werden z. B. von *Grunstra* (1969) als „intrinsische Eigenarten empirischer Systeme" bezeichnet und allen Meßproblemen im engeren Sinne vorangestellt (vgl. auch *Ellis* 1966, 25).

Meines Erachtens zielen diese Probleme auf die anfangs schon erörterte Grundfrage aller Meßtheorien ab, nämlich auf die *empirische Begründung* der numerischen Aussagen, die im Rahmen einer Meßtheorie getroffen werden. Es muß genau spezifiziert werden, unter welchen experimentellen Bedingungen und im Rahmen welcher theoretischer Annahmen das Auftreten der empirischen Objektrelationen gedacht wird, die isomorph in ein meßtheoretisch fundiertes Zahlensystem abgebildet werden sollen. Nur dadurch läßt sich die Angemessenheit einer isomorphen Modellabbildung für einen bestimmten Aspekt der Wirklichkeit – nämlich der experimentell kontrollierten „Wirklichkeit" – empirisch überprüfen. In diesem Sinne ist eine von *Sixtl* (1967, 3) gegebene Definition, daß Messen darin bestehe, Objektrelationen, die nicht unsere Erfindung sind, durch Zahlenrelationen abzubilden, die unsere Erfindung sind, auch nur halb richtig oder zumindest zu scharf pointiert. Als empirische Basis eines numerischen Meßsystems finden nämlich nur solche Objektrelationen Verwendung, die im Rahmen der vom Experimentator „erfundenen" (hergestellten) experimentellen Anordnung beobachtet wurden. Bezogen auf die („erfundenen") Meßwerte läßt sich die Frage der Isomorphie somit indirekt beantworten, indem die aus den Meßwerten abgeleiteten Aussagen nicht im Widerspruch zu der (gleichfalls „erfundenen") experimentellen Empirie stehen sollen. Das hier aufgeworfene Problem des Isomorphiebegriffs enthält m. E. nicht ein verstecktes Realismuskonzept, sondern lediglich die schon früher behandelte Frage der widerspruchsfreien Verknüpfung empirischer und theoretischer Aussagen, die nicht nur für Meßtheorien, sondern für jede Art der Theorienbildung in den empirischen Wissenschaften gilt.

Besonders präzise wird diese grundlegende, wissenschaftstheoretische Problematik von *Leinfellner* (1967, 130f.) herausgearbeitet, der seine Vorüberlegungen zum Isomorphismus und zur numerischen Repräsentation dahingehend zusammenfaßt, daß die Untersuchung der Zuordnung von Zahlen zu Eigenschaften nicht isoliert, sondern nur im Rahmen einer Theorie oder Metatheorie erfolgen kann: „Im Rahmen einer Theorie ist die Untersuchung der Repräsentation der Empirie mittels Zahlen mit der Aufstellung von Meßvorschriften

verknüpft. Dann erst kann man das Repräsentationstheorem verstehen, das die intuitive Behauptung, daß gewisse zahlentheoretische Strukturen mit der Empirie übereinstimmen müssen, präzisiert, d. h. es wird eine Isomorphie, bzw. Homomorphie zwischen empirischen und numerischen Strukturen definiert. Es ist daher ein fundamentales Problem der Meßtheorie, für jede Art der Messung die betreffenden (empirischen Gebiete) M_0 hinsichtlich der empirischen Relationen, die zwischen ihren Elementen herrschen, hinsichtlich der Eigenschaften ihrer Elemente, hinsichtlich der empirischen Operationen (Zusammengeben von Gewichten, etc.), die mit ihren Elementen ausgeführt werden können, zu analysieren. Diese empirischen Strukturdaten müssen formal charakterisiert werden und können dann isomorph auf entsprechend ausgewählte numerische Sturkturen abgebildet werden."
Hinsichtlich der hier angeschnittenen wissenschafts- und erkenntnistheoretischen Implikationen ist noch zu erwähnen, daß beispielsweise *Klix* (1961) in seiner Arbeit über „Gesetz und Experiment in der Psychologie" gleichfalls vom Konzept der isomorphen Abbildung ausgeht, dieses jedoch einer Widerspiegelungs- und Wechselwirkungstheorie im Sinne des dialektischen Materialismus unterordnet.

2.6.2 Spezielle Probleme der fundamentalen Messung

Bei der Erörterung einiger spezieller Fragen fundamentaler und abgeleiteter Messung können wir uns ohne großen Informationsverlust hinsichtlich der Behandlung genereller Meßprobleme auf die *fundamentale Messung* beschränken. Zwar handelt es sich bei den meisten in der Psychologie verwendeten Meßskalen um abgeleitete Meßskalen. Deren meßtheoretische Begründung läuft jedoch lediglich auf die Analyse hinaus, welchen Status die Grundprobleme fundamentaler Messung (Repräsentations- und Eindeutigkeitsproblem) für daraus abgeleitete Messungen haben. Wir beschränken uns deshalb auf meßtheoretische Grundprobleme fundamentaler Messung und geben lediglich am Schluß auch ein Beispiel für abgeleitete Messung an. Weiterhin beziehen wir uns im wesentlichen auf die Erörterung der „klassischen" Arbeit von *Suppes & Zinnes*, weil die für unsere Abhandlung relevanten meßtheoretischen Grundfragen – insbesondere Probleme des Zusammenhangs zwischen Meßmodell und Empirie – hier deutlich genug herausgearbeitet sind. Der an meßtheoretischen Fragen der Sozialwissenschaften besonders interessierte Leser sei auf umfangreichere und weiterführende Spezialliteratur verwiesen, wie beispielsweise *Churchman & Ratoosh* (1959), *Coombs* (1964), *Ross* (1964), *Ellis* (1966), *Pfanzagl* (1968), *Tack* (1970), *Krantz, Luce, Suppes & Tversky* (1971) und *Shepard, Romney & Nerlove* (1972).

Suppes & Zinnes (1963) gehen davon aus, daß bei der Entwicklung von Meßtheorien hauptsächlich zwei spezifische Probleme beachtet werden müssen:

1. Rechtfertigung der Zuordnung von Zahlen zu Objekten (representation problem).
2. Untersuchung, wieweit die numerischen Zuordnungen spezifisch oder eindeutig (unique) für den zu messenden Sachverhalt sind (uniqueness problem).

Neben diesen beiden Fundamentalproblemen, die zentral für jede Meßtheorie sind, wird das Problem der Bedeutsamkeit der numerischen Zuordnungen genannt (meaningfulness problem). Zunächst werden diese Probleme im Rahmen fundamentaler Messungen diskutiert. Später wird erörtert, welchen Status diese Fragen für abgeleitete Messungen haben.

Repräsentationsproblem (representation problem)

Das *Repräsentationsproblem* ergibt sich bei dem Versuch, bestimmte Eigenschaften eines empirischen Systems – nämlich seine durch Objekte und Objektrelationen erfaßten Struktureigenschaften – mit Hilfe von Messungen isomorph in ein numerisches System von Zahlen abzubilden. Im „Repräsentationstheorem" wird die Existenz einer isomorphen (bzw. homomorphen) Abbildung von empirischen Strukturen in numerische Strukturen behauptet. Der Vorteil der isomorphen Abbildung von Objektstrukturen in das Zahlensystem ist insbesondere darin zu sehen, daß man dann die Relationen zwischen Zahlen stellvertretend für die Relationen zwischen Objekten handhaben kann. Aus diesem Grunde setzt jede Meßtheorie eine Untersuchung wichtiger Eigenschaften von Zahlen voraus, zu denen besonders die *Relationen* zählen, durch welche Zahlen verknüpft werden. Für die Begründung fundamentaler Messung ist dabei insbesondere eine Menge A bedeutsam, die man zusammen mit einer Relation R als geordnete Menge oder Ordnung (A, R) bezeichnet. Von den möglichen Ordnungsrelationen R wiederum stellt die *binäre* oder *zweistellige Ordnungsrelation* (z. B. $a > b$) einen wichtigen Spezialfall dar, weil die meisten Skalierungen auf der komparativen Stufe der Ähnlichkeit explizit oder implizit zunächst auf binären Ordnungsbildungen basieren (z. B. Paarvergleich, Triadenvergleich). Im weiteren Verlauf der Skalierung geht man dann unter bestimmten Modellannahmen (z. B. euklidische Metrik) dazu über, die Ähnlichkeit von Objekten auf der quantitativen Stufe durch metrische Relationen, insbesondere durch Distanzen, zu beschreiben. Zunächst betrachten wir Ordnungsrelationen und drei ihrer wichtigsten Eigenschaften, nämlich Reflexivität, Symmetrie und Transitivität (vgl. *Torgerson* 1958, 26ff., *Suppes & Zinnes* 1963, 23ff., *Sixtl* 1967, 4ff., u. a.).

Wir erörtern die genannten Eigenschaften am Beispiel einer zweiwertigen Relation. Gegeben sei eine geordnete Menge $\mathfrak{A} = (A, R)$ mit Elementen $a \in A$ und der binären Relation R. Die binäre Relation R kann eine Identitätsrelation I mit der arithmetischen Operation „=" oder eine Vorrangsrelation P mit den arithmetischen Operationen „kleiner als" (<) oder „größer als" (>) sein.

Postulate der Identität (I):

1. Wenn $a \in A$, dann $a I a$ (Reflexivität).
2. Wenn $a, b \in A$ und $a I b$, dann $b I a$ (Symmetrie).
3. Wenn $a, b, c \in A$ und $a I b$, $b I c$, dann $a I c$ (Transitivität).

Postulate des Vorrangs (P):

1. Wenn $a, b \in A$ und $a \neq b$, dann entweder $a P b$ oder $b P a$.
2. Wenn $a, b \in A$ und $a P b$, dann nicht $b P a$ (Asymmetrie).
3. Wenn $a, b, c \in A$ und $a P b$, $b P c$, dann $a P c$ (Transitivität).

Die Postulate zur Vorrangrelation P gehen im Prinzip auf *Huntington* (cit. *Stevens* 1951, 14) zurück und definieren eine *Serie* (vgl. *Suppes & Zinnes* 1963, 26) mit eindeutiger Anordnung der Elemente. Generellere Bedeutung hat die Zusammenfassung beider Postulatgruppen bei einer geordneten Menge (A, I, P), die sowohl Identitätsrelationen I als auch Vorrangrelationen P auf einer Menge A zuläßt und nach *Hempel* (1952) als *Quasiserie* bezeichnet wird. *Suppes & Zinnes* (1963, 23ff.) untersuchen Quasiserien als Beispiel für fundamentale Messung. Innerhalb der angegebenen Eigenschaften von Ordnungsrelationen soll insbesondere die Transitivitätsforderung nicht den Charakter einer Definition haben, sondern vielmehr den einer überprüfbaren Hypothese. Interpretiert man die Elemente $a \in A$ als Quantitäten, so lassen sich die Termen der Postulate leicht auf empirische Daten beziehen, wodurch das formale Meßmodell Eigenschaften einer empirischen Theorie erhält.
Ein *Relationalsystem* (relational system) oder „Relativ" (vgl. *Leinfellner* 1967, 59ff., *Fischer* 1968, 54, *Tack* 1970, 186) sei nach *Tarski* (1954) eine endliche Folge der Form $\mathfrak{A} = (A, R_1, \ldots, R_n)$. A bezeichnet eine nichtleere Objektmenge. Jede Relation $R_i (i = 1, 2, \ldots, n)$ bringt n Elemente aus A in eine bestimmte Ordnung. Der Typ eines Relativs wird durch die Wertigkeit der enthaltenen Relationen festgelegt. Man spricht beispielsweise bei $a R_1 b$ von einer zweiwertigen Relation (Beispiel: $a > b$; a ist größer als b) oder bei $ab R_2 cd$ von einer vierwertigen Relation (Beispiel: $ab > cd$; die Ähnlichkeit zwischen a und b ist größer als die Ähnlichkeit zwischen c und d). Zwei Relative werden dann als *ähnlich* oder analog bezeichnet, wenn sie vom gleichen Typ sind.
Für das Repräsentationsproblem ist nun die Frage wichtig, wann zwei ähnliche

Relative $\mathfrak{A} = (A, R_1, \ldots, R_n)$ und $\mathfrak{B} = (B, S_1, \ldots, S_n)$ *isomorph* sind (vgl. Abb. 3a).

Definition: $\mathfrak{B}$ ist eine isomorphe Abbildung von $\mathfrak{A}$, wenn eine eineindeutige Funktion f zwischen A und B existiert, so daß für jedes $i = 1, 2, \ldots, n$ und für jede Folge $\{a_{1i}, \ldots, a_{mi}\}$ von Elementen aus A die Relation $R_i\ (a_{1i}, \ldots, a_{mi})$ dann und nur dann gilt, wenn $S_i\ (f(a_{1i}), \ldots, f(a_{mi}))$.

Man sagt auch abkürzend, daß $\mathfrak{A}$ und $\mathfrak{B}$ isomorph sind, oder das $\mathfrak{B}$ ein isomorphes Abbild von $\mathfrak{A}$ sei. Da dem Begriff des Relativs eine Kombination von mengentheoretischen und relationenlogischen Beschreibungsmitteln zu Strukturbeschreibungen (vgl. *Leinfellner* 1967, 59f.) zugrundeliegt, kann man Isomorphie auch als *Strukturgleichheit* bezeichnen. Indem beispielsweise *Gutjahr* (1972, 30) bei der Isomorphie besonders betont, daß der Modellbereich gegenüber dem Gegenstandsbereich „relationstreu" zu sein habe, wird gleichfalls der strukturelle Aspekt hervorgehoben. Die Isomorphiebeziehung ist nur zwischen Relativen bzw. Strukturen vom gleichen Typ, d. h. mit gleichwertigen Relationen, erklärt.

Beispiel (zwei numerische Relative):

Relativ	Wertevorrat	Relation
$\mathfrak{A} = (A,R)$;	$A = \{1,3,5,7\}$;	$R = \leq$
$\mathfrak{B} = (B,S)$;	$B = \{1,4,20,-5\}$;	$S = \geq$

Es soll demonstriert werden, daß folgende Funktion f eine isomorphe Abbildung liefert:

$f(1) = 20$
$f(3) = 4$
$f(5) = 1$
$f(7) = -5$

Es sind $n = \binom{4}{2} = 6$ Relationen R_i bzw. S_i möglich, wenn man die Identitäten nicht berücksichtigt. Dafür gilt:

R_i	S_i
$R_1(1,3) = 1 < 3$	$S_1(f(1),f(3)) = 20 > 4$
$R_2(1,5) = 1 < 5$	$S_2(f(1),f(5)) = 20 > 1$
$R_3(1,7) = 1 < 7$	$S_3(f(1),f(7)) = 20 > -5$
$R_4(3,5) = 3 < 5$	$S_4(f(3),f(5)) = 4 > 1$
$R_5(3,7) = 3 < 7$	$S_5(f(3),f(7)) = 4 > -5$
$R_6(5,7) = 5 < 7$	$S_6(f(5),f(7)) = 1 > -5$

Für Meßprobleme ist die Isomorphiebeziehung dahingehend zu spezifizieren, daß die isomorphe Abbildung eines *empirischen Relativs* $\mathcal{A}$ in ein *numerisches Relativ* $\mathcal{B}$ erzielt werden soll: Die empirischen Operationen und Relationen sollen isomorph in das numerische System der reellen Zahlen oder in einen Teilbereich der reellen Zahlen abgebildet werden.
Für viele Fälle ist die Isomorphieforderung zu restriktiv, und zwar dann, wenn verschiedenen Objekten dieselbe Zahl zugeordnet werden kann. Beispielsweise können verschiedenen Vpn einer Population durch einen Test dieselben Testwerte zugeordnet werden. Jeder Vp entspricht dann zwar (in bestimmten Fehlergrenzen) eindeutig ein Testwert, aber nicht jedem Testwert eindeutig eine Vp. Man bezeichnet eine Abbildung f, welche $\mathcal{A}$ nicht umkehrbar eindeutig (isomorph), sondern nur eindeutig in $\mathcal{B}$ abbildet, als *homomorphe* Abbildung (vgl. Abb. 3b).

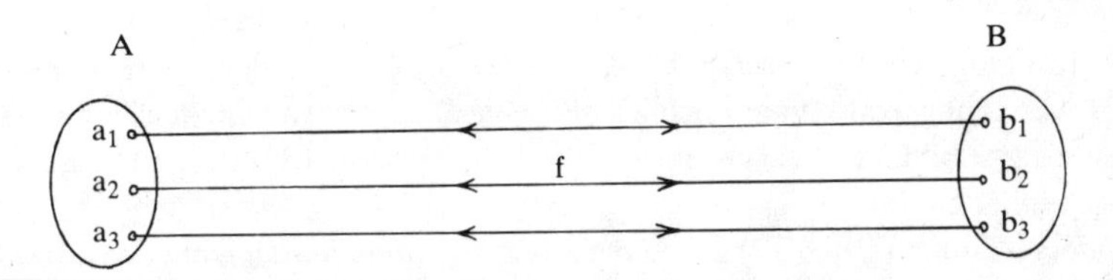

a) *Isomorphie:* Umkehrbar eindeutige oder ein-eindeutige Abbildungsfunktion f

Beispiel: $a_1 > a_2 \Rightarrow f(a_1) > f(a_2) = b_1 > b_2$
$b_1 > b_2 \Rightarrow f(b_1) > f(b_2) = a_1 > a_2$
oder kurz:
$a_1 > a_2 \Leftrightarrow b_1 > b_2$

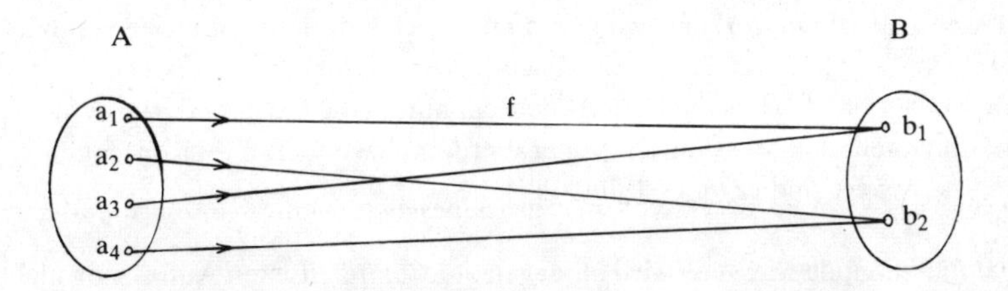

b) *Homomorphie:* Eindeutige (hier: rechts-eindeutige) Abbildungsfunktion f

Beispiel: $a_1 > a_2 \Rightarrow f(a_1) > f(a_2) = b_1 > b_2$
$$b_1 > b_2 \Rightarrow \begin{cases} f(b_1) > f(b_2) = a_1 > a_2 \\ f(b_1) > f(b_2) = a_3 > a_4 \end{cases}$$

Abb. 3: Vereinfachte Veranschaulichung isomorpher (a) und homomorpher (b) Abbildung.

Klix (1961) vergleicht die Konzepte der isomorphen und homomorphen Abbildung beispielsweise unter dem Aspekt der Mehrdimensionalität empirischer Zustände (vgl. empirisches Relativ) und ihrer Abbildung im Skalenraum (vgl. numerisches Relativ). Um die Gesetze des inneren Zusammenhanges von Zustandsgrößen (z. B. Motivationskomponenten für Einstellungen) zu formulieren, sei die „*vollständige* Abbildung der das System aufspannenden Dimensionen notwendig ..." (S. 21). Die vollständige Abbildung sieht *Klix* nur gewährleistet, wenn die Zustandsgrößen eines experimentell untersuchten Systems in eine umkehrbar eindeutige, d. h. isomorphe Abbildung überführt werden können. Wird ein als mehrdimensional bekanntes System jedoch lediglich eindimensional abgebildet, so ist der Rückschluß vom Skalenwert im eindimensionalen Bildraum auf die verschiedenen Bedingungen in der mehrdimensionalen Ausgangsverteilung nicht möglich: Der Weg von der Registrierung zu den Ausgangsbedingungen ist mehrdeutig. Es liegt dann eine homomorphe Abbildung vor, durch welche die „Vollständigkeit" des zu formulierenden Gesetzes eingeschränkt wird. Bei *Klix* stellt sich die Unzulänglichkeit homomorpher Abbildungen also hauptsächlich als Folge einer nicht adäquaten eindimensionalen Abbildung bei gegebener Mehrdimensionalität der empirischen Gegebenheiten dar.
Suppes & Zinnes (1963, 17) gehen bei ihrer Definition *fundamentaler Messung* von der schwächeren Form, nämlich von der *homomorphen* Abbildung aus.

Definition: Eine Funktion, die ein empirisches Relativ $\mathfrak{A}$ homomorph in ein numerisches Relativ $\mathfrak{B}$ abbildet, wird als fundamentale numerische Zuordnung (fundamentale Messung) des empirischen Relativs bezeichnet.
Die Lösung des anfänglich gestellten Repräsentationsproblems der Zuordnung von Zahlen zu Objekten wird also an die Möglichkeit fundamentaler Messung geknüpft, die dann vorliegt, wenn ein empirisches Relativ mindestens homomorph in ein numerisches Relativ abgebildet werden kann.
Das abschließende *Repräsentationstheorem* nimmt die Existenz der so definierten fundamentalen Messung an, wobei allerdings besonders zwei Konsequenzen bemerkenswert sind (*Zinnes* 1969, 454):

1. Fundamentale Messung wird entgegen der *Campbell*schen Auffassung nicht mit der Bedingung verknüpft, daß den numerischen Systemen empirische Additionsoperationen zugeordnet sind.
2. Das Repräsentationstheorem behauptet keine eindeutige numerische Determination durch ein gegebenes empirisches System, d. h. für ein empirisches System existiert prinzipiell eine unbegrenzte Menge numerischer Interpretationen.

Problem der Eindeutigkeit von Messungen (uniqueness problem)

Zunächst muß die Definition einer *Skala* nachgeholt werden: $\mathfrak{A}$ sei ein empirisches Relativ, $\mathfrak{N}$ sei ein numerisches Relativ und f sei eine Abbildungsfunktion, die $\mathfrak{A}$ im Sinne fundamentaler Messung mindestens homomorph in ein Teilsystem von $\mathfrak{N}$ (z. B. Menge der reellen Zahlen) abbildet. Das geordnete Tripel $(\mathfrak{A}, \mathfrak{N}, f)$ wird dann als eine Skala bezeichnet.
Im *zweiten* Fundamentalproblem von Messungen wird vor allem die Art der Zahlenzuordnung als Folge der verwendeten Meßprozeduren f hervorgehoben (vgl. *Suppes & Zinnes* 1963, 10). In dieser Hinsicht ist insbesondere das resultierende Skalenniveau bzw. der angezielte Skalentyp als wichtige Eigenschaft einer Skala, bzw. der implizierten Zuordnungsfunktion f anzusehen. In der Version nach *Suppes & Zinnes* besteht nun die Beantwortung der Frage nach der *Eindeutigkeit* einer numerischen Zuordnung im Prinzip darin, daß der zugrundeliegende *Skalentyp* näher spezifiziert wird, und zwar anhand der jeweils *zulässigen Transformationen*.
Das folgende *Beispiel* verdeutlicht diesen Lösungsversuch des „uniqueness problems": Die ordinale Messung von nach Größe geordneten Objekten $a < b < c \ldots$ kann z. B. durch die Rangzahlen $1, 2, 3, 4, \ldots$, ebensogut aber auch durch eine andere monoton ansteigende Zahlenfolge $1, 4, 9, 16, \ldots$ charakterisiert werden, d. h. die erste ordinale Zuordnung kann durch die zweite Zahlenfolge ersetzt werden. Trotzdem beschreiben beide Skalen eindeutig die Ordnung der Objekte nach ihrer Größe. Die Gleichwertigkeit beider Ordinalskalen ergibt sich deshalb, weil die eine Skala durch eine zulässige Transformation aus der anderen hervorgegangen ist. Die Meßprozedur erzeugt also hier numerische Zuordnungen, die nicht eindeutig durch das empirische System vorgegeben sind. Das Beispiel zeigt, daß das Problem der Eindeutigkeit von Messungen direkt verknüpft ist mit dem verwendeten Skalentyp. Die Notwendigkeit dieser Verknüpfung wird im „*Eindeutigkeitstheorem*" (uniqueness theorem) behauptet und spezifiziert durch die Aufforderung, für jede Messung den Skalentyp durch Angabe der jeweils zulässigen Transformationsklasse festzustellen. Unter einer „zulässigen" Transformation versteht man diejenige Transformation, deren Anwendung wesentliche Beziehungen (z. B. Ordnungsrelation) zwischen den Daten nicht ändert bzw. invariant läßt. Die Klasse jeweils zulässiger Transformationen legt also Invarianzbedingungen von Meßskalen fest.
Nach dem gängigen Klassifikationssystem von *Stevens* (1951; vgl. auch *Selg & Bauer* 1971, 96ff., *Gutjahr* 1972 u. a.) werden vier *Skalentypen*[8] unterschieden, nämlich Nominal-, Ordinal-, Intervall- und Verhältnisskalen. Die *Nominalskala* ist auf der Beziehung „verschieden von" begründet und kann als eine Menge von sich ausschließenden Äquivalenzklassen aufgefaßt werden, in welche die zu messenden Objekte eingeordnet werden. Als zulässig gilt jede Punkt-zu-Punkt-

Transformation, d. h. die Einordnung in Äquivalenzklassen ist z. B. invariant gegenüber Addition einer Konstanten. Die Anwendung einer *Ordinalskala* ermöglicht die Ordnung von Meßobjekten nach einer Rang-Relation, z. B. nach „größer als“. Zulässige Transformationen sind monoton ansteigende Funktionen: Wenn $x > y$, dann $\emptyset(x) > \emptyset(y)$. Gegenüber der Rangskala berücksichtigt die *Intervallskala* zusätzlich das Auftreten gestufter Differenzen der Objekte hinsichtlich definierter Variablen. Die Skaleneinheiten werden als konstant angenommen, der Nullpunkt ist willkürlich. Jede lineare Transformation $\emptyset(x) = \alpha x + \beta$ ist zulässig. Als „höchster“ Skalentyp wird gewöhnlich die *Verhältnisskala* bezeichnet. Diese Skala hat einen absoluten Nullpunkt, wodurch auch die Verhältnisse von Skalenwerten bedeutsam sind. Nur multiplikative Transformationen $\emptyset(x) = \alpha x$ lassen die Skala invariant.
Gutjahr (1972, 19 ff.) diskutiert die *Stevens*schen Skalentypen im Zusammenhang mit der Klärung der Begriffe Klassifikation, Skalierung, Quantifizierung und Messung. Klassifikation, Skalierung und Quantifizierung werden bei allen Skalentypen gewährleistet. Die vier Skalentypen werden jedoch in *nichtmetrische* Skalen (Nominalskalen, Ordinalskalen) und *metrische* Skalen (Intervallskala, Proportional- bzw. Verhältnisskala) aufgeteilt (vgl. auch *Green & Carmone* 1972, 7 ff.). Der Begriff Messung wird dabei nach *Pfanzagl* (1959) auf metrische Skalen, d. h. auf Skalen mit definierten Maßeinheiten beschränkt.
Ausführliche und differenziertere Überlegungen zum Problem verschiedener Skalen finden sich bei *Stevens* (1959), *Coombs, Raiffa & Thrall* (1954), *Ellis* (1966), *Kristof* (1969) u. a.
Das Klassifikationssystem von *Stevens* geht davon aus, welche zulässigen Transformationen für bestimmte Skalen gelten und ist insofern mehr an der praktischen Forschung orientiert, weil der Frage der angemessenen Statistiken großer Wert beigemessen wird (vgl. z. B. *Selg & Bauer* 1971, 96 ff.). Das *Stevens*sche Schema zur Klassifikation von Skalen wurde von allen Skaleneinteilungen theoretisch und praktisch am häufigsten weiter verwendet. Kürzlich hat *Kristof* (1969) eine Untersuchung zur Theorie des Messens vorgelegt, die auf der *Stevens*schen Skalenklassifikation aufbaut, jedoch dieser eine notwendige Ergänzung hinzufügt, indem hinreichende und experimentell einfach anwendbare formale Kriterien bereitgestellt werden, welche die Gültigkeit eines bestimmten Skalentyps schon vor der Skalierung sichern sollen. Auch *Ellis* (1966, 39 ff.) hält die allgemeine Definition einer Skala nach *Stevens* lediglich nach der Art der Zuordnungsregel von Zahlen zu Objekten für unzureichend; denn durch eine eindeutige Regel allein wird die Skala noch nicht eindeutig definiert. Zur eindeutigen Festlegung einer Skala gibt der Autor bestimmte Bedingungen an, die insbesondere garantieren sollen, daß die Skala bei gleichen Bedingungen denselben Objekten immer dieselben Zahlen zuordnet. Für die Messung von Quantitäten wird für die Verknüpfung von Quantitäten und Zahlen eine lineare Ordnung gefordert. Für die Intervallskala hat schon

Pfanzagl (1958, 1959) formale und überprüfbare Kriterien entwickelt, denen die *Kristof*sche Lösung mathematisch äquivalent ist. Seine Grundannahmen sind jedoch besser an psychologische Fragestellungen angepaßt.
Der multidimensionalen Skalierung nach *Torgerson* liegt im Prinzip auch die *Stevens*sche Begriffsbildung zugrunde, wird jedoch ergänzt durch die Arbeiten *Thurstone*s und durch die Anwendung des euklidischen Raummodells (vgl. *Kristof* 1969, 5). Auch das *Coombs*sche System (*Coombs* 1952) ist mit der *Stevens*schen Klassifikation verwandt, aber wesentlich differenzierter aufgebaut, beispielsweise durch Einführung des Konzepts der „ordered metric scale" (vgl. z. B. *Green & Carmone* 1972, 9f.). Die Skalen werden dabei hauptsächlich nach der Art der enthaltenen Anwendung der Arithmetik unterschieden.

Problem der Bedeutsamkeit von Messungen (meaningfulness problem)

Die homomorphe (bzw. isomorphe) Abbildung eines empirischen Systems in ein Zahlensystem soll die Behandlung komplexer empirischer Probleme in Termen übersichtlicher numerischer Zuordnungen ermöglichen. Demgemäß ist zu fragen, welche spezifische *Bedeutung* (meaningfulness) die jeweiligen numerischen Aussagen für das empirische System haben. Dabei kann die Bedeutung von Skalenwerten unter zwei unterschiedlich akzentuierten Fragestellungen erörtert werden, die jedoch nicht unabhängig voneinander sind, sondern sich wechselseitig ergänzen:

1. Man kann nach der inhaltlich-empirischen Bedeutung der numerischen Zuordnungen fragen und demgemäß nur solche Meßsysteme zulassen, die sich in Termen korrespondierender psychologischer Aussagen interpretieren lassen (vgl. z. B. *Roozeboom* 1966), bzw. die einen „empirischen Gehalt" durch die mögliche Herleitung prüfbarer Beobachtungsaussagen aufweisen (*Tack* 1970, 198, *Adams, Fagot & Robinson* 1970). Dieser semantische Gesichtspunkt führt unmittelbar auf die Frage der empirischen oder psychologischen Gültigkeit von Skalierungsmodellen.
2. Unabhängig von der „Richtigkeit" oder „Falschheit" numerischer Zuordnungen, die unmittelbar an empirischen Kriterien ermessen wird, kann die Frage der Bedeutsamkeit auch enger gefaßt werden, indem man sie lediglich mit dem Problem der Eindeutigkeit (uniqueness) von numerischen Zuordnungen verknüpft.

Im Sinne des letzteren Aspektes stellt beispielsweise *Grunstra* (1969, 280ff.) die Frage der „empirischen Signifikanz" einer numerischen Abbildung als Frage der Invarianz der Abbildung gegenüber zulässigen Transformationen des jeweiligen Skalentyps (vgl. auch *Adams, Fagot & Robinson* 1965). Die empirische Bedeutung einer numerischen Zuordnung und darauf aufbauender Schlußfolgerungen (z. B. Mittelwertbildung) wird also insbesondere vom Skalentyp abhängig gemacht. Umgekehrt gelten abgeleitete Hypothesen und Schlußfolgerungen als empirisch bedeutungslos, wenn der Skalentyp nebst zulässiger Transformation unberücksichtigt bleibt. Diese Auffassung liegt auch der Definition einer „bedeutsamen numerischen Aussage" (meaningful numerical statement) von *Suppes & Zinnes* (1963, 66) zugrunde:

Eine numerische Bezeichnung ist *bedeutungsvoll*, wenn ihre Richtigkeit (truth) oder Falschheit (falsity) konstant ist unter allen zulässigen Transformationen des Skalentyps der numerischen Zuordnung. Dieser Aspekt der Bedeutsamkeit läßt sich zeigen, indem zulässige Transformationen auf die numerischen Zuordnungen angewendet werden, und indem die Äquivalenz zwischen beiden geprüft wird.

2.6.3 Beispiele fundamentaler und abgeleiteter Messung

Zum Verständnis und zur Rechtfertigung der Theoreme zur fundamentalen und abgeleiteten Messung analysieren *Suppes & Zinnes* (1963, 22ff.) ausführlich eine Reihe vorhandener Skalierungssysteme. Von den vielen Beispielen deuten wir nur kurz die Struktur zweier mehrdimensionaler Systeme an, und zwar für fundamentale Messung das *Coombs*sche System mit Präferenzrelationen (vgl. *Coombs* 1964) und für abgeleitete Messung ein mehrdimensionales *Thurstone*-System mit Ähnlichkeitsrelationen (vgl. *Torgerson* 1958). Weitere Beispiele unter dem Aspekt des empirischen Gehalts der Axiomatik von Theorien der fundamentalen Messung finden sich z. B. bei *Adams, Fagot & Robinson* (1970).

Coombs-System (fundamentale Messung)

Die *Coombs*sche Unfolding-Skalierung geht davon aus, daß auf der Basis von Präferenzurteilen sowohl für Subjekte als auch für Objekte metrische Zuordnungen getroffen werden können. Da Objekte und Subjekte in einem gemeinsamen metrischen Raum abgebildet werden sollen, muß auch im *eindimensionalen Fall* das empirische Relativ zunächst auf zwei Bereiche A_1 (Subjekte) und A_2 (Objekte) erweitert werden. $\mathfrak{A} = (A_1, A_2, T)$ sei das empirische Relativ. T (a, α, β) ist die Relation, die ein Subjekt a mit zwei Alternativen α und β verknüpft und die über Präferenzen zu einer simultanen Messung von Subjekten und Objekten führt. (A, A_1, A_2, T) ist ein Präferenzsystem, wenn $A = A_1 \cup A_2$ und wenn die Relation T (a, α, β) impliziert, daß $a \in A_1$ und $\alpha, \beta \in A_2$. Das Präferenzsystem soll homomorph in ein numerisches Präferenzsystem (N, N_1, N_2, S) abgebildet werden. Das Repräsentationsproblem

muß dann hinsichtlich der Frage untersucht werden, ob eine entsprechende Abbildungsfunktion f existiert.
Eine Modifikation der fundamentalen Messung im *Coombs*schen System erfolgt durch die *mehrdimensionale* Erweiterung (vgl. *Bennett & Hays* 1960). Zu dem Zweck wird das empirische Relativ mehrdimensional erweitert auf $(A, R_1, \ldots, R_N)$ und das numerische Relativ auf ein r-dimensionales numerisches Relativ $(N_r, S_1, \ldots, S_N)$. N_r ist dabei die Menge der r-dimensionalen Vektoren $x = (x_1, x_2, \ldots, x_i, \ldots, x_r)$ mit reellen Zahlen x_i. $S_1, \ldots, S_N$ sind die Relationen auf den Vektoren in N_r. Die Definition einer r-dimensionalen Homomorphie (bzw. Isomorphie) ist dann eine einfache Erweiterung des eindimensionalen Falles. Die numerischen Zuordnungen f sind nunmehr eine Menge von r-dimensionalen Vektoren. Das korrespondierende r-dimensionale Repräsentationstheorem kann in Termen der r-dimensionalen Homomorphie definiert werden, wobei sich – wie bei jeder MDS – das Problem der Anzahl von Dimensionen ergibt, die zur r-dimensionalen Repräsentation des empirischen Systems erforderlich sind.

Multidimensionales Thurstone-System (abgeleitete Messung)

Erörtert wird die mehrdimensionale Erweiterung des *Thurstone*schen Paarvergleichs (vgl. *Torgerson* 1958). Es sei $\mathfrak{A} = (A, q)$ das empirische Relativ mit der Reizmenge A und der Funktion q. Die vierwertige Funktion $q_{ab,cd}$ wird z. B. interpretiert als relative Häufigkeit, mit der die Reize a, b als untereinander ähnlicher angesehen werden als die Reize c, d. Um zu einer r-dimensionalen abgeleiteten Messung für $\mathfrak{A}$ zu gelangen, muß ein r-dimensionaler Vektor x_a in Termen der Funktion q für jedes Element a in A definiert werden. Die Meßwerte werden also von komparativen Urteilen *abgeleitet* (vgl. law of comparative judgment von *Thurstone*).
Die multidimensionale Erweiterung verwendet das Konzept von Distanzen d_{ab} zwischen den r-dimensionalen Vektoren x_a und x_b. Nach der Version von *Suppes & Zinnes* (1963, 60) sollen die Projektionen x_{ia} und x_{ib} der Vektoren auf die i-te Achse jeweils unabhängig normalverteilt sein mit Mittelwerten μ_{ia}, μ_{ib} und Varianzen $\sigma^2_{ia}, \sigma^2_{ib}$. Dann sind auch die Differenzen $x_{ia} - x_{ib}$ des Vektors $(x_a - x_b)$ normalverteilt mit $\mu_{ia} - \mu_{ib}$ und $\sigma^2_{ia} + \sigma^2_{ib}$. Unter Berücksichtigung dieser Verteilungsannahme wird der r-dimensionale Raum der Reize aufgespannt, wobei üblicherweise die euklidische Metrik verwendet wird mit der Bedingung $D^2_{ab} = \sum_i^n [\mu_i(a) - \mu_i(b)]^2$. Diese Bedingung kann auch unter Verwendung der Theoreme von *Young & Householder* (1938) ausgedrückt werden, indem man bei einem gewählten Bezugspunkt e aus A (z. B. Schwerpunkt) von der $(n - 1) \times (n - 1)$-Matrix B_e der Skalarprodukte $b_{ab} = \frac{1}{2}(D^2_{ea} + D^2_{eb} - D^2_{ab})$ zwischen Vektoren x_a und x_b ausgeht. Die obige Distanzbedingung gilt dann, wenn die

Matrix B_e positiv-semidefinit ist, d.h. nur positive Eigenwerte enthält. Es werden die r Hauptachsen als Skalen ausgewählt, welche eine hinreichende Repräsentation des empirischen Relativs bei minimaler Dimensionalität gewährleisten. Die gesuchte abgeleitete numerische Zuordnung eines Objektes a in r Dimension ist dann die Funktion $g(a) = (\mu_{1a}, \ldots, \mu_{ra})$.

Teil II

3. Methoden der multidimensionalen Ähnlichkeitsskalierung

3.1 Ähnlichkeiten und Distanzmodelle

3.1.1 Ähnlichkeit

Zentraler Bestandteil üblicher MDS-Methoden ist das Konzept der *Ähnlichkeit* (bzw. Unähnlichkeit) von Reizen. Logisch gesehen kann Ähnlichkeit als Sonderfall einer *Relation* angesehen werden. Verwandte Begriffe sind beispielsweise Analogie oder Äquivalenz. Wie anfangs schon erwähnt wurde (vgl. S. 59), wird eine Relation vor allem durch ihre Wertigkeit oder Stellenzahl n und durch den Umfang der zugrundeliegenden Menge von Elementen (Objekten, Individuen etc.) gekennzeichnet, aus der geordnete n-Tupel gebildet werden. Das Tripel (a_1, a_2, a_3) kann z. B. durch eine 3stellige Ähnlichkeitsrelation geordnet werden: a_1 ist a_2 ähnlicher als a_3 ($Ä(a_1 a_2) > Ä(a_1 a_3)$). Tripel- und Triadenvergleiche mit jeweils einem Reiz a_1 als Bezugsreiz sind bekanntlich Ausgang der klassischen MDS-Prozedur nach *Torgerson* (1952, 1958).
Besonders für die Phase der Datenerhebung in MDS-Versuchen ist die Einschätzung der empirischen *Operationsstufe* zur Ermittlung von Ähnlichkeitsrelationen wichtig. In den meisten Fällen geht man von einer komparativen Stufe aus, wie z. B. im Triadenvergleich oder bei multiplen Rangordnungen. Häufig verwendet wird auch das Distanz-Rating als quantitative Stufe einer Ähnlichkeitsrelation. Die Ähnlichkeit je zweier Objekte a_1 und a_2 wird dann durch die Schätzung eines Ähnlichkeitsgrades x auf einer mehrstufigen Schätzskala ausgedrückt.
Bei eindimensionalen Skalierungen besteht das Urteilsverhalten der Pbn darin, daß Reize oder Reizähnlichkeiten nach eindeutig spezifizierten Eigenschaften beurteilt werden. Bei MDS hingegen wird keine explizite Eigenschaftsverankerung der Ähnlichkeit vorgegeben, und die Reizobjekte werden nach *globaler* Ähnlichkeit beurteilt. Indem die allgemeine Aufgabe von MDS so bezeichnet wird, daß latente Reizdimensionen aufgrund beobachteter Reizähnlichkeiten geschätzt werden sollen, wird der Konstruktcharakter der Ähnlichkeit betont: Als *theoretische Konstruktion* bzw. konzeptuelle Basis für die Abgabe von manifesten Ähnlichkeits- und Präferenzurteilen wird die Existenz einer subjektiven Reizstruktur mit latenten Ähnlichkeitsrelationen postuliert (vgl. z. B. *Green & Carmone* 1972, 42ff., 134ff.).

Die für geometrische MDS-Modelle relevante *Explikation* des Ähnlichkeitsbegriffes besteht darin, Ähnlichkeit als Nähe bzw. Proximität von Reizen in einem theoretischen Ordnungssystem festzusetzen. Zur formalen Strukturierung dieses durch Ähnlichkeitsrelationen charakterisierten Ordnungssystems wird als geometrisches Modell das Konzept des mehrdimensionalen metrischen Raumes verwendet, und die Ähnlichkeiten werden durch metrische Distanzen repräsentiert. In diesem Sinne spricht man von der theoretischen Konstruktion eines mehrdimensionalen subjektiven Ähnlichkeitsraumes oder kurz von einem „psychologischen Raum". Indem dieser „psychologische Raum" als metrischer Raum aufgespannt wird, läßt sich die jeweils zugeordnete Distanzfunktion (z. B. euklidische Metrik) als Modell für die zugrundeliegenden subjektiven Urteilsprozesse interpretieren, und zwar als Kombinationsregeln für die Bildung von Ähnlichkeitsurteilen in den Dimensionen des metrischen Bildraumes (vgl. *Krantz* 1967, *Beals, Krantz & Tversky* 1968, *Young* 1972, 87ff., *Green & Carmone* 1972, 135f.). Andere Explikationen der Ähnlichkeit sind z. B. mengentheoretisch begründet und gehen davon aus, daß Ähnlichkeitsurteile, Präferenzen, Entscheidungen und Wahlen zwischen Reizbereichen auf die Abschätzung gemeinsamer Elemente (Aspekte, Attribute) der zu vergleichenden Reizmengen zurückgehen (vgl. z. B. *Restle* 1959, 1961).
Eine ausführliche Arbeit zum *dimensionalen* Konzept der Ähnlichkeit stammt von *Attneave* (1950), der die Ähnlichkeit von Reizen als intervenierende Variable in Theorien über perzeptive Organisation, Assoziationsbildung, Transferprozesse und dgl. betrachtet. Die möglichen Reaktionsformen innerhalb dieses Reiz-Reaktions-Konzepts mit der subjektiven Reizähnlichkeit als intervenierende Variable lassen sich gliedern nach vier von *Luce* (1963) unterschiedenen Verhaltensbereichen, nämlich nach Reizentdeckung (detection), Reizwiedererkennung (recognition), Reizdiskriminierung (discrimination) und Reizskalierung (scaling). Speziell für Vorgänge der multidimensionalen Reizgeneralisierung hat *Cross* (1965a) mehrere Generalisierungsmodelle unterschieden, die jeweils durch bestimmte Annahmen zur Metrik der zugrundeliegenden Reizähnlichkeiten charakterisiert sind (vgl. *Ahrens* 1972, 1973). *Landahl* (1945) nimmt in einer Theorie über neurale Korrelate zur Unterschieds- und Ähnlichkeitswahrnehmung zwei Mechanismen an: Der Perzeption von Reizdifferenzen korrespondiert eine neurale Subtraktion innerhalb einer Dimension bzw. Reizmodalität, während die Ähnlichkeitswahrnehmung eine Reaktion auf gemeinsame Elemente der Reize in einer Dimension oder über mehrere Dimensionen impliziert. Beide Mechanismen werden als dimensional organisiert angenommen, wobei *Landahl* (vgl. *Householder & Landahl* 1945) für die angemessene Metrik eine additive Hypothese (City-Block-Metrik) vertritt.

3.1.2 Ähnlichkeit und Distanz

Die Aufgabe der *Analyse subjektiver Reizähnlichkeiten* wird im Prinzip so gelöst, daß man zunächst die Existenz eines empirisch zugänglichen Raumes subjektiver Ähnlichkeitsrelationen zwischen Reizen postuliert. Man versucht dann, die empirischen Reizähnlichkeiten isomorph (oder homomorph) in ein numerisches Relativ abzubilden, das strukturell durch einen metrischen Modellraum beschrieben wird, in welchem Reizähnlichkeiten (bzw. Reizunähnlichkeiten) als metrische Punktdistanzen repräsentiert werden. Die Abbildungsvorschriften sind formal in dem jeweils verwendeten MDS-Modell zusammengefaßt.

Entsprechend der Datenerhebung mit komparativen Urteilen oder Ähnlichkeitsurteilen entsprechen den empirischen Strukturdaten auf seiten des Reaktionsmodells (MDS-Modell) zunächst Parameter, die nicht zu Einzelreizen, sondern zu Reizpaaren korrespondieren. Von diesen Parametern wird angenommen, daß sie sich wie metrische *Distanzen* einer zu den Reizen korrespondierenden Punktekonfigurationen verhalten. Je ähnlicher zwei Objekte sind, desto kleiner soll ihr Distanzmaß sein bzw. je größer die psychologische Unähnlichkeit zweier Objekte ist, desto größer soll die Distanz der korrespondierenden Punkte sein. Die Korrespondenz von psychologischen Unähnlichkeiten und metrischen Distanzen kann allgemein entweder so gedacht werden (vgl. *Krantz* 1967, 226f.), daß die Unähnlichkeit direkt numerisch ausgedrückt wird (vgl. *Torgerson* 1952, 1958), oder daß sie – wie bei nonmetrischen bzw. ordinalen Skalierungen – lediglich durch die Rangordnung der Reizpaare reproduziert wird (vgl. *Bennett & Hays* 1960, *Coombs* 1958, *Shepard* 1962, *Kruskal* 1964). Die „numerischen" Methoden wurden beispielsweise theoretisch untersucht von *Krantz* (1967), die „ordinalen" Methoden von *Tversky* (1966) und *Beals, Krantz & Tversky* (1967) und *Tversky & Krantz* (1970). Im strengeren Sinne wird erwartet, daß die Unähnlichkeitsrelationen der Objekte des empirischen Relativs und die Distanzrelationen von Punkten des numerischen Relativs linear bzw. isomorph ineinander abgebildet sind. Bei der ordinalen Skalierung hingegen ist diese Forderung nicht so strikt; denn es wird lediglich eine monotone Beziehung zwischen Distanzen und Unähnlichkeiten gefordert.

Die mehrdimensionale Ähnlichkeit soll sich zurückführen lassen auf Reizunterschiede in den einzelnen Dimensionen oder Richtungen des psychologischen Raumes. Indem subjektive Reizähnlichkeiten bzw. Reizunähnlichkeiten (empirische Strukturdaten) als metrische Distanzen mit numerischen Zuordnungen repräsentiert werden, wird im Rahmen der verwendeten Distanzfunktion beschrieben, nach welchen spezifischen Anteilen sich die globalen Reizähnlichkeiten strukturieren; denn die *globale Distanz* $d(x,y)$ zweier Reizpunkte x,y wird als Funktion ihrer *spezifischen Distanzen* $d_i(x,y)$ in den einzelnen

Dimensionen des Abbildungsraumes dargestellt (vgl. Abb. 4). Weiterhin kennzeichnen die Endpunkte x_i, y_i der projizierten spezifischen Distanz die Meßwerte der Einzelreize in der i-ten Dimension des Skalenraumes. Demgemäß besteht die wichtigste Aufgabe der Ähnlichkeitsskalierung in der Konstruktion einer geeigneten Distanzfunktion, die angibt, wie und in welcher Metrik die globalen Distanzen aus latenten Reizattributen kombiniert werden bzw. wie die Distanzen in relevante Komponenten zerlegt werden können (vgl. decomposability-Annahme, *Tversky & Krantz* 1970).
Damit die Abbildung von psychologischen Unähnlichkeiten in ein numerisches Relativ Punktabstände erzeugt, die als *metrische Distanzen* interpretierbar sind, müssen bestimmte Axiome erfüllt sein. Üblicherweise werden drei *fundamentale Axiome einer Metrik* angegeben (vgl. *Luce & Galanter* 1963, 296, *Sixtl* 1967, 281ff., u. a.), die jedoch in dem Axiomatisierungsversuch zur ordinalen Skalierung von *Beals, Krantz & Tversky* (1968) und *Tversky & Krantz* (1970) um weitere Annahmen erweitert werden, die insbesondere die räumliche Repräsentation der Distanzen betreffen (z. B. segmentale Additivität). Auf dieses Axiomensystem gehen wir später noch ausführlicher ein und geben zunächst nur die drei fundamentalen Mindestforderungen an (vgl. z. B. *Green & Carmone* 1972, 24ff.):

(M1) $d(x,y) = 0$ für $x = y$ und $d(x,y) > 0$ für $x \neq y$. Die Distanz zwischen einem Punkt und sich selbst ist Null, d. h. ein Punkt ist mit sich selbst *identisch*. Die Distanz zwischen zwei verschiedenen Punkten ist *positiv*, d. h. durch reelle, nichtnegative Zahlen darstellbar.

(M2) $d(x,y) = d(y,x)$. Die Distanzen sind *symmetrisch*, d. h. unabhängig von der Ordnung der Punkte.

(M3) $d(x,y) + d(y,z) \geq d(x,z)$, d. h. durch je drei Punkte x, y, z kann eine Ebene gelegt werden, wobei die Punkte die Ecken eines Dreiecks bilden. Da die Länge einer Dreiecksseite nicht größer werden kann als die Summe der beiden anderen, bezeichnet man diesen Satz als *Dreiecksungleichung*. Die Dreiecksungleichung als eine der wichtigsten Eigenschaften der euklidischen Meßbestimmung ist der Ausdruck für den anschaulichen Sachverhalt, daß die gerade Linie die kürzeste Verbindung zweier Punkte ist (vgl. *Sperner* 1963, 77). Als Spezialfall ergibt sich die additive Beziehung der eindimensionalen Skalierung: $d(x,y) + d(y,z) = d(x,z)$.

Unter Verwendung dieser Eigenschaften läßt sich der Begriff der *metrischen Distanz* definieren, wodurch der Sprechweise „der Punkt x liegt nahe am Punkt y“ ein bestimmter Sinn gegeben wird (vgl. Explikation der Ähnlichkeit als „Nähe im Ordnungssystem“).
Definition (vgl. z. B. *Schubert* 1964, 10): Es sei X eine Menge (z. B. die Menge der Reize $x, y, z \in X$). Je zwei Elementen oder Punkten x und y von X wird eine

nicht negative reelle Zahl d(x,y) zugeordnet, so daß die Eigenschaften (M1), (M2) und (M3) erfüllt sind. Man sagt dann, daß auf X eine *Metrik* definiert ist, oder daß X mit einer Metrik versehen ist. Die Größe d(x,y) wird als Abstand oder metrische *Distanz* zwischen x und y bezeichnet. Die mit einer Metrik versehene Menge X heißt ein *metrischer Raum*. Der n-dimensionale euklidische Raum R^n ist ein Beispiel für einen metrischen Raum.

Die in (M2) geforderte *Symmetrie-Annahme* für Distanzen ist in vielen Anwendungsfällen von MDS sehr restriktiv und geht meistens als ungeprüfte Annahme ein. In vielen Fällen muß sogar prinzipiell mit dem Auftreten nicht-symmetrischer Proximitäten gerechnet werden (vgl. *Cliff* 1973, 483f.). Will man beispielsweise Politiker oder politische Ressorts (z.B. Wirtschaft, Finanzen, Außenpolitik, Verteilung etc.) nicht nur hinsichtlich globaler Ähnlichkeitsbeziehungen, sondern auch in Bezug auf Einflußnahmen in der einen *und* in der anderen Richtung (z.B. Einfluß von x auf y und von y auf x) einer dimensionalen Strukturanalyse unterziehen, so muß das MDS-Modell auf die Analyse *nicht-symmetrischer* Distanzen $d(x,y) \neq d(y,x)$ zugeschnitten werden. Das Problem der Behandlung nichtsymmetrischer Distanzen tritt beispielsweise auch in Versuchen auf, MDS-Methoden auf die Strukturanalyse soziometrischer Daten anzuwenden, wie z.B. auf gegenseitige Bevorzugungsrelationen von Sozialpartnern. Im Bereich der MDS-Methodik liegen bisher kaum systematische Ansätze zur Lösung des Problems nicht-symmetrischer Proximitäts-Matrizen vor, und wir gehen deshalb auf diesen Spezialfall hier nicht näher ein (vgl. *Coombs* 1964, *Green & Maheshwari* 1970, *Shepard* 1957, *Schönemann* 1970, *Möbus* 1974).

Nach *Luce & Galanter* (1963, 296ff.) lassen sich bei weiteren Bemühungen um die theoretische Begründung der Verwendung des Distanzbegriffes in der Psychologie hauptsächlich zwei Fragenkomplexe unterscheiden. Zunächst muß grundsätzlich gefragt werden, unter welchen Bedingungen es gerechtfertigt ist, aus subjektiven Unähnlichkeitsurteilen Maße der Distanz von Punkten zu gewinnen. Erscheint der Maßcharakter von Distanzen gesichert, so kann insbesondere nach der Möglichkeit ihrer geometrischen Darstellung gefragt werden, d.h. nach der Einbettung der Distanzen in den n-dimensionalen metrischen Raum. Dieses „Einbettungsproblem" (embedding problem) richtet sich auf die Ermittlung der n Richtungen des psychologischen Raumes und die Bestimmung der Reizkoordinaten in diesen Dimensionen.

Mit dem *ersten* Fragenkomplex *(Berechtigung von Distanzmaßen)* hat sich beispielsweise *Restle* (1959, 1961) und in besonders kritischer Form *Kalveram* (1968) beschäftigt. *Restle* versucht eine mengen- und maßtheoretische Begründung des Distanzbegriffes, indem er davon ausgeht, daß jeder Reiz x durch eine Menge X von Aspekten charakterisierbar ist (vgl. Abb. 4) und definiert für die Unähnlichkeit zweier Reize x und y als Aspektdistanz $d(x,y) = m[(X - Y) \cup (Y - X)]$. In einem Theorem wird behauptet, daß die Aspektdistanz ein

Distanzmaß ist, das als sensibles Maß für die psychologische Unähnlichkeit zweier Reize gelten kann. Das Konzept der psychologischen Unähnlichkeit bzw. Ähnlichkeit wird von *Restle* dabei auf Urteilsprozesse zurückgeführt, in denen die beteiligten Individuen die Reize hinsichtlich der Menge gemeinsamer Attribute vergleichen (*Green & Carmone* 1972, 134). Weitere Definitionen und Theoreme spezifizieren insbesondere, wann die Aspektdistanzen den Spezialfall $d(x,y) + d(y,z) = d(x,z)$ der Dreiecksungleichung für eindimensionale bzw. lineare Anordnungen der Reize rechtfertigen.

Im *zweiten* Fragenkomplex *(Einbettungsproblem)* zur theoretischen Untersuchung von Distanzen wird vorausgesetzt, daß die Distanzen Eigenschaften von Distanzmaßen rechtfertigen. Gefragt wird dann, ob diese Maße auch als Distanzen eines Raummodells betrachtet werden können und wie die Repräsentation der globalen Distanzen durch spezifische Distanzen in n Dimensionen zu sichern ist (vgl. Abb. 4). Die formale Lösung dieses Problems ist die Voraussetzung dafür, daß der jeweilige Raum als multidimensionale Repräsentation der Reize gelten kann. Prinzipiell sind euklidische und nicht-euklidische Einbettungen der Distanzen möglich. Von *Young & Householder* (1938) stammen Theoreme zur Einbettung fehlerfreier Distanzen in den n-dimensionalen euklidischen Vektorraum. Die Theoreme gehen aus von einer Umrechnung von Distanzen in Skalarprodukte der Reizvektoren und verknüpfen die Möglichkeit der dimensionalen Einbettung mit der Rangbestimmung der Matrix der Skalarprodukte und der Forderung, daß diese Matrix positiv semidefinit sein muß. Wir kommen auf diese Theoreme ausführlicher zurück bei der Darstellung der multidimensionalen Skalierung nach *Torgerson*.

Mengen- und maßtheoretisches Konzept der Distanz
(„Aspektdistanz" nach *Restle*)

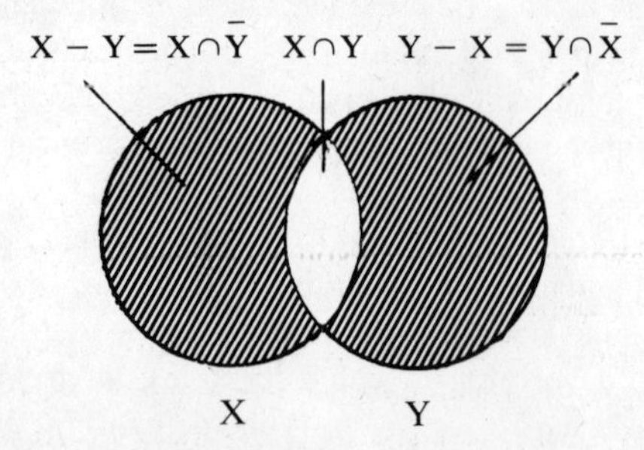

Unähnlichkeit (Aspektdistanz) $d(x,y) = m[(X - Y) \cup (Y - X)]$
Ähnlichkeit $(x,y) = m(X \cap Y)$

Geometrisches Konzept der Distanz (dimensionale Einbettung)

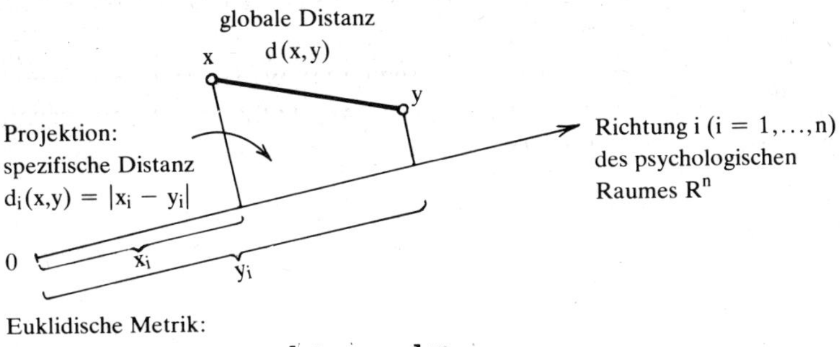

Euklidische Metrik:

$$d(x,y) = \left[\sum_{i=1}^{n} d_i(x,y)^2 \right]^{1/2}$$

Minkowski r-Metrik:

$$d_r(x,y) = \left[\sum_{i=1}^{n} d_i(x,y)^r \right]^{1/r}$$

Abb. 4: Mengen- und maßtheoretische Deutung und dimensionale Einbettung von Distanzen.

3.1.3 Distanzfunktionen

Einer Objektmenge X $(x, y, \ldots, \in X)$ läßt sich auf mannigfache Weise eine Metrik aufprägen, welche die drei genannten Metrik-Axiome (M 1), (M 2) und (M 3) erfüllt. Die Menge X wird zusammen mit der aufgeprägten Metrik $d_r(x,y)$ ein *metrischer Raum* (X, d_r) genannt. Die Art der Metrik kommt in der jeweiligen Definition des Abstandes $d_r(x,y)$ zweier Punkte x, y zum Ausdruck. Dabei werden die globalen Distanzen $d_r(x,y)$ als Funktion der spezifischen Distanzen $d_i(x,y)$ in n Dimensionen ausgedrückt. Die Wahl einer *Distanzfunktion* impliziert also immer einen bestimmten metrischen Raum (Raummodell), in den beobachteten Reizähnlichkeiten bzw. Reizunähnlichkeiten als Punktdistanzen eingebettet oder abgebildet werden.
In den bisher am häufigsten verwendeten Methoden von MDS nach *Torgerson* (1952, 1962) werden beobachtete Distanzen bei Schätzung einer additiven Konstanten an die *euklidische Metrik* angepaßt, in welcher der jeweils kürzeste Abstand zweier Reizpunkte als Distanz verwendet wird. Ein anderes Distanzmodell wurde von *Attneave* (1950) verwendet, der nach der sog. *City-Block-Metrik* oder *additiven Metrik* (vgl. *Landahl & Householder* 1945) die Distanzen nicht nach dem pythagoreischen Lehrsatz als kürzeste Abstände, sondern

vielmehr als Summe der absolut gesetzten Unterschiede auf den einzelnen Dimensionen bestimmt. In neueren MDS-Modellen (vgl. *Shepard* 1962, *Kruskal* 1964 u. a.) beschränkt man sich nicht auf die Annahme einer bestimmten Metrik. Vielmehr wird eine allgemeinere Klasse von Distanzfunktionen zugrundegelegt, die als *Minkowski r-Metriken*, L^p-Normen oder Potenzmetriken bekannt sind (vgl. *Beals, Krantz & Tversky* 1968, 133). Innerhalb dieser Metrik-Klasse wird die Wahl einer speziellen r-Metrik dann davon abhängig gemacht, durch welche Konfigurationsdistanzen die beobachteten Unähnlichkeitswerte am besten angepaßt werden. Als Spezialfall kann beispielsweise die euklidische Distanzfunktion die beste Anpassung liefern.

Die euklidische Metrik

Die repräsentierende Distanz bezieht sich auf beobachtete Ähnlichkeitsrelationen und wird gemäß der gewählten Distanzfunktion als abhängig von Projektionen der Reize in den Dimensionen des jeweiligen metrischen Raumes definiert. Entsprechend unterscheidet *Torgerson* (1958, 250ff.) bei jeder MDS zwei grundlegende Schritte:

1. *Distanzmodell:* Eine Theorie, welche (theoretische) Punktdistanzen zu (beobachteten) Reizrelationen in Beziehung setzt. Das Distanzmodell dient der Gewinnung von Distanzschätzungen für alle Reizpaare aus Beobachtungsdaten.
2. *Raummodell:* Eine Theorie zur Charakterisierung des mehrdimensionalen Raumes, in welchem die Distanzen durch die Dimensionalität und die Raumkoordinaten der Reize in einer bestimmten Metrik determiniert sind. Das Raummodell enthält die dimensionale Darstellung der globalen Distanzen.

Das euklidische Raummodell wird durch folgende Distanzfunktion beschrieben:

$$d(x,y) = \left[\sum_{i=1}^{n} (x_i - y_i)^2\right]^{1/2} \tag{3.1}$$

$d(x,y)$ = Distanz zwischen den Reizpunkten x und y.
n = Anzahl der Dimensionen ($i = 1,2,\ldots,n$).
x_i, y_i = Komponenten der Vektoren $x = (x_1,\ldots,x_i,\ldots,x_n)$ und $y = (y_1,\ldots,y_i,\ldots,y_n)$, d. h. Projektionen der Reize x und y auf n orthogonale Dimensionen.

Die durch (3.1) implizierte Metrik[6] genügt den schon genannten Axiomen einer Metrik und hat die Eigenschaft, daß sie sich dimensional darstellen läßt (vgl. Abb. 5).

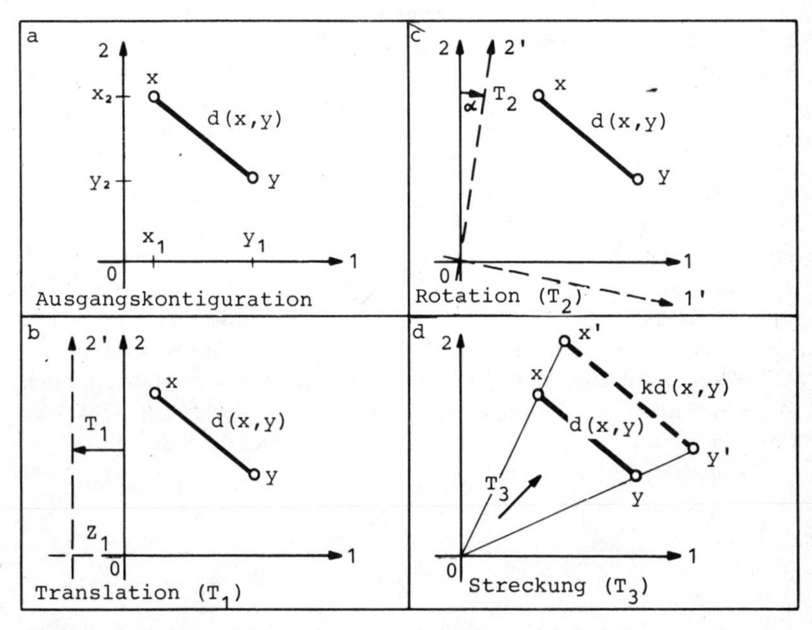

Abb. 5: Euklidische Distanz in zwei Dimensionen (a) und ihre Invarianz bzw. Veränderung gegenüber Transformationen (b, c, d).

Anhand des zweidimensionalen Beispiels (vgl. Abb. 5) läßt sich leicht veranschaulichen, daß euklidische Distanzen bestimmte Invarianzeigenschaften haben, die sich bei ihrer Weiterverarbeitung oft als nützlich erweisen. Wenn die Punkte x und y um denselben Vektor z verschoben werden, so bleibt die Distanz der Punkte erhalten, d. h. die euklidischen Distanzen sind invariant gegenüber einer *Translation* (T_1) des Nullpunktes:

$$(3.2) \qquad T_1[d(x,y)] = d(x+z, y+z) = d(x,y) \,.$$

Weiterhin sind euklidische Distanzen invariant gegenüber orthogonaler *Achsenrotation* (T_2):

$$(3.3) \qquad T_2[d(x,y)] = \left[\sum_{i=1}^{n} (x_i' - y_i')^2\right]^{1/2} = d(x,y) \,.$$

Bei *Streckung* (T_3) der Vektoren x und y durch einen skalaren Faktor k bleibt die Distanz nicht erhalten, sondern wird gleichfalls um den Faktor k gestreckt:

$$(3.4) \qquad T_3[d(x,y)] = d(kx,ky) = kd(x,y) .$$

Insbesondere durch die *zulässigen* Transformationen T_1 und T_2 ergibt sich – ähnlich wie bei der Faktorenanalyse – die Möglichkeit, die Objekt- bzw. Urteilsstruktur so zu transformieren, daß sie sich psychologisch sinnvoll interpretieren läßt. Die endgültige Wahl der Raumachsen sollte psychologisch determiniert sein (vgl. *Attneave* 1950, 521). Wie noch zu erörtern ist, sind nichteuklidische Distanzen nicht invariant gegenüber Achsenrotation.

Die Distanzfunktion beschreibt die funktionale Verknüpfung von globalen und spezifischen Distanzen. Es stellt sich nun formalgeometrisch die zuvor als *Einbettungsproblem* genannte Aufgabe, die Dimensionalität und die Größe der spezifischen Distanzen $d_i(x,y)$ bzw. die Projektionen der Reizpunkte x, y auf n Raumachsen aufgrund geschätzter globaler Distanzen d(x,y) zu bestimmen. Wie schon angedeutet, eignen sich im euklidischen Fall zur Lösung dieser Aufgabe bestimmte Theoreme von *Young & Householder* (1938) (vgl. *Torgerson* 1962, 254 ff., *Sixtl* 1967, 335 ff.), die wir nach der Fassung von *Luce & Galanter* (1963, 303 ff.) wiedergeben.

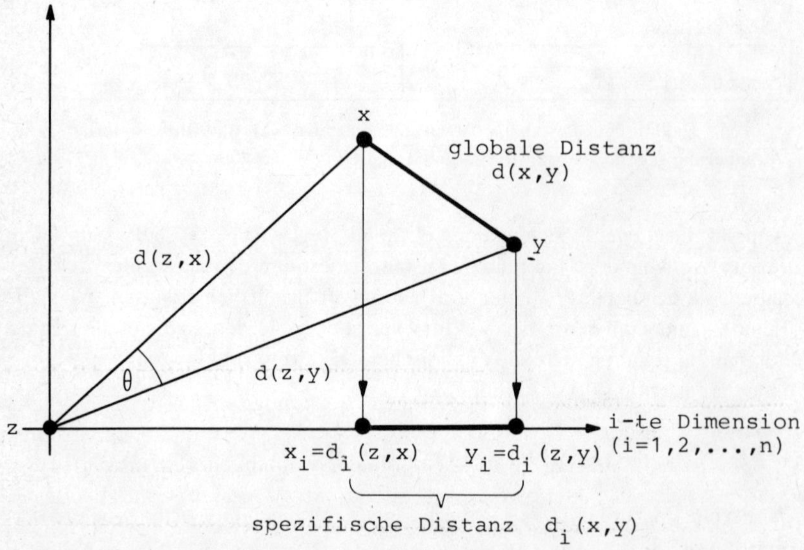

Abb. 6: Dimensionale Abbildung einer globalen Distanz.

Gegeben seien m Reize, die durch Punkte x, y, z, ... im euklidischen Raum mit n Achsen repräsentiert werden sollen (vgl. Abb. 6). Bei fehlerfreien Distanzen kann als Ursprung der Reizvektoren jeder beliebige Punkt verwendet werden, also z. B. der m-te Punkt z. d(x,y), d(x,z) und d(y,z) seien die globalen Distanzen zwischen den Punkten x,y,z. Dann läßt sich eine symmetrische $(m-1) \times (m-1)$-Matrix $B = (b_{xy})$ definieren, deren Elemente als *Skalarprodukte* der Vektoren vom Ursprung z zu Reizpunkten x,y,... interpretiert werden können:

$$(3.5) \qquad b_{xy} = \frac{1}{2}\left[d^2(x,z) + d^2(y,z) - d^2(x,y)\right] = d(x,z)\,d(y,z)\cos\theta_{xzy}\,.$$

Die Matrix B der euklidischen Produkte (Skalarprodukte) der Reizvektoren ist die Basis zweier Theoreme zur dimensionalen Darstellung der Distanzen:

Theorem 1: Die notwendige und hinreichende Bedingung für die Einbettung einer Punktemenge mit Distanzen d(x,y) in einen euklidischen Vektorraum ist, daß die durch (3.5) definierte Matrix B positiv semidefinit ist, d. h. nur nicht-negative Eigenwerte enthält.

Theorem 2: Die Dimensionalität einer Punktemenge im euklidischen Vektorraum mit Distanzen d(x,y) ist gleich dem Rang der Matrix B.

Wie jede positiv semidefinite Matrix kann die Matrix B der Skalarprodukte nach einer bekannten Matrizengleichung faktorisiert werden, die im Prinzip auch bei jeder Faktorenanalyse zur Anwendung kommt:

$$(3.6) \qquad B = AA'\,.$$

A ist die $(m-1) \times n$-Matrix der Projektionen $a_{xi}, a_{yi}, \ldots$ der $m-1$ Objekte auf $n \leq (m-1)$ orthogonale Achsen mit dem Ursprung im m-ten Punkt des euklidischen Vektorraumes. n ist der Rang der Matrix B.

Die obigen Theoreme beziehen sich zunächst auf *fehlerfreie* Distanzen, für welche die Wahl des Ursprungs ohne Belang ist: Jeder Reizpunkt kann als Ursprung gewählt werden. Die resultierenden B-Matrizen unterscheiden sich zwar und führen auch zu unterschiedlichen Faktorenmatrizen. Der Rang n bleibt jedoch erhalten, und die Faktorenmatrizen sind durch Translation und Rotation ineinander überführbar. Im praktischen Skalierungsfall liegen jedoch keine „wahren" Distanzen vor, sondern *fehlerbehaftete* Distanzschätzungen, die außerdem nicht auf einer Skala mit absolutem Nullpunkt liegen. Insofern würde jede unterschiedliche Ursprungswahl auch zu verschiedenen Faktorenlösungen, d. h. zu unterschiedlichen dimensionalen Einbettungen der Reizähnlichkeiten führen. Die Fehler, die jedem beliebigen Reizpunkt als potentiellen Ursprung anhaften, werden am ehesten ausgeglichen, wenn man den Ursprung in den Schwerpunkt der Punktekonfiguration legt. Im Durchschnitt macht man bei dieser Ursprungswahl den kleinsten Fehler. Diese Lösung wurde von *Torgerson*

(1952) vorgeschlagen. Die dimensionale Analyse richtet sich dann auf eine „mittlere" Skalarproduktmatrix B* und führt zu einer Faktorenlösung A* (vgl. S. 89ff.).

Zur Anpassung der Distanzen an die euklidische Metrik reicht jedoch die willkürliche Festlegung eines gemeinsamen Ursprungs noch nicht aus. Vielmehr muß gesichert werden, daß die Distanzen einen absoluten Nullpunkt haben. Zu diesem Zweck muß eine geeignete *additive Konstante* geschätzt werden, durch welche die „vorläufigen" oder „komparativen" Distanzen zu „absoluten" Distanzen ergänzt werden können. Die euklidischen Eigenschaften der Distanzen werden dabei vorausgesetzt, wobei die additive Konstante so geschätzt werden soll, daß die Reizkonfiguration durch möglichst wenige Dimensionen repräsentiert wird. Mit dem Problem der additiven Konstanten (vgl. *Messick & Abelson* 1956, *Torgerson* 1962, 268ff., *Sixtl* 1967, 333ff., *Lüer & Fillbrandt* 1969, *Cooper* 1972 u. a.) werden wir uns noch ausführlicher bei der Darstellung der klassischen MDS nach *Torgerson* beschäftigen.

Die additive Metrik (City-Block-Metrik)

Von den nichteuklidischen Abstandsfunktionen hat die sog. „City-Block-Metrik" („Manhattan-Metrik", additive Metrik) einen relativ großen Anschauungswert, wenn man sie – wie üblicherweise auch euklidische Distanzen – in einem cartesischen Koordinatensystem darstellt. Man kann sich vorstellen, daß die Ähnlichkeit zweier Objekte x und y folgendermaßen beurteilt wird:

1. Der Beurteiler kennt oder identifiziert die n Dimensionen, nach denen die Objekte x,y,z,... variieren.
2. Die Ähnlichkeit zweier Objekte x und y wird auf jeder Dimension i ($i = 1,2,\ldots,n$) separat beurteilt, indem jeweils ihre Unterschiedlichkeit als absolute Differenz $|x_i - y_i|$ eingeschätzt wird.
3. Der Beurteiler kommt zu einem Gesamt-Ähnlichkeitsurteil bzw. zu einer globalen Distanz $d(x,y)$ für je ein Objektpaar, indem er die einzelnen Distanzschätzungen über alle n Dimensionen summiert.

Im letzten Schritt der endgültigen Kombination von Ähnlichkeitsurteilen zeigt sich der grundlegende Unterschied zum Aufbau euklidisch gedachter Urteilsbildungen. Die Unähnlichkeit $d(x,y)$ zweier Objekte wird nicht nach der euklidischen Beziehung (3.1) als kürzeste Entfernung zwischen den Objekten geschätzt, sondern vielmehr als Summe (vgl. „additive Metrik") der absoluten Differenzen in den einzelnen Dimensionen:

$$(3.7) \qquad d(x,y) = \sum_{i=1}^{n} |x_i - y_i| .$$

Man kann sich vorstellen, daß die Reizobjekte wie Orte in einer völlig rechtwinklig konzipierten Stadt liegen, wobei die Entfernung zweier Orte nicht auf der Luftlinie als kürzeste Distanz (vgl. „Brieftauben-Geometrie“; *Papy* 1970), sondern vielmehr als Summe der Schritte gemessen wird, die man in rechtwinklig zueinander liegenden Straßen von einem Ort x zu einem anderen Ort y zurücklegen muß (vgl. Abb. 7). Der Name „City-Block-Metrik“ bzw. „Manhattan-Metrik“ ist auf diese Veranschaulichung einer nichteuklidischen Metrik in einem Stadtplanmodell mit cartesischen Koordinaten zurückzuführen (vgl. auch „Taxidistanz“; *Papy* 1970).

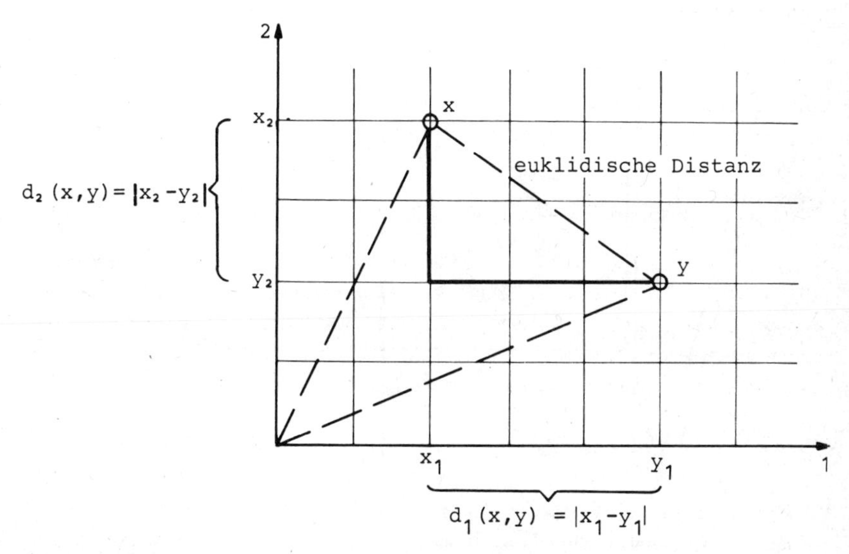

Abb. 7: Veranschaulichung der City-Block-Distanz.

Die City-Block-Metrik wurde in Skalierungsexperimenten erstmalig von *Attneave* (1950) mit psychophysischem Reizmaterial als Alternativlösung zum euklidischen Konzept der multidimensionalen Psychophysik nach *Richardson* (1938) verwendet, geht aber im Prinzip schon auf ältere Vorstellungen zur Biophysik des zentralen Nervensystems von *Householder & Landahl* (1945) zurück, die auch später von *Lashley & Wade* (1946) verwendet wurden. Die *Attneave*sche City-Block-Skalierung ist beschränkt auf den Fall, daß die Dimensionen der Reizvariation explizit bekannt oder erkennbar sind. Bei der *Kruskal*-Analyse wird zwar auch jede iterative Anpassung unter der Annahme einer bestimmten Dimensionalität durchgerechnet. Die Anzahl der erforderlichen Dimensionen wird jedoch zunächst als Hypothese betrachtet, wobei die beste Anpassung über die Brauchbarkeit dieser Hypothese entscheidet. Der

*Attneave*schen Skalierung fehlt ein vergleichbarer Anpassungsalgorithmus. Deshalb müssen die Reizdimensionen apriori bekannt sein.
Die City-Block-Distanzen sind – wie alle nichteuklidischen Metriken – nicht invariant gegenüber orthogonaler Achsenrotation (vgl. Abb. 8). Durch diese Eigenschaft wird die praktische Brauchbarkeit der *Attneave*schen City-Block-Skalierung vor allem dann erheblich eingeschränkt, wenn die dimensionalen Attribute der Reizvariation nicht explizit bekannt sind, sondern vielmehr erst aufgrund des Urteilsverhaltens der Vpn erschlossen werden sollen (vgl. auch *Sixtl* 1967, 286ff., *Torgerson* 1958, 259). Auf die psychologisch-theoretische Bedeutung der City-Block-Metrik als Spezialfall einer *Minkowski* r-Metrik werden wir später noch zurückkommen.

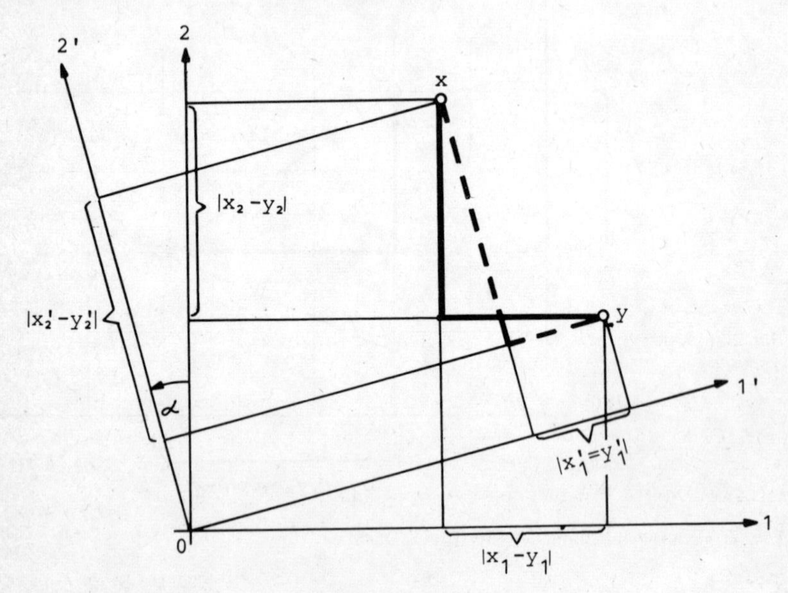

Abb. 8: Einfluß orthogonaler Achsenrotation auf City-Block-Distanzen
($|x_1 - y_1| + |x_2 - y_2| \neq |x_1' - y_1'| + |x_2' - y_2'|$).

Die Minkowski r-Metrik

Die von *Shepard* (1962) und besonders von *Kruskal* (1964) entwickelten Verfahren der ordinalen bzw. non-metrischen multidimensionalen Skalierung haben hinsichtlich des Skalenniveaus der eingehenden und resultierenden Meßinformation zwei besondere Eigenarten:

1. Die Information am Eingang der Skalierung ist „nichtmetrisch", da lediglich eine Rangordnung der Unähnlichkeitsurteile vorausgesetzt wird.

2. Die Information am Ausgang der Skalierung ist hingegen „metrisch“ und erscheint auf einer Intervallskala. Dabei wird die Raum-Metrik nicht beschränkt auf euklidische Vektorräume, sondern vielmehr auch erweitert auf nichteuklidische Abstandsfunktionen.

Die metrische Information am Ausgang der Skalierung erhält man, indem man der Menge $X(x, y, \ldots, \in X)$ von Reizobjekten bzw. den beobachteten Unähnlichkeitswerten über der Produktmenge $X \times X$ eine *Minkowski* r-Metrik aufprägt. Die den Unähnlichkeitswerten korrespondierenden Abstandsmaße werden dann für alle Punkte $x = (x_1, \ldots, x_i, \ldots, x_n)$ und $y = (y_1, \ldots, y_i, \ldots, y_n)$ durch folgende Distanzfunktion definiert:

$$d_r(x,y) = \left(\sum_{i=1}^{n} |x_i - y_i|^r \right)^{1/r} ; \quad r \geq 1 \tag{3.8}$$

r = *Minkowski*-Konstante zur Charakterisierung der Metrik
n = Anzahl der Dimensionen ($i = 1, 2, \ldots, n$)
$d_r(x,y)$ = globale Distanz der Punkte x und y in der r-Metrik
x_i, y_i = Projektion der Punkte auf die i-te Dimension.

Diese Definition erfüllt für $r \geqq 1$ alle Bedingungen einer Metrik. In diesem Bereich kann r jeden beliebigen Wert annehmen. Wie später noch an theoretischen (*Cross* 1965 b) und empirischen Interpretationen (*Wender* 1969) gezeigt wird, ist auch die Vorstellung des Exponenten als Dezimalbruch sinnvoll. Die r-Metriken haben drei *Spezialfälle*, die für $r = 1$ als City-Block-Metrik, für $r = 2$ als euklidische Metrik und für $r = \infty$ als Supremumsmetrik oder Dominanzmetrik bekannt sind (vgl. z. B. *Young* 1972, 72 ff.):

$$d_1(x,y) = \sum_{i=1}^{n} |x_i - y_i| \quad \text{City-Block-Metrik } (r = 1) \tag{3.9}$$

$$d_2(x,y) = \left[\sum_{i=1}^{n} (x_i - y_i)^2 \right]^{1/2} \quad \text{euklidische Metrik } (r = 2) \tag{3.10}$$

$$d_\infty(x,y) = \operatorname*{Max}_i \{|x_i - y_i|\} \quad \text{Dominanz- oder Supremumsmetrik } (r = \infty) \tag{3.11}$$

Die Spezialfälle der r-Metriken, die der Menge X aufgeprägt werden, lassen sich durch unterschiedliche „*Kugelumgebungen*“ charakterisieren (vgl. *Cross* 1965). Ist $x_0 \in X$ ein fester Ursprungspunkt und $\varepsilon > 0$ irgendeine reelle Zahl, so heißt die Menge

(3.12) $U_\varepsilon(x_0) := \{x \in X : d(x, x_0) < \varepsilon\}$

die Kugelumgebung um x_0 mit dem Radius ε. Die Begrenzungen einer Kugelumgebung werden auch „*Konturen gleicher Ähnlichkeit*" genannt (isosimilarity contours; vgl. *Beals, Krantz & Tversky* 1968, *Green & Carmone* 1972, 26f.). Sie sind der geometrische Ort aller Reize $x = \varepsilon$, die zum Ursprungsreiz x_0 die gleiche Ähnlichkeit bzw. den gleichen Abstand $d(x, x_0)$ haben. Bei mehr als zwei Dimensionen beschreibt der Radius ε eine Hyperkugel und ist dann ein Vektor. Wird der Vektor ε auf die Einheitslänge $l_\varepsilon = 1$ normiert, so spricht man von einer *Einheitskugel.* Da die *Form* der Einheitskugel vom Exponenten r der verwendeten Metrik abhängt, lassen sich die Distanzeigenschaften verschiedener Spezialfälle einer r-Metrik leicht geometrisch veranschaulichen, wie sich am zweidimensionalen Beispiel von Einheitskreisen demonstrieren läßt (vgl. Abb. 9).
Die Einheitskreise der Metrik zeigen, daß eine City-Block-Distanz durch einfache Summation spezifischer Abstände, eine euklidische Distanz durch die Wurzel der Summation quadrierter spezifischer Abstände und eine Supremumsdistanz durch Auswahl des maximalen Abstandes beschrieben wird. Alle übrigen Metriken $1 \leqq r \leqq \infty$ werden im zweidimensionalen Beispiel durch Einheitskreise charakterisiert, die zwischen dem achsenparallelen Quadrat $(r = \infty)$ und dem auf die Spitze gestellten Quadrat $(r = 1)$ liegen.
Die Definition (3.8) der r-Metrik erfüllt die drei schon genannten Axiome einer Metrik (Identität, Symmetrie, Dreiecksungleichung; vgl. *Kolmogorof & Fomin* 1957), d.h. die Distanzen $d_r(x, y)$ spannen metrische Räume auf. Dabei ist allerdings zu beachten, daß zwar alle r-Distanzen invariant gegenüber Translationen (Verschiebung des Nullpunktes) sind, nicht jedoch (bis auf die Ausnahme der euklidischen Distanz bei $r = 2$) gegenüber orthogonaler Achsenrotation. Im Rahmen der ordinalen multidimensionalen Skalierung sind von *Beals, Krantz & Tversky* (1968) *Axiomatisierungen* vorgenommen worden, die Auskunft über weitere Eigenschaften der r-Metriken geben, und zwar insbesondere über die metrischen Eigenschaften der sog. „segmentalen Additivität" und über die Möglichkeiten der dimensionalen Darstellung der r-Distanzen. Mit dimensionaler Darstellung ist gemeint, daß man Raumachsen einführt, auf denen man die Reizkoordinaten subtrahieren (intradimensionale Subtraktivität) und über die man die Koordinatendifferenzen $|x_i - y_i|$ zur Gesamtdistanz $d_r(x, y)$ aufsummieren kann (interdimensionale Additivität).
Ausgehend von einer allgemeinen und übergeordneten Theorie des „Polynomial Conjoint Measurement" (vgl. *Tversky* 1967) ordnet *Young* (1972) die nonmetrische MDS mit *Minkowski*-Metriken in einen allgemeinen Zusammenhang ein, in welchem sich beispielsweise die üblichen geometrischen MDS-Modelle, das Unfolding-Modell von *Coombs* und das *Bradley-Terry-Luce*-Modell lediglich als Spezialfälle darstellen. Unter diesem Gesichtspunkt eines hochge-

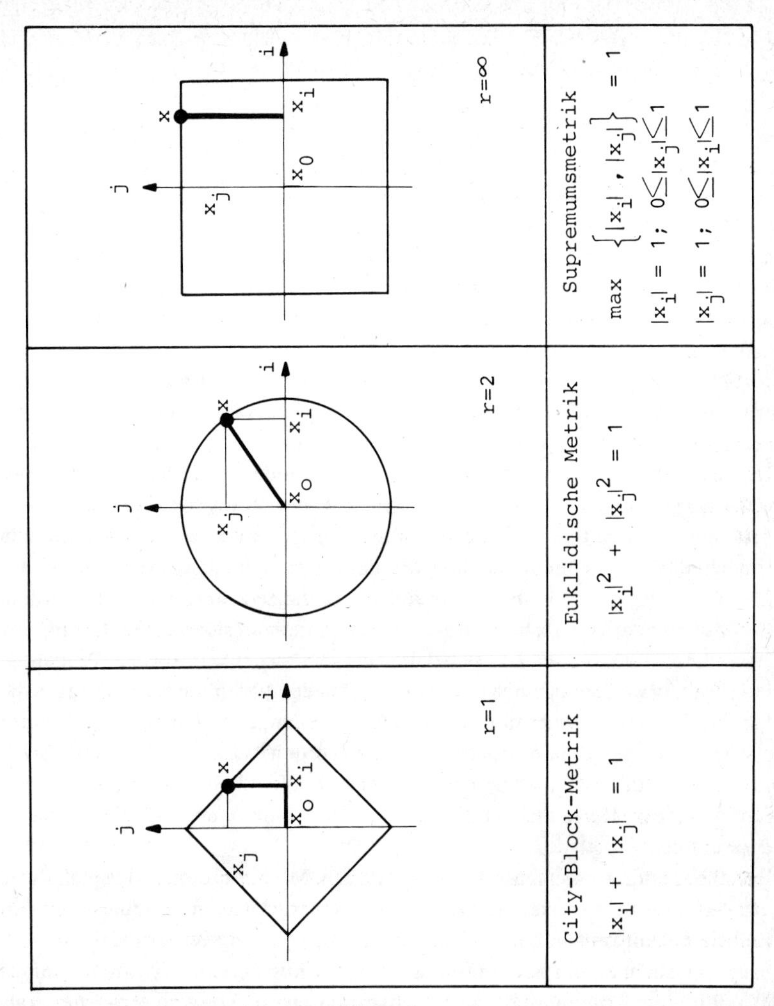

Abb. 9: Einheitskreise der Metriken mit $r = 1$, $r = 2$ und $r = \infty$.

neralisierten Meßmodells wird wiederum der Aspekt von MDS als generelle Verhaltenstheorie betont (*Young* 1972, 101f.).

3.2 Multidimensionale Skalierung euklidischer Distanzen nach Torgerson

Im Vergleich zu verschiedenen Varianten der auf Verhältnisurteilen beruhenden direkten Methoden der MDS von *Ekman* (1963) wird zur euklidischen Lösung multidimensionaler Skalierungsaufgaben sehr viel häufiger das auf komparativen Urteilen beruhende Skalierungskonzept von *Torgerson* (1952, 1958) verwendet. Wie schon ausgeführt, unterscheidet *Torgerson* (1963, 250) im formalen Ablauf einer MDS zwei grundlegende Anteile, nämlich ein *Raummodell* (spatial model) zur mehrdimensionalen Repräsentation globaler Distanzen und ein *Distanzmodell* (distance model), welches die Art der Gewinnung von vorläufigen Distanzen auf der Basis empirischer Daten beschreibt. Der zeitliche Ablauf der Prozedur beginnt mit der Erhebung von Ähnlichkeits- bzw. Unähnlichkeitsurteilen, die nach den Vorschriften des „Distanzmodells" in globale, vorläufige Distanzen umgewandelt werden. Dieser erste Schritt besteht praktisch in einer eindimensionalen Skalierung der Unähnlichkeit. Daran schließt sich dann ein analytischer Schritt der Datenverarbeitung an, in welchem gemäß den Vorschriften des gewählten Raummodells die globalen Distanzen dimensional eingebettet werden, d. h. in spezifische Distanzen des psychologischen Raumes zerlegt werden. Das Ergebnis von MDS besteht dann in einer orthogonalen Menge von Reizkoordinaten, welche die Abbildung der Reize in n Dimensionen bzw. auf n unabhängigen Skalen repräsentiert.
Von allen *Torgerson*schen Überlegungen zur MDS, zu denen beispielsweise auch Arbeiten zur Verwendung nichteuklidischer Metriken und zum ordinalen Ähnlichkeitskonzept gehören (*Torgerson* 1965, *Young & Torgerson* 1967), liegen vor allem zu der Kombinination der *euklidischen Metrik* (als Raummodell) mit der Erhebung der Ähnlichkeitsdaten in *Triadenvergleichen* (als Distanzmodell) die meisten Anwendungen in der Psychologie vor. Obwohl wir aus verschiedenen schon angedeuteten und noch näher auszuführenden Gründen der ordinalen MDS nach *Kruskal* allgemeinere Bedeutung beimessen, soll zunächst dieses klassische Konzept dargestellt werden (vgl. *Torgerson* 1962, *Sixtl* 1967).

3.2.1 Raummodell

Die metrischen und dimensionalen Eigenschaften des Raummodells werden hier durch die in (3.1) angegebene *euklidische Distanzfunktion* beschrieben. Diese Distanzfunktion und ihre theoretischen Implikationen bilden die Basis der dimensionalen Einbettung in der *Torgerson*schen Skalierung. Zur Bestimmung der Dimensionalität des psychologischen Raumes, der durch euklidische Distanzen aufgespannt wird, und zur Ermittlung der Reizprojektionen auf den Achsen, werden die schon genannten Theoreme von *Young & Householder* (1938) herangezogen, die zunächst für den Fall fehlerfreier Distanzen gelten. Ausgang der Dimensionsanalyse für fehlerfreie globale Distanzen wäre eine direkte Umrechnung der Distanzen in euklidische *Skalarprodukte* nach der angegebenen Beziehung (3.5). Bei empirischen Daten liegen jedoch keine Distanzparameter, sondern Distanzschätzungen vor, so daß jeder Reizpunkt fehlerbehaftet ist. Bei der Wahl eines beliebigen Reizpunktes als Ursprung würde eine jeweils andere Faktorenstruktur resultieren. Um diesen Fehler auszugleichen, hat *Torgerson* vorgeschlagen, den Ursprung der Vektoren in den Schwerpunkt der Reizkonfiguration A zu legen.

Gehen wir zunächst von der in (3.6) angegebenen $(m - 1) \times (m - 1)$-Matrix B aus, die wir mit z indizieren, weil sie bei fehlerfreien Distanzen aus einem Vektorsystem A (Projektionen der Reize auf m − 1 orthogonale Achsen) resultiert, dessen Ursprung im z-ten Reiz liegt:

$$(3.13) \qquad B_z = AA' \,.$$

Gesucht ist dann eine „mittlere“ $(m \times m)$-Matrix B^* von Skalarprodukten b^*_{xy}, deren Ursprung im Centroid der Punktekonfiguration liegt. Alle Projektionen a^*_{xi}, a^*_{yi} der Matrix $A^* = (a^*_{xi})$ auf der Achse i^* des neuen Koordinatensystems können dann als Abweichungen der ursprünglichen Projektionen a_{xi}, a_{yi} vom Centroid c_i betrachtet werden:

$$(3.14) \qquad a^*_{xi} = a_{xi} - c_i \,.$$

Das jeweilige Centroid errechnet sich als mittlere Projektion der m Punkte auf der i-ten Achse:

$$(3.15) \qquad c_i = \frac{1}{m} \sum_{x=1}^{m} a_{xi} \,.$$

Die „mittlere“ Skalarproduktmatrix

$$(3.16) \qquad B^* = A^*A^{*\prime}$$

enthält als Elemente

$$(3.17) \qquad b^*_{xy} = \sum_{i=1}^{n} a^*_{xi} a^*_{yi} .$$

Durch Einsetzen und Umformen erhält man eine zu (3.5) analoge Beziehung, nach der die „mittleren" Skalarprodukte b^*_{xy} mit dem Centroid als Ursprung direkt bei bekannten Distanzschätzungen d(x, y) berechnet werden können:

$$(3.18) \; b^*_{xy} = \frac{1}{2}\left[\frac{1}{m}\sum_{x}^{m} d^2(x,y) + \frac{1}{m}\sum_{y}^{m} d^2(y,x) - \frac{1}{m^2}\sum_{x}^{m}\sum_{y}^{m} d^2(x,y) - d^2(y,x)\right]$$

Die Matrix B* kann nach üblichen Regeln der Matrizenalgebra zur Ermittlung der Dimensionen und der Koordinaten der spezifischen Reizdistanzen faktorisiert werden. Nach dem ersten Theorem von *Young & Householder* und bei Gültigkeit der Distanzaxiome ist die *dimensionale Einbettung* der globalen Distanzen in den euklidischen Vektorraum möglich, wenn die durch (3.18) definierte Matrix positiv-semidefinit ist.
Die *Einschätzung der Dimensionalität* der Punktekonfiguration orientiert sich formal bei Verwendung einer geeigneten Eigenwertlösung an der Rangbestimmung der Matrix B* bzw. am Abfall der Eigenwerte λ_i. Wie schon ausgeführt wurde, muß dabei vor allem gewährleistet sein, daß bei möglichst geringer Anzahl von Dimensionen die Variation der subjektiven Objektähnlichkeiten möglichst genau, jedoch nicht redundant reproduziert wird, und daß die repräsentierenden Raumachsen auch psychologisch sinnvoll interpretiert werden können. Die Lösung dieser beiden Probleme – *Identifikation* der Anzahl relevanter Dimensionen und ihre *Interpretation* – wird im Prinzip ähnlich behandelt wie in faktorenanalytischen Dimensionsanalysen, und wir verweisen in diesem Zusammenhang auf die einschlägige Spezialliteratur (z. B. *Harman* 1967, *Cattell* 1966, *Pawlik* 1968, *Überla* 1968 u. a.).
Der prinzipielle Lösungsweg der *Dimensionsanalyse* für fehlerfreie Distanzen wird bei *Torgerson* (1967, 171 ff.) folgendermaßen angegeben:
Gegeben seien Skalarprodukte, die sich einerseits aus Distanzen nach (3.5) errechnen lassen, andererseits aber durch die Strukturformel

$$(3.19) \qquad b_{xy} = \sum_{i=1}^{n} a_{xi} a_{yi}$$

beschrieben werden. Zur Ermittlung der n Dimensionen und der Projektionen a_{xi} bzw. a_{yi} in dieser Formel müssen im psychologischen Raum bestimmte Achsen fixiert werden. Die Achsen sollen so ermittelt werden, daß die erste

Achse den größten Teil der Punktevarianz aufklärt, die zweite den restlichen Anteil wieder maximal aufklärt und orthogonal zur ersten ist, etc.
Für die Bestimmung der ersten Achse müssen Projektionen a_{x1}, a_{y1} gefunden werden, die

$$Q = \sum_{x}^{m} \sum_{y}^{m} (b_{xy} - a_{x1} a_{y1})^2 \tag{3.20}$$

minimieren.
Betrachten wir zunächst Reiz y. Dafür wird die partielle Ableitung von Q nach y1 gleich Null gesetzt:

$$\frac{\partial Q}{\partial y1} = \sum_{x}^{m} (b_{xy} - a_{x1} a_{y1})(-a_{x1}) = 0 . \tag{3.21}$$

Nach Umformung ergibt sich:

$$\sum_{x}^{m} b_{xy} a_{x1} = a_{y1} \sum_{x}^{m} a_{x1}^2 \tag{3.22}$$

Wenn $\sum_{x}^{m} a_{x1}^2 = \lambda_1$ definiert wird, so ergibt sich für (3.22)

$$\sum_{x}^{m} b_{xy} a_{x1} = \lambda_1 a_{y1} \tag{3.23}$$

oder allgemein in Matrizenform für die i-te Dimension

$$B a_i = \lambda_i a_i \tag{3.24}$$

und unter Verwendung der Einheitsmatrix I

$$(B - \lambda_i I) a_i = 0 . \tag{3.25}$$

Durch die Matrizengleichung (3.25) wird ein homogenes Gleichungssystem beschrieben. Wir erkennen den Ansatz einer *Eigenwertaufgabe* mit der zur quadratischen Matrix B gehörenden charakteristischen Matrix $(B - \lambda_i I)$, den Eigenwerten λ_i und den zugehörigen Eigenvektoren a_i. Das Gleichungssystem läßt sich mit geeigneten numerischen Methoden nach den Eigenwerten λ_i und Eigenvektoren a_i auflösen (vgl. z. B. *Zurmühl* 1964). Die Eigenwerte λ_i sind in ihrer Größe proportional zur jeweiligen Varianzaufklärung entlang der i-ten

Dimension und werden gewöhnlich (z. B. bei der Hauptachsenlösung der Faktorenanalyse; vgl. *Sixtl* 1967, *Pawlik* 1968, *Überla* 1968 u. a.) in absteigender Reihenfolge $\lambda_1 \geq \lambda_2 \geq \lambda_3 \geq \cdots \geq \lambda_m \geq 0$ ihrer Varianzaufklärung ermittelt. Dieser Eigenwertabfall kann als Basis der Abschätzung der „großen" Eigenwerte bzw. der gesuchten Minimalzahl von $n \leq m$ Dimensionen mit möglichst viel Aufklärung gemeinsamer Varianz verwendet werden. Die Eigenvektoren a_i enthalten die Projektionen $a_{xi}, a_{yi}, \ldots$, der Reize auf die jeweils i-te Achse des euklidischen Skalenraumes, d. h. sie repräsentieren bei entsprechender Normierung Skalenwerte in n (zunächst unrotierten) Dimensionen.
Es wurde anfangs schon ausgeführt, daß im Falle der euklidischen Metrik die nach der Dimensionsanalyse resultierende orthogonale Reizkonfiguration invariant ist gegenüber Translation und Rotation. Um psychologisch sinnvolle Interpretationen der mehrdimensionalen Skalen zu erhalten, kann also sowohl die Lage der Achsen orthogonal verändert werden (Rotation) als auch durch Ursprungstransformation (Translation) ein geeigneter Nullpunkt gewählt werden (vgl. *Sixtl* 1967, 432 f.).

3.2.2 Distanzmodell

Zur Durchführung der dimensionalen Einbettung der Reize gemäß eines bestimmten Raummodells mit Punktdistanzen ist es erforderlich, aufgrund empirischer *Methoden der Datensammlung* (vgl. z. B. *Green & Carmone* 1972, 53 ff.) Distanzschätzungen $d(x, y)$ für Reizpaare (x, y) zu gewinnen.
Alle „Distanzmodelle" gehen vom psychologischen Konzept der Ähnlichkeit aus und ergeben sich in vielen Fällen als direkte Analogien zu eindimensionalen Skalierungsverfahren. Zu diesen direkten mehrdimensionalen Extensionen zählen die Methode der gleicherscheinenden Intervalle (vgl. *Abelson* 1954), die Methode der sukzessiven Kategorien (vgl. *Attneave* 1950, *Messick* 1954, 1960, *Abelson* 1954 u. a.) und die Methode der Tetraden. Eine sehr einfache und *direkte* Methode der Gewinnung von Distanzschätzungen besteht darin, daß man die m Reize zu allen möglichen $\binom{m}{2} = m(m-1)/2$ Reizpaaren anordnet und von den N Beurteilern ein *Distanzrating* auf einer zugeordneten mehrstufigen (z. B. siebenstufig oder neunstufig) Ratingskala verlangt, in welchem die Reizpaare direkt nach ihrer Ähnlichkeit bzw. Unähnlichkeit beurteilt werden (vgl. *Sixtl* 1967, 289, *Tucker & Messick* 1963, *Ekman* 1956, 1964, *Künapas* et al. 1964, *Kruskal* 1964 u. a.). Auch diese Methode zählt zu den direkten Extensionen eindimensionaler Skalierungstechniken. Im Gegensatz zu indirekten, auf Häufigkeitstransformationen beruhenden Urteilen über die Ähnlichkeit (z. B. Tripelvergleich) hat diese direkte Urteilsmethode den Vorteil, daß nicht nur eine Menge von Distanzschätzungen für eine mittlere Vp resultiert, sondern

vielmehr eine vollständige N × $\binom{m}{2}$-Matrix, welche die Distanzschätzungen jeder einzelnen Vp der Stichprobe enthält. Einzelne Vp-Urteile sind dann erforderlich, wenn nicht nur die intraindividuelle, sondern auch die interindividuelle Mehrdimensionalität der Urteilsbildung kontrolliert werden soll, wie beispielsweise bei dem Vektormodell von *Tucker & Messick* (1963).

Von den Distanzmodellen, die zwar im Prinzip, nicht jedoch in der experimentellen Prozedur unmittelbar an eindimensionale Skalierungsmodelle anknüpfen, werden die *Methode der multiplen Rangordnungen* (*Klingberg* 1941, *Morton* 1959) und die *Methode der Triaden* (*Torgerson* 1951, 1952, 1962, *Messick* 1954) am häufigsten verwendet. Beide Methoden gehen nach *Torgerson* (1962, 262) als Generalisierungen aus dem *Thurstone*schen „law of comparative judgment" für Paarvergleiche hervor.

Bei allen genannten Datenerhebungsmethoden steigt bei großer Anzahl von Reizobjekten (m > 20) der Zeitaufwand vor allem auf seiten der untersuchten Personen erheblich an. Aus diesem Grunde sind verschiedene Reduktions- und Schätzverfahren vorgeschlagen worden. Ein neueres Konzept stammt von *Young & Cliff* (1972), das auf einem „interaktiven" MDS-System beruht. Auf der Basis mathematischer Modellvorstellungen von *Ross & Cliff* (1964) werden den Personen nicht alle, sondern im Laufe einer sukzessiven Real-Time-Interaktion mit dem datenverarbeitenden Computer nur besonders ausgewählte Reizpaare zur Beurteilung vorgegeben. Dieses interaktive MDS-Konzept hat vor allem auch den Vorteil, daß es auf individuelle Beurteiler und damit auf die Analyse individueller Differenzen anwendbar ist.

Die Methode der Triaden wurde im Prinzip schon von *Richardson* (1938) verwendet und dann von *Torgerson* als *„vollständige Methode der Triaden"* weiterentwickelt. Dabei werden die m Reizobjekte zunächst zu $\binom{m}{3} = m(m-1)(m-2)/6$ Tripeln (x, y, z) angeordnet. Bei vollständigem Tripelvergleich soll in jedem Tripel jeder Reiz einmal als Bezugsreiz dienen und auf relative Ähnlichkeit mit den anderen beiden verglichen werden. Somit muß bei m Reizen jede Vp insgesamt $3 \cdot \binom{m}{3} = m(m-1)(m-2)/2$ komparative Urteile abgeben, wie sich am Beispiel mit m = 3 Reizen x, y, z veranschaulichen läßt:

(x; y, z)	(y; x, z)	(z; x, y)
x $\genfrac{}{}{0pt}{}{y}{z}$	y $\genfrac{}{}{0pt}{}{x}{z}$	z $\genfrac{}{}{0pt}{}{x}{y}$

Für das erste Tripel (x; y, z) resultieren z. B. Urteile wie „Reiz y ist dem Reiz x ähnlicher als Reiz z" (xy > xz). Auf der Basis von N × $\binom{m}{3}$ Tripelurteilen lassen sich schließlich die für die Anwendung des Raummodells erforderlichen Distanzschätzungen ermitteln. Wir geben die einzelnen Schritte nur im Prinzip an. Einzelheiten findet man bei *Torgerson* (1962, 263–268) und bei *Sixtl* (1967, 316ff.).

Dominanzmatrizen und Problem zirkulärer Triaden

Jeder einzelnen Vp läßt sich für jeden der m Bezugsreize eine Dominanzmatrix D zuordnen, wie am Beispiel einer Dominanzmatrix ${}_xD_{yz}$ für m = 3 Reize mit dem Bezugsreiz x im Tripel (x; y, z) veranschaulicht werden kann:

$$
{}_xD_{yz} = \begin{array}{c} \\ x \\ y \\ z \end{array}
\begin{array}{c} \begin{array}{ccc} x & y & z \end{array} \\ \left[\begin{array}{ccc} . & . & . \\ . & . & 1 \\ . & 0 & . \end{array}\right] \end{array}
$$

Die obige Dominanzmatrix besagt, daß die zugehörige Vp im Tripel (x; y, z) die Ähnlichkeit zwischen z und x größer beurteilt (Score 1) als die Ähnlichkeit zwischen y und x (Score 0). Es wird also ein komparatives Urteil $xz > xy$ abgegeben. In der Matrix sind die Diagonale und die Spalte und Zeile des Bezugsreizes x frei.

An den individuellen Dominanzmatrizen lassen sich *zirkuläre Triaden* (*Kendall* 1948) untersuchen. Die Analyse „zirkulärer Triaden" setzt auf seiten der Vpn Urteilsprozesse voraus, in denen die Reize durch binäre bzw. 2stellige Ordnungsrelationen verknüpft werden. Das Auftreten zirkulärer Triaden in Dreiergruppen von Reizen gilt dann als Hinweis für die Verletzung der *Transitivität*, deren Geltung für die Ordnungsrelationen von eindimensional angeordneten Reizen gefordert wird (vgl. S. 59). Eindimensionale Skalierungen mit Paarvergleichen gehen gemäß des „law of comparative jugdment" davon aus, daß jeder diskriminierende Prozeß bzw. jede diskriminierende Differenz eine Normalverteilung impliziert, und daß sich alle diskriminierenden Prozesse bzw. Differenzen entlang einer einzigen Dimension anordnen lassen. Dem entspricht die Transitivitätsannahme für die zugrundeliegenden binären Ordnungsrelationen, für deren statistische Prüfung anhand der vorgefundenen zirkulären Triaden ein χ^2-Test existiert (*Kendall* 1948). Die mehrdimensionale Erweiterung des „law of comparative judgment" bei MDS hingegen geht von der Anordnung der Reize in mehreren Dimensionen aus.

Beim Triadenvergleich orientiert sich die Analyse zirkulärer Triaden an Reiztripeln, die man den individuellen Dominanzmatrizen ${}_xD_{yz}$ entnehmen kann. Wir zeigen die Aufdeckung intransitiver Ordnungsrelationen an einem Beispiel. Gegeben sei die individuelle Dominanzmatrix ${}_xD_{yz\ldots}$ mit x als Bezugsreiz:

$$
{}_xD_{yz\ldots} = \begin{array}{c} \\ x \\ y \\ z \\ s \\ t \end{array}
\begin{array}{c} \begin{array}{ccccc} x & y & z & s & t \end{array} \\ \left[\begin{array}{ccccc} - & - & - & - & - \\ - & - & 0 & 1 & 1 \\ - & 1 & - & 0 & 0 \\ - & 0 & 1 & - & 0 \\ - & 0 & 1 & 1 & - \end{array}\right] \end{array}
$$

Triade 1: (xy, xz, xs)

Binäre Ordnungsrelation ist intransitiv:

$xy > xz;\ {}_xd_{yz} = 1$
$xz > xs;\ {}_xd_{zs} = 1$
$xy > xs;\ {}_xd_{ys} = 0$

Zirkuläre Triade:

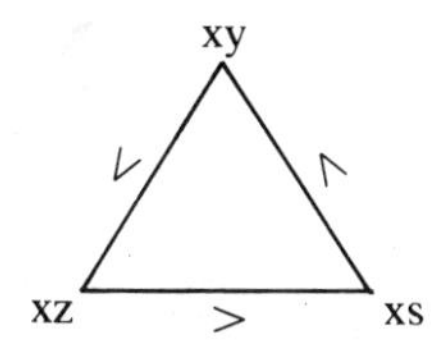

Triade 2: (xz, xs, xt)

Binäre Ordnungsrelation ist transitiv:

$xz > xs;\ {}_xd_{zs} = 1$
$xs > xt;\ {}_xd_{st} = 1$
$xz > xt;\ {}_xd_{zt} = 1$

$xz > xs > xt$

Transitive Triade:

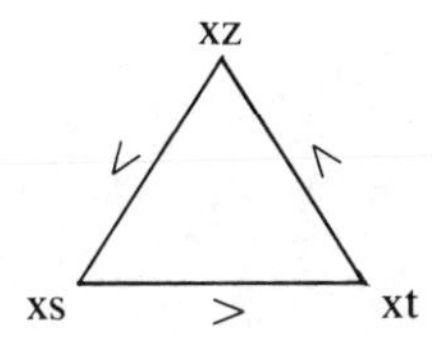

Die Forderung nach Überprüfung der Transitivität der Ordnungsrelationen scheint zunächst nur auf eindimensionale Skalierung beschränkt zu sein: Die Analyse zirkulärer Triaden gilt als primärer Test für die *Eindimensionalität* der Merkmale (vgl. *Torgerson* 1962, 247). Treten Intransitivitäten bzw. zirkuläre Triaden auf, so werden sie vielfach als Hinweis auf die mögliche *Mehrdimensionalität* der Merkmale betrachtet. Die prinzipielle Möglichkeit einer mehrdimensionalen Interpretation kann man an der zirkulären Triade aus der obigen Dominanzmatrix beispielhaft und geometrisch veranschaulichen (vgl. Abb. 10). Das Beispiel geht von der Vorstellung aus, daß der Urteilsbildung der betreffenden Vp ein zweidimensionaler psychologischer Raum zugrundeliegt, und daß sie die Tripel (x; y, z) und (x; z, s) nach der Urteilsdimension F_1, das Tripel (x; y, s) hingegen nach der Dimension F_2 beurteilt, wodurch sich das Auftreten einer zirkulären Triade erklärt. Betrachtet man das Beispiel nur auf dieser globalen und unvollständigen Argumentationsbasis, so scheinen auf den ersten Blick zwei Schlußmöglichkeiten sicher: „Wenn zirkuläre Triaden, dann und nur dann Mehrdimensionalität" und umgekehrt, „Wenn Mehrdimensionalität, dann und nur dann zirkuläre Triaden." Wären diese Schlüsse immer

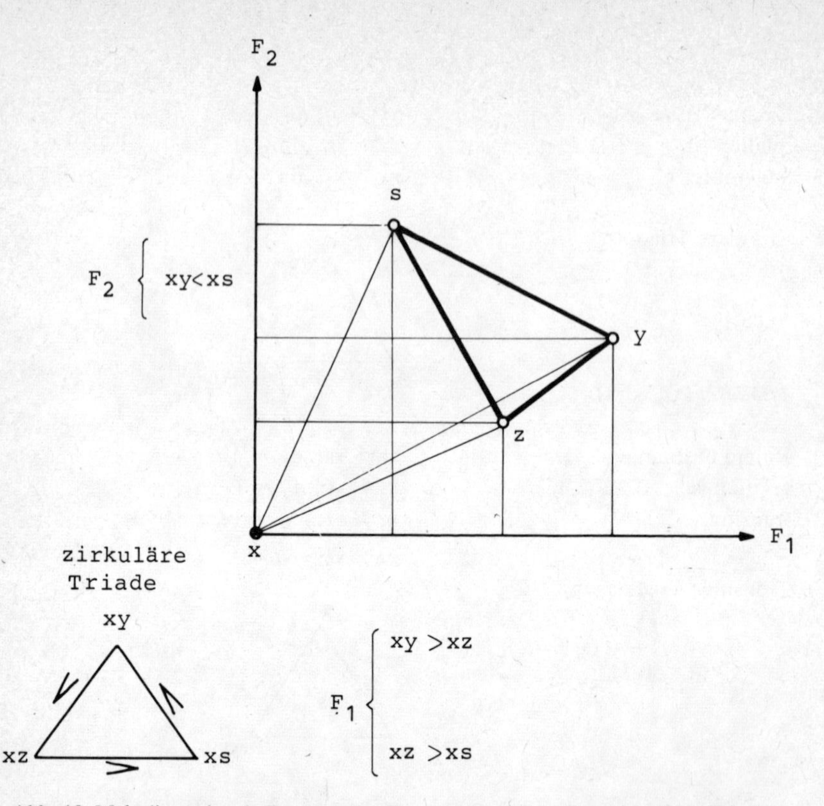

Abb. 10: Mehrdimensionale Deutung des Zustandekommens einer zirkulären Triade.

zulässig, dann wäre die kritische Analyse zirkulärer Triaden kein Gegenstand von MDS; denn Intransitivität wäre dann lediglich eine andere Beschreibungsart der Mehrdimensionalität, die ja von der Prozedur explizit in Rechnung gestellt wird, und Transitivität wäre keine zu prüfende Voraussetzung.
Weder die eine noch die andere Schlußrichtung ist jedoch zwingend. Der *erste* Schluß ist mindestens aus zwei Gründen weder notwendig richtig noch zufriedenstellend:

1. Zur Erklärung zirkulärer Triaden kommen auch andere Gründe als Mehrdimensionalität in Frage (vgl. *Sixtl* 1967, 157ff.), wie beispielsweise sehr geringe Merkmalsdifferenzen oder interindividuelle Unterschiede in der Konsistenz der Urteilsbildung. Experimente von *Hill* (1953) lassen beide Gründe als möglich erscheinen.
2. Selbst wenn sich die Mehrdimensionalität als prinzipielle Ursache für das Auftreten zirkulärer Triaden sichern läßt, so gibt es doch sehr verschiedene

Erklärungsmöglichkeiten dafür, *wie* Intransitivitäten durch Mehrdimensionalität des psychologischen Raumes zustandekommen. *Sixtl* (1967, 160) interpretiert beispielsweise das Auftreten zirkulärer Triaden dadurch, daß die Vpn während des Urteilsprozesses ihre Urteilsgesichtspunkte ändern und je nach qualitativem Charakter des jeweiligen Reizpaares die Achsen des psychologischen Raumes rotieren. Diese Interpretation impliziert (vgl. dazu Abb. 10), daß die Merkmalsdimensionen nicht gleichmäßig beachtet werden. Konsequenzen dieser Art, die auf unterschiedliche Urteilsstrategien oder sonstige Urteilseigenarten der Vpn hinweisen, müssen sehr sorgfältig hinsichtlich ihrer Vereinbarkeit mit dem gewählten Raummodell untersucht werden (vgl. z.B. *Shepard* 1964, *Torgerson* 1965, *Micko* 1970, *Lüer & Fillbrandt* 1969 u. a.).

Auch die *zweite* Schlußrichtung ist nicht zwingend; denn komplexe und im Prinzip mehrdimensionale Merkmale lassen sich unter bestimmten Bedingungen durchaus eindimensional und mit transitiven Ordnungsrelationen abbilden (vgl. *Sixtl* 1967, 271 ff.). Die Ausnutzung dieser Möglichkeit ist beispielsweise explizites Ziel bei der Konstruktion eindimensionaler Skalen zur Nutzenmessung, wodurch einerseits die Vergleichbarkeit mehrdimensionaler Güter hinsichtlich eines eindimensionalen Nutzenkontinuums, und andererseits die Gültigkeit des Transitivitätsaxioms der rationalen Entscheidung gesichert werden soll (vgl. *Arrow* 1951, *May* 1954, *Luce & Raiffa* 1957, *Davidson* et al. 1957, *Luce* 1959, *Gäfgen* 1961, 1963 u. a.). Vielfach bedient man sich dabei des Konzepts der Indifferenzkurven. Eine Indifferenzkurve ist die Verbindungslinie aller Entscheidungsalternativen oder Güter, die in mehreren Dimensionen den gleichen subjektiven Nutzenwert aufweisen (vgl. *Thurstone* 1931, 1959, 123 ff., *Edwards* 1954, 1960, *Gäfgen* 1961, 1963, *Radner* 1964, *Ahrens & Möbus* 1968, *Möbus & Ahrens* 1970). Die Möglichkeit eindimensionaler Abbildungen komplexer Urteile kann sich auch – sozusagen als negativer Effekt – in Form eines „Dimensionskollapses“ zeigen, wie beispielsweise in Untersuchungen von *De Soto* (1961) und *Osgood* et al. (1957: vgl. auch *Shepard* 1964b), in denen sich ergab, daß Reizobjekte mit zu hoher Dimensionalität die kognitive Kapazität der Beurteiler überfordern, und daß die Reize lediglich nach einer globalen Dimension „gut vs. schlecht“ bewertet werden. Auch in Untersuchungen zur Optimalität von mehrdimensionalen gegenüber eindimensionaler Gruppenentscheidungsregeln zeigte sich bei den Gruppenmitgliedern die Tendenz, trotz skalierbarer Mehrdimensionalität der Entscheidungsalternativen (Politiker) die eindimensionale Urteilsbildung zu bevorzugen (*Ahrens* 1967).

Aus allen genannten Gründen erscheint die schlußfolgernde Verknüpfung zwischen zirkulären Triaden und Mehrdimensionalität nicht zwingend. Insofern ist es angebracht, auch bei MDS das Auftreten zirkulärer Triaden sorgfältig zu analysieren, um auszuschließen, daß andere Gründe als die Mehrdimensionalität der Merkmale in Frage kommen, und um herauszufinden, wie sich bei vorhandener Mehrdimensionalität Intransitivitäten theoretisch und psychologisch näher interpretieren lassen. Beide Zielsetzungen führen unmittelbar auf die schon mehrfach angeschnittene Frage der Modellfunktion von MDS und ihrer psychologischen und theoretischen Implikationen.

Proportionsmatrizen

Zur Ermittlung der Häufigkeit aller Dominanzurteile 1 bzw. 0 bei einem bestimmten Bezugsreiz x werden die individuellen Dominanzmatrizen über alle N Vpn summiert zu einer *Häufigkeitsmatrix* ${}_xF_{yz} = ({}_xf_{yz})$. Dabei läßt sich aufgrund der Diskrepanzen zwischen den N Dominanzmatrizen der Grad der Beurteilerübereinstimmung beurteilen. Bei hinreichender Übereinstimmung (vgl. *Sixtl* 1967, 319) läßt sich durch Relativierung auf N abgegebene Urteile jeweils eine Proportion ${}_xp_{yz}$ angeben, mit der ein Reiz y (im Vergleich zu x) über z nach Ähnlichkeit dominiert. Die Proportionen der Matrix ${}_xP_{yz}$ erhält man folgendermaßen:

$$(3.26) \qquad {}_xp_{yz} = p(i|\langle x; y,z\rangle) = \frac{1}{N}\,{}_xf_{yz} \quad (i = 0,1)\,.$$

In den Proportionsmatrizen ergänzen sich die diagonalsymmetrischen Elemente ${}_xp_{yz}$ und ${}_xp_{zy}$ jeweils zu Eins:

$$(3.27) \qquad {}_xp_{yz} + {}_xp_{zy} = p(0|\langle x; y,z\rangle) + p(1|\langle x; y,z\rangle) = 1\,.$$

Diese Eigenschaft läßt sich am Beispiel einer Proportionsmatrix mit dem Tripel (x; y,z) zeigen:

$$\begin{array}{cc} & \begin{array}{ccc} x & y & z \end{array} \\ {}_xP_{yz} = \begin{array}{c} x \\ y \\ z \end{array} & \left[\begin{array}{ccc} . & . & . \\ . & . & 0.60 \\ . & 0.40 & . \end{array}\right] \end{array}$$

$${}_xp_{yz} + {}_xp_{zy} = 0.40 + 0.60 = 1.00\,.$$

Die Matrix ${}_xP_{yz}$ besagt, daß im Tripel (x; y,z) bezogen auf den Reiz x der Reiz z durchschnittlich häufiger (Proportion ${}_xp_{zy} = 0.60$) als ähnlicher beurteilt wird als Reiz y.

Unter der Annahme, daß die Antworten im Tripelvergleich durch einen Zufallsprozeß mit den bedingten Wahrscheinlichkeiten (3.26) erzeugt werden, leiten *Luce & Galanter* (1962, 251) den Übergang von Proportionen auf Distanzen mit einer Entscheidungsregel ein, die sich auf die Reize x,y,z,..., bezieht und explizit die zugehörigen Zufallsvariablen X, Y, Z,..., berücksichtigt, die ihren quantitativen Effekt für komparative Urteile repräsentieren: Reiz y wird gegenüber dem Bezugsreiz x dann und nur dann ähnlicher beurteilt als Reiz z, wenn $|Y - X| < |Z - X|$. Die Proportionen (3.26) lassen sich somit ausdrücken als

(3.28) $$_{x}p_{yz} = P(|Y - X| < |Z - X|)\,,$$

und direkt bezogen auf Distanzen als

(3.29) $$_{x}p_{yz} = P[d(x,y) < d(z,x)]\,.$$

Torgerson (1962, 264) formuliert diese Annahme so, daß sich die Proportionen $_{x}p_{yz}$ aus dem Tripelvergleich als Funktion der *Differenz* zwischen den Distanzen der Reize y und z zum Bezugsreiz x ausdrücken lassen (vgl. auch *Krantz* 1967, 232):

(3.30) $$_{x}p_{yz} = F[d(x,y) - d(z,x)]\,.$$

Der erste Schritt beim Übergang von Proportionen auf Distanzen impliziert also zwei wichtige Überlegungen, nämlich erstens, daß den Ähnlichkeitsurteilen im Tripelvergleich Differenzen auf Zufallsvariablen X,Y,Z zugrundeliegen, welche gewisse Effekte der Reizobjekte x,y,z,..., repräsentieren, und zweitens daß die aus Tripelvergleichen errechneten Proportionen p(x; y,z) funktional von Reizdistanzen d(x,y) und d(z,x) abhängen. Der Übergang von Proportionen aus Skalierungsexperimenten (aber auch aus Reizidentifikationsversuchen, Wahlexperimenten, Versuchen zum Differenzierungslernen etc.) auf metrische Distanzen ist Gegenstand vieler theoretischer Analysen (vgl. *Luce* 1959, 1961, *Luce & Galanter* 1963, *Shepard* 1957, 1958 a, b, *Krantz* 1967, *Bechtel, Tucker & Chang* 1971).
Zur Ermittlung von Distanzen aufgrund von Proportionen muß zunächst der funktionale Zusammenhang (3.30) näher spezifiziert werden, d. h. F muß eine bekannte Verteilungsfunktion sein. Mit der Wahl der Funktion F werden wesentliche Annahmen über eine Theorie der Urteilsprozesse (Entscheidungsprozesse, Wahlprozesse) festgelegt, welche der Skalierung zugrundeliegen.
Tack (1968) bevorzugt beispielsweise bei der Analyse von Proportions- bzw.

Konfusionsmatrizen aus Versuchen zum Identifikationslernen gegenüber einer *Thurstone*-Skalierung der Reizähnlichkeiten das BTL-System mit den *Luce*-schen Wahlaxiomen und geht von bestimmten Likelihoodfunktionen der Konfusionsmatrizen aus, um Maximum Likelihood-Schätzungen der Reizparameter zu gewinnen (vgl. auch *Torgerson* 1962, 201ff.).
Torgerson postuliert für F die Gültigkeit des „*law of comparative judgment*" (*Thurstones* case V) und geht entsprechend von der Verteilungsfunktion der Normalverteilung aus:

$$(3.31) \qquad {}_{x}p_{yz} = F(x) = \int_{-\infty}^{{}_{x}x_{yz}} (2\pi)^{-1/2} e^{-1/2x^2} dx \,,$$

in welchem ${}_{x}x_{yz} = d(x,y) - d(z,x)$ ist.
Es wird also angenommen, daß die Differenzen ${}_{x}x_{yz}$ zwischen Distanzen z-Werte der Standardnormalverteilung sind, deren Flächenanteile zu der empirisch ermittelten Proportion ${}_{x}p_{yz}$ korrespondieren. Die multidimensionale Erweiterung des *Thurstone*schen „law of comparative judgment" nach *Torgerson* enthält somit die Annahme, daß sich die Differenzen von Distanzen normalverteilen[7] sollen.
Zur *Konstruktion der Ähnlichkeitsskala* muß eine Lösung gefunden werden, um aus den m Differenzmatrizen ${}_{x}X_{yz}$ mit $m(m-1)(m-2)/2$ Differenzen von Distanzen die Matrix der $m(m-1)/2$ Distanzen $d(x,y)$ bzw. $d(z,x)$ zu gewinnen. Im fehlerfreien Fall ist die Lösung direkt: Man kennt die Proportionen ${}_{x}p_{yz}$ und bestimmt unter der Annahme des Normalverteilungsintegrals (3.31) die Differenzen ${}_{x}x_{yz} = d(x,y) - d(z,x)$ als z-Werte der Standardnormalverteilung. Bei Wahl eines geeigneten Nullpunktes (z. B. $d(x,y) = 0$) können dann die Distanzen direkt ermittelt werden. Für den fehlerfreien Fall wären ${}_{x}x_{yz}$ bzw. $d(x,y)$ und $d(z,x)$ jeweils Parameter, für die gemäß (3.31) gilt:

$$(3.32) \qquad {}_{x}x_{yz} - (d(x,y) - d(z,x)) = 0 \,.$$

Im Fall empirischer Daten liegen jedoch Schätzungen ${}_{x}\hat{x}_{yz}$ und $\hat{d}(x,y)$, $\hat{d}(z,x)$ vor, so daß man anstatt von (3.32) mit Diskrepanzen

$$(3.33) \qquad {}_{x}\hat{x}_{yz} - (\hat{d}(x,y) - d(\hat{z},x)) \neq 0$$

rechnen muß. Die *Torgerson*sche Lösung geht davon aus, die Distanzparameter $d(x,y)$ und $d(z,x)$ mit Hilfe der Methode der kleinsten Quadrate so zu schätzen, daß die Gesamtdiskrepanz in (3.33) minimiert wird:

$$(3.34) \qquad \frac{1}{2} \sum_{x}^{m} \sum_{\substack{z \\ x \neq z}}^{m} \sum_{\substack{y \\ y \neq x \\ y \neq z}}^{m} [{}_{x}x_{yz} - (d(x,y) - d(z,x))]^2 = \text{Min} \,.$$

Durch die Lösung dieser Minimalisierungsaufgabe (Ableitung nach den unbekannten Paramtern und Nullsetzen) und nach einigen Umformungen (vgl. *Torgerson* 1962, 265 ff.) erhält man schließlich für die Schätzung der Distanzen Gleichungen folgender Form:

$$(3.35) \qquad h(x,y) = \frac{1}{m-1} \sum_{\substack{y=1 \\ y \neq x}}^{m} {}_{x}x_{yz} + \frac{1}{m(m-1)} \sum_{x}^{m} \sum_{\substack{y=1 \\ y \neq x}}^{m} {}_{x}x_{yz} \,.$$

Die einzusetzenden Werte ${}_{x}x_{yz}$ sind Abzissenwerte der Standardnormalverteilung, die zu den errechneten Proportionen ${}_{x}p_{yz}$ korrespondieren. Die nach (3.35) geschätzten Distanzen sind Abstandsmaße, die als „*vorläufige*" *Distanzen* h(x, y) bezeichnet werden, weil ihre Skala noch auf einen (angenäherten) absoluten Nullpunkt transformiert werden muß, um „*endgültige*" *Distanzen* d(x, y) zu erhalten:

$$(3.36) \qquad d(x,y) = h(x,y) + c \,.$$

Die Bestimmung „endgültiger" Distanzen führt auf das Problem der Schätzung einer additiven Konstanten c.

3.2.3 Problem der additiven Konstanten

Die Voraussetzung des euklidischen Distanzmodells impliziert, daß den Reizpaaren im Ähnlichkeitsraum Meßwerte zugeordnet sind, die auf Skalen mit absolutem Nullpunkt liegen. Die vorläufigen Distanzen h(x, y) liegen jedoch auf einer Distanzskala mit willkürlich gewähltem Nullpunkt. Zur Gewinnung der „absoluten" Distanzen ist eine Nullpunkttransformation nach (3.36) erforderlich, welche die Schätzung einer geeigneten additiven Konstanten c impliziert. „Geeignet" bedeutet hier, daß die resultierenden Distanzen d(x, y) Eigenschaften aufweisen sollen, welche die Annahmen des *euklidischen* Raummodells rechtfertigen[8], d. h. daß sie insbesondere die Gültigkeit der euklidischen Distanzaxiome und der Einbettungstheoreme nach *Young & Householder* (1938) erfüllen.
Die Bedeutung der euklidischen Annahme und der Rahmenbedingungen für die Schätzung der additiven Konstanten kann an einem *Beispiel* demonstriert werden (vgl. *Sixtl* 1967, 334):
Gegeben seien die vorläufigen Distanzen zwischen drei Reizen x, y, z:

$$h(x,y) = 0$$
$$h(x,z) = -2$$
$$h(y,z) = 2 \,.$$

Die vorläufige Distanz $h(x,z) = -2$ verstößt gegen das Distanzaxiom $d(x,z) \geq 0$. Deshalb wird die additive Konstante zunächst mit $c_1 = 2$ geschätzt. Dann wären die Distanzen $d_1(x,y) = h(x,y) + c_1$ etc.:

$$d_1(x,y) = 2$$
$$d_1(x,z) = 0$$
$$d_1(y,z) = 4\,.$$

Diese erste Annäherung verstößt jedoch gegen ein weiteres Distanzaxiom, nämlich gegen die Dreiecksungleichung $d(x,y) + d(x,z) \geq d(y,z)$. Deshalb wird eine zweite additive Konstante $c_2 = 2$ addiert, und es resultieren folgende Distanzen $d_2(x,y) = d_1(x,y) + c_2$ etc.:

$$d_2(x,y) = 4$$
$$d_2(x,z) = 2$$
$$d_2(y,z) = 6\,.$$

Die zweite Annäherung führt dazu, daß die Punkte x, y, z auf einer Geraden liegen, also für ihre Distanzen den eindimensionalen Spezialfall der Dreiecksungleichung $d(x,y) + d(x,z) = d(y,z)$ erfüllen.
Man hätte statt $c_2 = 2$ jedoch auch $c_3 = 3$ wählen können:

$$d_3(x,y) = 5$$
$$d_3(x,z) = 3$$
$$d_3(y,z) = 7\,.$$

Die Dreiecksungleichung wäre dann mit $5 + 3 > 7$ auch erfüllt, nicht jedoch für den eindimensionalen, sondern für den Fall $n > 1$.
Aus dem Beispiel mit drei möglichen Schätzungen der additiven Konstanten geht bei Annahme der euklidischen Metrik hervor, daß eine zu kleine additive Konstante zu Verstößen gegen die Metrikaxiome führt, während eine Überschätzung die Vergrößerung der Dimensionalität bewirkt. Zur Feststellung der Eignung der zweiten oder dritten Annäherung, die beide die Gültigkeit der Metrikaxiome gewährleisten, müssen weitere Annahmen getroffen werden, die sich unmittelbar an die Forderungen der beiden *Einbettungstheoreme* von *Young & Householder* anschließen: Die additive Konstante c soll so geschätzt werden, daß die Matrix B der Skalarprodukte b_{xy} positiv semidefinit ist und die Anzahl ihrer Eigenwerte $\lambda_i \geq 0$ einen möglichst geringen Rang n (minimale Dimensionalität) der Matrix angibt.
Die bisher angegebenen Bedingungen bedeuten praktisch, daß „unter der Annahme, daß die Distanzen in Wirklichkeit metrisch sind, ... die additive Konstante c so gewählt (wird), daß die Dimensionalität der Punktekonfiguration

nicht größer ist als eben nötig, um die Verstöße gegen die Distanzaxiome zum Verschwinden zu bringen" (*Sixtl* 1967, 334ff.). Dieses Vorgehen impliziert unter ungünstigen Voraussetzungen die Möglichkeit, daß die Ausgangsdaten nur dann hinreichend approximiert werden können, wenn der Rang n gegen die maximale Dimensionalität m − 1 geht. Wie bei jeder Faktorenanalyse entsteht das Problem der Schätzung der Anzahl der „großen" Eigenwerte einer Matrix bzw. des Abbruchs der Faktorisierung.
Eine Lösung für die Schätzung der additiven Konstanten im eindimensionalen Fall stammt von *Torgerson* (1962, 271ff.). Auf der Basis der Theoreme von *Young & Householder* haben *Messick & Abelson* (1956) eine generelle, iterative Lösung angegeben, in welcher die Dimensionsparameter λ_i und die additive Konstante c aufeinander bezogen und abhängig geschätzt werden. Das Verfahren enthält explizit die Forderung nach möglichst geringer Dimensionalität (Anzahl der großen Eigenwerte) der zu errechnenden Konfiguration. Diese am häufigsten verwendete Schätzmethode wird ausführlich dargestellt bei *Torgerson* (1962, 273ff.) und *Sixtl* (1967, 333ff.). Eine neue iterative Lösung im Rahmen des *Messick & Abelson*-Konzeptes von *Cooper* (1972) wurde explizit unter der Annahme entwickelt, daß die metrische MDS ein Modell der psychologischen Realität darstellt, und daß durch Schätzung von geeigneten additiven Konstanten eine bessere Modellanpassung ermöglicht wird. Der Autor diskutiert seine Bemühungen um eine zufriedenstellende Lösung des Problems der additiven Konstanten vor allem im Rahmen des Vergleichs von metrischer und non-metrischer MDS und unter dem Aspekt individueller Urteilsdifferenzen. Kürzlich wurde von *Lüer & Fillbrandt* (1969) ein verkürztes Verfahren ohne Bestimmung von Eigenwerten vorgestellt, das von einer Matrix der cos-Werte in den Skalarprodukten b_{xy} ausgeht und die additive Konstante insbesondere so schätzt, daß bestimmte Grenzen der cos-Werte im euklidischen Raum nicht überschritten werden. Dieses Verfahren soll besonders bei großen Matrizen ökonomisch vorteilhaft anwendbar sein. Von *Attneave* (1950) wurde ein Verfahren vorgeschlagen, das allerdings – entsprechend der City-Block-Skalierung – die Anzahl der Dimensionen als bekannt voraussetzt. Eine Diskussion des Problems der additiven Konstanten beim Distanzrating findet sich bei *Sixtl* (1967, 351).

3.2.4 Güte der Anpassung

Die Bewertung der Brauchbarkeit von Skalierungsergebnissen stellt ein kompliziertes Entscheidungsproblem dar, da die Zielsetzungen von MDS unterschiedlich definiert werden und keine Konventionen oder feste Regeln zur Festlegung geeigneter Entscheidungskriterien existieren. Dieses Problem ist typisch für alle Quantifizierungsbemühungen in den Verhaltenswissenschaften und trifft insbesondere für alle Dimensionsanalysen unter Verwendung von Strukturmodellen zu. Hinzu kommt die große Vielfalt unterschiedlicher Modellvorstellungen im Bereich der MDS, für deren theoretische Integration bisher erst wenige Ansätze existieren (vgl. z. B. *Tversky* 1967, *Beals, Krantz & Tversky* 1968, *Tversky & Krantz* 1970, *Young* 1972, *Schönemann* 1972).

Um auf dem Hintergrund dieser Problematik eine Diskussion von Fragen der Anpassungsgüte am Beispiel der *Torgerson*schen MDS-Prozedur zu ermöglichen, kann man sich zunächst – ähnlich wie im Fall der Faktorenanalyse (vgl. *Hartley* 1952) – damit behelfen, die Zielsetzung von MDS grob nach *deskriptiven* und *erklärenden* Funktionen zu unterteilen. Beide Aspekte stellen jedoch keine unabhängigen Stufen der Erkenntnis dar, sondern müssen in einem prozessualen Zusammenhang gesehen werden (vgl. z. B. *Leinfellner* 1967, 15 ff., *Gutjahr* 1972, 258).

Bei Betonung der *erklärenden* Zielsetzung würde man MDS als Modell betrachten und somit als direktes Mittel zur Theorienbildung über Urteilsprozesse, Wahrnehmungsorganisation, Präferenzstrukturen etc. ansehen. Bei der Diskussion der Abhängigkeit von Experiment und mathematischem Meßmodell nach *Coombs, Raiffa & Thrall* (1954) hatten wir bei der Abstraktion der Realität zwei richtungen unterschieden (vgl. Abb. 1, S. 45), nämlich eine theoretische Abstraktion und eine experimentelle Abstraktion. Mit der theoretischen Abstraktion kann sich der Aufbau eines theoretischen Konstrukts verbinden, das z. B. die Struktur von Prozessen der Urteilsbildung (subjektiver Urteilsraum) beschreiben soll, die formal durch den metrischen Raum des MDS-Modells abgebildet wird. Wie in der Einleitung schon erörtert wurde (vgl. S. 19ff.), kann man von einem *erklärenden Konstrukt* (im Gegensatz zum deskriptiven Konstrukt) nur dann sprechen, wenn sich aus der Kombination der formalen Modellbedingungen (hier MDS-System) und der zugeordneten experimentellen Antezedensbedingungen Folgerungen über das Auftreten bestimmter Phänomene herleiten lassen, die mit den Beobachtungsdaten nicht im Widerspruch stehen.

Empirische Untersuchungen zum Erklärungswert theoretischer Konstruktionen, die formal durch MDS-Systeme beschrieben werden, setzen dabei notwendig voraus, daß man das Formalsystem zuvor syntaktisch analysiert, und zwar möglichst in Form vollständiger Axiomatisierungen, wie sie beispielsweise von *Krantz* (1967) für den Triadenvergleich oder von *Beals, Krantz & Tversky* (1968) und *Tversky & Krantz* (1970) für die ordinale MDS versucht wurden. Auf dieser syntaktischen Basis und in Verbindung mit semantischen Interpretationen kann dann in empirischen Untersuchungen der Erklärungswert der durch MDS-Modelle repräsentierten theoretischen Konstruktionen untersucht werden. Dieser Aspekt der „externen Gültigkeit" (*Micko* 1970) soll im letzten Hauptteil der Abhandlung ausführlich diskutiert werden.

Bei Betonung *deskriptiver* Fragestellungen wird MDS als zweckmäßiges Mittel der Datenreduktion bzw. Datenbeschreibung angesehen. Diese Anwendungsmöglichkeit erfordert nicht notwendig eine Axiomatisierung; denn es kommt lediglich darauf an, daß die Skalierungsprozedur Ergebnisse erzeugt, welche die Ausgangsdaten reproduzieren und bestimmten globalen Anpassungskriterien genügen. Für das Erreichen einer entsprechenden Güte der Anpassung sind theoretische Modellannahmen nicht kritisch. Es wird lediglich „intern" geprüft, ob die Skalierung in sich widerspruchsfrei ist, d. h. ob die aus empirischen Ausgangsdaten nach der Skalierungsprozedur berechneten Skalenwerte die Eingangsdaten wieder reproduzieren können. Die Reproduzierbarkeit der Daten läßt sich anhand geeigneter Signifikanztests statistisch kontrollieren. Diese Überprüfung der „internen Gültigkeit" (*Micko* 1971) kann jedoch keineswegs als alleiniges und zufriedenstellendes Kriterium für die Gültigkeit des mathematischen Modells gelten. Zu beachten ist beispielsweise, daß bei Anpassungstests ein zirkulärer Schluß insofern enthalten ist, als die Vorhersage (bzw. Rückrechnung) von Parametern ausgeht, deren Schätzung auf den zur Prüfung herangezogenen Daten selbst beruht (vgl. *Tack* 1968, 86).
Im Bereich der *Psychophysik* sind physikalische Prinzipien der Reizvariation objektivierbar. Aber auch die Möglichkeit, die generelle Angemessenheit und externe Gültigkeit eines MDS-Modells in diesem Fall allein danach zu beurteilen, wieweit MDS die Komponenten der objektiven Reizvariation reproduziert (vgl. z. B. *Sixtl* 1967, 348, *Sixtl & Wender* 1965, *Micko* 1971, 387, *Luce* 1972 u. a.) ist mindestens dann problematisch, wenn psychische Urteilsprozesse zwischengeschaltet sind. Dann ist nicht der objektive, sondern der subjektive Attributraum Untersuchungsgegenstand, d. h. das MDS-Modell hat sich hinsichtlich der Abbildung des *psychologischen* Reizraumes zu bewähren. Objektiver und psychologischer Reizraum müssen keineswegs übereinstimmen, und ihre spezifischen Beziehungen werden jeweils durch bestimmte psychophysische Funktionen beschrieben (vgl. z. B. *Green & Carmone* 1972, 3 ff.). Eine andere Ausgangslage liegt jedoch vor, wenn ohne Einschaltung von menschlichen Beobachtern synthetische Daten (z. B. geometrische Konfigurationen, Landkartendistanzen etc.) skaliert werden, um die prinzipielle Eignung einzelner MDS-Modelle zu bewerten oder um die Äquivalenz unterschiedlicher Modelle und/oder Algorithmen zu beurteilen (vgl. z. B. *Kristof* 1963, *Green & Carmone* 1972, 48 ff., 82 ff., *Spence* 1972 u. a.).
Eine ausführliche Diskussion physikalischer und psychologischer Distanzen und ihrer Abhängigkeiten findet sich bei *Shepard* (1960, 35 ff.). Danach besteht das psychologische Problem der MDS darin, psychologische Distanzen aufzufinden und ihre psychologische Gültigkeit anhand der Transformation von psychologischen Distanzen in andere Verhaltensdaten zu beurteilen. Das psychophysische Problem der MDS besteht in der Auffindung einer Funktion, die physikalische Distanzen in psychologische Distanzen transformiert.

In vielen Experimenten (vgl. *Mellinger* 1956, *Torgerson* 1967, *Lüer & Fillbrandt* 1969 u. a.) hat sich gezeigt, daß sich physikalischer und psychologischer Reizraum hinsichtlich der Dimensionalität erheblich unterscheiden können. Die Frage eines geeigneten Außenkriteriums zur Beurteilung der Anpassungsgüte psychologischer Distanzen ist also in der Psychophysik um nichts einfacher als in Reizbereichen, deren Variationsprinzipien nicht physikalisch objektivierbar sind. *Sixtl* (1967, 349) sieht Methodenvergleiche als einziges Mittel zur Brauchbarkeitsbeurteilung an, in denen die Invarianz der zu beurteilenden Ergebnisse gegenüber verschiedenen Methoden geprüft wird (vgl. auch *Adams, Fagot & Robinson* 1970).

Torgerson (1962, 277 ff.) gliedert die *Bewertung der Anpassungsgüte* analog zur zweistufigen Prozedur der Skalierung in die Beurteilung des „Distanzmodells" und des „Raummodells". Die Anpassungsgüte des *Distanzmodells* läßt sich ähnlich beurteilen wie im Fall eindimensionaler Paarvergleiche, durch deren Generalisierung die *Torgerson*sche MDS begründet wurde. Geprüft wird die Übereinstimmung zwischen den beobachteten Proportionen ${}_xp_{yz}$ und den aufgrund der angepaßten Distanzen rückgerechneten Proportionen ${}_x\tilde{p}_{yz}$. Zur statistischen Prüfung eignet sich eine Generalisierung des *Mosteller*schen χ^2-Tests für Anpassungsgüte, der eine arc sin $\sqrt{p}$-Transformation der Proportionen enthält:

$$(3.37) \qquad \chi^2 = \frac{N}{821} \sum_{x}^{m} \sum_{y>z}^{m} ({}_x\theta_{yz} - {}_x\tilde{\theta}_{yz})^2$$

$$m = \text{Anzahl der Reize}$$

$$N = \text{Anzahl der Vpn}$$

$${}_x\theta_{yz} = \text{arc sin} \sqrt{{}_xp_{yz}}$$

$${}_x\tilde{\theta}_{yz} = \text{arc sin} \sqrt{{}_x\tilde{p}_{yz}}$$

$$df = [m(m-1)(m-3)/2] - 1\,.$$

Das *Raummodell* muß mindestens unter zwei Gesichtspunkten bewertet werden, nämlich nach der Angemessenheit der Metrik und der Anzahl der „großen" Dimensionen. Für die euklidische Metrik wird gefordert, daß die Skalarproduktmatrix B positiv semidefinit ist, d. h. keine negativen Eigenwerte enthält. Diese Annahme ist im Fall der *Torgerson*schen Prozedur jedoch keine testbare Hypothese, weil man vor der Anwendung der dimensionalen Einbettungstheoreme durch Schätzung einer geeigneten additiven Konstanten die Gültigkeit der euklidischen Hypothese schon herstellt.

Rowan (1954) zeigte, daß bei Wahl einer hinreichend großen additiven Konstanten die endgültigen Distanzen immer die Dreiecksungleichung erfüllen. Eine euklidische Einbettung ist somit auch für den Fall „wahrer" nicheuklidischer Relationen möglich, wodurch die Überprüfbarkeit der Metrik-Hypothese entfällt. Man kann bestenfalls vermuten, daß Nichteuklidität vorliegt, wenn die additive Konstante sehr groß gewählt werden muß und die Konfiguration gegen das Maximum von $m - 1$ Dimensionen strebt (vgl. *Sixtl* 1967, 350). Eine euklidische Einbettung nichteuklidischer psychologischer Distanzen kann also oft dadurch erreicht werden, indem die Dimensionalität erhöht wird (vgl. *Shepard* 1960, 43), wobei der Erhöhung der erforderlichen Dimensionalität eine Veränderung der Punktekonfiguration in Richtung auf die Gleichabständigkeit der Punkte entspricht.

Die Abschätzung der „wahren" *Dimensionalität* des psychologischen Raumes bzw. die Beurteilung der Angemessenheit der ausgewählten „großen" Dimensionen, wirft im Prinzip Probleme auf, die analog für jede Faktorenanalyse gelten. Im Fall der euklidischen MDS wird die Frage der Dimensionsschätzung allerdings noch kompliziert, indem sie wegen der angestrebten Herstellung euklidischer Distanzen mit dem Problem der additiven Konstanten verknüpft wird: Minimale Anzahl der Dimensionen *und* additive Konstante werden nach der iterativen Prozedur von *Messick & Abelson* aufeinander abgestimmt geschätzt. Der iterative Prozeß wird solange fortgeführt, bis eine euklidische Struktur minimaler Dimensionalität, jedoch hinreichender Anpassung an die Skalarproduktmatrix resultiert. Die Lösung des Abbruchproblems bzw. die Schätzung der „wahren" Dimensionen wird dadurch nicht überflüssig, sondern nur vorverlegt in die Prozedur zur Herstellung euklidischer Distanzen. Insofern ist in diesem Fall die Prüfung der Dimensionshypothese direkt verknüpft mit dem Aufbau der Schätzprozedur zur Ermittlung der additiven Konstanten (vgl. z.B. *Cooper* 1972, 315ff.).

Torgerson (vgl. *Torgerson* 1951, *Messick* 1954) schlägt zur Überprüfung der Dimensionshypothese eine Methode vor, in welcher die Varianz der Ursprungsmatrix B mit der Varianz der aus n Dimensionen rückgerechneten Matrix $\tilde{B}$ verglichen wird. Ein Element von $\tilde{B}$ ist bei n gemeinsamen Faktoren

$$\tilde{b}_{xy} = \sum_{i=1}^{n} a_{xi} a_{yi} . \tag{3.38}$$

Durch die Sumierung über n Faktoren wird die Dimensionshypothese festgelegt. Die Summe der quadrierten Elemente von $\tilde{B}$ soll bei maximaler Anpassungsgüte mit der Summe der Quadrate der „beobachteten" Skalarprodukte b_{xy} übereinstimmen:

$$\sum_{x}^{m} \sum_{y}^{m} b_{xy}^2 = \sum_{x}^{m} \sum_{y}^{m} \tilde{b}_{xy}^2 = \sum_{x}^{m} \sum_{y}^{m} \left(\sum_{i}^{n} a_{xi} a_{yi} \right)^2 \tag{3.39}$$

Wie bekannt, ist die Summe der n-dimensional determinierten Skalarproduktquadrate $\tilde{b}_{xy}^2$ auch gleich der Summe der quadrierten Eigenwerte λ_i $(i = 1, 2, \ldots, n)$ der Matrix $\tilde{B}$:

$$(3.40) \qquad \sum_{i}^{n} \lambda_i^2 = \sum_{x}^{m} \sum_{y}^{m} \tilde{b}_{xy}^2 .$$

Dabei wird durch jeden Eigenwert λ_i die Varianz der m Reize entlang der i-ten Dimension angegeben:

$$(3.41) \qquad \lambda_i = \sum_{x}^{m} a_{xi}^2 .$$

Für den zweidimensionalen Fall hätte (3.39) beispielsweise folgende Form:

$$(3.42) \qquad \sum_{x}^{m} \sum_{y}^{m} b_{xy'}^2 = \left(\sum_{x}^{m} a_{x1}^2 \right)^2 + \left(\sum_{x}^{m} a_{x2}^2 \right)^2 + 2 \left(\sum_{x}^{m} a_{x1} a_{x2} \right)^2 .$$

Eine ähnliche Prozedur zur Entscheidung über den Extraktionsabbruch würde darin bestehen, daß man mit der fraglichen Dimensionszahl die Skalarprodukte nach (3.17) reproduziert und mit den ursprünglichen Skalarprodukten aus (3.18) vergleicht. Anhand der Residuen wird der Abbruch der Extraktion entschieden (vgl. *Torgerson* 1962, 279, *Sixtl* 1967, 348).
Neben der getrennten Bewertung des Raummodells und des Distanzmodells ist eine *globale* Überprüfung der Anpassungsgüte der Skalierung möglich. Man geht aus von den gemäß der euklidischen Distanzfunktion hergeleiteten Distanzen

$$(3.43) \qquad \tilde{d}(x, y) = \left[\sum_{i}^{n} (a_{xi} - a_{yi})^2 \right]^{1/2}$$

Es ist zu prüfen, ob diese modellabhängig bestimmten Distanzen nicht im Widerspruch mit Beobachtungsdaten stehen. Beim Triadenvergleich kann diese globale Anpassungshypothese geprüft werden, indem man über Differenzen von Distanzen auf Proportionen ${}_x\tilde{p}_{yz}$ rückrechnet und diese mit den beobachteten Proportionen ${}_xp_{yz}$ vergleicht. Hat man die Daten nach der direkten Methode des Distanzratings erhoben, so besteht die Möglichkeit, die abgeleiteten Distanzen $\tilde{d}(x, y)$ unter Verwendung eines Regressionskonzeptes direkt mit durchschnittlichen Distanzratings $d(x, y)$ zu vergleichen.
Große *Diskrepanzen* zwischen ${}_x\tilde{p}_{yz}$ (bzw. $\tilde{d}(x, y)$) und ${}_xp_{yz}$ (bzw. $d(x, y)$) lassen globale Rückschlüsse auf die Nichtangemessenheit des Skalierungsmodells zu. Diese negative Bewertung der Anpassungsgüte bzw. „inneren Gültigkeit“ kann für eine Theorie der Urteilsbildung zur „Erklärung“ beobachteter Ähnlichkeitsurteile durch subjektive Unterscheidungsvariablen und Urteilsregeln des psychologischen Reizraumes allerdings nutzbar gemacht werden, indem man

das Auftreten globaler Diskrepanzen näher analysiert und mit psychologischen Hypothesen in Verbindung bringt. *Sixtl* (1964) zeigte z. B., daß die Streuung der Merkmalsunterschiede das Ähnlichkeitsurteil mitbedingt. Eine differenzierte Analyse von Diskrepanzen zwischen empirischen und reproduzierten Proportionen läßt vermuten, daß die Beurteiler Merkmalsdifferenzen der Objekte nicht gleichmäßig, sondern abhängig von der Objektkonstellation unterschiedlich beurteilen. Im Prinzip ähnliche Hypothesen stammen von *Shepard* (1964) und *Micko & Fischer* (1970), welche die Bildung von Ähnlichkeitsurteilen in Abhängigkeit von Aufmerksamkeitsfluktuationen oder unterschiedlichen Aufmerksamkeitszuständen der Vpn interpretieren. *Torgerson* (1965; vgl. auch *Torgerson & Schulman* 1965) stellt fest, daß die Ähnlichkeitsurteile nicht nur vom Kontext der Reize oder von der Art des Reizmaterials abhängen, sondern auch von interindividuell verschiedenen Urteilsstrategien der Beurteiler. Durch Arbeiten dieser Art wird auch die Wichtigkeit der Analyse interindividueller Urteilsdifferenzen hervorgehoben (vgl. *Ahrens* 1967 a, *Lüer & Fillbrandt* 1969).
Wie noch auszuführen ist, sind eine Reihe von Problemen der Bewertung einer skalierten Struktur bei der *non-metrischen Skalierung* nach *Kruskal* u. a. einfacher zu lösen. Dieser Vorteil liegt insbesondere darin begründet, daß (1) die formale Skalierungsaufgabe schon explizit als Anpassungsproblem formuliert wird, daß (2) axiomatische Begründungsversuche zum Skalierungsmodell existierten und somit die Bildung psychologischer Hypothesen erleichert wird, daß (3) eine allgemeinere Klasse von Distanzfunktionen zugrundegelegt wird (*Minkowski* r-Metriken) und Metrik und Dimensionalität als testbare Hypothesen betrachtet werden können, und daß (4) die Problematik der Schätzung einer additiven Konstanten vermieden wird.

3.2.5 Zur Interpretation der MDS-Skalen

Wie bei jeder multivariaten Dimensionsanalyse (z. B. Faktorenanalyse) stellt sich als abschließender Schritt der MDS-Prozedur das Problem der inhaltlich-psychologischen *Interpretation* der metrischen Repräsentation der skalierten Ähnlichkeitsdaten (vgl. z. B. *Shepard, Romney & Nerlove* 1972, 39 ff., *Green & Carmone* 1972, 57 ff.). Die Interpretation der MDS-Skalen ist vor allem dann ein schwieriges Problem mit ungewissen Lösungskriterien, wenn MDS nicht zum Testen vorhandener, sondern zur Erzeugung neuer Strukturhypothesen eingesetzt wird.
Einen guten, zusammenfassenden Überblick über *Methoden* zur Unterstützung der Interpretation räumlicher Repräsentationen gibt *Shepard* (1972, 39 ff.). Drei Methodengruppen werden unterschieden, nämlich:

a) Interne Analyse der räumlichen Repräsentation,
b) Vergleich der räumlichen Repräsentation mit externen Daten,
c) Vergleich verschiedener räumlicher Repräsentationen.

Bei der *internen Analyse* orientiert sich die Interpretation ausschließlich an den Ausgangsdaten und ihrer MDS-Repräsentation. Um die abgebildete Reizkonfiguration und ihr dimensionales Bezugssystem – nämlich die MDS-Skalen – interpretationsfähig zu machen, können beispielsweise bestimmte *Klassifikations-* und *Cluster-Analysen* durchgeführt werden (vgl. *Baumann* 1971, *Green & Carmone* 1972, 103ff., *Kruskal* 1972, *Degerman* 1972 u. a.). Im euklidischen Fall ist die metrische Konfiguration invariant gegenüber *Achsenrotation*. Dann können die Dimensionen z. B. in die Position bestimmter Reiz-Cluster rotiert werden und durch diese interpretiert werden, oder man rotiert nach bekannten Verfahren der Faktorenanalyse (vgl. *Harman* 1967, *Cattell* 1966, 200ff. *Überla* 1968, *Pawlik* 1968 u. a.) das gesamte System so, daß bestimmte sinnvolle Voraussetzungen der Interpretierbarkeit erfüllt sind (z. B. „simple structure“ nach *Thurstone* oder das *Varimax*-Kriterium).
Gegenüber und in Ergänzung zu der internen Interpretationsbegründung räumlicher Repräsentationen können verschiedene Methoden herangezogen werden, in denen die Relation zu *externen* Variablen berücksichtigt wird (vgl. z. B. *Ahrens* 1967a). Die meisten dieser Methoden gehen davon aus, daß neue Achsen so bestimmt werden, daß die Reizprojektionen optimal mit korrespondierenden Reizen hinsichtlich externer Variablen korrelieren. Die Korrelationen können linear (vgl. *Miller, Shepard & Chang* 1964) oder non-linear sein (vgl. *Carroll & Chang* 1964), oder sich lediglich an non-metrischen (ordinalen) Beziehungen orientieren (vgl. *Carroll* 1972). Andere Methoden setzen die zu interpretierende Struktur in Bezug zu bestimmten „Idealpunkten“ (vgl. *Tucker & Messick* 1963, *Carroll* 1972). In allen Fällen können die herangezogenen externen Variablen auch bestimmte theoretische Konstruktionen repräsentieren (vgl. *Green & Carmone* 1972, 58ff.), so daß nicht „irgendeine“, sondern eine theoriebezogene Interpretation resultiert, die auch gegebenenfalls als *Hypothesenprüfung* fungiert.
In einer dritten Gruppe von Interpretationshilfen werden von *Shepard* Methoden zusammengefaßt, die eine Transformation zwischen verschiedenen Strukturen erlauben, so daß räumliche Repräsentationen verglichen werden können, die bei identischen Ausgangsdaten unter Verwendung verschiedener Methoden gewonnen wurden (vgl. *Fischer & Roppert* 1964, *Sixtl* 1964, *Cliff* 1966, *Schönemann* 1966, *Carroll* 1968, *Schönemann & Carroll* 1970 u. a.).

3.2.6 Zusammenfassung der Skalierungsprozedur

Wie jede Skalierung von Ähnlichkeitsurteilen, so geht auch die *Torgerson*sche Prozedur von der allgemeinen Zielsetzung aus, den psychologischen Ähnlichkeitsraum der Reize durch eine mehrdimensionale Punktekonfiguration im metrischen Raum mit orthogonalen Achsen zu approximieren, wobei die metrischen Distanzen zwischen den Punkten isomorph (bzw. homomorph) zu den beobachteten Reizunähnlichkeiten sein sollen. Bei der *Torgerson*schen Prozedur wird die euklidische Metrik angepaßt, und zur empirischen Gewinnung der Ähnlichkeitsurteile wird häufig die Methode der vollständigen Triaden verwendet.

Torgerson gliedert den Ablauf einer MDS nach zwei Stufen: Die erste Stufe impliziert praktisch eine eindimensionale Skalierung der Ähnlichkeit und dient der Gewinnung von vorläufigen Distanzen aufgrund komparativer Ähnlichkeitsurteile und wird theoretisch beschrieben durch ein „Distanzmodell". Die zweite Stufe dient der metrischen und dimensionalen Einbettung der Distanzen und führt zu einer Reduktion der Distanzen auf eine orthogonale Menge von Reizkoordinaten in möglichst wenigen Dimensionen. Die Achsen dieses psychologischen Raumes sind die gesuchten Skalen und werden auch als subjektive Unterscheidungsvariable interpretiert. Diesem Schritt korrespondiert ein bestimmtes „Raummodell".

Die einzelnen Schritte dieser zweistufigen Prozedur lassen sich anhand eines linear vereinfachten Schemas zusammenfassen (vgl. Abb. 11):

(1) Allgemeiner Ausgang der Datenerhebung ist eine „Interaktion" zwischen N Subjekten und m Objekten. Die Reize x,y,z,..., werden zu Tripeln (x; y,z) angeordnet, in denen jeweils der Reiz x Bezugsreiz ist.

(2) Unter Annahme subjektiver und latenter Attribute der Reizähnlichkeit (vgl. subjektiver Attribut-Raum) werden die Vpn aufgefordert, die Reize y und z hinsichtlich ihrer relativen Ähnlichkeit zum Bezugsreiz x zu beurteilen. Das allgemeine Ziel aller folgenden Schritte besteht in der metrischen und dimensionalen Repräsentation der subjektiven Ähnlichkeitsurteile.

(3) Die Tripelvergleiche jeder Vp werden für jeden Bezugsreiz zu einer individuellen Dominanzmatrix ${}_{x}D_{yz}$ angeordnet, aus der jeweils für eine Vp ersichtlich ist, welcher von zwei Reizen y und z dem Bezugsreiz x ähnlicher beurteilt wird. Alle Triaden einer individuellen Dominanzmatrix können hinsichtlich des Auftretens zirkulärer Triaden untersucht werden, um bestimmte Transitivitätsannahmen zu beurteilen.

(4) Die N individuellen Dominanzmatrizen werden für jeden Bezugsreiz aufsummiert zu einer Häufigkeitsmatrix ${}_{x}F_{yz}$, welche die Dominanzhäufigkeiten in der Stichprobe angibt. Durch Vergleich der kombinierten Matrix mit den individuellen Matrizen kann die Beurteilerübereinstimmung bzw. die Annahme einer mittleren Vp geprüft werden.

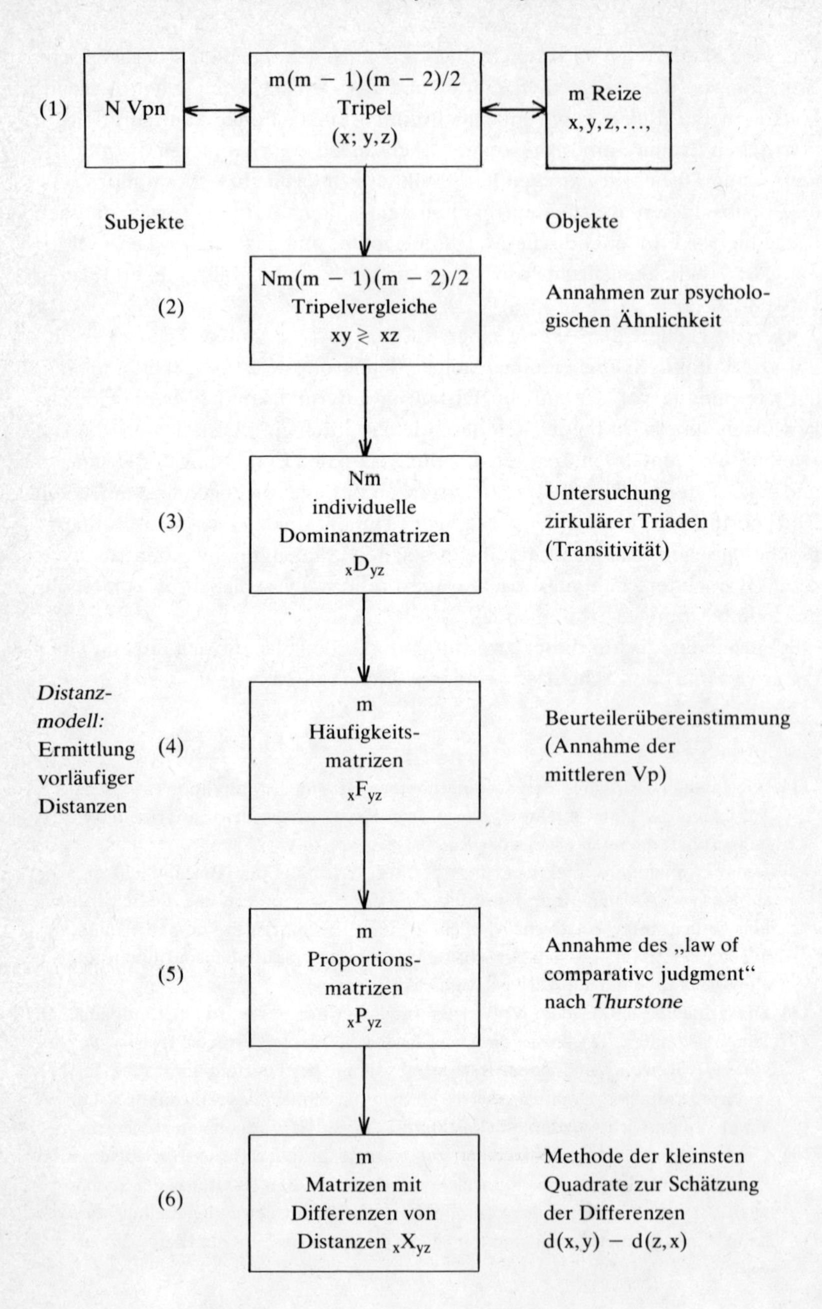

Interaktion „Subjekte × Objekte“
(1)
N Vpn
m(m − 1)(m − 2)/2
Tripel
(x; y,z)
m Reize
x,y,z,…,
Subjekte
Objekte
(2)
Nm(m − 1)(m − 2)/2
Tripelvergleiche
xy ≷ xz
Annahmen zur psychologischen Ähnlichkeit
(3)
Nm
individuelle
Dominanzmatrizen
$_xD_{yz}$
Untersuchung
zirkulärer Triaden
(Transitivität)
Distanzmodell:
Ermittlung
vorläufiger
Distanzen
(4)
m
Häufigkeitsmatrizen
$_xF_{yz}$
Beurteilerübereinstimmung
(Annahme der
mittleren Vp)
(5)
m
Proportionsmatrizen
$_xP_{yz}$
Annahme des „law of
comparativc judgment“
nach Thurstone
(6)
m
Matrizen mit
Differenzen von
Distanzen $_xX_{yz}$
Methode der kleinsten
Quadrate zur Schätzung
der Differenzen
d(x,y) − d(z,x)

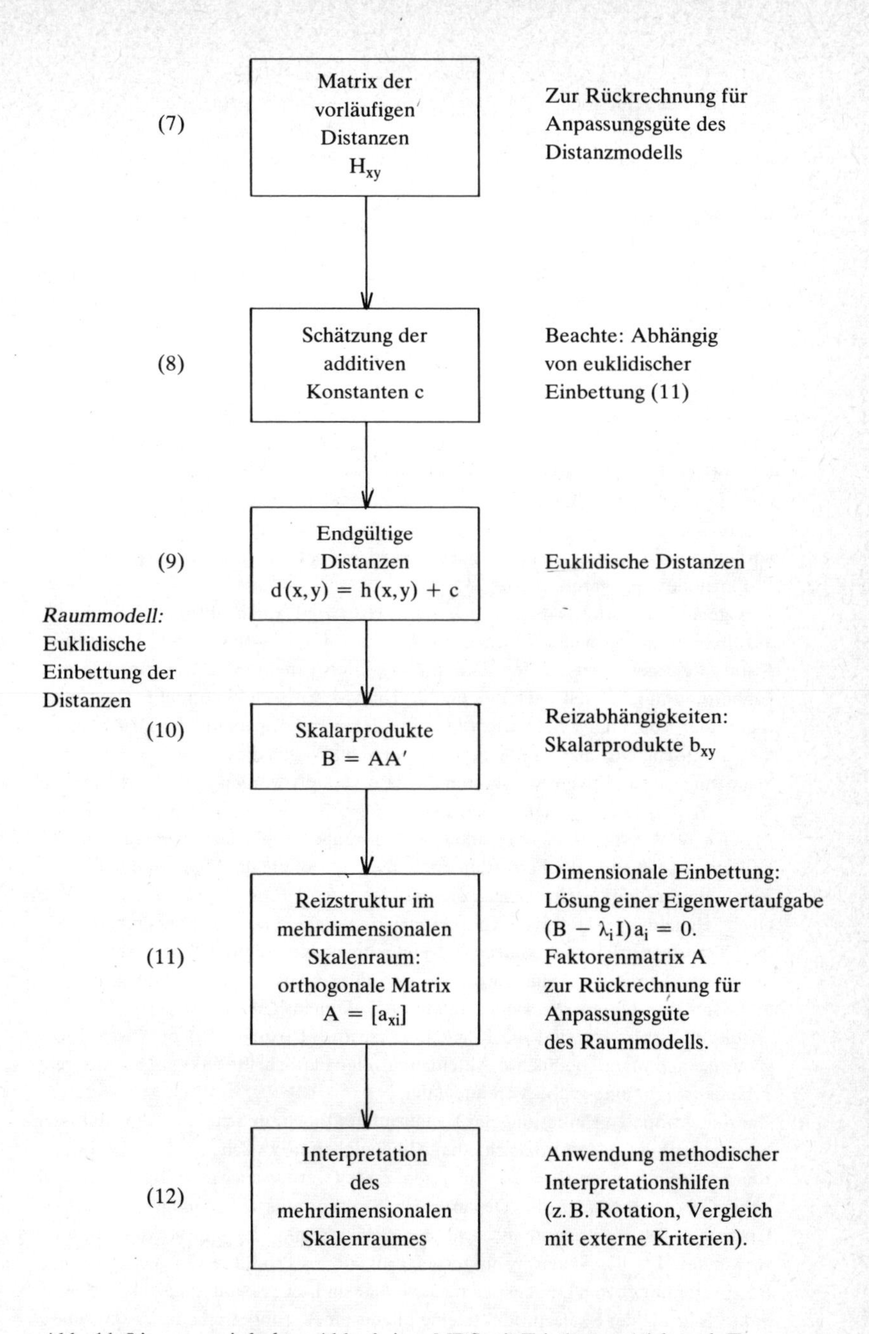

Abb. 11: Linear vereinfachter Ablauf einer MDS mit Triadenvergleich nach *Torgerson*.

(5) Aus den m Häufigkeitsmatrizen werden Proportionsmatrizen $_xP_{yz}$ konstruiert, aus denen hervorgeht, wie groß in der Stichprobe der relative Anteil der Fälle ist, in denen ein Reiz y,z,..., in Hinblick auf x ähnlicher beurteilt wurde. Es wird angenommen, daß die Proportionen $_xp_{yz}$ eine Funktion F des Unterschiedes der Distanzen d(x,y) und d(z,x) sind.

(6) Für die Proportionen $_xp_{yz}$ wird die Gültigkeit des „law of comparative judgment“ angenommen. Dadurch wird die Funktion F zwischen Distanzdifferenzen und Proportionen spezifiziert durch die Verteilungsfunktion der Normalverteilung: Es wird angenommen, daß die Proportionen Flächenanteile und die korrespondierenden Distanzdifferenzen $_xx_{yz}$ zugehörige z-Werte der Standardnormalverteilung sind. Zur Schätzung der „wahren“ Differenzen dient eine Lösung nach der Methode der kleinsten Quadrate.

(7) Unter weiterer Beachtung der Normalitätsannahme läßt sich nach algebraischen Umformungen aus den m Matrizen $_xX_{yz}$ von Distanzdifferenzen eine Matrix H_{xy} der vorläufigen Distanzen h(x,y) gewinnen, die wegen ihres willkürlichen Nullpunktes um eine additive Konstante c von den endgültigen Distanzen d(x,y) abweichen. Zur Überprüfung der Anpassungsgüte des „Distanzmodells“ kann man die aus vorläufigen Distanzen rückgerechneten Proportionen $_x\tilde{p}_{yz}$ mit den ursprünglichen Proportionen $_xp_{yz}$ vergleichen.

(8) Um gemäß der Metrik-Forderungen für Distanzen einen absoluten Nullpunkt anzunähern, muß in der Lineartransformation $d(x,y) = h(x,y) + c$ die additive Konstante c geschätzt werden. Durch diese Transformation soll die dimensionale Einbettungsmöglichkeit nach den euklidischen Metrik-Axiomen und Einbettungstheoremen von *Young & Householder* und damit die Anpassung der Distanzen an die euklidische Distanzfunktion gesichert werden. Wegen dieser Forderung muß die Schätzung der additiven Konstanten direkt verknüpft werden mit allen folgenden Schritten (9)–(11) der Dimensionsanalyse. Nach einer iterativen Prozedur von *Messick & Abelson* kann die additive Konstante so geschätzt werden, daß die Gültigkeit des euklidischen Raummodells und minimale Dimensionalität der Reizkonfiguration gewährleistet werden.

(9) Nach Schätzung der additiven Konstanten wird durch Anwendung der entsprechenden Transformation die Matrix der endgültigen euklidischen Distanzen d(x,y) bestimmt. (Durch die Abhängigkeit der endgültigen Distanzen von der geschätzten additiven Konstanten, die wiederum schon die Dimensionsanalyse der endgültigen Distanzen impliziert, sind die folgenden Schritte (10) und (11) praktisch schon vorweggenommen. Die lineare Aufeinanderfolge der Schritte (8)–(11) in unserem Schema ist also eine grobe Vereinfachung.)

(10) Zur dimensionalen Einbettung der Distanzen (und auch zur Schätzung der additiven Konstanten) ist es erforderlich, die Abhängigkeiten zwischen den zugehörigen Reizvektoren zu quantifizieren. Zu diesem Zweck werden nach einer Beziehung von *Young & Householder* die Distanzen in Skalarprodukte b_{xy} umgerechnet. Als Ursprung des Vektorsystems wird der Schwerpunkt der Punktekonfiguration verwendet. Da die Skalarprodukte auch als innere Produkte der Vektoren von Reizprojektionen in n Dimensionen darstellbar sind, ist es somit möglich, durch eine Faktorisierung der Skalarprodukte eine dimensionale Einbettung der Distanzen zu erreichen.

(11) Zur Ermittlung der n-dimensionalen Reizkonfiguration wird die Matrix B der Skalarprodukte faktorisiert und damit auf eine orthogonale Faktorenmatrix A zurückgeführt. Das Skalierungsergebnis besteht dann in der Abbildung der Reize auf n orthogonale Skalen. Zur Lösung dieser Aufgabe kann man sich einer Eigenwertlösung bedienen. Wegen der euklidischen Eigenschaften ist es erlaubt, auf die resultierenden Achsen des psychologischen Raumes Translationen und Rotationen anzuwenden.
Zur Überprüfung der Anpassungsgüte des „Raummodells" hinsichtlich der Dimensionalität kann man die aus der orthogonalen (m × n)-Matrix A rückgerechneten Skalarprodukte $\tilde{b}_{xy}$ mit den aus Distanzen bestimmten Skalarprodukten b_{xy} vergleichen. Für die Beurteilung der globalen Anpassungsgüte der Skalierung eignet sich eine Rückrechnung der orthogonalen Reizvektoren (über Distanzen und Distanzdifferenzen) auf Proportionen gemäß der Normalitätsannahme, und der Vergleich dieser abgeleiteten Proportionen mit den ursprünglichen Proportionen $_{x}p_{yz}$. Durch die Beurteilung der skalierungsinternen Anpassungsgüte wird die Frage der externen Gültigkeit von MDS nicht direkt berührt.

(12) Die metrische Reizkonfigûration bzw. die MDS-Skalen müssen psychologisch-inhaltlich interpretiert werden. Zur Lösung der auftretenden Probleme können methodische Interpretationshilfen herangezogen werden wie Achsen-Rotation, Korrelation mit externen Kriterien oder Strukturvergleiche.

3.3 Skalierung intra- und interindividueller Urteilsdifferenzen

3.3.1 Durchschnittliches Individuum und interindividuelle Urteilsdifferenzen

Die üblichen Methoden der mehrdimensionalen Ähnlichkeitsskalierung enthalten die Annahme, daß die Abgabe subjektiver Urteile zur Ähnlichkeit von Reizen im Rahmen der Interaktion „Subjekte × Reize" in bestimmter Weise *intraindividuell* differenziert ist, und daß man diese intraindividuelle Urteilsstruktur bzw. den psychologischen Reizraum adäquat erfassen kann, indem man die Ähnlichkeitsurteile als globale Distanzen zwischen Reizpunkten in einen n-dimensionalen euklidischen Vektorraum abbildet. Der Begriff „intraindividuelle" Urteilsdifferenz läßt zwei wichtige Bedeutungen zu (vgl. Abb. 12):

a) Das Urteilsverhalten eines bestimmten Individuums ist zu verschiedenen Zeitpunkten nicht konstant. Intraindividuelle Differenzen kommen zustande, weil die Urteilsstruktur eines Individuums nicht invariant ist gegenüber Variablen, die im Längsschnitt mit der Zeitdimension kovariieren (vgl. Abb. 12, 1.2).
b) Das Urteilsverhalten eines Individuums wird im Querschnitt unabhängig von der Zeitvariation betrachtet. Intraindividuelle Differenzen bedeuten dann,

daß ein Individuum die Reizobjekte zum gleichen Zeitpunkt nach mehr als einer unabhängigen Dimension beurteilt, d. h. die intraindividuelle Urteilsstruktur eines Individuums oder von Gruppen gleichartiger Individuen ist mehrdimensional gegliedert (vgl. Abb. 12, 1.1).

Im folgenden wird nur der Querschnitt-Aspekt des Begriffes „intraindividuelle Urteilsdifferenz" betrachtet.
Gemäß dem allgemeinen Repräsentationstheorem der fundamentalen bzw. abgeleiteten Messung (vgl. *Suppes & Zinnes* 1963) wird angenommen, daß die Struktur intraindividueller Urteilsdifferenzen durch das verwendete Raumkonzept isomorph bzw. homomorph abgebildet wird. Die Abbildungsvorschrift wird fixiert durch die Metrik und Dimensionalität der verwendeten Distanzfunktion und alle dazugehörigen Annahmen (z. B. Metrik-Axiome).

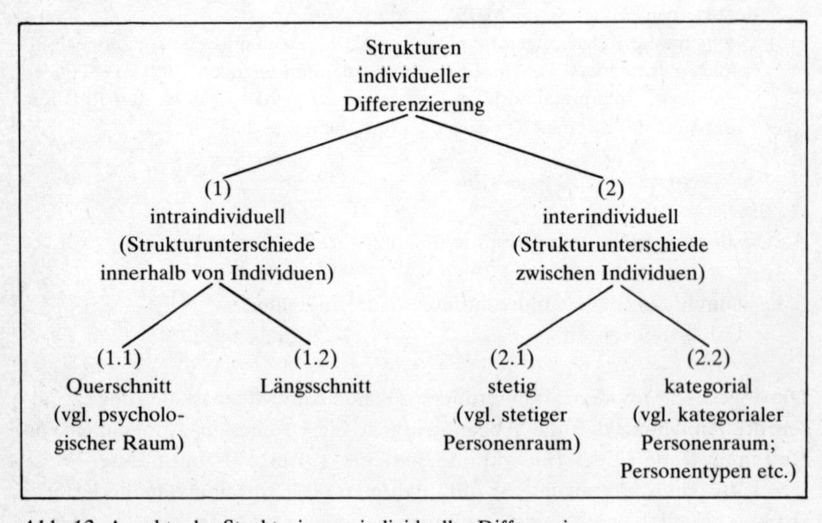

Abb. 12: Aspekte der Strukturierung individueller Differenzierung.

Neben der *allgemeinen* Repräsentanzannahme (zu allgemeinen Repräsentanzfragen empirischer Untersuchungen vgl. z. B. *Holzkamp* 1964, 1968) geht in die Abbildung und in alle Folgerungen jedoch eine weitere *spezifische* Repräsentanzannahme ein, die sich auf die *Stichprobe* der untersuchten Subjekte richtet. Es wird nämlich (meistens unausgesprochen) angenommen, daß eine resultierende meßpsychologische und/oder theoretische Aussage über die intraindividuelle Struktur des psychologischen Reizraumes Allgemeingeltung für *alle* Mitglieder der Population von Beurteilern beanspruchen kann, von denen ein Teil als Stichprobe für das jeweilige Skalierungsexperiment herangezogen wurde. Man kann diese Annahme auch so formulieren, daß keine oder nur zufällige *interindividuelle Urteilsdifferenzen* bestehen sollen (vgl. Abb. 12, 2), und daß demgemäß die Annahme eines mittleren Beurteilers berechtigt ist, dessen abgebildete intraindividuelle Urteilsstruktur auch jedem anderen beliebigen Individuum der Bezugspopulation zukommt. *Sixtl* (1967, 267ff.) stellt dieses Problem unter dem Aspekt der intersubjektiven Beurteilerübereinstimmung als Frage der Objektivität multidimensionaler Skalen dar. Dieses Konzept lehnt sich an die Terminologie der Testtheorie an und entspricht der Auffassung, daß jede Skala einer MDS in erster Linie ein Meßinstrument darstellt, welches nach bestimmten konventionellen Kriterien (Objektivität, Reliabilität, Validität etc.) der klassischen Testtheorie zu bewerten ist (vgl. auch *Sixtl* 1972).

Die Annahme der Gültigkeit des *durchschnittlichen Individuums* geht bei der üblichen Durchführung einer Skalierung automatisch und ungeprüft ein. So werden beispielsweise beim Distanzrating als Urteilsbasis oder bei der Methode der gleicherscheinenden Intervalle die globalen Distanzen als einfache Mittelwerte aus den individuellen Urteilen geschätzt. Beim Triadenvergleich geht dieselbe Annahme indirekter ein, indem man Häufigkeitsinformationen aus Urteilsverteilungen verwendet, in denen *alle* Individuen hinsichtlich der wahrgenommenen Ähnlichkeitsrelationen als vergleichbar betrachtet werden. Die globalen (vorläufigen) Distanzen werden dann nicht direkt als einfache Mittelwerte, sondern indirekt in Abhängigkeit von bestimmten Skalierungsfunktionen (z. B. law of comparative judgment) geschätzt.

Die Annahme mittlerer Individuen ist jedoch nur im Rahmen von Modellen begründet, in denen die Verteilung von Urteilen einer Zufallsverteilung, beispielsweise einer Gaußschen Fehlerverteilung (Normalverteilung) entspricht. Mittelwerte (hier mittlere Distanzen) lassen sich als Stichprobenstatistiken für jede beliebige Urteilsverteilung – z. B. auch für bimodale Verteilungen – berechnen. Entscheidend ist jedoch nicht die arithmetische Berechnungsmöglichkeit von Mittelwerten, sondern ihre Eignung als Schätzwerte für bestimmte *Populationsparameter* (hier „wahre“ Reizdistanzen). Als geeignete Parameterschätzungen müssen die Mittelwerte jedoch u. a. die Voraussetzung erfüllen, daß alle enthaltenen Einzelwerte einer Stichprobe von Individuen stammen, die derselben Population angehören, d. h. interindividuelle Urteilsdifferenzen müssen als zufällig angenommen werden.

Die Gültigkeit dieser Annahme kann keineswegs allgemein als gesichert gelten, wie Ergebnisse zahlreicher Skalierungsversuche von Wahrnehmungen und Präferenzen in verschiedenen Stimulusbereichen demonstrieren. So zeigte sich z. B. in einer Untersuchung von *Helm & Tucker* (1962) zur Struktur des subjektiven Farbraumes, daß in der untersuchten Stichprobe mindestens zwei unterschiedliche Vpn-Gruppen angenommen werden müssen, und somit die Konstruktion eines einzigen Farbraumes für alle Vpn bzw. für die mittlere Vp nicht gerechtfertigt ist. Die physikalisch begründete Erwartung, daß die

Anordnung von Farben gleicher Intensität und Sättigung einer kreisförmigen Verteilung in der Ebene entspricht, konnte nur für eine normal farbtüchtige Untergruppe der Vpn bestätigt werden. Im Prinzip ähnliche Ergebnisse fand *Hofstätter* (1957) bei der Beurteilung von vier Farben (Rot, Grün, Blau, Gelb) durch normalsichtige und grünblinde Vpn anhand des semantischen Differentials. Eine Faktorenanalyse führte zwar bei beiden Gruppen zu dreidimensionalen Systemen, deren Achsen jedoch jeweils gruppenspezifisch interpretiert werden mußten.

Interindividuelle Differenzen dieser Art sind mit noch größerer Wahrscheinlichkeit zu erwarten, wenn die Struktur des psychologischen Reizraumes bei komplexerem Reizmaterial untersucht werden soll, wie z. B. bei der Beurteilung *sozialer Reize*. In Untersuchungen von *Tucker & Messick* (1963) und *Ahrens* (1967a) zur Beurteilung von Politikern hat sich beispielsweise gezeigt, daß dieselben Politiker in verschiedenen und skalierbaren Urteilsstrukturen beurteilt werden. In ähnlicher Weise konnten, bei der Prestigebeurteilung von Berufen in Abhängigkeit von der Nationalität der Beurteiler (*Gulliksen* 1960, 1961), bei der Wertung bestimmter Lebensziele (*Tucker* 1956), in Experimenten zur sozialen Wahrnehmung (*Jackson & Messick* 1961), bei der Beurteilung von Reizvorlagen der Holtzman-Inkblot-Technique (*Stäcker & Ahrens* 1967, *Ahrens & Stäcker* 1970), bei der Beurteilung geometrischer Figuren (*Shepard* 1964, *Lüer & Fillbrandt* 1970 u. a.) und bei der Beurteilung von Schülereigenschaften durch Lehrer (vgl. *Hofer* 1969) überzufällige interindividuelle Differenzen aufgewiesen werden. Im Zusammenhang mit der theoretischen Unterscheidung von „wissenschaftssprachlichen" und „persönlichen" Konstrukten (vgl. *Kelly* 1955) weist *Schneewind* (1969, 171) auf die Möglichkeit hin, die intra- und interindividuelle Struktur impliziter Persönlichkeitstheorien mit MDS-Methoden zu untersuchen. Von dieser Möglichkeit hat beispielsweise *Pedersen* (1965) Gebrauch gemacht (vgl. auch *Rosenberg & Sedlak* 1972, *Schneider* 1973).

Auch in Bereichen, die nicht unmittelbar Gegenstand von Skalierungsexperimenten sind, konnte gezeigt werden, daß sich mit Hilfe multivariater Methoden interindividuelle Differenzen dimensional strukturieren lassen. So haben beispielsweise *Tucker* (1958), *Weitzman* (1963) und *Ross* (1964) auf faktorenanalytischer Grundlage interindividuelle Differenzen bei Lernkurven untersucht. In diesen Untersuchungen zeigte sich, daß die Vereinigung interindividueller Lernkurven zu einer mittleren Lernkurve oft unzulässig ist; denn es konnten Gruppen mit unterschiedlichen Lernkurven isoliert werden. Die Mittelwertsbildung führt dann zu artifiziellen Aussagen, die für einzelne Vpn keine Geltung beanspruchen können. In Untersuchungen zur Struktur von Präferenzurteilen analysierte *Slater* (1960) die Kovariation von Präferenzen mit faktorenanalytischen Techniken, und *Bock* (1956) wendete Diskriminanzanalysen zur Selektion von Beurteilern an, die ihre Präferenzen jeweils nach derselben Dimension organisieren. Auch verschiedene Arten der multivariaten Klassifikation oder Typenanalyse (vgl. *Vukovich* 1967) dienen der Analyse interindividueller Differenzen, wie z. B. die Q-Technik der Faktorenanalyse. Die mögliche Zurückweisung der Zufallshypothese, daß in Skalierungsversuchen keine interindividuellen Urteilsdifferenzen bestehen, kann vereinfacht unter zwei Gesichtspunkten betrachtet werden (vgl. dazu allgemein *Cronbach* 1957):

1. In Anlehnung an *allgemeinpsychologische* Zielsetzungen resultiert zunächst die Feststellung, daß die interindividuelle Variation der Daten zu groß ist, um daraus allgemeinpsychologische Gesetzmäßigkeiten der Urteilsbildung, Wahrnehmungsorganisation und dgl. herzuleiten, die Geltung für das Verhalten aller Individuen beanspruchen. Man würde zunächst mit üblichen Mitteln der Präzisionssteigerung von experimentellen Versuchsplänen versuchen, die interindividuelle Varianz (z. B. durch weitergehende experimentelle Kontrolle) zu reduzieren, um dann Allgemeinaussagen um so präziser treffen zu können.
2. In Anlehnung an *differentialpsychologische* Fragestellungen resultiert die Forderung, daß die interindividuelle Varianz hinreichend groß ist, um auf dieser Basis eine systematische Weiteruntersuchung interindividueller Urteilsdifferenzen durchzuführen. Gefragt wird dann nicht, wie man die Varianz innerhalb der Stichprobe reduzieren kann, um möglichst präzise Aussagen über allgemeinpsychologische Gesetzmäßigkeiten zu erreichen. Vielmehr werden interindividuelle Differenzen explizit in Rechnung gestellt. Es wird dann gefragt, mit welchen Methoden man die Systematik explizit machen kann, die der überzufälligen interindividuellen Urteilsvariation vermutlich zugrundeliegt. Aus Skalierungsergebnissen dieser Art lassen sich auch differentialdiagnostisch relevante Informationen gewinnen (vgl. *Ahrens & Stäcker* 1970, *Ahrens* 1970, 1972, *Sixtl* 1972).

Beide Gesichtspunkte stehen keineswegs in einer „oder-Relation" zueinander, sondern lassen sich zu der gemeinsamen Fragestellung oder *„und-Relation"* vereinigen, in einem Skalierungsversuch sowohl *intraindividuelle* als auch *interindividuelle* Differenzen zu erfassen, also eine sinnvolle Vereiniguung differentialpsychologischer und allgemeinpsychologischer Zielsetzungen vorzunehmen (vgl. Abb. 12: Kombination von 1 und 2). Beispielsweise könnte die Systematik interindividueller Differenzen erfaßt werden, indem man die Gesamtstichprobe in Gruppen gleicher Urteilssystematik aufteilt (differentialpsychologischer Aspekt, vgl. 2.2). Daran anschließend kann dann untersucht werden, nach welchen allgemeinen Merkmalen sich die psychologischen Reizräume unterschiedlicher Personengruppen intraindividuell strukturieren (allgemeinpsychologischer Aspekt, vgl. 1.1).

Zur konventionellen Behandlung dieses Skalierungsproblems eignen sich im Prinzip *zwei* Vorgehensweisen (vgl. *Tucker & Messick* 1963), deren Anwendung zunächst davon abhängt, ob zuverlässige Apriori-Informationen über die Gruppierung der Vpn nach interindividuell verschiedenem Urteilsverhalten existieren oder nicht. Liegt keine Apriori-Information über konsistente Beurteilergruppen vor, so führt man für jede Einzelperson eine separate MDS durch und vergleicht die resultierenden individuellen Strukturen. Dieses Vorgehen ist beschränkt auf direkte Methoden der Datenerhebung (z. B. Distanzrating, Verhältnisurteile). Liegen Apriori-Informationen über mögliche Gruppierungen der Vpn vor, so kann man danach klassifizieren, innerhalb der Gruppen Mittelwerte bilden, für jede Gruppe eine MDS durchführen und die resultierenden Gruppenstrukturen mit geeigneten Methoden vergleichen. Dieses Vorgehen enthält das Problem, daß die Apriori-Information möglicherweise nicht optimal oder sogar ungeeignet ist zur Erklärung der Systematik die den vermuteten interindividuellen Differenzen tatsächlich zugrundeliegt. Für diesen Fall würde dann auch für die Mittelwertsbildung innerhalb der Gruppen genau die Problematik zutreffen, die gerade vermieden werden soll.
Auf der Basis der ersten Möglichkeit (keine Apriori-Information) schlägt *Sixtl* (1967, 306) im Zusammenhang mit multidimensionalen Verhältnisskalierungen folgendes Vorgehen vor:

1. Die Dimensionsanalyse des psychologischen Reizraumes wird für jeden der N Beurteiler und für den modalen Beurteiler durchgeführt.
2. Die Strukturen der N einzelnen Beurteiler werden nach Verfahren des Strukturvergleiches (*Sixtl* 1964, *Sixtl & Eyferth* 1965) bzw. der Transformationsanalyse (*Fischer & Roppert* 1964, *Gebhardt* 1968) mit der Struktur des modalen Beurteilers verglichen.
3. Aus entsprechenden Übereinstimmungskoeffizienten bzw. den Abweichungen der N Konfigurationen im gemeinsamen Raum kann auf das Ausmaß der interindividuellen Urteilsvariation geschlossen werden.

Dieses Vorgehen kann jedoch nicht als optimal bezeichnet werden; denn es enthält die oben genannten Fehlermöglichkeiten, und die Übereinstimmungsinformation kann nicht inferenzstatistisch beurteilt werden, weil bisher keine Prüfverteilung für die Übereinstimmungskoeffizienten der genannten Verfahren bekannt ist. Vor allem bleibt die Frage offen, nach welchen quantitativen Gesichtspunkten die Variabilität aller individuellen Strukturen *übergeordnet* strukturiert werden kann.
Besonders zur Lösung des letztgenannten Problems wurde erstmalig von *Tucker & Messick* (1963) eine zweistufige Skalierungsprozedur mit der Zielsetzung vorgeschlagen, eine Superstruktur zu entwickeln, in der auf der Basis von Distanzurteilen sowohl interindividuelle Differenzen als auch die davon abhängigen intraindividuellen Wahrnehmungs- bzw. Urteilsstrukturen dimen-

sional abgebildet werden können. Zu dieser empirisch schon vielfach angewendeten Prozedur liegt allerdings bisher kein Axiomatisierungsversuch vor. Theoretische Implikationen und Modelleigenschaften des Verfahrens wurden zunächst nur ansatzweise untersucht (*Ross* 1966, *Zinnes* 1969, 468), weshalb *Modelleignung* und *theoretische* Tragfähigkeit der resultierenden empirischen Ergebnisse der *Tucker & Messick*-Prozedur vorerst nur eingeschränkt zu beurteilen sind.

Inzwischen ist die ursprüngliche, faktorenanalytisch begründete „points of view"-Analyse von *Tucker & Messick* (1963) unter vielfältigen methodischen, theoretischen und anwendungsbezogenen Aspekten weiterentwickelt worden (zum Überblick vgl. *Carroll* 1972, 105ff., *Green & Carmone* 1972, 61ff.). Zu nennen sind die ersten kritisch-theoretischen Arbeiten von *Ross* (1966) und *Cliff* (1968), die Berücksichtigung individueller Differenzen in non-metrischen MDS-Verfahren von *Kruskal* (1968) und *McGee* (1968) und bei Präferenzdaten auf der Basis des *Luce*schen BTL-Modells und der *Coombs*schen Unfolding-Technik (*Schönemann & Wang* 1972), und die integrativen und vor allem auch theoretisch bisher am zufriedenstellendsten Ansätze von *Horan* (1969), *Bloxom* (1968, 1972), *Carroll & Chang* (1970), *Schönemann* (1972) und *Tucker* (1972).

Die wichtigste Überlegung des *Carroll & Chang*-Modells besteht darin, von einem *gemeinsamen*, subjektiven Attributraum (group stimulus space) auszugehen. Individuelle Differenzen werden hier berücksichtigt, indem die einzelnen Komponenten von verschiedenen Personen unterschiedlich gewichtet werden, d.h. individuelle Differenzen werden als verschiedene Transformationen derselben Ausgangsstruktur betrachtet. Die metrische Information intra- und interindividueller Differenzierung erscheint bei Verwendung der „subjective metrics models" (vgl. *Schönemann* 1972) in geometrisch konsistenter Form also so, daß (a) ein gemeinsamer Gruppen-Reizraum und (b) eine zugeordnete Menge von individuellen Gewichten angegeben wird. *Schönemann* (1972) hat eine einfache algebraische Lösung gefunden, nach der sich die Ansätze von *Bloxom, Horan* und *Carroll & Chang* lediglich als Spezialfälle eines gemeinsamen Modells darstellen. Die neuere Arbeit von *Tucker* (1972) ist wiederum faktorenanalytisch begründet, revidiert den ursprünglichen Ansatz der „points of view"-Analyse von 1963 jedoch insofern, als nunmehr eine explizite Verknüpfung zwischen MDS und drei-modaler Faktorenanalyse hergestellt wird.

Wir gehen auf die genannten neueren Ansätze, vor allem auf das *Carroll & Chang*-Modell und auf die neue *Tucker*-Version am Schluß des Kapitels noch genauer ein. Vorerst beschränken wir uns auf eine ausführliche Darstellung der Grundüberlegungen zum „points of view"-Modell von *Tucker & Messick* (1963), weil Datenerhebung und Datenanalyse unserer im empirischen Teil III diskutierten Untersuchungen über intra- und interindividuelle Urteilsdifferenzen auf diese ursprüngliche Prozedur zurückgehen.

3.3.2 Analyse inter- und intraindividueller Urteilsdifferenzen nach *Tucker & Messick*

Die von *Tucker & Messick* (1963) vorgeschlagene Prozedur zur Strukturierung individueller Differenzen bei mehrdimensionalen Skalierungen geht auf ein *Vektormodell* von *Tucker* (1955, 1960) zurück, das eine Erweiterung der eindimensionalen Skalierung nach *Thurstone*schen Paarvergleichen darstellt. Es handelt sich um eine mehrdimensionale Erweiterung besonderer Art, bei der die mögliche Beurteilung von Reizen nach mehreren Attributen nicht direkt an den Reizen analysiert wird, sondern über die Subjekte anhand verschiedener *Gesichtspunkte* (points of view), welche die Individuen gegenüber den Reizen einnehmen können. Interindividuell verschiedene Gesichtspunkte werden erfaßt, indem die Individuen in einen mehrdimensionalen euklidischen Vektorraum abgebildet werden. Grundlegend ist die Vorstellung, daß jeder unabhängigen Dimension dieses Personenraumes eine bestimmte Art der Beurteilung der Reizvariation zugeordnet ist.
Gegeben seien N Beurteiler $i (i = 1, 2, \ldots, N)$. Man geht davon aus, daß jeder Beurteiler einen bestimmten Gesichtspunkt repräsentiert, unter dem er die Reizobjekte jeweils in eine eindimensionale (transitive) Präferenzordnung bringen kann. Jeder Beurteiler läßt sich als Vektor darstellen, und durch alle Beurteiler läßt sich ein N-dimensionaler Vektorraum aufspannen, in den sich auch die Reizobjekte abbilden lassen. Aus den Projektionen der m Reizobjekte auf dem i-ten Beurteilervektor läßt sich entnehmen, nach welcher eindimensionalen Präferenzstruktur das i-te Individuum der Stichprobe die Reizobjekte beurteilt. Durch eine *Dimensionsanalyse* (Faktorenanalyse von Skalarprodukten) des N-dimensionalen Vektorraumes der Individuen kann geschätzt werden, durch wieviele unabhängige Gesichtspunkte die Menge der Beurteiler repräsentiert wird. Je nach Dimensionalität des Vektorraumes der Individuen kann man von interindividueller Eindimensionalität oder Mehrdimensionalität sprechen. Weiterhin können die zugeordneten psychologischen Reizräume intraindividuell eindimensional (eindimensionale Skalierung) oder mehrdimensional (mehrdimensionale Skalierung) strukturiert sein.
Das *Vektormodell* kann an einem einfachen Beispiel für den Fall intraindividueller Eindimensionalität demonstriert werden (vgl. Abb. 13). Gegeben seien drei Beurteiler X, Y, Z, welche für vier Objekte A, B, C, D jeweils eine bestimmte individuelle Präferenzordnung angegeben haben. Würde man alle Beurteiler zusammenfassen, so ergäbe sich eine mittlere Präferenzordnung, welche die tatsächlich vorhandenen Unterschiede einzelner Präferenzordnungen verdeckt und keines der beteiligten Individuen adäquat repräsentiert.
Die Weiterentwicklung dieses Vektormodells für MDS durch *Tucker & Messick* (1963) geht von der Möglichkeit des allgemeinsten Falles der Analyse individueller Differenzierung aus (vgl. Abb. 12), nämlich von intra- *und*

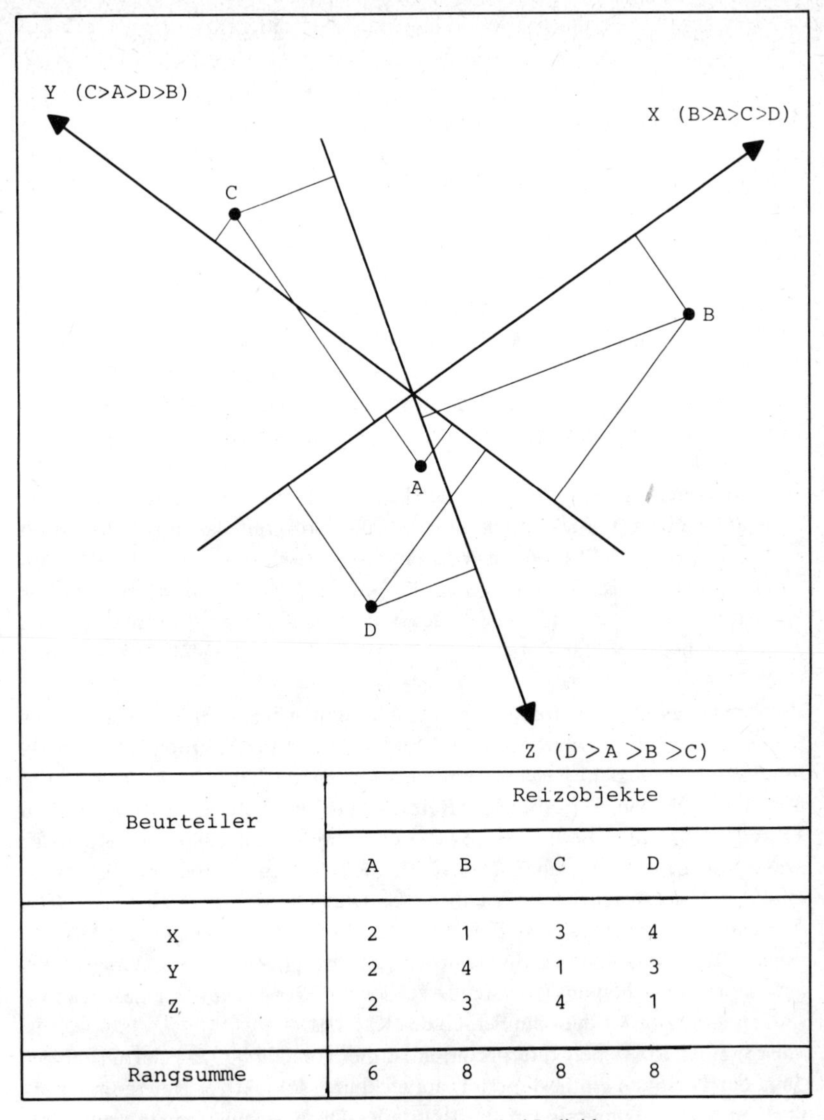

Beurteiler	Reizobjekte			
	A	B	C	D
X	2	1	3	4
Y	2	4	1	3
Z	2	3	4	1
Rangsumme	6	8	8	8

Abb. 13: Präferenzordnungen und Vektorraum von drei Individuen.

interindividueller Mehrdimensionalität der abgegebenen Urteile. Für die Anwendung des Modells muß vorausgesetzt werden, daß Schätzungen der Ähnlichkeit bzw. Unähnlichkeit von Reizpaaren für *jedes* Individuum (und nicht für das mittlere Individuum) erhältlich sind (z. B. Distanzratings oder direkte Verhältnisurteile). Die Prozedur gliedert sich in zwei aufeinander abgestimmte Schritte:

1. Durch eine Dimensionsanalyse aller Individuen anhand ihrer Unähnlichkeitsurteile wird untersucht, ob alle Beurteiler die Ähnlichkeitsrelationen der paarweise angeordneten Reizobjekte nach derselben Systematik beurteilen (Annahme des mittleren Individuums: Interindividuelle Eindimensionalität), oder ob innerhalb der Personenstichprobe hinsichtlich der Reizbeurteilung mehrere unabhängige Gesichtspunkte bzw. Beurteilertypen existieren (Annahme interindividueller Differenzen: Interindividuelle Mehrdimensionalität).
2. Durch separate multidimensionale Skalierungen der Reizähnlichkeiten nach unabhängigen Gesichtspunkten wird die Struktur des psychologischen Reizraumes erfaßt, der jeweils charakteristisch für einen bestimmten Gesichtspunkt ist. Dadurch wird die intraindividuelle Strukturierung der Urteilsbildung verschiedener Beurteilertypen erfaßt (intraindividuelle Mehrdimensionalität).

Wie schon ausgeführt wurde, kann eine multidimensionale Skalierung auch als formales *Modell* individueller Urteilsbildung betrachtet werden: Die Skalierungsfunktion soll dann beschreiben, wie und nach welchen Gesichtspunkten die beteiligten Personen bestimmte Reizattribute zu globalen Distanzurteilen kombinieren. Unter diesem Aspekt ist es günstig, den allgemeinen Aufbau der zweistufigen Prozedur von *Tucker & Messick* in Form bestimmter *Kombinationsregeln* darzustellen. Innerhalb dieser Darstellungsform lassen sich dann leicht spezifische theoretische Eigenschaften des Modells bezüglich des Urteilsverhaltens der beteiligten Individuen diskutieren (vgl. *Ross* 1966). Wir kommen auf diesen Gesichtspunkt nochmals zurück bei der Diskussion des neueren *Carroll & Chang*-Modells am Schluß des Kapitels.
Ausgang der *Ross*schen Interpretation ist die Vorstellung, daß der Urteilsbildung der Personen ein bestimmter, aufdeckbarer subjektiver Reizraum unterliegt, in dessen Dimensionen die Beurteiler Distanzurteile bilden, indem sie einzelne Punktdistanzen „ablesen". Dieser „Ablesevorgang" soll im Modell durch Kombinationsregeln abgebildet werden, die formal in der jeweiligen Skalierungsfunktion fixiert sind.
Im *ersten* Schritt der Prozedur (vgl. Abb. 14) wird angenommen, daß alle Distanzen der Reizkonfiguration nach bestimmten generellen Gesichtspunkten (points of view) kombiniert werden, die allen Individuen gemeinsam sind,

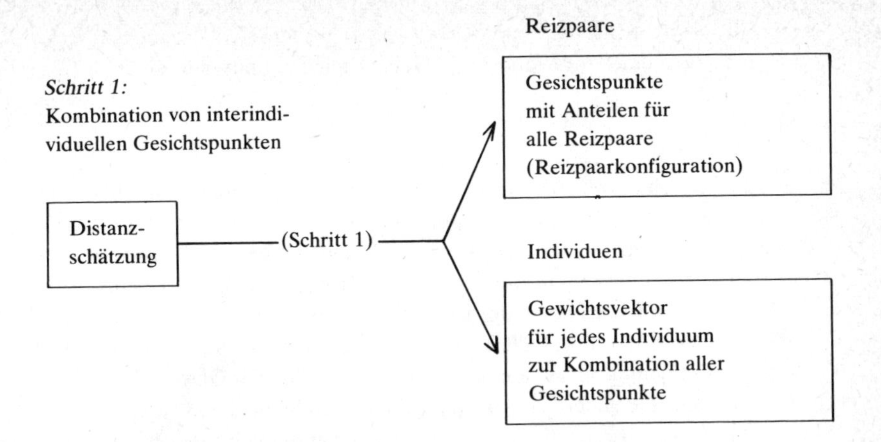

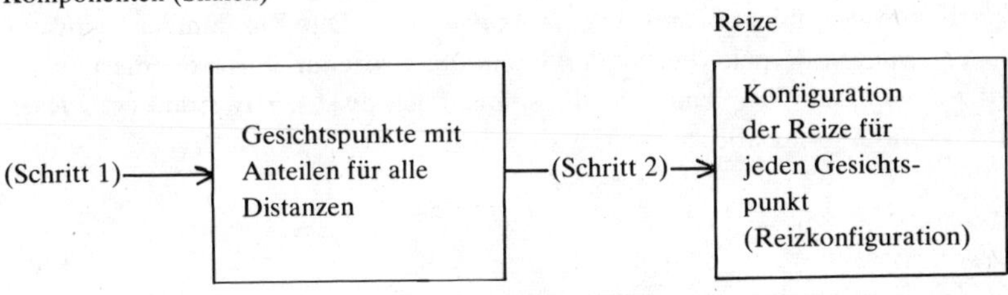

Abb. 14: Darstellung der zweistufigen Skalierungsprozedur durch Kombinationsregeln.

jedoch für verschiedene Personen unterschiedliches Gewicht haben. Jeder Gesichtspunkt wird durch eine vollständige Menge von $\binom{n}{2}$ Distanzen repräsentiert, und jedes Individuum wird durch soviele Gewichte charakterisiert, wie gemeinsame Gesichtspunkte (im Sinne von Typenfaktoren der Q-Technik der Faktorenanalyse) in der Stichprobe vorhanden sind. Als Beispiel können fiktive Daten für ein Individuum i und ein Reizpaar (jk) bei drei Gesichtspunkten F_I, F_{II}, F_{III} dienen (vgl. Tab. 1).

Informationsquelle	Gesichtspunkte		
	F_I	F_{II}	F_{III}
Reizpaar (jk) (Anteile)	2.3	3.4	2.6
Individuum i (Gewichte)	1	1	0.5

Tab. 1: Distanzanteile und Beurteilergewichte bei drei Urteilsgesichtspunkten.

Legt man eine lineare Kombinationsregel zugrunde, so würde sich die Distanzschätzung eines Individuums i folgendermaßen kombinieren:

$$1(2.3) + 1(3.4) + 0.5(2.6) = 7.0 .$$

Im *zweiten* Schritt (vgl. Abb. 14) wird jeder Gesichtspunkt mit üblichen MDS-Methoden analysiert, d. h. es wird unter Verwendung einer bestimmten Distanzfunktion (z. B. euklidische Distanzfunktion) untersucht, nach welcher Kombinationsregel die Distanzanteile $d(j,k)_{I}$, $d(j,k)_{II}$, $d(j,k)_{III}$ jeweils intradimensional aus den Koordinaten der Einzelreize kombiniert werden. Besonders einfach zu interpretierende Fälle liegen vor, wenn ein Individuum oder eine Gruppe von Individuen nur für einen Gesichtspunkt ein hohes Gewicht hat (z. B. 1,0,0), während eine andere Gruppe nur für einen anderen Gesichtspunkt hoch gewichtet ist (z. B. 0,1,0). Für jeden Gesichtspunkt ergibt sich bei intraindividueller Mehrdimensionalität eine mehrdimensionale räumliche Konfiguration der Reize, die durch MDS erfaßt wird.
Beide Schritte lassen sich also bezüglich der subjektiven Urteilsbildung durch bestimmte Kombinationsregeln charakterisieren. Die Zusammenfassung zu einer *einzigen* Regel, die zu der *gesamten* Prozedur korrespondiert, wirft allerdings einige Probleme auf, die später noch diskutiert werden (vgl. *Ross* 1966, *Cliff* 1968 u. a.).

3.3.2.1 Analyse interindividueller Gesichtspunkte

Gegeben seien N Beurteiler und n Reizobjekte, die zu $\binom{n}{2} = n(n-1)/2$ Reizpaaren angeordnet werden. Durch ein geeignetes Verfahren (z. B. Distanzrating) müssen Unähnlichkeitsdaten $x_{(jk)i}$ für *jeden* Beurteiler und *jedes* Reizpaar gewonnen werden. Die Ausgangsdaten bestehen dann in einer rechteckigen $\binom{n}{2} \times N$-Matrix von Unähnlichkeitsurteilen:

$$\begin{aligned} X &= [x_{(jk)i}] \\ i,h &= 1,2,\ldots,N \quad \text{Beurteiler} \\ j,k &= 1,2,\ldots,n \quad \text{Reize} \\ (jk),(st) &= 1,2,\ldots,n\,(n-1)/2 \ \text{Reizpaare} . \end{aligned}$$

Die manifeste Datenmatrix X enthält die gesamte empirische Information über die Interaktion „Beurteiler × Reize“, die aus der experimentellen Anordnung des Skalierungsversuches erhältlich ist. Da es sich eigentlich um eine Interaktion „Beurteiler × Reiz*paare*“ bzw. „Beurteiler × (Reize × Reize)“ handelt, kann die empirische Information auch in einer dreidimensionalen Matrix angeordnet

gedacht werden. Unter diesem Aspekt spricht man auch von „*three-mode*“ *scaling* (vgl. *Coxon* 1972, 3) in Abhebung zu zweimodalen Analysentypen wie der üblichen Faktorenanalyse (Reize × Reize) und der Unfolding-Skalierung (Subjekte × Reize). Ziel der weiteren Analyse ist es, die in X enthaltene Information so zu repräsentieren, daß eine postulierte latente Struktur der Gesichtspunkte abgegebener Unähnlichkeitsurteile sichtbar wird. Zur Lösung der Aufgabe, die Informationen über Individuen und Reizpaare gemeinsam zu strukturieren, kann man sich bestimmter Sätze der Matrizenalgebra bedienen, wodurch die Datenmatrix X in ihre *kanonische Form* (vgl. *Zurmühl* 1964, 245ff., *Pfanzagl* 1968, 155ff.) oder „*basic structure*“ (vgl. *Horst* 1963, 1965, 81) überführt wird.
Aus der Datenmatrix X lassen sich durch Gaußsche Transformationen zwei positiv semidefinite Matrizen gewinnen:

(3.44) $$P_{ih} = X'X$$

(3.45) $$P_{(jk)(st)} = XX' .$$

Die quadratische und symmetrische Matrix P_{ih} enthält Skalarprodukte zwischen Spaltenvektoren von X und somit die Information über Kovariationen zwischen *Individuen*. Die Matrix $P_{(jk)(st)}$ enthält Skalarprodukte zwischen Zeilenvektoren, d. h. Kovariationen zwischen *Reizpaaren*.
Zur simultanen Erfassung der latenten Struktur, die sowohl der Kovariation von Individuen als auch der von Reizpaaren zugrundeliegt, müssen – geometrisch gesehen – Individuen *und* die von ihnen beurteilten Reizpaare in einen gemeinsamen mehrdimensionalen Raum abgebildet werden. Die algebraische Lösung dieser Abbildung geht von den Matrizen $X'X$ und XX' aus, durch die der Matrix X zwei orthogonale Hauptachsensysteme mit Eigenvektoren w_p für XX' und Eigenvektoren u_p für $X'X$ zugeordnet werden ($p = 1, 2, \ldots, m$ Dimensionen). Die Eigenvektoren w_p enthalten die Gewichte der *Individuen* und die Eigenvektoren u_p die Anteile der *Reizpaare* in der p-ten Dimension. Mit Hilfe dieser Vektoren läßt sich die Datenmatrix X durch eine Ähnlichkeitstransformation in ihre Diagonalform Λ überführen:

(3.46) $$U'XW = \Lambda .$$

Die links anmultiplizierte Matrix U' ist eine spaltenorthogonale $n(n-1)/2 \times m$-Matrix mit normierten Eigenvektoren $u_p (U'U = I)$ aus $X'X$. Die rechts anmultiplizierte Matrix W ist die spaltenorthogonale $N \times m$-Matrix mit normierten Eigenvektoren $w_p (W'W = I)$ aus XX'. Die Matrix Λ ist eine $m \times m$-Diagonalmatrix, welche die positiven Quadratwurzeln der nichtnegativen Eigenwerte λ_p aus $X'X$ bzw. XX' enthält.

Durch die Transformation von X in ihre Diagonalform wird erreicht, daß die Reizpaarvektoren u_p und die Personenvektoren w_p in bestimmter Weise einander zugeordnet werden, wodurch man zu einem *Hauptachsensystempaar* kommt, das die Information der Datenmatrix X nach Personen *und* Reizpaaren strukturiert. Der Diagonalisierung (3.46) entspricht die *kanonische Form* (oder „basic structure") der Datenmatrix X:

$$X = U \Lambda W' . \tag{3.47}$$

Die maximale Anzahl m der Eigenwerte $\lambda_p > 0$ (bzw. der Rang von X) wird begrenzt durch die kleinere Seite von X: Bei $n(n-1)/2 > N$ kann $m = N$ und bei $n(n-1)/2 < N$ kann $m = n(n-1)/2$ werden.
Bei der Anwendung dieser Matrizenlösung auf konkrete Skalierungsdaten soll die kanonische Repräsentation der Datenmatrix X bei möglichst *geringer* Anzahl von Dimensionen gewährleistet werden. Gemäß dieser Reduktionsabsicht (vgl. *Horst* 1965, 90ff.) werden zur Rangbestimmung von X höchstens die von Null verschiedenen Eigenwerte herangezogen, d. h. aus der Ordnung der Eigenwerte λ_p

$$\{\lambda_1 \geqq \lambda_2 \geqq \cdots \geqq \lambda_r > 0, \lambda_{r+1} = \cdots = \lambda_m = 0\}$$

wird nur ein Teil zum Aufbau der Diagonalmatrix Λ verwendet.
Nach einem von *Eckart & Young* (1936) stammenden und von *Johnson* (1963) bewiesenen *Rangreduktionstheorem* wird der Rang $r \leqq m$ nach einem Kriterium der kleinsten Quadrate so geschätzt, daß die Datenmatrix X bei möglichst geringer Dimensionalität durch eine reduzierte Matrix $\hat{X}_r$ genau genug approximiert wird. Man geht dann aus von einer kanonischen Repräsentation, die nur r latente Dimensionen enthält:

$$\hat{X}_r = U_r \Lambda_r W_r \quad (p = 1,2,\ldots,r) . \tag{3.48}$$

Die orthonormale Matrix U_r enthält die Projektionen der Reizpaare und W_r die Projektionen der Individuen auf die r „wichtigsten" Hauptachsen des Systems. Jedem der r Eigenwerte ist eindeutig ein Paar von Eigenvektoren (u_p, w_p) zugeordnet, nämlich ein Reizpaarvektor und ein Personenvektor.
Der Vorteil dieser Zuordnung wird am besten verständlich, wenn man von der Kovarianz der Individuen in P_{ih} ausgeht. Aus der Dimensionsanalyse dieser Skalarproduktmatrix geht hervor, nach wie vielen unabhängigen Dimensionen interindividuelle Differenzen beschreibbar sind und welches Gewicht (vgl. W_r) diese für die Urteilsbildung der Personen haben. Auf dieselben Dimensionen werden auch die Reizpaare abgebildet (vgl. U_r). Aus der multidimensionalen Skalierung entsprechender Anteile (Projektionen) der Unähnlichkeit ist dann

ersichtlich, wie sich für jeden Gesichtspunkt die Reize mehrdimensional strukturieren. Nur bei einem Rang von $r = 1$ liegt interindividuelle Eindimensionalität vor: Alle N Individuen beurteilen die Reizähnlichkeiten nach derselben (intraindividuellen) Urteilssystematik, d. h. die Annahme des mittleren Beurteilers wäre berechtigt.
Zur Ermittlung der Eigenwerte λ_p und Eigenvektoren u_p bzw. w_p geht man aus rechenökonomischen Gründen von der kleineren Seite der Urteilsmatrix X aus. Bei $N < \binom{n}{2}$ legt man z. B. die Kovariationen der Individuen, d. h. die Matrix der Skalarprodukte zwischen Personenvektoren zugrunde:

$$(3.49) \qquad \hat{P}_r = \hat{X}_r'\hat{X}_r = W_r \Lambda_r^2 W_r' .$$

Die Lösung dieser Aufgabe nach der Diagonalmatrix Λ_r^2 der größten Eigenwerte und der Matrix W_r der zugeordneten Eigenvektoren der Personen entspricht formal einer Hauptachsenlösung nach *Hotelling*, wobei die Elemente in $\hat{P}_r$ Skalarprodukte aus Rohwerten sind und somit – bis auf bestimmte Normierungen – mit Korrelationen zwischen Personen vergleichbar sind. Die Lösung läßt sich anhand einer Eigenwertaufgabe

$$(3.50) \qquad (P - \lambda_p I) w_p = 0$$

mit der charakteristischen Gleichung

$$(3.51) \qquad |P - \lambda_p I| = 0$$

durchführen. Nach Bestimmung der r größten Eigenwerte und der Matrix W_r läßt sich die Matrix U_r der Reizpaarprojektionen leicht ermitteln:

$$(3.52) \qquad U_r = XW_r\Lambda_r^{-1} .$$

Wenn $N > \binom{n}{2}$, so geht man aus von

$$(3.53) \qquad \hat{P}_r = \hat{X}_r\hat{X}_r' = U_r\Lambda_r^2U_r'$$

und

$$(3.54) \qquad W_r' = \Lambda_r^{-1}U_r'X .$$

Nach der kanonischen Repräsentation (vgl. *Pfanzagl* 1968, 155ff.) der Urteilsmatrix X kann aus dem Rang r der approximierten Matrix $\hat{X}_r$ die Anzahl der unabhängigen Gesichtspunkte geschätzt werden, die zur Strukturierung interindividueller Differenzen notwendig sind.

Es muß allerdings berücksichtigt werden, daß die Urteilsmatrix X aus Rohdaten, und nicht aus Abweichungswerten besteht. Insofern enthalten die Skalarproduktmatrizen X'X bzw. XX', die der Faktorisierung zugrundegelegt werden, Produktsummen und nicht Kovarianzen. In die Faktorisierung gehen bestimmte *Mittelwertsinformationen* ein, die sich ausdrücken lassen als mittlere Reizunähnlichkeiten pro Individuum i

(3.55) $$\bar{x}_i = \frac{1}{n(n-1)/2} \sum_{jk=1}^{n(n-1)/2} x_{(jk)i}$$

oder als Reizunähnlichkeiten in der Sicht des mittleren Individuums

(3.56) $$\bar{x}_{(jk)} = \frac{1}{N} \sum_{i=1}^{N} x_{(jk)i}$$

Sofern man die Produktsummen X'X bzw. XX' nicht mit Abweichungswerten berechnet, also zuvor eine Mittelwertsanpassung nach

(3.57) $$x'_{(jk)i} = x_{(jk)i} - \bar{x}_i$$

bzw.

(3.58) $$x''_{(jk)i} = x_{(jk)i} - \bar{x}_{(jk)}$$

durchgeführt hat, repräsentiert der erste Gesichtspunkt F_1 mit dem größten Eigenwert $\lambda_1 = \lambda_{max}$ in der Regel lediglich die *Mittelwertsinformation* der Matrix X. Die Elemente des Eigenvektors u_1 in U_r (Projektionen der Reizpaare) kovariieren mit den Mittelwerten $\bar{x}_{(jk)}$ und die Elemente des Eigenvektors w_1 in W'_r (Projektionen der Individuen) mit den Mittelwerten $\bar{x}_i$. Dieser Sachverhalt muß berücksichtigt werden, wenn aus dem Rang r der Matrix X geschätzt werden soll, wieweit die Annahme interindividueller Eindimensionalität zugunsten mehrerer orthogonaler Urteilsgesichtspunkte eingeschränkt werden muß. Je größer der Abstand des ersten Eigenwertes λ_1 gegenüber den folgenden Eigenwerten $\lambda_2, \ldots, \lambda_r$ ist, desto eher ist zu erwarten, daß die Hypothese des mittleren Beurteilers nicht falsifizierbar ist.
Die dimensionale Analyse interindividueller Gesichtspunkte produziert Abbildungen der Individuen in einen r-dimensionalen Vektorraum, der nach $W_r W' = I$ normiert ist. Somit ist die absolute Größe der Koeffizienten von der Zeilenzahl der Rechteckmatrix W_r, d. h. von der Anzahl der Individuen in der Stichprobe abhängig. Sofern man nur *eine* definierte Stichprobe untersucht, reicht die Ermittlung relativer Gewichte der Vpn in den Vektoren w_p aus, um die Struktur

interindividueller Differenzen zu beschreiben. Sollen hingegen Strukturen aus Skalierungen mit verschieden großen Stichproben verglichen werden, so muß durch eine geeignete Transformation („Re-Normierung") die *Unabhängigkeit* der Koeffizienten von der *Stichprobengröße* hergestellt werden:

(3.59) $$V_r = N_r^{1/2} W_r'$$

$$\underset{r \times r}{N_r^{1/2}} = \begin{bmatrix} \sqrt{N} & \cdots & 0 \\ 0 \;\; \sqrt{N} & \cdots & 0 \\ \cdots & \cdots & \cdots \\ 0 & \cdots & \sqrt{N} \end{bmatrix}$$

Damit die zugrundegelegte kanonische Form $\hat{X}_r = U_r \Lambda_r W_r$ erhalten bleibt, muß auch die Matrix U_r der Reizpaarprojektionen re-normiert werden:

(3.60) $$Y_r = U_r N_r^{-1/2} .$$

Dann gilt:

(3.61) $$\hat{X}_r = Y_r \Lambda_r V_r = U_r N_r^{1/2} \Lambda_r N_r^{-1/2} W_r' = U_r \Lambda_r W_r'$$

und für die Bestimmung von Y_r aufgrund von V_r

(3.62) $$Y_r = X V_r' \Lambda_r^{-1} N_r^{-1} .$$

Wenn die Vektoren in V_r gewichtet werden mit den Quadratwurzeln $\lambda_p^{1/2}$ der Eigenwerte, so erhält man eine Faktorenmatrix A

(3.63) $$A = \Lambda_r V_r = N_r^{1/2} \Lambda_r W_r'$$

die mit Y multipliziert die reduzierte Matrix $\hat{X}_r$ mit numerischen Elementen im Maßstab der Ausgangsdaten ergibt:

(3.64) $$\hat{X}_r = YA .$$

Diese Form des Matrizenreduktionstheorems von *Eckart & Young* entspricht direkt dem allgemeinen Faktorenmodell der *Faktorenanalyse* mit der Bestimmungsgleichung

(3.65) $$Z = AF .$$

Die (standardisierte) Datenmatrix Z ist das Produkt aus der Faktorenmatrix A (mit Faktorenladungen) und der Matrix F der Faktorenwerte (factor scores).

Danach würde man das Matrizenprodukt (3.64) so interpretieren, daß zur Strukturierung interindividueller Urteilsdifferenzen gegenüber Reizpaaren zunächst die Faktorenstruktur A der Individuen ermittelt wird. Durch Schätzung der Faktorenwertematrix Y werden dann die Reizpaare auf dieselben Faktoren abgebildet. Für $\binom{n}{2} < N$ müßte man umgekehrt interpretieren.
Für die psychologisch sinnvolle Interpretation der Struktur von Gesichtspunkten ist es zulässig, die Achsen des Systems mit geeigneten Methoden orthogonal zu *rotieren*; denn die kanonische Repräsentation $\hat{X}_r = U_r \Lambda_r W_r'$ der empirischen Matrix X ist invariant gegenüber nichtsingulären, linearen Transformationen mit einer $r \times r$-Transformationsmatrix T (vgl. *Tucker & Messick* 1963, 340, *Pfanzagl* 1968, 155):

(3.66) $\quad B = TA$

(3.67) $\quad Z = YT^{-1}$

(3.68) $\quad \hat{X}_r = ZB = YT^{-1}TA =$
$= U_r N_r^{-1/2} T^{-1} T N_r^{1/2} \Lambda_r W_r =$
$= U_r \Lambda_r W_r'$.

Die Matrix B enthält die Projektionen der *Individuen* und die Matrix Z die Projektionen der *Reizpaare* auf r rotierte Achsen.

3.3.2.2 Analyse intraindividueller Strukturen

Durch die Dimensionsanalyse interindividueller Gesichtspunkte anhand der kanonischen Repräsentation der Datenmatrix X wurde erreicht, sowohl Individuen als auch Reizpaare auf identischen Achsen abzubilden. Dabei ist zu beachten, daß der metrische Abbildungsraum der kanonischen Abbildung oder der „basic structure“ von X durch Reiz*paare* und nicht durch Einzelreize aufgespannt wird. Nur auf diese Art und Weise ist es im vorliegenden Fall von Ähnlichkeitsurteilen möglich, die Reizinformation *und* Personeninformation durch Abbildung auf Hauptachsensystempaare simultan zu strukturieren.
Die metrisch repräsentierte Information interindividueller Differenzen kann für die Vorbereitung der Skalierung der *Einzelreize* in verschiedener Form ausgenutzt werden, beispielsweise

a) anhand von *Klassifikationen* und *Typisierungen* im r-dimensionalen Personenraum,
b) anhand der kontinuierlichen, *faktoriellen Abbildung* und Zerlegung von Reizpaaren nach r interindividuellen Gesichtspunkten des Personenraumes, und

c) anhand der Konstruktion von „*idealisierten Individuen*" als ausgezeichnete Punkte im Personenraum.

Mit der Auswahl dieser drei methodischen Gesichtspunkte zur Konstruktion einer Ausgangsbasis, welche die Verknüpfung der individuellen Strukturanalyse mit der aufgefundenen Information interindividueller Differenzen des ersten Analysenschrittes sichern soll, geben wir zunächst nur die in der ersten Version des *Tucker & Messick*-Modells (vgl. *Tucker & Messick* 1963) aufgezeigten Möglichkeiten wieder. Unter theoretischen Gesichtspunkten in Verbindung mit urteilspsychologischen Interpretationen muß jedoch besonders die *zweite* Möglichkeit (b) als problematisch angesehen werden, wie später anhand neuerer Arbeiten noch diskutiert wird (vgl. *Ross* 1966, *Cliff* 1968, *Carroll & Chang* 1970, *Tucker* 1972 u. a.).

Klassifikation im r-dimensionalen Personenraum

Durch die Abbildung der Individuen im r-dimensionalen Personenraum wird jedem Individuum ein Vektor von r Zahlenwerten zugeordnet. Unter der Annahme, daß diese Zahlenwerte Maße $m(i)_p$ dafür sind, in welchem Ausmaß ein Individuum i die Reizähnlichkeiten nach einem Gesichtspunkt p beurteilt, kann auf dieser Basis eine geeignete multivariate *Klassifikation* bzw. *Typenanalyse* (vgl. *Sebestyen* 1962, *Cooley & Lohnes* 1962, *Anderson* 1966, *Cattell* et al. 1966, *Vukovich* 1967, *Baumann* 1971, *Green & Carmone* 1972, 97 ff. u. a.) aller Beurteiler vorgenommen werden. Anhand dieser Klassifikation wird jeder Klasse bzw. jedem Typ von Individuen durch MDS entsprechender mittlerer Reizdistanzen eine bestimmte intraindividuelle Reizstruktur zugeordnet.
Einige einfache Möglichkeiten zur Entwicklung entsprechender Klassifikationsfunktionen lassen sich am Beispiel eines Personenraumes andeuten, der durch zwei rotierte Dimensionen hinreichend genau repräsentiert sei (vgl. Abb. 15). Wenn b_{ip} ein Maß für eine Person i in der p-ten Dimension ist, so besteht bei vergleichbaren Personenvektoren eine einfache Klassifikationsmöglichkeit darin, die Person i *der* orthogonalen Dimension zuzuordnen, in der sie den relativ größten Wert hat (vgl. Abb. 15a). Die beiden Regionen R_1 und R_2 werden in diesem Fall definiert durch:

(3.69) $$R_1 : \{b_{i1} > b_{i2}\}$$
(3.70) $$R_2 : \{b_{i2} > b_{i1}\}\ .$$

Eine Klassifikationsfunktion ϕ zur Zuordnung einer Person i in eine der beiden Klassen hat die allgemeine Form:

(3.71) $$i \in R_1 \cup R_2 = \phi_1\{(b_{i1}, b_{i2}, >)\}\ .$$

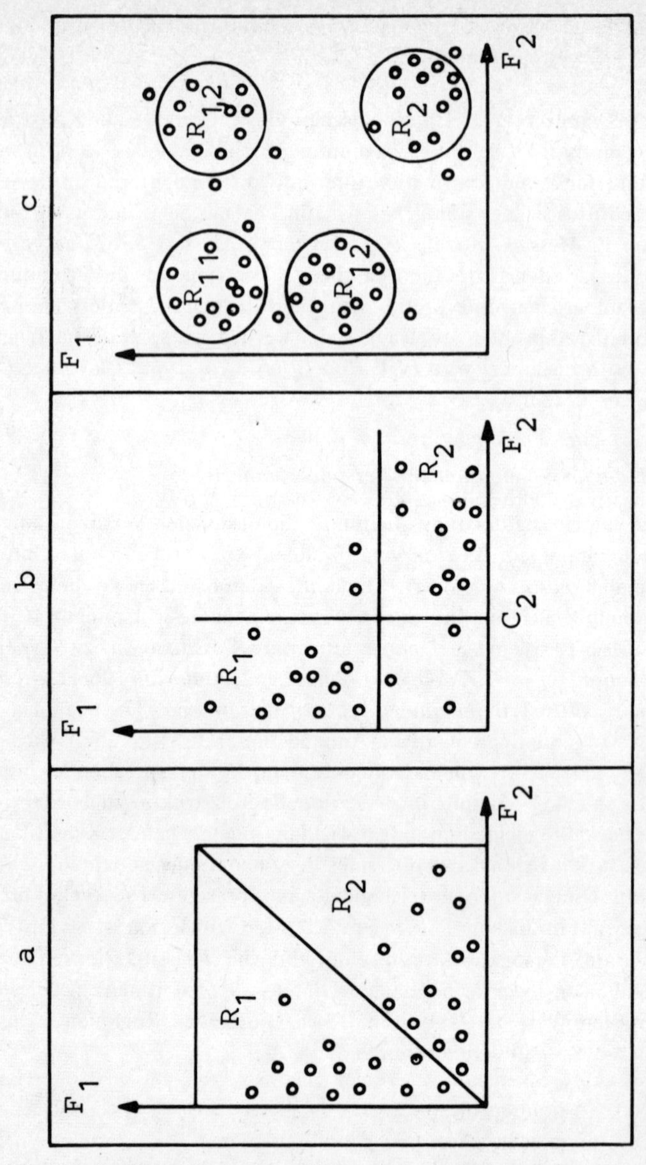

Abb. 15: Einfache Beispiele der Klassifikation von Individuen im zweidimensionalen Personenraum.

Eine Optimalisierung dieser Klassifikationsregel, die auf orthogonalen Dimensionen basiert, kann erreicht werden, indem man für die Zugehörigkeit zu einem der beiden Gesichtspunkte fordert, daß in der einen Dimension ein festgelegter Mindestwert c_1 überschritten, und in der anderen Dimension ein Wert c_2 unterschritten wird (vgl. Abb. 15b):

(3.72) $$R_1 : \{b_{i1} > c_1, b_{i2} < c_2\}$$

(3.73) $$R_2 : \{b_{i1} < c_1, b_{i2} > c_2\}$$

(3.74) $$i \in R_1 \cup R_2 = \phi_2\{(b_{i1}, b_{i2}, c_1, c_2, \gtrless)\} .$$

Durch die Klassifikationsregeln ϕ_1 und ϕ_2 wird erreicht, daß die N Individuen (bzw. ein Teil der Individuen) in Klassen aufgeteilt werden, die zu orthogonalen Achsen aus dem ersten Schritt der Prozedur korrespondieren. Jedem Gesichtspunkt wird eine Personengruppe vom Umfang N_p zugeordnet. Unter der Annahme, daß alle Personen einer Klasse R_p jeweils homogene Unähnlichkeitsurteile abgeben (Annahme der mittleren Vp in R_p) können entsprechende Spalten der Datenmatrix X zur Berechnung von mittleren Unähnlichkeitswerten pro *Reizpaar* zusammengefaßt werden:

(3.75) $$\bar{x}_{(jk)p} = \frac{1}{Np} \sum_{i=1}^{Np} x_{(jk)i} .$$

Die mittleren Unähnlichkeiten $\bar{x}_{(jk)p}$ werden als Distanzschätzungen $d_{(jk)p}$ betrachtet, zu einer $n \times n$-Distanzmatrix

$$D_{(jk)p} = [d_{(jk)p}]$$

angeordnet und bei Verwendung geeigneter Distanzfunktionen mehrdimensional skaliert.

Mögliche Gruppierungen der Beurteiler im r-dimensionalen Personenraum werden jedoch nicht immer erschöpfend erfaßt, indem man die Klassen lediglich nach r orthogonalen Dimensionen bildet. In solchen Fällen erscheint es angebracht, die Klassifikation der Personen durch weitere (nicht-orthogonale) Regionen zu ergänzen und entsprechende Skalierungen durchzuführen (vgl. Abb. 15c). So können beispielsweise Regionen $R_{1,2}$ interessieren, in denen Individuen mit gleichgroßen Gewichten für F_1 und F_2 enthalten sind oder Regionen R_{11}, R_{12}, welche die Individuen auf einer gemeinsamen Dimension unterscheiden (weitere Klassifikationsmethoden vgl. *Baumann* 1971).

Im Zusammenhang mit *orthogonaler* Klassifikation wurde die *Tucker & Messick*-Prozedur kürzlich von *Lüer & Fillbrandt* (1970) kritisiert. Bei der mehrdimensionalen Skalierung von geometrischen Reizen (Kreise mit Zeiger;

vgl. *Shepard* 1964) zeigte sich nämlich, daß interindividuelle Urteilsdifferenzen nicht durch orthogonal zueinander stehende Gesichtspunkte, wohl aber entlang eines Gesichtspunktes durch eine *Cluster-Analyse* erfaßt wurden. Zwei unterscheidbare Cluster auf einem (bipolaren) Faktor des Personenraumes zeigten bei MDS deutlich unterschiedliche Urteilsstrukturen der zugehörigen Vpn. Die Autoren schließen daraus, daß *ein* Gesichtspunkt des Personenraumes der *Tucker & Messick*-Analyse durchaus *mehrere* Urteilsstrukturen beinhalten kann. Ähnlich interpretierbare Ergebnisse fanden auch *Ahrens & Stäcker* (1970) bei einer MDS von Holtzman-Tafeln. Bei der interindividuellen Gesichtspunktanalyse der Ähnlichkeitsurteile von Hirnorganikern und Normalen zeigte sich, daß die beiden Gruppen nicht orthogonal, wohl aber entlang einer gemeinsamen Dimension trennbar sind. Separate MDS ergeben deutlich unterscheidbare intraindividuelle Wahrnehmungsräume.
Wir kommen auf diese empirischen Ergebnisse und vor allem auf die damit zusammenhängenden theoretischen und methodischen Probleme der *Tucker & Messick*-Prozedur bei der Diskussion der neueren Weiterentwicklungen des Modells zurück.

Skalierung nach faktoriellen Distanzanteilen im r-dimensionalen Reizpaarraum

Das Vorgehen, im Personenraum homogene Klassen von Individuen zu bilden und nach deren mittleren Distanzurteilen zu skalieren, vermeidet zwar bestimmte problematische Annahmen über den direkten Zusammenhang zwischen der ersten und zweiten Stufe der Prozedur, kann jedoch nur als unvollständige Ausnutzung des von *Tucker & Messick* beschriebenen Vektormodells betrachtet werden. Die direkte Realisierung der „und"-Verknüpfung zwischen dem ersten und dem zweiten Schritt der Prozedur geht nicht von einer Klassifikation der Individuen in diskrete Klassen aus, sondern von einer Zerlegung jeder Distanzschätzung aus X in r *faktorielle Distanzanteile* gemäß der r-dimensionalen Strukturierung der Beurteiler. Um die Ausgangsdaten für entsprechende separate MDS intraindividueller Strukturen bereitzustellen, muß jedem der r ($p = 1, 2, \ldots, r$) Gesichtspunkte eine Distanzmatrix $D_{(jk)p}$ zugeordnet werden.
Jeder individuelle Unähnlichkeitswert $\hat{x}_{(jk)i}$ ($i, h = 1, 2, \ldots, N$; $(jk), (st) = 1, \ldots, \binom{n}{2}$) der reduzierten Datenmatrix $\hat{X}_r$ wird gemäß der kanonischen Repräsentation $\hat{X}_r = YA$ (bzw. $\hat{X}_r = ZB$ bei orthogonaler Rotation) kombiniert aus den Reizpaarabbildungen $y_{(jk)p}$ und den individuellen Gewichten a_{pi}:

$$(3.76) \qquad \hat{x}_{(jk)i} = y_{(jk)1} a_{1i} + \cdots + y_{(jk)p} a_{pi} + \cdots + y_{(jk)r} a_{ri}$$

$$(3.77) \qquad \hat{x}_{(jk)h} = y_{(jk)1} a_{1h} + \cdots + y_{(jk)p} a_{ph} + \cdots + y_{(jk)r} a_{rh} \,.$$

Wie aus dem Vergleich von (3.76) und (3.77) ersichtlich ist, kombinieren sich für verschiedene Beurteiler i, h die individuellen Unähnlichkeitswerte aus denselben Reizpaarenteilen $y_{(jk)p}$ in r identischen Dimensionen (Gesichtspunkten), jedoch mit unterschiedlichen Gewichten $a_{pi}(a_{1i} \neq a_{1h}, \ldots, a_{pi} \neq a_{ph}, \ldots, a_{ri} \neq a_{rh})$. Betrachtet man die Unähnlichkeitswerte $\hat{x}_{(jk)i}$, $\hat{x}_{(jk)h}$ als individuelle Distanzschätzung $d_{(jk)i}$, $d_{(jk)h}$ für das Reizpaar (j, k), so können die Produkte $y_{(jk)p}a_{pi}$, $y_{(jk)p}a_{ph}$ als *faktorielle Distanzanteile* $d_{(jk)p}$ der Individuen gedeutet werden, denen die Größe $y_{(jk)p}$ gemeinsam ist, und die sich nur durch *unterschiedliche Gewichtskoeffizienten* a_{pi} und a_{ph} unterscheiden.
Zum Aufbau der erforderlichen Distanzmatrizen $D_{(jk)p}$ müssen nun die faktoriellen Distanzanteile aller Reizpaare (j, k) für jeweils einen Gesichtspunkt p zu einer $n \times n$-Matrix zusammengestellt werden. Die Zusammenstellung *einer* Distanzmatrix $D_{(jk)p}$ pro Gesichtspunkt ist zunächst deshalb gerechtfertigt, weil jedes i-te Individuum *innerhalb* eines Gesichtspunktes für alle $n(n-1)/2$ Reizpaare dasselbe Gewicht a_{pi} hat:

$$(3.78) \qquad d_{(jk)p} = y_{(jk)p}a_{p1} + \cdots + y_{(jk)p}a_{pi} + \cdots + y_{(jk)p}a_{pN}$$

$$(3.79) \qquad d_{(st)p} = y_{(st)p}a_{p1} + \cdots + y_{(st)p}a_{pi} + \cdots + y_{(st)p}a_{pN}\,.$$

Wie aus dem Vergleich von (3.78) und (3.79) hervorgeht, unterscheiden sich innerhalb eines Gesichtspunktes p die faktoriellen Distanzen $d_{(jk)p}$ und $d_{(st)p}$ lediglich durch die zugehörigen Reizpaarprojektionen $y_{(jk)p}$ und $y_{(st)p}$, nicht jedoch durch den (konstanten) Gewichtsvektor $a_p = (a_{p1}, \ldots, a_{pN})$. Die individuellen Gewichte a_{pi} innerhalb des p-ten Gesichtspunktes sind also

a) für alle N Individuen verschieden,
b) über alle $n(n-1)/2$ Reizpaare jedoch gleich,

d.h. innerhalb einer p-Bedingung wird jede Reizpaarprojektion $y_{(jk)p}$ mit demselben Gewichtsvektor a_p gewichtet.
Jede faktorielle Distanz läßt sich somit darstellen als lineare Transformation (Ähnlichkeitstransformation) der korrespondierenden Reizpaarprojektion mit einer konstanten Größe α_p:

$$(3.80) \qquad d_{(jk)p} = y_{(jk)p}\sum_{i=1}^{N} a_{pi} = \alpha_p y_{(jk)p}$$

$$(3.81) \qquad d_{(st)p} = y_{(st)p}\sum_{i=1}^{N} a_{pi} = \alpha_p y_{(st)p}\,.$$

Die Distanzmatrix $D_{(jk)p}$ ist also eine lineare Transformation der aus dem p-ten Spaltenvektor der $\binom{n}{2} \times r$-Matrix Y zusammengestellten $n \times n$-Matrix $Y_{(jk)p}$ der

Reizpaarprojektionen auf dem p-ten Gesichtspunkt mit der skalaren Konstanten α_p:

$$D_{(jk)p} = \alpha_p Y_{(jk)p} . \tag{3.82}$$

Da die lineare Ähnlichkeitstransformation mit α_p den *Rang* der Matrix $Y_{(jk)p}$ nicht verändert, kann zur *Dimensionsanalyse* (MDS) der *intra*individuellen Struktur des p-ten Gesichtspunktes die Matrix $Y_{(jk)p}$ herangezogen werden, d. h. die Reizpaarprojektionen $y_{(jk)p}$ werden als faktorielle Distanzen $d_{(jk)p}$ behandelt:

$$\underset{n \times n}{D_{(jk)p}} \sim Y_{(jk)p} = \begin{bmatrix} y_{(11)p} \cdots\cdots y_{(1j)p}\, y_{(1k)p} \cdots\cdots y_{(1n)p} \\ \cdots\cdots\cdots\cdots\cdots\cdots\cdots\cdots \\ \cdots\cdots\cdots\; y_{(jj)p}\, y_{(jk)p} \cdots\cdots y_{(jn)p} \\ \cdots\cdots\cdots\cdots\cdots\cdots\cdots\cdots \\ \cdots\cdots\cdots\cdots\cdots\cdots\cdots y_{(nn)p} \end{bmatrix}$$

Bei der üblichen Anwendung der Skalierungsprozedur von *Tucker & Messick* werden die Distanzen $d_{(jk)p}$ unter Annahme der euklidischen Metrik gemäß der euklidischen Distanzfunktion und der Einbettungstheoreme von *Young & Householder* analysiert, wobei eine additive Konstante nach der iterativen Prozedur von *Messick & Abelson* geschätzt wird. Die Analyse der intraindividuellen Struktureigenschaften psychologischer Reizräume entspricht also dem in Abschnitt 3.2 dargestellten Vorgehen von *Torgerson*.

Die multidimensionale Skalierung einer p-ten Distanzmatrix $D_{(jk)p}$ geht davon aus, daß die aus der kanonischen Darstellung von X gewonnenen Reizpaarprojektionen als Maße für faktorielle Reizabstände bzw. „view point"-spezifische Reizunähnlichkeiten weiterverwendet werden dürfen. Allerdings sind bisher weder die kanonische Darstellung der Ausgangsmatrix X, noch die Maßeigenschaften der faktoriellen Distanzen als Eingangswerte für MDS meßtheoretisch streng begründet worden. Ein Ansatz in dieser Richtung findet sich z. B. bei *Pfanzagl* (1968, 155ff.), der kanonische Repräsentationen meßtheoretisch untersucht, und zwar insbesondere in Hinblick auf bestimmte Invarianzeigenschaften. Damit wird jedoch lediglich das „Eindeutigkeits-Theorem" (uniqueness theorem) der fundamentalen und abgeleiteten Messung nach *Suppes & Zinnes* (1963) aufgegriffen. Auf die Diskrepanz zwischen der noch fehlenden vollständigen meßtheoretischen Begründung der Prozedur von *Tucker & Messick* und ihrer häufigen empirischen Anwendung hat mit Nachdruck *Zinnes* (1969) hingewiesen. Eine ausführlichere Kritik stammt von *Ross* (1966; vgl. auch *Cliff* 1968), die nur dann gegenstandslos ist, wenn die Skalierungslösung lediglich als Informationsreduktion, d. h. als Datendeskription betrachtet wird. Die Lösung der damit zusammenhängenden theoretischen und methodischen Probleme wird in den schon angedeuteten, neueren Arbeiten von *Carroll &*

Chang (1970), *Tucker* (1972) u. a. weiterverfolgt. Auf der Basis unserer vorangegangenen algebraischen Ableitungen stellen wir im folgenden zunächst theoretische Überlegungen zur Diskussion, die noch innerhalb der ursprünglichen zweistufigen Prozedur von *Tucker & Messick* begründet sind und auch die interpretative Basis der in Teil III berichteten empirischen Untersuchungen abgeben.

Wird die *Tucker & Messick*-Lösung als *Modellabbildung* einer Theorie individueller Urteilsprozesse verwendet, so soll dem Vektormodell Erklärungswert im Sinne einer Urteilstheorie zukommen. Insbesondere dann muß die Frage untersucht werden, welchen theoretischen Status die formalen Schritte 1 und 2 und die Verknüpfung der in ihnen enthaltenen *Kombinationsregeln* für eine einzelne Person i haben (vgl. Abb. 14).

Auf der *ersten Stufe* des Modells wird das Zustandekommen eines individuellen Unähnlichkeitsurteils $\hat{x}_{(jk)i}$ gemäß der kanonischen Repräsentation der reduzierten Datenmatrix $\hat{X}_r$ durch eine lineare Kombinationsregel beschrieben:

$$\hat{x}_{(jk)i} = y_{(jk)1}\, a_{1i} + \cdots + y_{(jk)p}\, a_{pi} + \cdots + y_{(jk)r}\, a_{ri} = \sum_{p=1}^{r} y_{(jk)p}\, a_{pi}\,. \tag{3.83}$$

Unter der Annahme, daß die Reizpaarprojektionen $y_{(jk)p}$ faktorielle Distanzmaße $d_{(jk)p}$ für die Unähnlichkeit zweier Reize j, k sind, soll sich eine individuelle Distanzschätzung $d_{(jk)i}$ ergeben, indem das Individuum i die r Gesichtspunkte mit individuellen Gewichten a_{pi} gewichtet und die endgültige Distanz durch entsprechende Linearkombination gewinnt:

$$d_{(jk)i} = d_{(jk)1}\, a_{1i} + \cdots + d_{(jk)p}\, a_{pi} + \cdots + d_{(jk)r}\, a_{ri} = \sum_{p=1}^{r} d_{(jk)p}\, a_{pi}\,. \tag{3.84}$$

Die Annahme, daß mit dieser Kombinationsregel tatsächlich *individuelles* Urteilsverhalten erklärt werden könnte, ist jedoch aus bestimmten Gründen problematisch. Gemäß der formalen Modellstruktur wird nämlich lediglich vorausgesetzt, daß die gesamte $n(n-1)/2 \times N$-Datenmatrix X durch Linearkombinationen (3.83) bzw. (3.84) beschrieben werden kann. Dabei werden die individuellen Gewichte a_{pi} (und auch die faktoriellen Distanzen $d_{(jk)p}$) stichproben- bzw. *populationsabhängig* geschätzt; denn die Gewichtsvektoren a_p resultieren aus einer Hauptachsentransformation von $P_{ih} = X'X$, welche die Skalarprodukte zwischen allen N Individuen enthält. Die Gewichte a_{pi} in der hypothetischen Kombinationsregel (3.84) gelten also nur im Bezugssystem einer Stichprobe vom Umfang N, die eine bestimmte bzw. mehrerere Populationen repräsentiert. Wegen der Populationsabhängigkeit der Größen $d_{(jk)p}$ und a_{pi} muß gefragt werden, ob Kombinationsregeln der Form (3.84) neben der

Deskription auch zur Erklärung individueller Urteilsprozesse geeignet sind, und welche Restriktionen dieser Erklärung durch die Populationsabhängigkeit der zugrundegelegten Maße auferlegt werden.

Bestimmte überschaubare Restriktionen ergeben sich dann, wenn man der Schätzung der Werte a_{pi} und $d_{(jk)p}$ in den r größten Dimensionen aus X'X bzw. XX' das übliche Modell *gemeinsamer Faktoren* (common factor model) nach *Thurstone* zugrundelegt. Diese Modellvorstellung impliziert bestimmte Prinzipien der Einfachheit im Aufbau von Theorien, die hier u. a. spezifiziert werden durch die Wahl orthogonaler Hauptachsen, durch die Beschränkung auf Faktoren mit großer gemeinsamer Varianzaufklärung und z. B. durch eine Achsenrotation nach Einfachstruktur (simple structure). Indem man sich nur auf die r größten gemeinsamen Faktoren des Hauptachsensystems beschränkt, können die aus der Dimensionsanalyse resultierenden Erklärungshypothesen nur auf Individuen mit hinreichend großen Kommunalitäten angewendet werden. Zur Erklärung der individuellen Urteilsprozesse dieser Personen muß dann gefragt werden, ob die im Faktorenmodell aufgedeckten Gemeinsamkeiten zwar differentiell unterschiedlich gewichtete, jedoch psychologische Realität im individuellen Urteilsprozeß haben, oder ob sie lediglich einen deskriptiven Bezugsrahmen für die Struktur der gesamten Datenmatrix X abgeben, deren Gültigkeit für jede *einzelne* Person jedoch fraglich ist. Sofern man allgemeinpsychologisch begründete Hypothesen als Erklärungshypothesen für individuelles Verhalten heranziehen will, müssen mindestens die genauen Bedingungen angegeben werden, durch die diese Schlußmöglichkeit eingeschränkt wird. Probleme dieser Art gelten beispielsweise auch für alle Persönlichkeitstheorien, deren Geltung nach faktorenanalytischen Prinzipien der Konstruktvalidität (z. B. durch die faktorielle Validität der zugrundeliegenden Testverfahren) begründet wird (vgl. z. B. *Fischer* 1971, 377 ff., *Micko* 1971, *Sixtl* 1972).

Auf der *zweiten Stufe* der Prozedur sollen durch multidimensionale Skalierungen die intraindividuellen Reizstrukturen der verschiedenen Gesichtspunkte aufgedeckt werden. Dieser Schritt impliziert den Übergang von Reizpaaren auf die mehrdimensionale Abbildung von *Einzelreizen* und basiert auf der Annahme, daß unter Verwendung der Reizpaarprojektionen $y_{(jk)p}$ jedem Gesichtspunkt eine Distanzmatrix $D_{(jk)p} = [d_{(jk)p}]$ zugeordnet werden kann. Bei Verwendung euklidischer Distanzfunktionen werden die Distanzen jeder Matrix als globale euklidische Distanzen betrachtet und in spezifische Distanzen $d_{(jk)pu}$ in m Dimensionen zerlegt:

$$(3.85) \qquad d_{(jk)p} = \left[\sum_{u=1}^{m} d^2_{(jk)pu} \right]^{1/2} \qquad (u = 1,2,\ldots,m)\,.$$

Als Urteilsmodell betrachtet gibt die Distanzfunktion (3.85) an, wie eine globale Distanz $d_{(jk)p}$ aus spezifischen Distanzen $d_{(jk)pu}$ im intraindividuellen Urteils-

raum bzw. Reizraum R_p mehrdimensional kombiniert wird. Dabei werden durch MDS soviele Reizräume R_p aufgespannt, wie nach der ersten Stufe interindividuelle (orthogonale) Gesichtspunkte vorhanden sind.
Interpretiert man sowohl die Formalstruktur der *ersten* Stufe als auch die der *zweiten* Stufe im Sinne individueller Kombinationsregeln (vgl. *Ross* 1966) oder Entscheidungsregeln (vgl. *Coombs* 1967), so läßt sich die zweistufige Prozedur durch eine lineare Kombinationsregel und bestimmte Kombinationen in einer Distanzfunktion beschreiben:

1. Der erste Schritt wird gemäß der kanonischen Darstellung von X durch *lineare Kombinationsregeln* (3.84) repräsentiert, durch die faktorielle Distanzen über alle r Gesichtspunkte kombiniert werden. Der Wert r charakterisiert die *inter*individuelle Mehrdimensionalität.
2. Der zweite Schritt wird strukturell durch r Reizräume R_p repräsentiert, denen als globale Distanzen jeweils die faktoriellen Distanzen eines Gesichtspunktes p zugeordnet sind. Jede globale Distanz $d_{(jk)p}$ eines Reizraumes kombiniert sich gemäß der gewählten *Distanzfunktion* (3.85) jeweils aus m spezifischen Distanzen $d_{(jk)pu}$. Der jeweilige Wert von m charakterisiert die *intra*individuelle Mehrdimensionalität von Urteilen.

Zur Herstellung der gewünschten „*und*"*-Relation* können beide Stufen formal verknüpft werden, indem man die Distanzfunktionen (3.85) in die Linearkombination (3.84) einsetzt:

$$(3.86) \qquad d_{(jk)i} = a_{1i}\left[\sum^{m_1} d^2_{(jk)1u}\right]^{1/2} + \cdots + a_{pi}\left[\sum^{m_p} d^2_{(jk)pn}\right]^{1/2} + \cdots + a_{ri}\left[\sum^{m_r} d^2_{(jk)rn}\right]^{1/2} = \sum_{p=1}^{r} a_{pi}\left[\sum_{u=1}^{m_p} d^2_{(jk)pn}\right]^{1/2}$$

Nach dieser formalen Verknüpfung ergibt sich bei interindividueller Mehrdimensionalität jede individuelle Distanz $d_{(jk)i}$ (bzw. $x_{(jk)i}$) als Linearkombination (Stufe 1) von mehrdimensionalen Reizstrukturen (Stufe 2). Mit anderen Worten: Jedes *individuelle* Distanzurteil wird als lineare Funktion F einer Klasse von Distanzfunktionen f_p repräsentiert:

$$(3.87) \qquad d_{(jk)i} = F\{f_1(d_{(jk)1u}),\ldots,f_p(d_{(jk)pu}),\ldots,f_r(d_{(jk)rn})\}\,.$$

Angesichts der Modellimplikationen dieser möglichen Formalisierung der Kombination von Schritt 1 und Schritt 2 ist nun zu fragen, *ob* und *wie* eine einzelne Person i diese doppelte Funktion im individuellen Urteilsverhalten psychologisch realisiert.

Die Beantwortung der Frage, *ob* einer einzelnen Person eine latente Urteilsstruktur nach (3.87) zugrundegelegt werden kann, impliziert u. a. das schon angedeutete Problem, daß sowohl F als auch die Funktionen f_p auf Werten a_{pi} und $d_{(jk)p}$ basieren, die populationsabhängig und nicht individuell geschätzt werden. Die Werte a_{pi} geben gemäß der geometrischen Deutung der kanonischen Repräsentation von X die relativen Positionen der Individuen i im Hauptachsensystem aller N Personen an, und es ist fraglich, ob sie als psychologisch relevante Gewichte im individuellen Urteilsprozeß betrachtet werden können. Durch diese Frage wird ein Problem angeschnitten, das im Prinzip für alle populationsabhängigen Meßverfahren gilt, sofern man sie als Erklärungsmodelle für individuelles Verhalten heranzieht.
Aber selbst wenn die Frage nach der prinzipiellen individuellen Geltung positiv beantwortet werden könnte, so ergeben sich auch für die Anschlußfrage, *wie* die Kombinationsregeln psychologisch realisiert werden, bestimmte Schwierigkeiten. Die Urteilsbasis einer Person ist nach den bisherigen Überlegungen im Rahmen des *Tucker & Messick*-Modells als *zweiwertig* anzusehen und impliziert die intraindividuellen Strukturen R_p (bzw. Distanzfunktionen f_p) und die Regel F zur Linearkombination der Strukturen R_p gemäß individueller Gewichte. Man muß dann fragen, ob die Funktionen f_p – also die m-dimensionalen Reizräume – die primäre Urteilsbasis bilden, oder ob die Funktion F – also die gewichteten Gesichtspunkte – den Ausgang der individuellen Urteilsbildung bildet (vgl. *Ross* 1966).
Probleme im Zusammenhang mit der Möglichkeit eines hierarchischen Aufbaus der abgebildeten Urteilssystematik werden anscheinend durch bestimmte Weiterentwicklungen der MDS individueller Differenzen vermieden, in denen ein einziges, gemeinsames Raumkonzept mit einer einstufigen bzw. „*ein-wertigen*" Urteilsregel zugrundegelegt wird (vgl. *Carroll & Chang* 1970, *Carroll* 1972). Wir kommen darauf zurück. Vorerst ist generell festzuhalten, daß Fragen, die sich explizit auf Modellimplikationen der *Tucker & Messick*-Prozedur und ähnlicher Verfahren richten, bisher weder meßtheoretisch noch empirisch im größeren Umfang untersucht worden sind. Insbesondere bei vollständiger Anwendung der Prozedur sollte man deshalb die resultierenden Ergebnisse vorerst nur als deskriptive Lösungen betrachten, deren theoretischer Erklärungswert von Fall zu Fall sorgfältig analysiert werden muß.

Verwendung „idealisierter Individuen" im r-dimensionalen Personenraum

Eine weitere Möglichkeit zur Analyse und psychologischen Interpretation interindividueller Differenzen aufgrund der gemeinsamen Abbildung von Individuen und Reizpaaren im r-dimensionalen Vektorraum besteht darin, den Personenraum durch bestimmte ausgezeichnete Richtungen zu charakterisieren und auf diese die Reizpaare abzubilden (vgl. *Tucker & Messick* 1963, *Shepard*

1972, 39ff., *Tucker* 1972). Entsprechende Achsen kann man durch ausgewählte, *real vorhandene Individuen* $i(i = 1,2,\ldots,N_i)$ legen, wenn diese besonders interessieren oder typisch für eine Gruppierung im Personenraum sind. Wenn der Vektor einer ausgewählten Vp i als Bezugsgröße angesehen wird, so geben die Projektionen aller $N - 1$ übrigen Personen auf die Achse F_i das Ausmaß ihrer relativen Ähnlichkeiten mit Vp i hinsichtlich F_i an (vgl. Abb. 16).

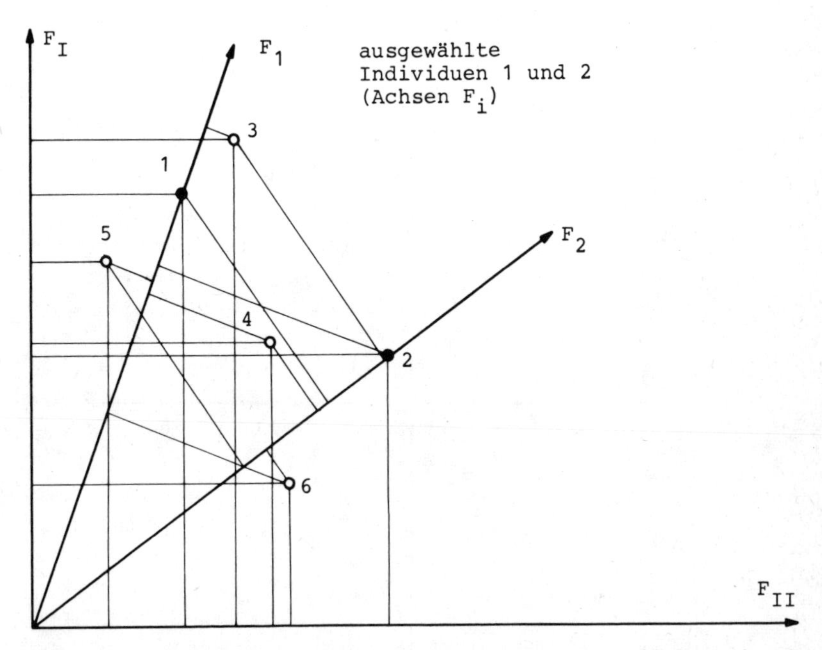

Abb. 16: Zweidimensionaler Personenraum mit zwei ausgewählten Personenachsen F_1 und F_2 ($N = 6$; $N_i = 2$).

Bei rotierter Personenstruktur wählt man die Projektionen der N_i Personen als Spaltenvektoren aus B aus, stellt sie zu einer $r \times N_i$-Matrix B_i zusammen und erhält die Distanzschätzungen nach

$$\hat{X}_i = ZB_i \,. \tag{3.88}$$

Jede Spalte von $\hat{X}_i$ enthält die r-dimensional approximierten Unähnlichkeitswerte eines Individuums, die zu einer $n \times n$-Distanzmatrix $D_{(jk)i}$ angeordnet und multidimensional skaliert werden können. Es resultieren N_i verschiedene intraindividuelle Reizstrukturen.

Die Bezugsachsen können aber auch durch jeden anderen Ort des r-dimensionalen Raumes gelegt werden, sofern er für die Analyse des Personenraumes

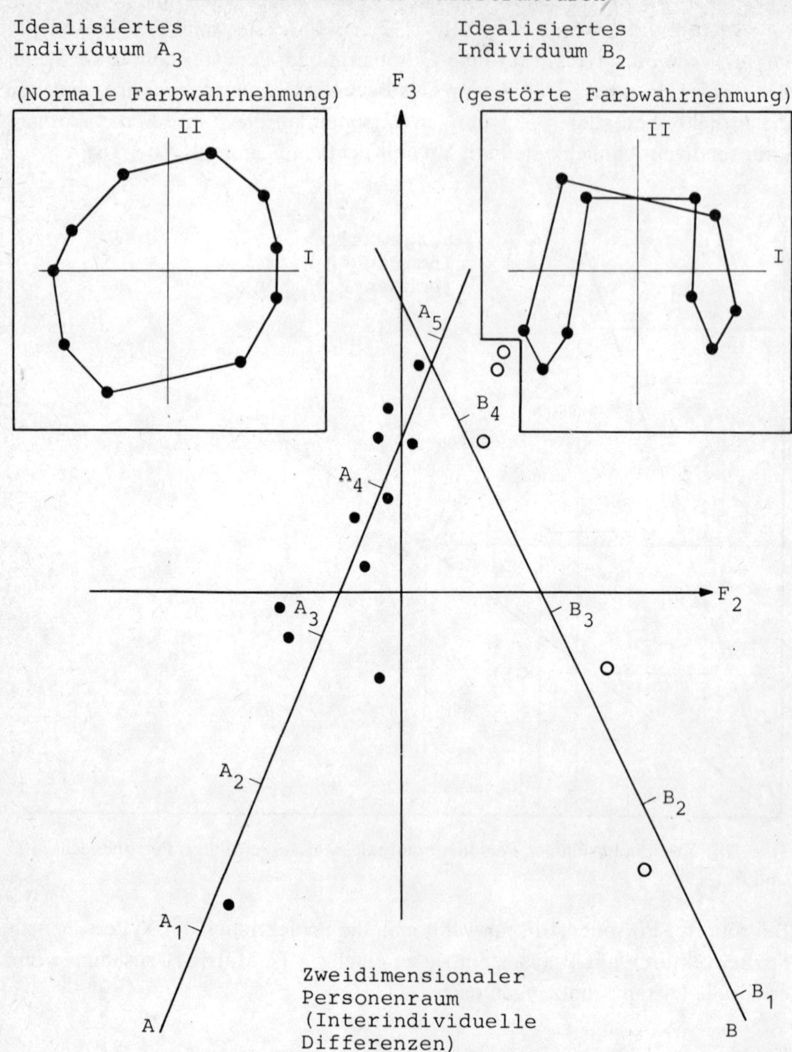

Abb. 17: Inter- und intraindividuelle Differenzen bei der Farbwahrnehmung (nach *Helm & Tucker* 1962).

interessant ist. Die ausgewählte Richtung repräsentiert dann bestimmte hypothetische oder *„idealisierte Individuen“* (idealized individuals). Bei g idealisierten Individuen werden entsprechende Koordinaten in r Dimensionen des Personenraumes errechnet und zu einer r × g-Matrix G zusammengestellt. Die zu den hypothetischen Individuen korrespondierenden Unähnlichkeitswerte kombinieren sich nach

$$\hat{X}_g = ZG \tag{3.89}$$

und werden für MDS zu entsprechenden Distanzmatrizen $D_{(jk)g}$ zusammengestellt.

Als *Beispiel* für die Verwendung „idealisierter Individuen“ kann eine Untersuchung von *Helm & Tucker* (1962) zur Farbwahrnehmung dienen. An einer Stichprobe von N = 14 Vpn (10 Vpn mit normaler und 4 Vpn mit gestörter Farbwahrnehmung) wurde die Ähnlichkeitswahrnehmung gegenüber 10 Farbreizen untersucht. Die Analyse interindividueller Differenzen (erster Schritt) zeigte zunächst, daß der erste Gesichtspunkt F_1 erwartungsgemäß die mittleren Reizunähnlichkeiten abbildete. In zwei weiteren Dimensionen F_2 und F_3 waren die Vpn deutlich danach unterscheidbar, ob ihre Farbwahrnehmung normal oder gestört ist (vgl. Abb. 17). Zur Erfassung der intraindividuellen Struktur (zweiter Schritt) verschiedener Wahrnehmungsgesichtspunkte wurden im Personenraum entlang zweier charakteristischer Richtungen A und B idealisierte Individuen $A_1 - A_5$ und $B_1 - B_4$ fixiert. Aus entsprechend approximierten Distanzen wurden durch separate MDS die zugehörigen subjektiven Farbräume konstruiert. In Abb. 17 ist beispielhaft der Farbraum für ein hypothetisches Individuum A_3 dargestellt, das den Gesichtspunkt der normalen Vpn idealisiert (Farbkreis), und der Farbraum des hypothetischen Individuums B_2, das den Gesichtspunkt der wahrnehmungsgestörten Vpn idealisiert.

3.3.3 Neuere Modelle und Weiterentwicklungen

3.3.3.1 Allgemeines

Die oben ausführlich dargestellte Methode der *„points of view“-Analyse* von *Tucker & Messick* (1963) kann bisher als das bekannteste und am häufigsten angewendete MDS-Modell zur Strukturanalyse intra- und interindividueller Differenzierung gelten. Als wesentliche und restriktive Eigenschaft des Modells muß sein *zweistufiger* Aufbau zur Realisierung der „und“-Verknüpfung zwischen interindividuellen Differenzen und intraindividuell gegliederten, psychologischen Reizräumen angesehen werden. Im ersten Schritt werden unter

Verwendung der *Eckart & Young*-Prozedur im Sinne der faktorenanalytischen Q-Technik die „view points" zur Charakterisierung der im Personenraum abgebildeten interindividuellen Differenzen ermittelt. Im zweiten Schritt werden den „view points" (= Achsen des Personenraumes) oder bestimmten (realen oder idealisierten) Individuen durch eine übliche euklidische MDS-Prozedur jeweils separate, intraindividuell gegliederte Reizräume zugeordnet.
Wie erstmals *Ross* (1966) kritisch herausgestellt hat, besteht eine theoretisch-geometrische Schwäche dieser zweistufigen Prozedur jedoch darin, daß über die Verknüpfung beider Schritte – der faktorenanalytischen „view point"-Analyse und der intrasubjektiven MDS-Prozedur keine spezifischen Annahmen getroffen werden. Mit anderen Worten: Die Beziehungen zwischen den faktorenanalytisch begründeten „view points" und/oder idealisierten Individuen *und* den verschiedenen Reizstrukturen sind theoretisch nicht eindeutig und direkt geklärt, so daß auch vorhandene Gemeinsamkeiten zwischen den Reizräumen verschiedener Individuen nicht in einem konsistenten geometrischen Modell abgebildet werden können. *Cliff* (1968) hat in einer Entgegnung auf diesen Aspekt der *Ross*schen Kritik zwar geltend gemacht, daß die Faktorenanalyse im ersten Schritt lediglich als *deskriptives* Vehikel zur interindividuellen Personengruppierung anzusehen ist. *Carroll* (1972, 106) hält dieser Rechtfertigung jedoch zu Recht entgegen, daß für diesen klassifikatorischen Zweck weniger restriktive Verfahren der Cluster-Analyse besser geeignet wären. In Hinblick auf die Zielsetzung unserer Abhandlung ist die Zerlegung des MDS-Modells in zwei Schritte ohne eindeutige Klärung ihrer *Verknüpfung* jedoch besonders unter theoretischen Gesichtspunkten nicht voll befriedigend, denn die Verwendung der *Tucker & Messick*-Prozedur als psychologisch bedeutsames Urteilsmodell erfordert als notwendige syntaktische Bedingung eine möglichst umfassende formale Explikation aller internen Verknüpfungsregeln des Modells. Unser algebraischer Ansatz zur Verknüpfung der beiden Schritte der *Tucker & Messick*-Prozedur sollte dem Versuch dienen, für den Fall der faktoriellen Distanzzerlegung (vgl. S. 136ff.) die Geltung dieser Bedingung zu untersuchen. Wir fassen unsere Überlegungen im Rahmen der „points of view"-Analyse noch einmal kurz zusammen, damit die Unterschiede zu den späteren Modifikationen und neueren Modellen von *Carroll & Chang* u. a. deutlich hervortreten.
Globale Unähnlichkeiten bzw. Distanzen $d_{(jk)i}$ zwischen zwei Reizen j, k für ein Individuum i ergeben sich innerhalb des Zweistufen-Modells folgendermaßen: Auf der *ersten* Stufe werden faktorielle Distanzen $d_{(jk)p}$ über $p = 1, 2, \ldots, r$ „view points" mit den individuellen Gewichten a_{pi} zu einer Linearkombination verknüpft und bilden globale Distanzen $d_{(jk)i}$ (vgl. (3.84)). Der *zweiten* Stufe entspricht analytisch eine Zerlegung der faktoriellen Distanzen $d_{(jk)p}$ pro Gesichtspunkt p gemäß der euklidischen Distanzfunktion (vgl. (3.85)) in m intraindividuelle Skalen. Formal ergibt sich die „und"-Verknüpfung beider

Schritte durch Einsetzen der Distanzfunktionen (3.85) in die Linearkombination (3.84), d. h. eine individuelle Distanz $d_{(jk)i}$ wird algebraisch als lineare Funktion von Gesichtspunkt-spezifischen Distanzfunktionen definiert (vgl. (3.86), (3.87)). Für das Zustandekommen des Ähnlichkeitsurteils einer einzelnen Person wird also angenommen, daß im Prinzip mit allen anderen Personen der Bezugspopulation Gemeinsamkeiten aufweisbar sind, die als „view points" eines hypothetischen Personenraumes von verschiedenen Personen unterschiedlich gewichtet werden (z. B. auch mit 0-Gewichten, wodurch irrelevante Gesichtspunkte ausgedrückt werden). Die interindividuell unterschiedliche Beachtung der „view points" führt bei entsprechend gewichteter Summierung zu unterschiedlichen globalen Distanzen, die dann intraindividuell zerlegt werden. Die Gemeinsamkeiten der gesamten individuellen Differenzierung beziehen sich also in unserer algebraischen Deutung der zweistufigen *Tucker & Messick*-Prozedur primär und direkt nicht auf einen gemeinsamen Reizraum, sondern auf die „view points" oder idealisierten Individuen eines gemeinsamen *Personenraumes*. Im Gegensatz dazu ist beispielsweise das „group stimulus model" von *Carroll & Chang* so aufgebaut, daß sich die Gemeinsamkeiten individueller Differenzierung direkt auf die Reize, d. h. auf einen gemeinsamen Reizraum („group stimulus space") beziehen: Es wird angenommen, daß alle Personen konzeptuell denselben, gemeinsamen Reizraum verwenden. Die interindividuelle Differenzierungs-Information zwischen verschiedenen Personen (vgl. Personenraum) wird in Form individueller Gewichte berücksichtigt, mit deren Hilfe der gemeinsame Reizraum in die jeweiligen, individuellen Räume transformiert werden kann. Im Vergleich zur zweistufigen *Tucker & Messick*-Prozedur mit dem Personenraum als Ausgang muß für dieses Modell also besonders hervorgehoben werden, daß es *einstufig* ist und vom gemeinsamen *Reizraum* ausgeht.

Von den vielen methodischen Weiterentwicklungen der Grundidee des *Tucker & Messick*-Modells zur Skalierung intra- und interindividueller Differenzen (Überblick in *Shepard* et al. 1972, *Green & Carmone* 1972) erörtern wir im Sinne der modellorientierten Zielsetzung unserer Abhandlung in kurzgefaßter Form nur solche Konzepte, in denen die Lösung des gesamten Verknüpfungsproblems explizit verbessert wird. Dazu zählen vor allem die Ansätze von *Bloxom* (1968), *Horan* (1968) und *Carroll & Chang* (1970), die *Schönemann* (1972) als „*Modelle mit subjektiven Metriken*" (subjective metrics models) zu einer gemeinsamen, algebraisch begründbaren Klasse zusammenfaßt. Auch die Revision der *Tucker & Messick*-Prozedur von *Tucker* (1972) unter Verwendung der dreimodalen Faktorenanalyse ist dieser Modellklasse zuzuordnen. Die Gemeinsamkeit dieser Modelle besteht vor allem darin, daß sie alle auf das einheitliche, geometrische Modell eines gemeinsamen, subjektiven Reizraumes (group stimulus space; normal attribute space; master space etc.) zurückgehen. Interindividuelle Differenzen werden dabei durch unterschiedliche, subjektive

Gewichte abgebildet, mit denen verschiedene Personen die intraindividuellen Gliederungskomponenten eines für alle gemeinsamen Reizraumes differentiell gewichten. Diesen Ansätzen liegt ein einheitliches geometrisches Modell zugrunde. Lediglich die gewünschte Ausgangsinformation erscheint zunächst zweiwertig, indem (für die intraindividuelle Differenzierung) der Gruppen-Reizraum und (für die interindividuelle Differenzierung) der Personenraum bzw. die zugeordnete Menge individueller Gewichte ermittelt wird.

3.3.3.2 Das „group stimulus space"-Modell von *Carroll* und *Chang*

Bei der Behandlung des Problems der Strukturanalyse individueller Differenzen unter Verwendung von MDS-Methoden unterscheidet *Carroll* (1972, 105) deutlich zwischen den Vorgängen der *Perzeption* von Reizähnlichkeiten und der *Präferenz* von Reizen. Die perzeptiven Strukturen als kognitive Basis der Ähnlichkeitsbeurteilung werden dabei dem Bewertungsvorgang im Präferenzurteil psychologisch vorgeordnet; denn die Abgabe von Präferenz- oder Dominanzurteilen wird lediglich als Anwendung perzeptiver Strukturen unter Hinzunahme von Bewertungskriterien angesehen (vgl. auch *Coxon* 1972, 1ff., *Green & Carmone* 1972, 3, 71ff. u. a.). In beiden Bereichen (Perzeption und Präferenz) können individuelle Differenzen auftreten. Die konzeptuelle Unterscheidung von Kognition und Bewertung ist dabei beispielsweise dann besonders wichtig, wenn bei Problemen der kollektiven Aggregation von individuellen Präferenzen als notwendige Voraussetzung die Existenz eines interindividuell gemeinsamen kognitiven Raumes, d. h. „kognitiver Konsensus" (vgl. *Coxon* 1972, 3) angenommen werden muß. Wir kommen auf diesen Gesichtspunkt im empirischen Teil III unserer Abhandlung im Abschnitt „Urteilsbildung und politische Wahlentscheidungen in kleinen Gruppen" (S. 235ff.) wieder zurück. Perzeption (bzw. Kognition) und Präferenz (bzw. Bewertung) von Reizen werden also deutlich getrennt, können jedoch sowohl unter psychologischen Gesichtspunkten als auch hinsichtlich der Analysemethodik miteinander verknüpft werden. *Carroll* (1972, 114) trifft unter methodischen Aspekten vor allem in bezug auf den abschließenden Schritt der Analyse von Präferenzurteilen eine Unterscheidung zwischen *interner* und *externer* Analyse. Die interne Analyse beschränkt sich direkt und ausschließlich auf vorliegende Präferenzurteile (wie z. B. in der ursprünglichen Form der *Coombs*schen Unfolding-Technik). Demgegenüber bezieht sich die externe Analyse auf bestimmte extern ermittelte Dimensionen, beispielsweise auf die Dimensionen der vorgeordneten kognitiven Struktur. Wird die kognitive Struktur mit MDS-Verfahren ermittelt, so besteht die Aufgabe einer Gesamt-Prozedur darin, die Präferenzurteile in den kognitiven bzw. perzeptiven Raum der Personen unter Berücksichtigung individueller Präferenzen abzubilden (vgl. „preference mapping of stimulus space", *Carroll* 1972, 114). Zur Lösung dieser komplexen Aufgabe im Sinne der genannten „externen" Analyse existiert eine Reihe von Modellen, die *Carroll* (1972, 114ff.) in einem hierarchischen Klassifikationssystem zusammenfaßt (vgl. auch *Coxon* 1972, 10ff.). Wir gehen gemäß der genannten Beschränkung unserer Methodenauswahl auf spezielle Modelle zur Analyse individueller Differenzen bei Präferenz- und Dominanzurteilen nicht ein (vgl. dazu z. B. *Carroll* 1972, *Schönemann & Wang* 1972) und beschränken uns in diesem Abschnitt auf eine kurze Darstellung des „group stimulus space"-Modells von *Carroll & Chang* (1970; vgl. auch *Carroll* 1972, 105ff., *Coxon* 1972, 2ff.) zur Analyse *differentieller Perzeptionen*.

Das *Carroll & Chang*-Modell geht von der Annahme eines r-dimensionalen *Gruppen-Reizraumes* aus, der für alle Personen gemeinsam ist. Seine Achsen werden jedoch von verschiedenen Personen unterschiedlich gewichtet und führen insofern zu interindividuell unterscheidbaren subjektiven Reizräumen. Das zugrundeliegende formale Modell dieser Konzeption läßt sich in Umrissen folgendermaßen skizzieren (vgl. *Carroll & Chang* 1970, 284ff., *Carroll* 1972, 107ff., *Schönemann* 1972): Die beobachteten Reizähnlichkeiten s_{jk} ($j, k = 1, 2, \ldots, n$ Reize) sollen durch Distanzen d_{jk} eines metrischen, r-dimensionalen „Gruppen-Reizraumes" ($t = 1, 2, \ldots, r$ Dimensionen) abgebildet werden. Dieser metrische Reizraum soll prinzipiell für alle m Personen ($i = 1, 2, \ldots, m$ Personen) der Stichprobe gelten. x_{jt} sei der Wert des j-ten Reizes in der t-ten Dimension. Zur Realisierung der gewünschten Abbildung werden die Ähnlichkeitsurteile jedes i-ten Individuums durch eine lineare Funktion L mit euklidischen Distanzen verknüpft:

$$s_{jk}^{(i)} = L(d_{jk}^{(i)}) . \tag{3.90}$$

Eine wesentliche Eigenschaft des Modells besteht darin, daß die euklidischen Distanzen in einer modifizierten Form in die Linearfunktion (3.90) eingehen:

$$d_{jk}^{(i)} = \left[\sum_{t=1}^{r} w_{it}(x_{jt} - x_{kt})^2 \right]^{1/2} \tag{3.91}$$

Euklidische Distanzfunktionen unter Verwendung der Koeffizienten w_{it} werden auch als „*elliptische Metriken*" (elleptical metrics) bezeichnet (vgl. *Pease* 1965, 219; cit. *Schönemann* 1972, 441). Diese Distanzen erfüllen die Metrik-Axiome (M 1), (M 2) und (M 3) (vgl. S. 74), wenn die Matrix der w_{it}-Werte positiv semidefinit ist. In der Distanzfunktion (3.91) haben die Werte w_{it} die Bedeutung von individuellen Gewichten, durch welche die spezifischen Distanzen $|x_{jt} - x_{kt}|$ in der t-ten Dimension des Reizraumes vom i-ten Individuum jeweils nach ihrer subjektiven Wichtigkeit gewichtet werden.

Geht man von Werten x_{jt} des gemeinsamen Gruppen-Reizraumes (kurz: x-Raum) aus, so ergeben sich individuelle Reizkoordinaten $y_{jt}^{(i)}$ für den subjektiven Reizraum eines i-ten Individuums (kurz: y_i-Raum) nach der Transformation mit $w_{it}^{1/2}$ als

$$(3.92) \qquad y_{jt}^{(i)} = w_{it}^{1/2} x_{jt} .$$

Jeder individuelle y_i-Raum ergibt sich also unter Verwendung der Gewichte w_{it} durch differentielle Streckung (bzw. Stauchung) des gemeinsamen x-Raumes in den verschiedenen Achsen. So konnten z. B. *Carroll & Chang* (vgl. *Wish & Carroll* 1973) zeigen, daß sich bei Farbwahrnehmungen die Störung von Farbblinden durch eine Transformation des Farbkreises in bestimmte ellipsenförmige Anordnungen der Farben abbilden läßt. Abb. 18 veranschaulicht an fiktiven Daten, wie eine quadratförmige Reizanordnung im Gruppen-Reizraum durch Transformation in rechteckige Anordnungen verschiedener subjektiver Wahrnehmungsräume übergeht.
Nach den bisherigen Überlegungen korrespondieren zu dem „group stimulus space"-Modell geometrisch gesehen also drei Arten von *Räumen* (vgl. Abb. 18):

a) Ein gemeinsamer und grundlegender „Gruppen-Reizraum" mit r Dimensionen zur Abbildung von n Reizen.
b) Ein Personenraum mit gleichfalls r Dimensionen zur Abbildung von m Personen, wobei die Personenkoordinaten proportional zu den individuellen Gewichten bzw. subjektiven Wichtigkeiten w_{it} sind.
c) Verschiedene individuelle (bzw. klassenspezifische) Wahrnehmungsräume mit jeweils maximal r Dimensionen.

Die Berücksichtigung aller drei Räume bildet die geometrische Basis zur Interpretation der intra- und interindividuell gegliederten Information über die MDS individueller Differenzen, wie aus dem fiktiven, zweidimensionalen Beispiel mit den Reizobjekten A–I und den Personen 1–9 hervorgeht (vgl. Abb. 18).
Das Modell läßt die Diskussion verschiedener *Grenz- und Spezialfälle* zu:
a) Ein einfacher Spezialfall besteht darin, daß zwei Individuen oder Personengruppen A und B über völlig *unterschiedliche* Wahrnehmungsräume verfügen. Der übergeordnete „Super-Raum" könnte dann konstruiert werden durch eine Addition der Dimensionen des A- und B-Raumes, oder gegenläufig ausgedrückt: Die separaten A- und B-Räume kommen zustande, indem die Personengruppe A im gemeinsamen Gruppen-Reizraum die B-Dimensionen mit Null gewichtet, währenddem die Personengruppe B den A-Dimensionen Null-Gewichte zuordnet.

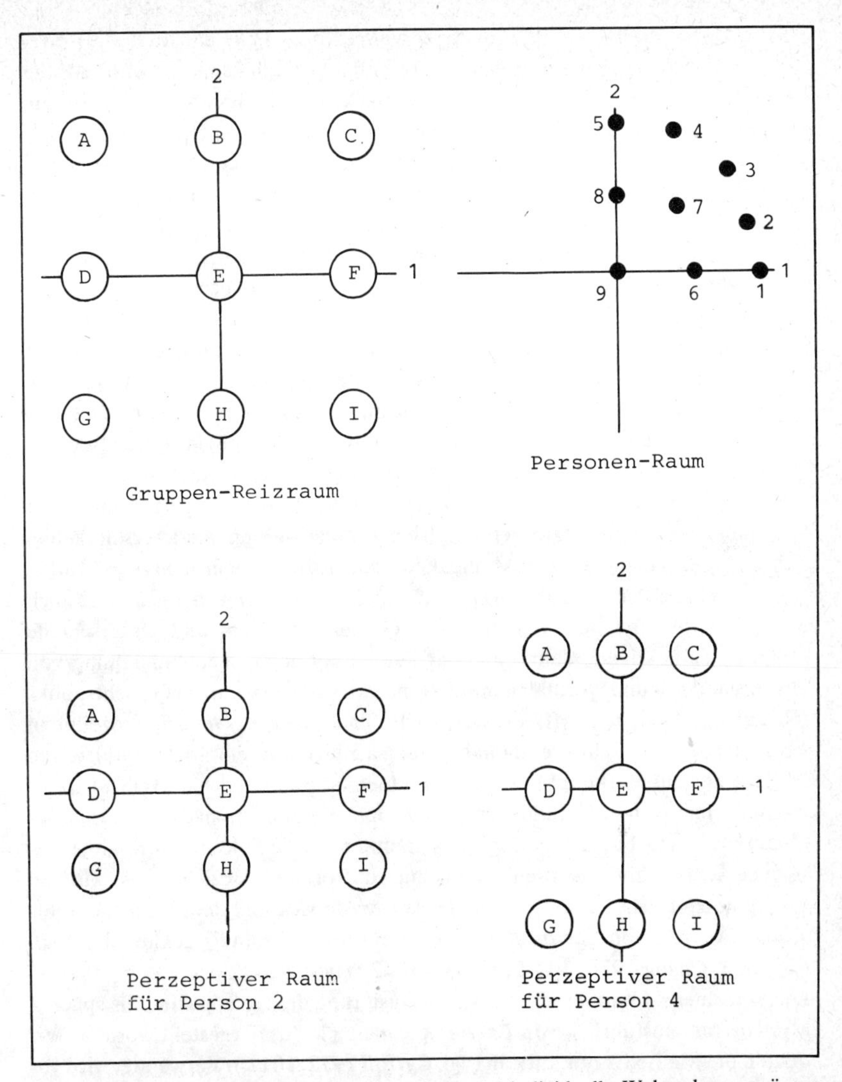

Abb. 18: Gruppen-Reizraum, Personen-Raum und individuelle Wahrnehmungsräume (Reize A–I, Personen 1–9; nach *Carroll* 1972, 108).

b) Am interessantesten ist jedoch der *allgemeine* Fall, daß mehr als zwei individuelle Wahrnehmungsräume nicht völlig verschieden sind, und daß die partiellen Gemeinsamkeiten (bzw. Unterschiede) analysiert werden sollen. Dieser allgemeine Fall impliziert einige Methodenprobleme, auf die wir hier jedoch nicht näher eingehen können (vgl. *Carroll & Chang* 1970, 310ff.).

Die Möglichkeit des im *Carroll & Chang*-Modell angegebenen Spezialfalles (a), daß sich der allgemeine Gruppen-Reizraum *additiv* aus den subjektiven Reizräumen verschiedener Untergruppen der Personenstichprobe zusammensetzen kann, wurde von uns schon in einer früheren Untersuchung zur intra- und interindividuellen Differenzierung von Politiker-Beurteilungen mit der *Tucker & Messick*-Prozedur ins Auge gefaßt (*Ahrens* 1967). Mit Hilfe der „points of view"-Analyse konnte nämlich empirisch wahrscheinlich gemacht werden, daß die jeweils zweidimensionalen Reizräume zweier orthogonaler Beurteilertypen zusammen den allgemeinen Reizraum eines (hypothetischen) mittleren Beurteilers ergeben. Diese Vermutung konnte auch durch die inhaltlichen Interpretationen der subjektiven Reizdimensionen und die Absicherung der Deutungen gegenüber bestimmten externen Kriterien gestützt werden. Andererseits zeigte sich in MDS-Versuchen zur Ähnlichkeitswahrnehmung von *Holtzman*-Tafeln (vgl. *Stäcker & Ahrens* 1967, *Ahrens & Stäcker* 1970, *Ahrens* 1972), daß auch der generelle Modellfall (b) partieller Gemeinsamkeiten und Unterschiede zwischen subjektiven Wahrnehmungsräumen bei der Gegenüberstellung von Hirnorganikern und Normalen mindestens unter interpretativen Gesichtspunkten auf der Basis von MDS-Daten nach der *Tucker & Messick*-Prozedur in Erscheinung tritt. Unsere damals hauptsächlich nur empirisch induzierten Hypothesen zur Verknüpfung interindividuell unterschiedlicher MDS-Strukturen innerhalb einer Gesamtstichprobe können nunmehr nach Kenntnis des *Carroll & Chang*-Modells und seiner genannten Spezialfälle auch formaltheoretisch besser begründet werden, – wenn auch die formalen Beziehungen zwischen der „points of view"-Analyse von *Tucker & Messick* und der „group stimulus space"-Analyse von *Carroll & Chang* noch nicht vollständig geklärt sind (vgl. *Carroll & Chang* 1970, 304ff., *Carroll* 1972, *Tucker* 1972 u. a.).

Die einzelnen Methodenschritte zur Realisierung des „group stimulus space"-Modells sind ausführlich von *Carroll & Chang* (1970) dargestellt worden. Wir deuten die Methodik nur kurz an (vgl. *Carroll* 1972, 101 f.). Verwendet wird vor allem eine Prozedur, die von den Autoren als „canonical decomposition of N-way tables" bezeichnet wird. Diese Prozedur geht auf *Wold* (1966) zurück und ist mit der Grundstruktur der dreimodalen Faktorenanalyse von *Tucker* (1964, 1966, 1972) verwandt.

Die gesamte Prozedur beginnt mit einer dreidimensionalen $m \times n \times n$-*Distanzmatrix*, deren Distanzen $d_{jk} (j, k = 1, 2, \ldots, n)$ nach *Torgerson* (1958) hergeleitet werden. Gleichfalls nach *Torgerson* werden diese Distanzen separat für jedes Individuum $(i = 1, 2, \ldots, m)$ in *Skalarprodukte* $b_{jk}^{(i)}$ umgewandelt. Auf die m × n × n-Matrix der Skalarprodukte zwischen Reizen wird eine „kanonische Dekompensationsanalyse“ (canonical decomposition analysis) angewendet:

(3.93) $$b_{jk}^{(i)} = \sum_{t=1}^{r} w_{it} x_{jt} x_{kt} \,.$$

Das Dekompensationsmodell hat die allgemeine Form

(3.94) $$z_{ijk} \cong \sum_{t=1}^{r} a_{it} b_{jt} c_{kt} \,.$$

Die unbekannten Parameter a, b, c werden bei gegebenen z_{ijk}-Werten und fixierter Dimensionalität r nach einer iterativen least-square-Lösung geschätzt (vgl. *Wold* 1966). Auch die verwandten Modelle von *Bloxom* (1968) und *Horan* (1969) verwenden in der Rechenprozedur iterative Lösungen. *Schönemann* (1972) konnte jedoch nach einer Generalisierung aller drei Modelle (vgl. „models of subjective metrics“) eine einfache algebraische Lösung angeben. Damit entfällt für fehlerbehaftete Daten zwar nicht die Anwendung iterativer Algorithmen. Bestimmte prüfbare Annahmen und Restriktionen lassen sich jedoch bei vollständiger algebraischer Darstellung des Modells besser explizieren, wodurch auch der heuristische Wert des Modells für die Theorienbildung in diesem Bereich erhöht wird.
Innerhalb des angedeuteten Lösungsweges sind bestimmte Normalisierungen zu beachten:

a) Die individuellen Skalarprodukte (mit Ursprung im Centroid) werden unter Verwendung der Quadratsummen der Vektorkomponenten normiert, d. h. auf die Einheitslänge bezogen. Dadurch können vergleichbare Anteile aufgeklärter Varianz pro Individuum angegeben werden.
b) Die Reizdimensionen (mit Ursprung im Centroid) werden unter Verwendung der Quadratsumme der Reizprojektionen normiert (Einheitslänge). Dadurch kann die aufgeklärte Varianz pro Reizdimension auf den Personenraum bezogen werden, und die (quadrierte) Distanz eines Individuums vom Nullpunkt kann direkt in Termen der Varianzaufklärung interpretiert werden bzw. hinsichtlich der Gemeinsamkeiten mit anderen Individuen. Personen im Ursprung des Systems weisen z. B. keine gemeinsame Varianz auf.

Das „group stimulus space“-Modell wird u. a. durch zwei *restriktive Eigenschaften* gekennzeichnet, die sich auf die Achsen-Rotation im Gruppenraum und auf bestimmte metrische (bzw. lineare) Annahmen für Ähnlichkeiten und Distanzen beziehen.

Die differentielle Gewichtung fixierter Achsen im Gruppen-Reizraum durch verschiedene Personen legt diese Achsen (im Gegensatz zu einer uniformen Streckung oder Stauchung) als *eindeutig* ausgezeichnete Achsen fest. Diese eindeutige Festlegung bedingt die Unmöglichkeit einer Achsen-Rotation im Gruppen-Reizraum. *Carroll & Chang* (1970, 285) deuten diese formale Restriktion als positive Eigenschaft, weil den Achsen dadurch im Rahmen der Geltung des Modells zur Abbildung von Wahrnehmungs- und Urteilsvorgängen unmittelbar psychologische Bedeutung zukommen soll. Als Beleg für die psychologisch bedeutsame Orientierung der Achsen und ihre interpretative Eindeutigkeit geben die Autoren eine Reihe empirischer Untersuchungen an (z. B. *Wish, Deutsch & Biener* 1972, *Carroll* 1972, *Carroll & Chang* 1970, *Carroll & Wish* 1970, *Bricker & Pruzansky* 1970, *Rao* 1970). *Schönemann* (1972, 443) hält es jedoch für übertrieben, schon allein aus der formalen Eigenschaft der nicht erlaubten Achsen-Rotation im Gruppen-Reizraum uneingeschränkt auf die psychologische Bedeutungshaltigkeit der räumlich orientierten Reizdimensionen zu schließen.
In der *linearen* Verknüpfung von Ähnlichkeitsurteilen und euklidischen Distanzen (vgl. 3.90)) kommt zum Ausdruck, daß es sich um ein euklidisches und außerdem um ein metrisches Modell handelt. Im Gegensatz zu der non-metrischen MDS mit ordinalen Ähnlichkeitswerten und monotoner Funktion wird bei metrischen MDS-Modellen (z. B. MDS nach *Torgerson*) Intervallskalen-Niveau der Distanzen und Linearfunktion zwischen Ähnlichkeiten und Distanzen angenommen. *Carroll & Chang* (1970, 317f.) haben allerdings (ähnlich wie *Young & Torgerson* 1968) eine „quasi-nonmetrische" Version ihrer Prozedur vorgeschlagen, die zunächst von einer linearen Lösung ausgeht, im Zwischenschritt einen monotonen Regressions-Algorithmus von *Kruskal* (1964) verwendet, und schließlich iterativ zu einer approximierten Lösung führt.

3.3.3.3 Multidimensionale Skalierung individueller Differenzen und dreimodale Faktorenanalyse nach *Tucker*

Auf die enge Verwandtschaft zwischen den MDS-Modellen mit „subjektiven Metriken" von *Bloxon, Horan* und *Carroll & Chang* und der *dreimodalen Faktorenanalyse* von *Tucker* (1964, 1966) ist mehrfach hingewiesen worden, u. a. von *Schönemann* (1972) und vor allem schon von *Carroll & Chang* (1970, 310ff.). In ausführlicher Form hat *Tucker* selbst die Beziehungen zwischen der MDS individueller Differenzen und der dreimodalen Faktorenanalyse expliziert (vgl. *Tucker* 1972). Diese Arbeit ist gleichzeitig als eine Weiterentwicklung und Revision der ursprünglichen „points of view"-Analyse von *Tucker & Messick*

(1963) anzusehen; denn es wird beispielsweise vor allem die *Ross*sche Kritik (vgl. *Ross* 1966) hinsichtlich der nicht eindeutig geklärten Beziehungen zwischen intraindividuellen Reizräumen und interindividuellen Gesichtspunkten berücksichtigt. Wie wir im vorausgegangenen Abschnitt deutlich herausgestellt haben, wurde auch das *Carroll & Chang*-Modell hauptsächlich unter Beachtung dieses Aspektes entwickelt. *Tucker* (1972, 26) ordnet das *Carroll & Chang*-Modell auch in diesem Sinne als Spezialfall seines drei-modalen MDS-Modells ein. Wichtige Differenzen zwischen beiden Modellen bestehen vor allem darin, daß im *Carroll & Chang*-Modell die drei verwendeten Räume (Gruppen-Reizraum, Personenraum und Subjekträume) im Prinzip identische Dimensionen aufweisen, daß die Achsen-Rotation im *Carroll & Chang*-Modell nicht erlaubt ist, und daß unterschiedliche Rechenprozeduren verwendet werden (vgl. *Carroll & Chang* 1970, 310, 312; *Tucker* 1972, 26).
Die dreimodale Faktorenanalyse (oder Dreiweg-Faktorenanalyse) von *Tucker* kann als eine Weiterentwicklung und Generalisierung des Prinzips der üblichen Faktorenanalyse angesehen werden (vgl. *Cattell* 1966, 120f.; *Pawlik* 1968, 283f.; *Bartussek* 1972 u.a.). Bezogen auf den dreidimensionalen Datenquader (data box, covariation chart) zur Beschreibung von Datenrelationen nach *Cattell* (1966, 67ff.) mit Variablen, Personen und Situationen als Variationsgesichtspunkten, richtet sich die übliche („zwei-modale") Faktorenanalyse jeweils nur auf die Strukturanalyse der Relationen in *einer* Datenebene. Mit der R-Technik werden beispielsweise in der Datenebene „Variablen × Personen" die Korrelationen r_{jk} zwischen Variablen j, k faktorisiert (vgl. Faktorenladungen) und die Personen werden durch „Faktorenwerte" (factor scores) auf die Variablen-Faktoren abgebildet. Bei bestimmten Fragestellungen ist es jedoch sinnvoll, die gesamte dreidimensionale Datenmatrix einer simultanen Strukturanalyse zu unterziehen, wie beispielsweise bei der Analyse von Daten des semantischen Differentials mit polaren Eigenschaften, Personen und Beurteilungsobjekten als Modalitäten (vgl. *Miron & Osgood* 1966, 795ff.).
Für diese und ähnliche Fragestellungen läßt sich die dreimodale Faktorenanalyse verwenden, deren Strukturmodell in Summationsform folgendermaßen repräsentiert wird (vgl. *Tucker* 1966, *Carroll & Chang* 1970, 312):

$$\hat{x}_{ijk} = \sum_m \sum_p \sum_q a_{im} b_{jp} c_{kq} g_{mpq} . \quad (3.95)$$

Die Beobachtungswerte x_{ijk} der i-ten Person auf der j-ten Variablen in der k-ten Situation als Elemente der drei-modalen *Datenmatrix* (vgl. Abb. 19) sollen approximiert werden durch Werte $\hat{x}_{ijk}$, deren intrinsische Strukturierung gemäß der Kombination (3.95) angenommen wird. Die Werte g_{mpq} bilden die Elemente der „*Kernmatrix*" G (core matrix) und können als „Faktorenladungen" von p Variablenfaktoren für m idealisierte Personen in q idealisierten Situationen interpretiert werden. Die Kernmatrix kann auch als jene Matrix interpretiert werden, die Beziehungen zwischen den Matrizen ${}_iA_m$, ${}_jB_p$ und ${}_kC_q$ hinsichtlich der inhaltlich interpretierten Faktoren m, p und q aufzeigt (vgl. *Bartussek* 1971). Die drei *Einzelmatrizen* sind analog zu üblichen Faktorenmatrizen aufgebaut und enthalten die Gewichtszahlen der Gleichung (3.95):

${}_iA_m = [a_{im}]$	Gewicht des Individuums i hinsichtlich des m-ten Personenfaktors (bzw. der m-ten „idealisierten" Person)
${}_jB_p = [b_{jp}]$	Gewicht der Variablen j hinsichtlich des p-ten Variablenfaktors (bzw. der p-ten „idealisierten" Variablen)
${}_kC_q = [c_{kq}]$	Gewicht der Situation k hinsichtlich des q-ten Situationsfaktors (bzw. der q-ten „idealisierten" Situation)

Man kann dann auch sagen, daß ein beobachteter Wert x_{ijk} approximiert werden soll durch die mit drei Gewichtszahlen (Faktorenladungen) gewogene Summe der hypothetischen g_{mpq}-Werte einer Kernmatrix G. Oder allgemeiner: die Zielsetzung der dreimodalen Faktorenanalyse besteht darin, dreimodal zusammengesetzte Beobachtungswerte durch eine „Idealisierung" der drei Modalitäten (z.B. idealisierte Variablen, Personen und Situationen) und ihrer Verknüpfungen zu repräsentieren.
Bezogen auf die Verknüpfung der dreimodalen Faktorenanalyse mit der Zielsetzung der MDS bei der Analyse individueller Differenzen geht *Tucker* (1972) von bestimmten formalen Überlegungen aus, die wir hier nur kurz skizzieren (vgl. auch Abb. 19). Die dreimodale Datenmatrix mit Distanzschätzungen hat für den auf MDS zielenden Spezialfall der dreimodalen Faktorenanalyse folgende *Modalitäten:*

$$\left.\begin{array}{ll}\text{Mode 1:} & j = 1,2,\ldots,n\\ \text{Mode 2:} & j' = 1,2,\ldots,n\end{array}\right\} \quad j,j' = 1,2,\ldots,n \text{ Objekte}$$
$$\text{Mode 3:} \quad i,i' = 1,2,\ldots,N \qquad \text{Subjekte}\,.$$

In jeder i-ten Vertikalebene des dreidimensionalen Datenquaders (vgl. Abb. 19), d.h. für jedes Subjekt i, können gemäß der *Torgerson*-Prozedur *Skalarprodukte* $x_{jj'i}$ zwischen den Vektoren der Objekte j, j' gebildet werden. Diese individuellen Skalarprodukte können in Hinblick auf die weiteren Schritte der Strukturanalyse der $n \times n \times N$-Matrix unterschiedlich angeordnet werden:

a) Für jedes Individuum wird eine symmetrische Skalarproduktmatrix X_i aufgebaut (mit quadrierten Vektorlängen in der Diagonalen). Alle individuellen X_i-Matrizen können zu einer $n \times (N \times n)$-Supermatrix

Dreimodale Faktorenanalyse
(TUCKER 1964, 1966)

Beobachtete Modalitäten:

$i, i' = 1i, \ldots, I$ Personen
$j, j' = 1j, \ldots, J$ Variablen
$k, k' = 1k, \ldots, K$ Situationen

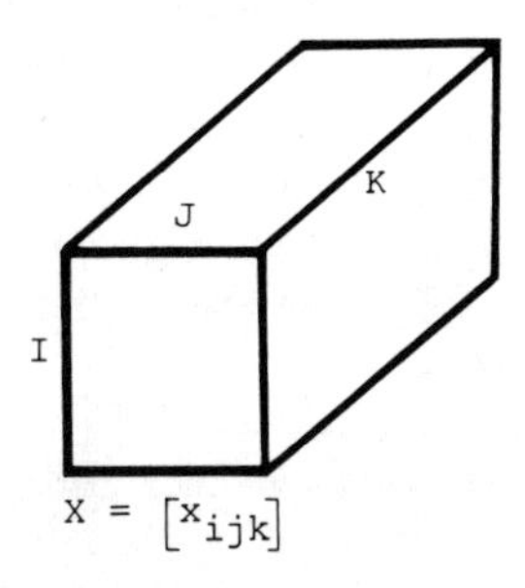

$X = [x_{ijk}]$

Intrinsische Struktur:

${}_iA_m = [a_{im}]$
Personenraum mit $m=1, \ldots, M$ Dim.

${}_jB_p = [b_{jp}]$
Variablenraum mit $p=1, \ldots, P$ Dim.

${}_kC_q = [c_{kq}]$
Situationsraum $q=1, \ldots, Q$ Dim.

$G = [g_{mpq}]$
Kernmatrix

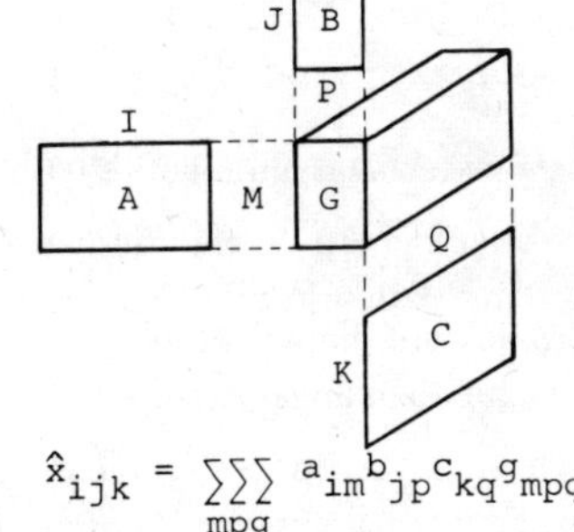

$$\hat{x}_{ijk} = \sum_{mpq}\sum\sum a_{im} b_{jp} c_{kq} g_{mpq}$$

MDS und dreimodale Faktorenanalyse
(TUCKER 1972)

Beobachtete Modalitäten:

$i, i' = 1,2, \ldots, N$ Personen
$j, j' = 1,2, \ldots, n$ Objekte

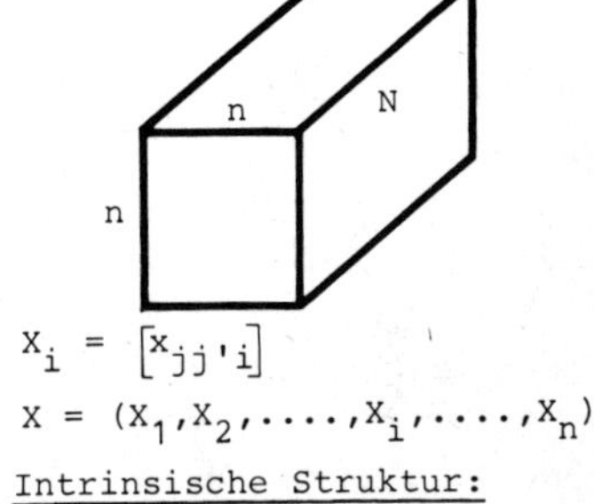

$X_i = [x_{jj'i}]$
$X = (X_1, X_2, \ldots, X_i, \ldots, X_n)$

Intrinsische Struktur:

$Z = [z_{mi}]$
Personenraum mit $m=1,2 \ldots, M$ Dim.

$B = [b_{jp}]$
Objektraum mit $p=1,2, \ldots, P$ Dim.

$B \otimes B = [b_{jp} b_{j'p'}]$
KRONECKER-Produkt der Matrix B mit sich selbst

$\tilde{G} = [g_{pp'm}]$
Kernmatrix

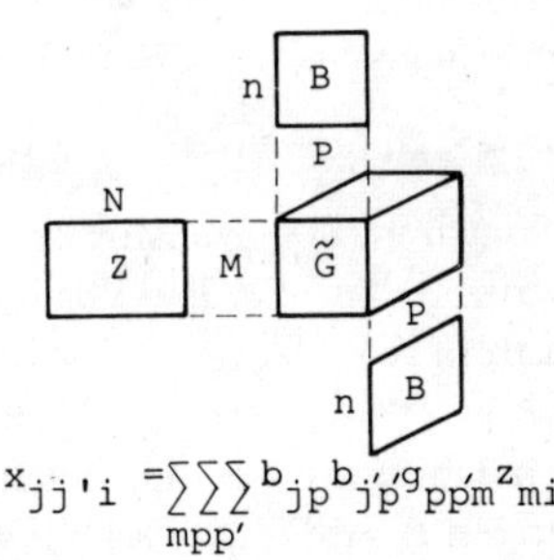

$$x_{jj'i} = \sum_{mpp'}\sum\sum b_{jp} b_{j'p'} g_{pp'm} z_{mi}$$

Abb. 19: Datenmatrix und intrinsische Struktur der dreimodalen Faktorenanalyse im Vergleich mit einer MDS-Prozedur nach *Tucker* (1972).

$X = (X_1, X_2, \ldots, X_i, \ldots, X_N)$ durch horizontale Aneinanderreihung angeordnet werden.

b) Jede Matrix X_i kann durch Aneinanderreihung ihrer Elemente als Vektor $x_i = (x_{11}, \ldots, x_{jj'}, \ldots, x_{nn})$ dargestellt werden. Diese Vektoren bilden die Spalten einer neuen $(n \times n) \times N$-Matrix $\tilde{X}$.

Die nächsten Schritte der algebraischen Darstellung des Modells orientieren sich an der allgemeinen Zielsetzung, auf der Basis der postulierten interindividuellen Differenzen die *individuelle* MDS-Information und deren *Gemeinsamkeiten* miteinander in einer übersichtlichen Struktur zu verknüpfen. Zunächst wird die Strukturierung individueller Skalenräume gezeigt, die dann schrittweise mit dem Konzept eines gemeinsamen Skalenraumes in Verbindung gebracht wird. Wir zeigen zunächst die verschiedenen Stufen der Strukturierung *individueller Skalenräume* in Hinblick auf einen gemeinsamen Skalenraum.
Jede individuelle Reizstruktur A_i auf der Basis der individuellen Skalarproduktmatrizen X_i wird zunächst gemäß üblicher faktorenanalytischer Vorstellungen repräsentiert durch

$$X_i = A_i A_i' . \tag{3.96}$$

Die $n \times S_i$-Matrizen A_i enthalten jeweils für das i-te Subjekt die Skalenwerte a_{js_i} der n Reize in $S_i (s_i = 1, 2, \ldots, S_i)$ Dimensionen.
In Hinblick auf das angezielte Bezugssystem eines gemeinsamen Skalenraumes können alle individuellen A_i-Matrizen zu einer $n \times \sum^{N} S_i$-*Supermatrix* $A = (A_1, A_2, \ldots, A_i, \ldots, A_N)$ angeordnet werden. Es wird dann angenommen, daß sich die Struktur dieser Supermatrix individueller MDS-Strukturen durch die Verknüpfung folgender beider Matrizen beschreiben läßt:

a) $n \times P$-Matrix B, welche den P-dimensionalen gemeinsamen Skalenraum der n Objekte für alle N Subjekte repräsentiert ($p = 1, 2, \ldots, P$ Dimensionen bzw. Rang von B; der Rang P liegt in den Grenzen $s_{max} \leqq P \leqq n$).

b) $P \times \sum_{i=1}^{N} S_i$-Supermatrix $Q = (Q_1, Q_2, \ldots, Q_i, \ldots, Q_N)$, deren individuelle Q_i-Matrizen die Transformationen des allgemeinen Skalenraumes (vgl. Matrix B) in die jeweiligen individuellen Skalenräume angeben (vgl. Matrizen A_i).

Für den Übergang der individuellen Skalenräume A_i in den gemeinsamen Skalenraum B wird folgende Transformationsgleichung angenommen:

$$(A_1, A_2, \ldots, A_i, \ldots, A_N) = B(Q_1, Q_2, \ldots, Q_i, \ldots, Q_N) . \tag{3.97}$$

Analog zu dieser allgemeinen Transformation für *alle* Subjekte läßt sich dann für jede *individuelle* Reizstruktur A_i schreiben:

(3.98) $$A_i = BQ_i \, .$$

Die Ausgangsgleichung (3.96) läßt sich dann nach Einsetzen von (3.98) ausdrücken als

(3.99) $$X_i = BQ_iQ_i'B' \, .$$

Durch die Definition einer $P \times P$-Matrix $H_i = Q_iQ_i'$ vom Rang s_i läßt sich (3.99) vereinfachen:

(3.100) $$X_i = BH_iB' \, .$$

Diese wichtige Gleichung des drei-modalen MDS-Modells beschreibt in algebraischer Form die strukturelle Zerlegung der individuellen Skalarprodukte X_i in *Objekt-* und *Subjekt*parameter; denn die Matrix B repräsentiert den gemeinsamen Objektraum, während die individuellen Matrizen H_i die Information über den individuellen Gebrauch der gemeinsamen Dimensionen des B-Raumes enthalten. Die Matrix H_i wird als „individual psychological space characteristic matrix" oder kurz als „*individual characteristic matrix*" bezeichnet. Sie charakterisiert den psychologischen Reizraum des i-ten Subjektes.

In Ergänzung zur Repräsentation der Wahrnehmungsräume einzelner Personen in bezug auf einen gemeinsamen Reizraum muß nun das Konzept eines übergeordneten *Personenraumes* zur Abbildung *aller* Personen und zur Strukturierung ihrer Gemeinsamkeiten entwickelt werden; denn erst durch die kombinierte Berücksichtigung von gemeinsamen Reizraum, individuellen Reizräumen und Personenraum wird das Modell zur Strukturanalyse intra- und interindividueller Differenzierung vollständig repräsentiert. Als Ausgang werden wiederum die individuellen Skalarprodukte X_i genommmen, allerdings in der Anordnung der $(n \times n) \times N$-Matrix $\tilde{X}$.

Wegen des spaltenweisen Aufbaus der Matrix $\tilde{X}$ aus symmetrischen Matrizen X_i kann ihr Rang $M(m = 1, 2, \ldots, M)$ nicht größer als $n(n + 1)/2$ sein. Für die Strukturbeschreibung der Matrix $\tilde{X}$ werden zunächst zwei weitere Matrizen definiert, nämlich eine $(n \times n) \times M$-Matrix $\tilde{C}$ mit den Elementen $\tilde{c}_{jj'm}$ (entsprechen Reizpaarprojektionen in M Dimensionen) und eine $M \times N$-Matrix Z mit den Elementen z_{mi} (entsprechen Personenprojektionen in M Dimensionen). Die Matrix $\tilde{X}$ wird dann geschrieben als

(3.101) $$\tilde{X} = \tilde{C}Z \, .$$

Als nächste Maßnahme zur Verknüpfung beider Aspekte des gesamten Modells werden die individuellen H_i-Matrizen (Matrizen über den individuellen Gebrauch der P Dimensionen des gemeinsamen Skalenraumes; „individual characteristic matrix") zu einer $(P \times P) \times N$-Matrix $\tilde{H}$ zusammengefaßt: Jede Spalte von $\tilde{H}$ repräsentiert ein Individuum i und jede Zeile die Kombination zweier Dimensionen $pp'(p, p' = 1, 2, \ldots, P)$ des gemeinsamen Skalenraumes. Weiterhin wird für die $n \times P$-Matrix B (gemeinsamer Skalenraum) das *direkte* Produkt (oder *Kronecker*-Produkt) $(B \otimes B)$ der Matrix mit sich selbst gebildet (vgl. *Bellmann* 1960, 81 ff.; *Mac Duffee* 1946, 81 ff.; *Tucker* 1966, 283 ff.). Die resultierende $(n \times n) \times (P \times P)$-Matrix mit den Zeilen jj' und den Spalten pp' enthält als Elemente sämtliche Produkte $b_{jp} b_{j'p'}$ zwischen je zwei Elementen der Matrix B.
Unter Verwendung des direkten Matrizenproduktes $(B \otimes B)$ und der Matrix $\tilde{H}$ kann Gleichung (3.100) für $\tilde{X}$ geschrieben werden als

(3.102) $$\tilde{X} = (B \otimes B)\tilde{H} .$$

Die Matrizengleichungen (3.100) bzw. (3.102) können für ein Element in Summationsform geschrieben werden

(3.103) $$x_{jj'i} = \sum_p \sum_{p'} b_{jp} b_{j'p'} h_{pp'i} .$$

Zur Auflösung der Gleichung (3.102) nach $\tilde{H}$ ist die Bildung der linken Halbinversen der Rechteckmatrix B erforderlich (vgl. *Zurmühl* 1964, 112 ff.), die bei *Tucker* als „B^-" bezeichnet wird:

(3.104) $$B^- = (B'B)^{-1}B' .$$

Dann ist

(3.105) $$\tilde{H} = (B^- \otimes B^-)\tilde{X} .$$

Es wird (3.101) in (3.105) eingesetzt

(3.106) $$\tilde{H} = (B^- \otimes B^-)\tilde{C}Z$$

und vereinfacht durch Definition einer $(P \times P) \times M$-Matrix $\tilde{G}$

(3.107) $$\tilde{G} = (B^- \otimes B^-)\tilde{C} .$$

Die Matrix $\tilde{G}$ hat als Zeilen die pp'-Kombinationen aller Dimensionen des gemeinsamen *Objektraumes* und als Spalten die M Dimensionen des *Personenraumes*. Durch Einsetzen von (3.107) vereinfacht sich (3.106) zu

(3.108) $$\tilde{H} = \tilde{G}Z$$

und die Gleichung (3.102) kann schließlich geschrieben werden als

$$\tilde{X} = (B \otimes B)\tilde{G}Z \tag{3.109}$$

und in Summationsform

$$x_{jj'i} = \sum_m \sum_p \sum_{p'} b_{jp} b_{j'p'} g_{pp'm} z_{mi} . \tag{3.110}$$

Aus dem Aufbau der Grundgleichung (3.109) bzw. (3.110) ist unmittelbar die Verwandtschaft des MDS-Modells mit der anfangs kurz dargestellten *dreimodalen Faktorenanalyse* ersichtlich (vgl. (3.95)), wobei folgende Entsprechungen gelten (vgl. Abb. 18):

a) Die Matrix B der gemeinsamen Objektkoordinaten entspricht (bei Berücksichtigung des direkten Produktes $(B \otimes B)$ den Faktorenmatrizen B und C, d. h. die Objekte bilden zwei Modes, welche den Aufbau von Objektähnlichkeiten beeinflussen.
b) Die Matrix Z des Personenraumes entspricht der Faktorenmatrix A.
c) Die Matrix $\tilde{G}$ entspricht der Kernmatrix G.

Die schwierige Interpretation der *Kernmatrix* $\tilde{G}$ (vgl. *Bartussek* 1972) wird erleichtert, indem man sie in dimensionsspezifische Teilmatrizen G_m zerlegt, und unter deren Verwendung die „individuellen charakteristischen Matrizen" H_i neu definiert. Wir deuten diesen Aspekt kurz an (vgl. *Tucker* 1972, 9f.).
Aus jeder Spalte m der Kernmatrix $\tilde{G}$ wird eine symmetrische $P \times P$-Matrix G_m mit den Elementen $g_{pp'm}$ aufgebaut. Dann kann die Gleichung (3.108) für jedes *Individuum* i geschrieben werden als

$$H_i = \sum_{m=1}^{m} G_m z_{mi} . \tag{3.111}$$

Diese Gleichung gibt an, daß eine „individuelle charakteristische Matrix" H_i als *differentiell* gewichtete Summe von M Matrizen G_m gedacht wird. Jede Matrix G_m kann als der Beitrag der m-ten Dimension des Personenraumes für die psychologischen Räume der repräsentierten Personen angesehen werden und wird als „person dimension psychological space characteristic matrix" oder kurz als *„person dimension characteristic matrix"* bezeichnet. Die Gewichte z_{mi} sind Faktorwerte des i-ten Individuums auf der m-ten Dimension des Personenraumes und stammen aus der $M \times N$-Matrix Z.
Bildet man für die Rechteckmatrix Z die rechte Halbinverse

$$Z^- = Z'(ZZ')^{-1} \tag{3.112}$$

so erhält man für die Gleichungen (3.108) und (3.111)

$$(3.113) \qquad \tilde{G} = \tilde{H}Z^{-}$$

$$(3.114) \qquad G_m = \sum_{i=1}^{N} H_i z_{im}^{-} .$$

Da alle Matrizen H_i symmetrisch sind, ist auch ihre gewichtete Summe (3.114), d.h. die Matrix G_m symmetrisch.
Abschließend wird in Hinblick auf psychologische Interpretierbarkeit die Möglichkeit von *Achsen-Rotationen* im Objektraum (vgl. Matrix B), im Personenraum (vgl. Matrix Z) und der entsprechenden Transformation der Kernmatrix $\tilde{G}$ gezeigt. Wir erinnern daran, daß diese Rotationen im Spezialfall des *Carroll & Chang*-Modells nicht möglich sind. Für die Transformation der Matrizen B und Z im Modell (3.109) werden eine quadratische, nicht-singuläre $P \times P$-Transformationsmatrix T und eine $M \times M$-Transformationsmatrix U benötigt:

$$(3.115) \qquad BT = B^t$$

$$(3.116) \qquad UZ = Z^u .$$

Entsprechend werden inverse Transformationen auf die Kernmatrix $\tilde{G}$ angewendet

$$(3.117) \qquad \tilde{G}^{tu} = (T^{-1} \otimes T^{-1})\tilde{G}U^{-1} .$$

Man kann zeigen, daß diese Transformationen das Modell (3.109) nicht verändern (vgl. *Tucker* 1972, 10):

$$(3.118) \qquad \begin{aligned} (B^t \otimes B^t)\tilde{G}^{tu}Z^u &= (BT \otimes BT)(T^{-1} \otimes T^{-1})\tilde{G}U^{-1}UZ \\ &= (B \otimes B)\tilde{G}Z \\ &= \tilde{X} . \end{aligned}$$

Die Transformationen mit T und U entsprechen der Rotation bei der Faktorenanalyse und werden gleichfalls zur Erleichterung der psychologischen *Interpretation* des zugrundeliegenden Strukturmodells (3.109) bzw. der enthaltenen Dimensionen des Objektraumes und des Personenraumes benutzt. Der Objektraum kann beispielsweise nach Einfachstruktur rotiert werden, wobei die Transformationsmatrix T nicht auf Orthonormalität beschränkt ist, d.h. die gemeinsamen Achsen der Reizobjekte können korrelieren. Die Rotation im Personenraum kann sich beispielsweise an externen Kriterien, an Cluster-Analysen oder an experimentellen Manipulationen bestimmter Personengruppen orientieren.

Die Hauptschwierigkeiten der Interpretation treten auf bei der Deutung der *Kernmatrix* $\tilde{G}$ (vgl. *Tucker* 1972, 12f.; *Bartussek* 1972). Insbesondere auch in dieser Hinsicht muß für eine differenzierte Bewertung des *Tucker*schen Ansatzes zur Verknüpfung von MDS und dreimodaler Faktorenanalyse abgewartet werden, welche Erfahrungen künftig bei der empirischen Anwendung des Modells gemacht werden. Für eine breite Anwendung des Modells ist vor allem die Entwicklung optimaler Rechenprozeduren noch nicht abgeschlossen (vgl. *Tucker* 1972, 26). Vorerst kann nur der *heuristische* Wert des Ansatzes hervorgehoben werden, und zwar einerseits vor allem in Hinblick auf die Generalität des Modells, und andererseits in Verbindung mit der Möglichkeit, daß in diesem allgemeinen Rahmen restriktive Spezialfälle besser entwickelt und untersucht werden können.

3.4 Nonmetrische multidimensionale Skalierung

3.4.1 Überblick zum Konzept der nonmetrischen Skalierung

Die bisher dargestellten Verfahren der MDS folgen meistens der bei *Torgerson* (1958) genannten *zweistufigen* Prozedur, nämlich (1) beobachtete Ähnlichkeitsurteile (z.B. Tripelvergleiche) mit Hilfe einer definierten Funktion in Distanzen zu transformieren („Distanzmodell") und (2) diese Distanzwerte gemäß der euklidischen Distanzfunktion als metrische Punktabstände in einen mehrdimensionalen euklidischen Raum abzubilden („Raummodell"). Der letzte Schritt dient gleichzeitig der Feststellung der Distanz-Koordinaten und legt damit die mehrdimensionalen Skalenwerte der Reizobjekte fest.
Dieses Vorgehen zeichnet sich insbesondere dadurch aus, daß die Transformation von empirischen Ähnlichkeitsurteilen in Distanzmaße deutlich als *erste* Stufe abgehoben wird von dem anschließenden *zweiten* Schritt der dimensionalen Einbettung dieser Distanzmaße. Weiterhin wird die Form der anfänglichen Transformationen eindeutig durch ein bestimmtes „Distanzmodell" spezifiziert, wie beispielsweise durch die mehrdimensionale Erweiterung des „law of comparative judgment", das die Verteilungsfunktion der Normalverteilung impliziert.
Die verschiedenen Verfahren der *nonmetrischen* (oder ordinalen) Skalierung vermeiden hingegen sowohl die strikte Trennung der beiden genannten Schritte (Distanzmodell und Raummodell) als auch die restriktive Annahme einer bestimmten Funktionsform für die Umwandlung von empirischen Ähnlichkeitswerten in metrische Distanzmaße. Beide Schritte werden zu einer simultanen Anpassungsprozedur vereinigt, und für die Transformation wird die schwächere und allgemeinere Annahme getroffen, daß lediglich ein *monotoner* Zusammen-

hang zwischen empirischen Ähnlichkeits- bzw. Unähnlichkeitswerten und metrischen Distanzen bestehen soll. Annahmen über die spezielle Form des Zusammenhanges sind nicht erforderlich. Vielmehr wird die allgemeine Möglichkeit postuliert, eine metrische Abbildung der Reize zu gewinnen, die lediglich von *ordinalen* (d. h. „nichtmetrischen") Informationen über empirisch gewonnene Ähnlichkeitswerte der Reizpaare ausgeht: Die Rangordnung beobachteter Unähnlichkeiten in Reizpaaren soll durch die Ordnung ihrer metrischen Konfigurations-Distanzen approximiert werden.
Ein wichtiges Charakteristikum der nonmetrischen MDS ist also mit bestimmten Annahmen über das *metrische Niveau* der Unähnlichkeitsinformation der zu skalierenden Reize verknüpft. Auch in Hinblick auf die historische Entwicklung von MDS-Modellen unterscheiden *Green & Carmone* (1969, 332f., 1972, 10f.) drei Arten von Modellen hinsichtlich ihrer metrischen Information:

a) Vollständig metrische Modelle
   (fully metric models)
b) Vollständig nonmetrische Modelle
   (fully nonmetric models)
c) Nonmetrische Modelle
   (nonmetric models).

Die *vollständig metrischen* Modelle gehen auf der Eingangsseite des Raummodells von Distanzen auf Verhältnisskalen-Niveau (bzw. Intervallskalenniveau mit additiver Konstante) aus, wie beispielsweise die ursprüngliche MDS-Prozedur von *Torgerson* (1958). Demgegenüber enthalten die *vollständig nonmetrischen* Modelle sowohl auf der Eingangsseite als auch auf der Ausgangsseite der Skalierung lediglich die Information von (partiellen) Rangordnungen der Unähnlichkeiten bzw. Distanzen. Die älteren Unfolding-Modelle von *Coombs* (1950, 1964) und ihre mehrdimensionale Erweiterung (vgl. z. B. *Bennett & Hays* (1960) zählen zu diesen vollständig nonmetrischen MDS-Modellen, währenddem neuere Entwicklungen der Unfolding-Technik bei nonmetrischer Eingangsinformation (z. B. Präferenzurteile) zu metrischer Ausgangsinformation führen (*Coombs & Kao* 1960, *Coombs* 1964, 1967, *Ross & Cliff* 1964, *Kruskal* 1968, *Schönemann* 1970, *Carroll* 1972, *Lingoes* 1972 u. a.). Diese Modelle werden im engeren Sinne als *nonmetrische* Modelle bezeichnet. Die systematische Entwicklung nonmetrischer MDS-Modelle wurde vor allem durch *Shepard* (1962, 1963, 1966) und *Kruskal* (1964a, b, 1968) begründet. Wir gehen auf die frühen Ansätze von *Shepard* kurz und auf die *Kruskal*-Prozedur etwas ausführlicher ein, weil einige unserer empirischen Arbeiten in Teil III auf der Anwendung dieses Modells beruhen. Varianten und alternative Rechenprozeduren zur nonmetrischen MDS stammen z. B. von *Guttman* (1968), *Lingoes* (1966, 1972), *Young & Torgerson* (1967), *McGee* (1966,

1968), *Johnson* (1973), *Möbus* (1974) u. a. *Young* (1972) hat das Konzept der nonmetrischen MDS in ein allgemeines Modell der „polynomial conjoint analysis" eingeordnet. Einen guten Überblick über den derzeitig neuesten Stand zur Entwicklung und Anwendung von nonmetrischen MDS-Methoden findet man in den Büchern von *Shepard, Romney & Nerlove* (1972) und *Green & Carmone* (1972). Axiomatische, meßtheoretische Begründungsversuche zur nonmetrischen MDS haben *Beals, Krantz & Tversky* (1968) und *Tversky & Krantz* (1970) vorgelegt.
Die von *Shepard* (1962) vorgeschlagene mehrdimensionale Ähnlichkeitsanalyse von Reizen setzt zwar die Existenz, nicht jedoch eine bekannte Form des funktionalen Zusammenhanges zwischen Reizähnlichkeiten und metrischen Distanzen voraus. Die Rekonstruktion der metrischen Konfiguration einer Menge von Punkten im euklidischen Raum wird auf der Basis nichtmetrischer, d. h. *ordinaler* Information vollzogen. Es wird eine minimale Anzahl kartesischer Koordinaten zur Abbildung der Reize ermittelt, wobei die Ausgangsinformation nicht durch metrische Punktdistanzen, sondern nur durch eine unbekannte monotone Funktion dieser Distanzen dargestellt wird. Durch eine monotone Transformation von Proximitätsmaßen (Ähnlichkeitsurteile, Assoziationsmaße, Konfusionsmatrizen etc.) erhält man explizite Distanzen in einem euklidischen Raum minimaler Dimensionalität.
Mit anderen Worten: Das Ziel dieser MDS-Prozedur besteht darin, die metrische Struktur einer Punktekonfiguration X im r-dimensionalen Raum mit euklidischen Distanzen d_{ij} abzubilden, und zwar auf der Basis nonmetrischer Information zu den empirisch ermittelten Proximitäten s_{ij} bei monotoner Beziehung zwischen Distanzen und Proximitäten. In einer simultanen Prozedur soll erreicht werden:

a) Überführung der Proximitätsmaße s_{ij} in euklidische Distanzen d_{ij}.
b) Ermittlung der Konfigurationskoordinaten x_{ia}, x_{ja} in $a = 1, 2, \ldots, r$ Dimensionen des metrischen Raumes.

Dieses Vorgehen läßt sich durch folgende Gleichung beschreiben (vgl. *Young* 1972, 71):

$$(3.119) \qquad S \overset{m}{\cong} D = f(X)\,.$$

Bei p Reizen $(i, j, k, l = 1, 2, \ldots, p)$ ist S die symmetrische Matrix der Proximitätsmaße s_{ij}. Die Distanzmatrix D enthält alle Distanzen d_{ij}, währenddem X die $p \times r$-Rechteckmatrix der r-dimensionalen Reizkoordinaten x_{ia}, x_{ja} bezeichnet. Das Symbol „$\overset{m}{\cong}$" definiert eine approximative monotone Beziehung zwischen S und D, die im Idealfall für alle Distanzen d_{ij}, d_{kl} und Proximitätsmaße s_{ij}, s_{kl} die Bedingung erfüllen soll: $d_{ij} = d_{kl}$ wenn $s_{ij} = s_{kl}$ und $d_{ij} \leqq d_{kl}$ wenn $s_{ij} > s_{kl}$.

Die Matrizen D und X sind im ursprünglichen Ansatz von *Shepard* durch eine euklidische Distanzfunktion f verknüpft:

$$(3.120) \qquad f(X) = \left[\sum_{a=1}^{r} (x_{ia} - x_{ja})^2 \right]^{1/2} .$$

Zusammengefaßt läuft die *Shepard*-Prozedur in folgenden Schritten ab:

1. Bei p Reizen sind $p(p-1)/2$ Proximitätsmaße s_{ij} vorhanden.
2. Die Skalierungsprozedur soll von ordinalen Informationen ausgehen, d. h. von einer Rangordnung der empirischen Proximitätsmaße. Gesucht ist dann eine metrische Konfiguration X der Reize, deren ranggeordnete euklidische Distanzen d_{ij} monoton absteigend von der Rangordnung der Proximitätsmaße abhängig sein sollen.
3. Die Anzahl aller möglichen Rangordnungen, welche die Monotoniebedingung für eine gesuchte Punktekonfiguration X erfüllen könnten, ist abhängig von der Anzahl der Möglichkeiten, nach denen p Reize im mehrdimensionalen Raum angeordnet werden können. Gesucht ist jedoch nur *eine* geeignete räumliche Konfiguration, deren Distanzen d_{ij} eine beste Anpassung liefern.

Das Konzept von *Kruskal* (1964 a, b) basiert auf der *Shepard*schen Prozedur, ist jedoch in zwei Punkten präziser und in einem Punkt allgemeiner:

a) Es wird eine „Zwischenmatrix" $\tilde{D}$ mit „Ungleichheiten" (disparities) $\tilde{d}_{ij}$ eingeführt, der gegenüber die Distanzen d_{ij} in D als bestangepaßte Lösung nach einem least square-Kriterium geschätzt werden (vgl. Symbol „$\cong$" in (3.121)).
b) Die Monotonie-Definition wird präzisiert (vgl. Symbol „$\overset{m}{=}$" in (3.121)): Wenn $s_{ij} > s_{kl}$, dann $\tilde{d}_{ij} \leqq \tilde{d}_{kl}$, und wenn $s_{ij} = s_{kl}$, dann $\tilde{d}_{ij} = \tilde{d}_{kl}$.
c) Die Distanzfunktionen zwischen D und X werden generalisiert auf die allgemeinere Klasse der *Minkowski*-Metriken (vgl. g(X)).

Die entsprechende Gleichung lautet dann

$$(3.121) \qquad S \overset{m}{=} \tilde{D} \cong D = g(X) .$$

Im Hinblick auf die *statistischen* und vor allem *meßtheoretischen* Implikationen von MDS-Modellen (vgl. auch *Ramsay* 1969, *Young* 1970) geht *Sherman* (1972) in einer Monte-Carlo-Untersuchung zur nonmetrischen MDS davon aus, daß die jeweilige Distanzfunktion g als eine beste Schätzung einer wahren Meßfunktion γ anzusehen ist: Die Konfiguration X in g(X) soll die wahre Konfiguration X^* in $\gamma(X^*)$ approximieren. Demgemäß wird unter diesem Aspekt die Gleichung (3.121) erweitert:

$$\gamma(X^*) \approx S \stackrel{m}{=} \tilde{D} \cong D = g(X) . \tag{3.122}$$

Das Symbol „≈" deutet die Existenz von Meßfehlern an. Wir kommen auf diesen statistischen Aspekt des Modells im Zusammenhang mit dem Kriterium der „metric determinancy" wieder zurück. Auf weitere Einzelheiten der *Kruskal*-Prozedur gehen wir im nächsten Abschnitt genauer ein.

4. Der Anpassungsprozeß wird bei Wahl einer (p − 1)-dimensionalen Ausgangskonfiguration iterativ so aufgebaut, daß seine Konvergenz durch zwei Paramter kontrolliert wird:
   a) Ein Parameter α_{ija} kontrolliert die Annäherung an die geforderte Monotonieeigenschaft.
   b) Um nichttriviale und eindeutige Lösungen zu erhalten, wird *minimale* Dimensionalität bei Verwendung eines Hauptachsensystems gefordert. Ein Parameter β_{ija} beschreibt das Ausmaß, in dem die gewählte Ausgangskonfiguration auf einen metrischen Raum minimaler Dimensionalität reduziert wird.

Das Ausmaß der Konvergenz des gesamten Prozesses wird nach jeder Iteration an der Größe eines *globalen* Abweichungsmaßes δ ermessen:

$$\delta = \frac{2\sum_{j=2}^{p}\sum_{i=2}^{j-1}[s_{ij} - s(d_{ij})]^2}{p(p-1)} . \tag{3.122}$$

Die Größen s_{ij} sind beobachtete (standardisierte) Proximitätsmaße, währenddem $s(d_{ij})$ die rekonstrierten Proximitätsmaße sind und zu den Distanzen d_{ij} korrespondieren.
Gegenüber der üblichen, zweistufigen Prozedur der *Torgerson*schen MDS soll diese Methode der ordinalen Skalierung zusammengefaßt insbesondere folgende *Vorteile* gewährleisten (*Shepard* 1962, 242ff.):

1. Es resultiert eine metrische Lösung, obwohl nur sehr schwache, nichtmetrische (ordinale) Annahmen gegenüber den empirischen Ausgangsdaten getroffen werden. Statt einer speziellen Annahme über die analytische Funktionsform wird lediglich eine monotone Beziehung zwischen Ausgangsdaten und metrischen Distanzen gefordert.

2. Die Forderung minimaler Dimensionszahl wird unabhängig von der Wahl einer bestimmten und optimalen Funktion zwischen Ähnlichkeitsmaßen und metrischen Distanzen realisiert.
3. Durch die Zusammenfassung der beiden klassischen Stufen „Distanzmodell“ und „Raummodell“ zu *einer* iterativen Anpassungsprozedur wird die Anpassung metrischer Distanzen ausschließlich durch einen gemeinsamen Datensatz kontrolliert, nämlich direkt durch die empirischen Ähnlichkeitswerte.
4. Es ist leicht möglich, dem allgemeinen Anpassungsalgorithmus auch andere als euklidische Metriken zugrunde zu legen.

Ob sich alle genannten Gesichtspunkte notwendig und generell als Vorteile erweisen, muß in Hinblick auf die jeweiligen Bedingungen und Konsequenzen diskutiert werden. Bestimmte Probleme werden insbesondere bei der Diskussion des erstgenannten Gesichtspunktes sichtbar. Auf den ersten Blick mag der Vorteil der größeren Generalität der Eingangsinformation verknüpft mit den metrischen Eigenschaften der Ausgangsinformation unmittelbar einleuchten. Prinzipiell ist jedoch zu bedenken, daß die durch schwächere Annahmen bedingte Generalität mit einem Verlust an spezifischer Aussagekraft der Ergebnisse einhergeht (vgl. *Coombs* 1958, 513); denn je stärker und restriktiver die Annahmen eines Modells sind, desto mehr kann man aus den Konsequenzen lernen. Dieser Vorteil eines Informationsgewinnes ergibt sich natürlich nur, wenn die getroffenen Annahmen auch durch die empirischen Daten gedeckt werden.
In diesen Zusammenhang kann der postulierte Vorteil, daß aufgrund schwacher Modellannahmen (ordinale Information, Monotonie) Skalen mit metrischen Eigenschaften resultieren, erst dann vollständig diskutiert und endgültig bewertet werden, wenn (1) eindeutige Bedingungen für diese Modellimplikation angegeben werden und wenn (2) ihre Überprüfbarkeit gesichert wird. Beide Gesichtspunkte sind in dem *Shepard*schen Konzept der ordinalen Skalierung nicht explizit enthalten. Sie werden jedoch ansatzweise in den weiterführenden Arbeiten von *Kruskal* (1964) und vor allem in einer theoretischen Arbeit von *Beals, Krantz & Tversky* (1968) entwickelt, in der eine axiomatische Begründung der ordinalen MDS versucht wird. Insbesondere werden spezifische Bedingungen für die metrische und dimensionale Darstellung subjektiver Reizattribute angegeben (vgl. auch *Tversky & Krantz* 1970, *Young* 1972).
Zusammengefaßt haben die Prozeduren von *Shepard* (1962, 1966; analysis of proximities), *Kruskal* (1964a, b, 1968; M-D-SCAL-Versionen I–IV), *Guttman* (1968; smallest space analysis) und *Lingoes* (1966, 1972), von *Young & Torgerson* (1967; TORSCA) und von *McGee* (1966, 1968; elastic multidimensional scaling) folgende Gemeinsamkeiten (vgl. *Coombs* 1967, 82f.; *Shepard* 1972, 22, 34):

a) Die Verfahren basieren auf ähnlichen Modellen mit monotonen Relationen und nonmetrischer (ordinaler) Ausgangsinformation.
b) Die Verfahren verwenden simultane, iterative Prozeduren zur Anpassung der Punktekonfigurationen.
c) Es werden bestimmte Ausgangskonfigurationen mit fixierten Dimensionshypothesen zugrundegelegt.
d) Die Verfahren implizieren die Anwendung von Raummodellen bzw. bestimmten metrischen Distanzfunktionen (z. B. euklidische Metrik oder die allgemeine Klasse der *Minkowski*-Metriken).
e) Im allgemeinen werden vollständige, symmetrische Matrizen von Proximitäts- bzw. Unähnlichkeitsmaßen zugrundegelegt.

Rechnerisch durchläuft dieses generelle Programm jeweils drei Phasen:

1. Berechnung von Distanzen zwischen Konfigurationspunkten gemäß der gewählten Distanzfunktion.
2. Bestimmung von Diskrepanzen zwischen den Rangordnungen der metrischen Distanzen und der empirisch gewonnenen Proximitätswerte.
3. Durchführung iterativer Prozeduren zur Reduktion der Diskrepanzen bei Monotonieannahme und bis zu einem festgelegten Kriterium der Anpassung.

Einige spezifische Unterschiede werden bei der *Kruskal*schen Prozedur erörtert, die im nächsten Abschnitt ausführlicher dargestellt wird.

3.4.2 Nonmetrische multidimensionale Skalierung nach *Kruskal*

Nach den Angaben *Kruskal*s (1964 a, b) basiert die hier dargestellte Prozedur insbesondere auf zwei zentralen Eigenschaften der *Shepard*schen Methode, nämlich auf der Monotoniebedingung und auf der Vereinigung der beiden Schritte „Distanzmodell“ und „Raummodell“ zu einer einzigen Anpassungsprozedur. Besonders betont wird die Formulierung der Skalierungsaufgabe als *Anpassungsprozedur*, die hier nicht – wie bei älteren Methoden – als sekundäre und statistische Frage der Anpassungsgüte, sondern als essentieller Bestandteil der Methode betrachtet wird: Die Auffindung einer bestangepaßten metrischen Konfiguration ist gleichzeitig Ziel der Analyse und das Mittel zur Einschätzung, wie nahe man diesem Ziel ist (*Kruskal* 1964 a, 2).
Die beste Anpassung wird iterativ gefunden. Insbesondere in Hinblick darauf hält *Kruskal* das *Shepard*sche Vorgehen nicht für streng genug begründet, weil keine mathematisch explizite Definition für eine beste Lösung gegeben wird. Es wird zwar ein Maß δ (vgl. (3.122)) als Abweichungsmaß von der Monotoniebe-

ziehung angegeben. Dieses Maß dient jedoch als sekundäres Kriterium, das lediglich für den Abbruch des iterativen Prozesses erforderlich ist. Die Iteration selbst wird jedoch nach einem anderen Maß der Monotonieabweichung reguliert. In dieser Hinsicht verbesserte *Kruskal* die *Shepard*sche Prozedur, indem – entsprechend der zentralen Bedeutung der Anpassungsaufgabe für die Skalierung – ein einziges, für die *gesamte* iterative Anpassungsprozedur konsistentes Maß für Nicht-Monotonie entwickelt wird. Dieser sog. „Stress" stellt ein normiertes Maß für die Restvarianz einer monotonen Regression von Distanzen auf Unähnlichkeiten bei gewählter Ausgangskonfiguration dar.

Der „Stress"

Der „Stress" stellt als Anpassungskriterium einen zentralen Bestandteil der gesamten nonmetrischen MDS-Prozedur dar. Dieses Maß ist vor allem im Zusammenhang mit der rechnerischen Optimalisierung der Anpassungsprozedur gegenüber der ersten Version (*Kruskal* 1964a, b) inzwischen vielfach verändert und weiterentwickelt worden (vgl. *Kruskal* 1968, *Young* 1972, 80f., *Johnson* 1973, *Möbus* 1974). Wir gehen zunächst auf die erste Version von *Kruskal* ein, die auch als Grundlage unserer experimentellen Untersuchungen in Teil III diente.

Gegeben sei eine Menge von m Reizen mit $m(m-1)/2$ experimentell gewonnenen Unähnlichkeitsmaßen $\delta(x,y)$ (vgl. Matrix S in (3.121)), wobei die Symmetriebedingung $\delta(x,y) = \delta(y,x)$ gelten soll und Werte $\delta(x,x), \delta(y,y), \ldots,$ außer Acht gelassen werden. Zunächst wird auch die Möglichkeit nicht berücksichtigt, daß in der Ordnung aller Maße auch gleiche Unähnlichkeitsmaße auftreten können. Ohne gebundene Ränge (ties) können alle Unähnlichkeitswerte zu einer aufsteigenden Rangordnung angeordnet werden:

$$\delta_1(x,y) < \delta_2(x,y) < \cdots < \delta_M(x,y) \; ; \; M = m(m-1)/2 \quad \text{Reizpaare} \, .$$

Das räumliche Einbettungsproblem besteht dann darin, die m Reizobjekte im n-dimensionalen, metrischen Raum abzubilden, so daß jeder Reiz x als Punkt mit orthogonalen Koordinaten repräsentiert wird (vgl. Matrix X in (3.121)): $x = (x_1, \ldots, x_i, \ldots, x_n)$.

Um dieses Einbettungsproblem iterativ zu lösen, wird zunächst als Ausgang eine hypothetische bzw. arbiträre Reizkonfiguration X_0 bestimmter Dimensionalität n und Metrik r angenommen. Bei Wahl der euklidischen Metrik ($r = 2$) sind die Punktabstände der n-dimensionalen Ausgangskonfiguration definiert durch (vgl. $D = g(X)$ in (3.121)):

$$(3.123) \qquad d(x,y) = \left[\sum_{i=1}^{n} (x_i - y_i)^2 \right]^{1/2} .$$

Um zu bewerten, wie gut die gewählte Konfiguration die empirischen Unähnlichkeitswerte $\delta(x,y)$ repräsentiert, muß zunächst ein geeignetes Anpassungsmaß entwickelt werden. Das zweite Problem besteht dann darin, anhand dieses Kriteriums eine Konfiguration *bester* Anpassung anzunähern. Dabei stellt sich dann auch die wichtige Frage, bei welcher Metrik und Dimensionalität die Distanzfunktion bestangepaßte Distanzen $d(x,y)$ liefert.

Um die Bedeutung des von *Kruskal* vorgeschlagenen *Anpassungskriteriums* zu veranschaulichen, geht man von einem Diagramm aus, in dem Unähnlichkeiten $\delta(x,y)$ und Distanzen $d(x,y)$ gegeneinander abgetragen sind. Gegeben sei beispielsweise eine Menge von $m = 5$ Reizen mit $M = 10$ zugehörigen, experimentell gewonnenen Unähnlichkeitsmaßen $\delta(x,y)$ (z.B. mittlere Distanzschätzungen) und den korrespondierenden Distanzmaßen $d(x,y)$ einer gewählten Ausgangskonfiguration bestimmter Metrik und Dimensionalität (vgl. Abb. 20a). Um für das Diagramm mit beobachteten Unähnlichkeiten $\delta(x,y)$ festzustellen, wieweit es von einem ideal angepaßten Verlauf mit perfekt aufsteigender *monotoner* Abhängigkeit zwischen $\delta(x,y)$ und $d(x,y)$ abweicht, wird ein entsprechender idealer Verlauf angenommen (vgl. Abb. 20b). Diese Kurve ist keine Paramterkurve, sondern lediglich eine nonparametrische Kurve, deren $\hat{d}(x,y)$-Werte („disparities"; vgl. Matrix $\tilde{D}$ in (3.121)) mit wachsendem $\delta(x,y)$ *monoton* ansteigen, d.h. nur einer Bewegung von links nach rechts folgen. Man betrachtet nun die Abweichungen der angenommenen Distanzmaße $d(x,y)$ in Richtung der Abszisse (d-Achse) von den korrespondierenden Werten $\hat{d}(x,y)$, die auf der angepaßten Kurve liegen und die Monotonieeigenschaft

$$\begin{array}{ll} \hat{d}_1(x,y) \leqq \hat{d}_2(x,y) \leqq \cdots \leqq \hat{d}_M(x,y) & \text{wenn} \\ \delta_1(x,y) < \delta_2(x,y) < \cdots < \delta_M(x,y) & \end{array}$$

erfüllen. Die Variabilität in Richtung der δ-Achse interessiert nicht. Das Ausgangs-Diagramm (vgl. Abb. 20a) besteht also aus Punkten $(d(x,y), \delta(x,y))$ und das angepaßte Diagramm (Abb. 20b) aus Punkten $(\hat{d}(x,y), \delta(x,y))$, wobei die geschätzten Werte $\hat{d}(x,y)$ der Monotoniebedingung genügen und lediglich eine Folge von Zahlen darstellen, die so nahe wie möglich zu $d(x,y)$ liegen.

Die „disparities" $\hat{d}(x,y)$ sind die Bezugspunkte für die Nichtmonotonie der gewählten Distanzen $d(x,y)$. Das gesuchte Anpassungskriterium kann somit zunächst – analog zur Methode der kleinsten Quadrate bei üblichen Regressionsmethoden – als Summe der quadrierten Abweichungen $d(x,y) - \hat{d}(x,y)$ definiert werden[9]:

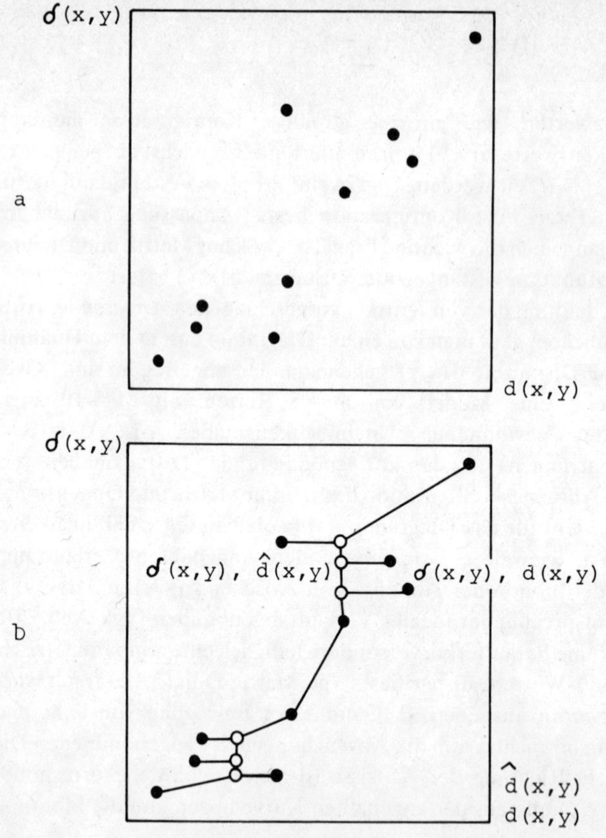

Abb. 20: Diagramme mit beobachteten Unähnlichkeiten (δ(x,y)), metrischen Distanzen (d(x,y)) und Werten (disparities) $\hat{d}(x,y)$, welche die Monotonieannahme erfüllen.

(3.124) $$S^* = \sum_{x<y} [d(x,y) - \hat{d}(x,y)]^2.$$

Das Maß S* („raw stress") ist invariant gegenüber Rotation, Translation und Reflexion der Konfiguration, nicht jedoch gegenüber Strecken und Stauchen der Skalen: Wenn die Konfiguration $(x_1, \ldots, x_n)$ um einen Faktor k vergrößert oder verkleinert wird, dann verändert sich S* zu $k^2 S^*$. Ein Maß der Anpassungsgüte sollte jedoch invariant gegenüber der Vergrößerung der Konfiguration sein, weshalb eine Normierung mit

(3.125) $$T^* = \sum_{x<y} d^2(x,y)$$

vorgenommen wird. Dann ergibt sich

$$(3.126) \qquad \frac{S^*}{T^*} = \frac{\sum\limits_{x<y} [d(x,y) - \hat{d}(x,y)]^2}{\sum\limits_{x<y} d^2(x,y)}$$

und schließlich als endgültiges Anpassungskriterium oder „*normierter Stress*" (S_1 = Stress_1) die Wurzel aus dem Ausdruck (3.126):

$$(3.127) \qquad S_1 = \sqrt{\frac{\sum\limits_{x<y} [d(x,y) - \hat{d}(x,y)]^2}{\sum\limits_{x<y} d^2(x,y)}}$$

Dieses Maß stellt eine normierte restliche Quadratsumme dar: Je kleiner der Stress S_1, desto besser ist die Güte der Anpassung hinsichtlich perfekter Monotoniebeziehung.

Durch den Stress wird zunächst lediglich ein *deskriptives* Maß für die Anpassungsgüte der Skalierung festgelegt. *Kruskal* (1964a, 3) gibt zur Bewertung des prozentual ausgedrückten Stress folgende qualitative Klassifikation an:

Stress S %	Anapassungsgüte
20%	poor
10%	fair
5%	good
2,5%	excelent
0%	perfect

Lösungen für die zufallskritische Beurteilung von S_1 existieren auf der Basis exakter Verteilungsfunktionen bisher nicht. Kürzlich wurden jedoch von *Stenson & Knoll* (1969) Monte Carlo-Untersuchungen veröffentlicht, in denen für die euklidische Metrik Zufallsfunktionen des Stress in Abhängigkeit von der Reizanzahl und der gewählten Dimensionalität angegeben werden. Weitere Monte-Carlo-Untersuchungen stammen von *Klahr* (1969), *Wagenaar & Padmos* (1971), *Sherman* (1972) und *Spence* (1972).

Kruskal (1968) hat unter Verwendung der durchschnittlichen Distanzen

$$(3.128) \qquad \bar{d} = \frac{1}{M} \sum_{x<y} d(x,y)$$

eine *zweite* Version (S_2 = Stress$_2$) des Stress-Maßes vorgeschlagen:

$$(3.129) \qquad S_2 = \sqrt{\frac{\sum_{x<y} [d(x,y) - \hat{d}(x,y)]^2}{\sum_{x<y} [d(x,y) - \bar{d}]^2}}$$

Weitere Überlegungen und Maße zur Anpassungsgüte nonmetrischer MDS-Modelle findet man bei *Young* (1972, 80ff.), wo u. a. auch die Zusammenhänge zwischen den beiden Stress-Versionen S_1 und S_2 von *Kruskal* diskutiert werden:

$$(3.130) \qquad S_1^2 = S_2^2 \left[1 - \frac{\sum_{x<y} \bar{d}^2}{\sum_{x<y} d(x,y)^2} \right]$$

Eine neuere Stress-Formel wurde kürzlich von *Johnson* (1973) entwickelt. Dieses Anpassungsmaß verzichtet auf das Konzept der „disparities" $\hat{d}(x,y)$. Die Berechnung des Stress basiert hingegen auf der Gegenüberstellung von je zwei Reizpaaren bzw. Punkten i, j und k, l mit den Eingangswerten r_{ij}, r_{kl} und den berechneten (euklidischen) Distanzen d_{ij}, d_{kl}. Haben die Differenzen $(r_{ij} - r_{kl})$ und $(d_{ij} - d_{kl})$ dasselbe Vorzeichen, dann ist die erwünschte Gleichheit der Ordnungsrelation erfüllt. Aufgrund dieser Vorüberlegung definiert *Johnson* (1973, 13) folgendes Abweichungsmaß:

$$(3.131) \qquad \theta^2 = \frac{\sum\limits_{\substack{i<j \\ k<l \\ (i,j) \neq (k,l)}} \delta_{ij,kl} (d_{ij}^2 - d_{kl}^2)^2}{\sum\limits_{\substack{i<j \\ k<l \\ (i,j) \neq (k,l)}} (d_{ij}^2 - d_{kl}^2)^2}$$

Dabei ist

$$(3.132) \qquad \delta_{ij,kl} \begin{cases} 1 \text{ wenn Vorzeichen } (d_{ij} - d_{kl}) \neq \text{ Vorzeichen } (r_{ij} - r_{kl}) \\ 0 \text{ wenn Vorzeichen } (d_{ij} - d_{kl}) = \text{ Vorzeichen } (r_{ij} - v_{kl}) \end{cases}$$

Die quadrierte Differenz im *Zähler* von (3.131) geht nur dann in die Summe ein, wenn $\delta = 1$, d.h. der Zähler kann im Sinne der Abweichung von der Monotonieforderung interpretiert werden. Der *Nenner* bildet eine Normierung, so daß der Wert θ^2 als Prozentwert für denjenigen Variationsanteil der quadrierten Distanzen interpretiert werden kann, der inkonsistent mit der eingegangenen Rangordnung ist.

Unter Verwendung dieses vereinfachten Stress-Maßes hat *Johnson* für euklidische Distanzen eine iterative Minimalisierungsprozedur entwickelt, die aller-

dings – wie die *Kruskal*-Prozedur – auf dem Prinzip einer Gradientenmethode mit Bildung partieller Ableitungen beruht. *Möbus* (1974) hat kürzlich eine Rechenprozedur mit einem „Suchverfahren“ vorgeschlagen, das auf der Basis der *Shepard*schen Überlegungen zur nonmetrischen MDS ohne partielle Ableitungen auskommt.
Währenddem die genannten Stress-Maße S_1 und S_2 die Prüfung der Anpassungsgüte hinsichtlich der montonen Beziehung zwischen „disparities“ $\tilde{D}$ und Distanzen D erlauben (vgl. Gleichung (3.122)), soll ein weiteres Anpassungsmaß der *„metrischen Determination“* (metric determinancy) M die Korrespondenz zwischen der „wahren“ Konfiguration X* und der errechneten Konfiguration X, bzw. zwischen „wahren“ Distanzen $\gamma(X^*)$ und rekonstruierten Distanzen $g(X)$ prüfen (vgl. *Shepard* 1966, *Young* 1970, *Sherman* 1972). Im normalen, empirischen Untersuchungsfall sind die „wahren“ Distanzen dem Experimentator nicht unmittelbar zugänglich. Die Ermittlung der „metrischen Determination“ M ist jedoch vor allem für Monte-Carlo-Untersuchungen zur Angemessenheit nonmetrischer MDS-Prozeduren wichtig, in denen die „wahre“ Konfiguration synthetisch fixiert werden kann.
Die Beziehungen und Unterschiede zwischen den Anpassungskriterien „Stress“ und „metrischer Determiniertheit“ können unter Verwendung von (3.122) durch folgendes Diagramm veranschaulicht werden (vgl. *Sherman* 1972, 325):

(3.133)

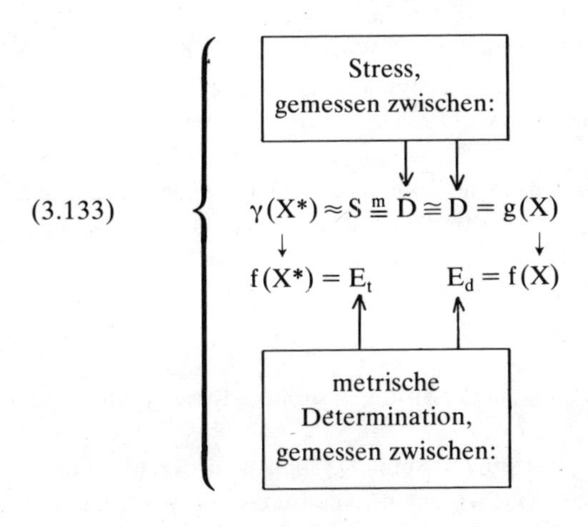

Bei euklidischer Distanzfunktion sind $E_t = f(X^*)$ und $E_d = f(X)$ die Vektoren der euklidischen Distanzen aus der „wahren“ und der abgeleiteten Konfiguration. Nach *Young* (1970) kann die „metrische Determination“ M auf dieser Basis als ein Determinationskoeffizient, d. h. als quadrierte Produktmomentkorrelation zwischen E_t und E_d bestimmt werden (vgl. auch *Shepard* 1966, 307):

$$(3.134) \qquad M = r^2_{E_t E_d}\,.$$

Unter Verwendung der Anpassungskriterien M und Stress S hat *Sherman* (1972) eine umfangreiche Monte-Carlo-Untersuchung der Paramter r (Metrik) und n (Dimensionalität) der nonmetrischen MDS durchgeführt.

Minimalisierung des Stress (S_1)

Die gesamte Minimalisierungsprozedur enthält zwei Anteile, die zu unterscheiden sind. Zunächst muß die Aufgabe gelöst werden, die in der Stress-Formel enthaltenen $\hat{d}(x,y)$-Werte zu schätzen. Bei beliebig gewählter, jedoch durch die Metrik r und Dimensionalität n fixierter Konfiguration $X_{mn} = (x_{11},\ldots,x_{1n},\ldots,x_{m1},\ldots,x_{mn})$ sollen die Werte $\hat{d}(x,y)$ so geschätzt werden, daß für diese *fixierte* Konfiguration die Monotonieannahme erfüllt wird und minimaler Stress resultiert. Dieser minimale Stress einer fixierten Konfiguration ist definiert durch:

$$(3.135) \qquad S(X_{mn}) = \mathrm{Min}\sqrt{\frac{[d(x,y) - \hat{d}(x,y)]^2}{d^2(x,y)}} \quad \text{für } \hat{d}(x,y) \text{ unter Monotoniebedingung.}$$

Die erste Minimalisierungsaufgabe richtet sich also zunächst bei fixierter Konfiguration auf die Forderung, die $\hat{d}(x,y)$-Werte so zu schätzen, daß die Monotoniebedingung $\hat{d}(x,y) \leqq \hat{d}(x',y')$, wenn $\delta(x,y) < \delta(x',y')$ erfüllt wird. Zur Lösung dieser Aufgabe hat *Kruskal* (1964b) einen effizienten Algorithmus entwickelt.
Nachdem für jede fixierte n-dimensionale Konfiguration der minimale Stress bei Gültigkeit der Monotonieannahme bestimmbar ist, stellt sich nun die abschließende Minimalisierungsaufgabe, nämlich auf dieser Basis von allen Konfigurationen diejenige n-dimensionale und metrische Konfiguration zu finden, welche die beste Anpassung liefert:

$$(3.136) \qquad S = \mathrm{Min}\, S(X_{mn}) \quad \text{aus allen n-dimensionalen Konfigurationen.}$$

Empirisch gegeben seien m Reizobjekte und Unähnlichkeitswerte $\delta(x,y)$. Theoretisch gegeben bzw. gewählt sei ein n-dimensionaler „Modellraum" bestimmter Metrik. In diesen Modellraum sei eine Reizkonfiguration mit m Punkten eingebettet (X_{mn}). Man kann diese Konfiguration X_{mn} auch beschreiben als einzelnen Punkt („configuration point") in einem mn-dimensionalen Raum, der als „*Konfigurationsraum*" bezeichnet wird. Gesucht ist dann *der* Punkt im Konfigurationsraum, dessen Koordinaten $x_{11},\ldots,x_{1n},\ldots,x_{m1},\ldots,x_{mn}$ von allen Stresswerten $S(X_{mn})$ den *minimalen* Stress S (vgl. (3.136)) liefern: Bei

vorausgesetzter Metrik und Dimensionalität und empirisch gegebenen Werten $\delta(x,y)$ wird die bestangepaßte Reizkonfiguration gesucht.
Für die rechnerische Lösung dieser Aufgabe eignen sich bestimmte Anpassungsmethoden, die z.B. bei *Spang* (1962) zusammenfassend dargestellt sind. *Kruskal* (1964, b) verwendet die *Gradientenmethode* (method of steepest descent). Bei dieser Methode geht man von einer hypothesenabhängigen oder von einer arbiträren Konfiguration aus. Der Vektor der Konfiguration wird im Konfigurationsraum iterativ jeweils in der Richtung (oder entlang desjenigen Gradienten) verändert, in der sich der Stress am schnellsten verkleinert. Die jeweilige Richtung (bzw. der negative Gradient) wird festgelegt durch die partiellen Ableitungen der Funktion S nach den Koordinaten der Reizkonfiguration:

$$\left(-\frac{\partial S}{\partial x_{11}},\ldots,-\frac{\partial S}{\partial x_{ln}},\ldots,-\frac{\partial S}{\partial x_{ml}},\ldots,-\frac{\partial S}{\partial x_{mn}}\right).$$

Dieser negative Gradient von S wird iterativ so lange verändert, bis eine Konfiguration $(x_{11},\ldots,x_{1n},\ldots,x_{m1},\ldots,x_{mn})$ resultiert, für welche der Vektor der partiellen Ableitungen gleich Null wird, bzw. innerhalb festgelegter Schranken diesen Wert erreicht. Damit wird ein Punkt im Konfigurationsraum angenähert, der für die Minimalisierung von S ein *lokales Minimum* darstellt.
Ein lokales Minimum entspricht einem Punkt im Konfigurationsraum, für den eine kleine Verschiebung keine Verbesserung der Anpassungsgüte bedeutet, d.h. für den in seiner näheren Umgebun keine bessere Lösung zu finden ist. Wie bei jeder iterativen Minimalisierungsprozedur besteht jedoch die Möglichkeit, daß der Iterationsprozeß in einem lokalen Minimum konvergiert, das nicht das (gesuchte) *absolute Minimum* für S darstellt. Für diesen Fall ist es schwierig, eine absolut bestangepaßte Konfiguration anzugeben. Für das Auftreten dieser Schwierigkeiten kommen verschiedenartige Einflußgrößen in Frage, wie Anzahl der Reize, Anzahl der Dimensionen und die besondere Form der Punktekonfiguration. Durch diese Implikationen der für die *Kruskal*-Analyse zentralen Iterationsprozedur wird es erschwert, die generelle Effizienz des Verfahrens einzuschätzen; denn ein eindeutiger analytischer Lösungswert existiert nicht. Somit ist man vor allem auf die anfangs schon genannten Monte-Carlo-Untersuchungen angewiesen, um Einblick in die Ausgangsbedingungen zu gewinnen, unter denen eine Lösung als brauchbar angesehen werden kann (allg. vgl. *Kruskal* 1964a, *Shepard* 1966, *Wender* 1969, *Rao* 1971, 11 u.a.).
Alternative Minimalisierungsalgorithmen und Varianten der Gradientenmethode wurden in letzter Zeit u.a. entwickelt von *Young* (1972), *Lingoes* (1972), *Johnson* (1973) und *Möbus* (1974). Vor allem *Möbus* weist dabei auf das Problem der lokalen Minima und auf die Empfindlichkeit der Gradientenme-

thode gegenüber verschiedenen Start-Konfigurationen hin. Statt der Gradientenmethode mit Bildung partieller Ableitungen schlägt der Autor die Minimalisierung mit einem bestimmten Suchverfahren vor, das auf eine Simplex-Methode von *Nelder & Mead* (1965) zurückgeht. Diese Prozedur soll unter Verwendung eines neuen Stress-Maßes die Anpassung an alle *Minkowski*-Metriken und auch an die schon genannten „elliptischen" Metriken erlauben. Für die Anwendung des Algorithmus ist allerdings bisher der Zeitaufwand bei großer Variablenzahl noch nicht völlig geklärt.

Dimensionen und Metrik der Konfiguration

Die ordinale Skalierung setzt zwar im „Distanzmodell" keine spezielle Funktionsform für die Abhängigkeit zwischen Distanzen d (x, y) und beobachteten Unähnlichkeiten δ (x, y) voraus, wohl aber eine explizite Abstandsfunktion, welche gemäß des gewählten „Raummodells" für die Reizkonfiguration angibt, wie die globalen Distanzen d (x, y) aus den spezifischen Reizkoordinaten x_i, y_i zu berechnen sind (vgl. (3.122)). Die Fixierung einer Distanzfunktion am Anfang der Skalierung ist schon aus rechnerischen Gründen notwendig. Jeder einzelne Anpassungsprozeß erfordert zur Minimalisierung des Stress feste numerische Werte für d(x,y) und somit nicht nur die Wahl einer Distanzfunktion bestimmter *Metrik* r, sondern auch die Festlegung einer bestimmten *Dimensionalität* n. Die Wahl der Metrik und Dimensionalität ist zunächst für jede versuchte Konfigurationsanpassung vorläufig. Mit der endgültigen Wahl einer bestangepaßten Konfiguration gehen jedoch spezifische Metrik- und Dimensionshypothesen in die Skalierung ein, die nicht nur formale, sondern insbesondere auch theoretisch-inhaltliche Konsequenzen für das Skalierungsergebnis haben. Gewöhnlich trifft man die Annahme, daß die Reizunähnlichkeiten im psychologischen Reizraum angemessen durch ein euklidische Metrik beschrieben werden und somit die Berechnung der Distanzen nach der euklidischen Distanzfunktion (3.1) berechtigt ist. Die euklidische Metrik ist jedoch nur ein Spezialfall der allgemeineren Klasse von Metriken, die schon als *Minkowski r-Metriken* (Lp-Normen, Potenzmetriken) beschrieben wurden (vgl. 3.8). Eine besondere Eigenschaft der *Kruskal*-Analyse besteht darin, daß die Anpassungsprozedur und auch die zugehörige Meßtheorie für die Verwendung aller Distanzen dieser Metrik-Klasse geeignet ist.
Wie alle multivariaten Strukturanalysen kann man auch die *Kruskal*-Analyse *hypothesentestend* oder *hypothesensuchend* einsetzen. So kann man bei einem bestimmten Skalierungsproblem von einer eindeutigen Hypothese über Dimensionalität und Metrik ausgehen und hätte dann anhand von Daten den Bestätigungsgrad dieser Hypothese zu prüfen. Im anderen und häufigeren Fall könnte man die Analysentechnik zur Hypothesensuche einsetzen, indem man beispielsweise fragt, durch welche Konfiguration bestimmter Metrik und

Dimensionalität die Ausgangsdaten am besten approximiert werden. In beiden Fällen orientiert sich die Auffindung einer Konfiguration bestimmter Metrik und Dimensionalität gemäß der Konstruktion der *Kruskal*-Analyse als Anpassungsprozedur an der Bewertung der jeweiligen Stress-Werte. Allgemein tritt dabei das statistische Problem auf, daß für die S-Werte bisher keine Zufallsverteilung hergeleitet wurde, so daß der Stress vorerst nur als deskriptives Maß beurteilt werden kann. Für eine angenäherte zufallskritische Beurteilung leisten die schon genannten Monte-Carlo-Untersuchungen gute Dienste.
Bei der versuchsweisen Wiederholung der Skalierungsprozedur mit verschiedener *Metrik* (und konstanter Dimensionszahl) hätte man abschließend die Konfiguration mit kleinstem Stress zu bevorzugen. Hier eine eindeutige Entscheidung zu treffen wird jedoch aus verschiedenen Gründen erschwert. So tritt zunächst das schon genannte Problem auf, daß der iterative Prozeß zur Stress-Minimalisierung nicht notwendig in einem lokalen Minimum konvergiert, das auch gleichzeitig das absolute Minimum darstellt. Für die gesuchte Konfiguration können andere Lösungen existieren, die einen noch kleineren Stress aufweisen und erst bei Verwendung einer anderen Ausgangskonfiguration sichtbar werden. Dieses rechentechnische Problem ergibt sich innerhalb einer festgelegten Metrik- und Dimensionshypothese und berührt nur mittelbar die Schwierigkeit beim Vergleichen mehrerer Hypothesen. Eine weitere Schwierigkeit kann sich ergeben, wenn man die Anpassungsprozedur bei fester Dimensionalität mit verschiedenen Exponenten r der Distanzfunktion wiederholt, um anhand des kleinsten Stress die bestgeeignete Metrik herauszufinden. Drückt man S als Funktion von r aus, so kann diese Funktion mehrere gleichgroße Minima haben, so daß insgesamt die Festlegung auf einen bestimmten Metrik-Exponenten sehr schwierig ist, wenn man nicht zusätzliche Informationen heranzieht.
Wender (1969) diskutiert das Problem mehrerer Stress-Minima bei fixierter Dimensionalität und variierter r-Metrik als Problem der *Eindeutigkeit*. Nichteindeutigkeit kann zunächst innerhalb einer gegebenen Metrik auftreten; denn es können mehrere äquivalente Lösungen gleicher Rangordnung von Distanzen existieren. Dieses Problem der Eindeutigkeit läßt sich analytisch mit Hilfe von Überlegungen lösen, die bei *Beals, Krantz & Tversky* (1968) dargelegt werden. Äquivalente Lösungen unterscheiden sich nur nach einem skalaren Faktor oder der Numerierung der Dimensionen.
Schwieriger ist das Eindeutigkeitsproblem zu lösen, wenn in der Beziehung zwischen Stress und Metrik-Exponenten „quasi-äquivalente" Lösungen gleicher Minima auftreten. Das praktische Auftreten dieser Schwierigkeit ist dadurch bedingt, daß in Skalierungsexperimenten nie sämtliche Punkte des psychologischen Reizraumes realisiert werden. Deshalb ist das Auftreten quasi-äquivalenter Lösungen abhängig von der Aufteilung der realisierten Punkte im subjektiven Raum, also von der Form der Konfiguration, und um so

wahrscheinlicher, je geringer die Reizanzahl und die Anzahl der attributspezifischen Dimensionen ist. Für die Auswahl zwischen gleichguten Lösungen versagt das formale Stress-Kriterium und es müssen zusätzliche Informationen herangezogen werden, welche generell die oben genannten Bedingungen berücksichtigen und spezielle psychologische Interpretationshypothesen über den subjektiven Reizraum implizieren. Die Aufstellung solcher *Hypothesen* ist jedoch bei vielen Fragestellungen schwierig, und zwar insbesondere bei Reizbeurteilungen, die nicht Gegenstand der Psychophysik sind. Trotzdem zeigen Eindeutigkeitsprobleme der genannten Art, daß gegenüber der besonders in faktorenanalytischen Untersuchungen verbreiteten Forschungsstrategie, ohne explizite Hypothesen jede beliebige Datenmatrix zu analysieren (vgl. dazu z. B. *Orlik* 1967), ein Vorgehen mit der Aufstellung und Überprüfung eindeutiger Hypothesen bevorzugt werden sollte. Die Herleitung von Hypothesen über Konfiguration, Metrik und Dimensionalität von Urteilsdaten ist sicherlich in vielen Fällen schwierig. Aber nur so läßt sich auf weite Sicht die mehr oder weniger große Unverbindlichkeit der Resultate vieler dimensionaler Strukturanalysen vermeiden. Sofern man sich nicht in der Lage sieht, eindeutige Hypothesen apriori zu begründen, so sollte man angesichts der genannten Eindeutigkeitsprobleme und hinsichtlich der angemessenen Dimensionalität eine schließlich ausgewählte Lösung und deren Interpretation nur als Hypothese betrachten, deren Widerspruchsfreiheit in weiteren Untersuchungen zu prüfen ist, wie beispielsweise in Lernexperimenten oder bestimmten Urteilssituationen.
Die Frage der angemessenen *Dimensionsanzahl* innerhalb einer Metrik wirft weitere Probleme auf. Im Prinzip kann man hier eine ähnliche Betrachtung anstellen, wie bei Faktorenanalysen (vgl. *Cattell* 1966, 174ff.) oder der MDS von *Torgerson*. Bei der Hauptachsenlösung untersucht man z. B. den Abfall der nach Größe geordneten Eigenwerte. Jeder Eigenwert korrespondiert zur Varianzaufklärung der jeweiligen Hauptachse oder Skala. Die Anzahl von Dimensionen wird dann als hinreichend groß angesehen, wenn weitere Hauptachsen keine nennenswerte Varianzaufklärung mehr bringen. Analog zu dieser Schätzung aus dem Eigenwertabfall kann man bei der *Kruskal*-Analyse Stress S und Dimensionsanzahl n gegeneinander abtragen, wobei der Stress die nichtaufgeklärte Restvarianz angibt. Wenn zusätzliche Dimensionen den Stress nicht mehr nennenswert verringern, kann man aus einem entsprechenden Knick der Kurve die angemessene Dimensionalität schätzen. Hinsichtlich der absoluten Größe von S ist allerdings zu berücksichtigen, daß der Stress als Anpassungskriterium konzipiert ist, und sich die Anpassung der Konfiguration mit zunehmender Anzahl von Dimensionen zwangsläufig verbessert. Werden im Maximalfall m Punkte in $n = m - 1$ Dimensionen abgebildet, so wird minimaler Stress von $S = 0$ erreicht. Weiterhin hat man sich bei der Schätzung von n an der psychologischen Interpretierbarkeit der Koordinaten zu orientieren, bzw. man hat apriori aufgestellte Hpothesen zu berücksichtigen.

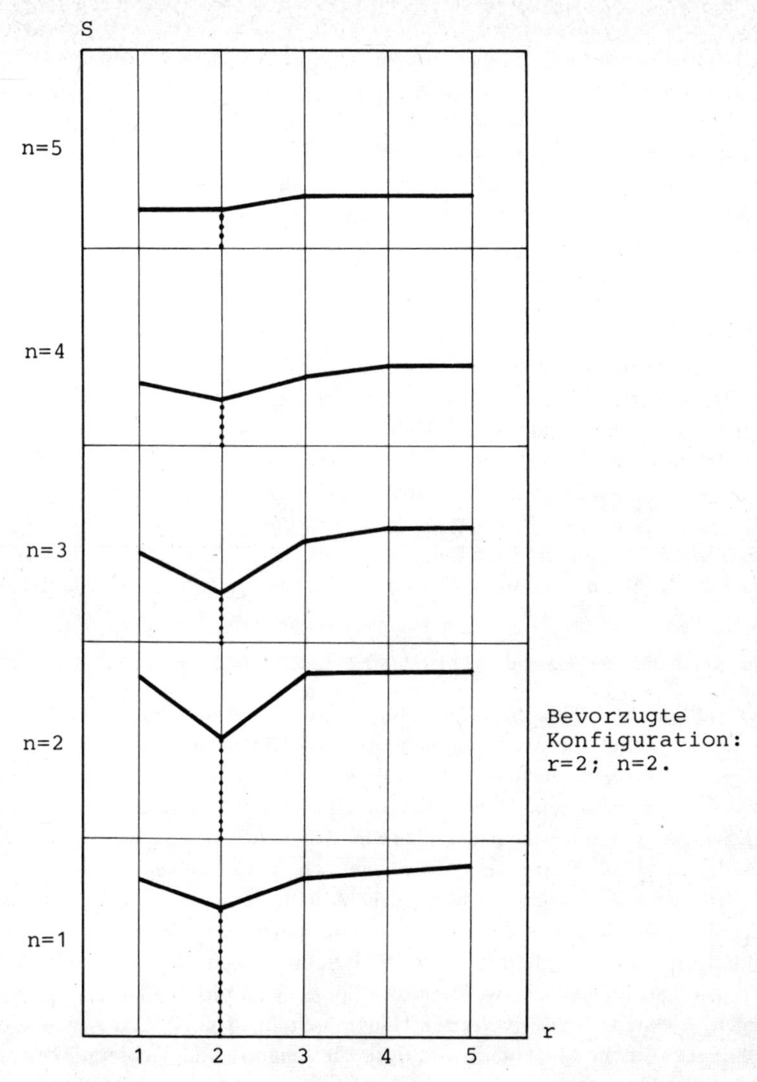

Abb. 21: Zusammenhang von Stress (S), Metrik (r) und Dimensionalität (n) an einem fiktiven Beispiel.

Im konkreten Skalierungsfall kann man weder von der Beziehung zwischen S und r noch von der Beziehung zwischen S und n *allein* ausgehen. Vielmehr sind beide Gesichtspunkte *kombiniert* zu bewerten, wie an einem fiktiven Beispiel (vgl. Abb. 21) veranschaulicht wird. Das konstruierte Beispiel demonstriert, daß mit zunehmender Dimensionalität (n) die Stresswerte (S) der angepaßten Konfigurationen generell geringer werden und auch weniger gut zwischen verschiedenen r-Werten differenzieren (z. B. bei $n = 5$). Man kann sich also nicht pauschal und uneingeschränkt am absolut kleinsten Stress aller angepaßten Konfigurationen (hier: $5 \times 5 = 25$ Konfigurationen) orientieren. Vielmehr muß

a) zur Schätzung der angemessen reduzierten *Dimensionszahl* der Abfall der Stress-Werte in Richtung zunehmender n-Werte betrachtet werden, und
b) gleichzeitig zur Schätzung der *Metrik* analysiert werden, ob und bei welchen r-Werten sich in Abhängigkeit von der Dimensionsschätzung ein hinreichend deutlich erkennbares relatives Minimum von S zeigt.

Für den Fall des konstruierten Beispieles würde man sich wahrscheinlich für die Wahl der Konfiguration mit $r = 2$ und $n = 2$ Dimensionen entschließen.

Zur „Gewichtungseigenschaft" der Metrik angepaßter Konfigurationen

Der Aufbau der MDS-Prozedur nach *Kruskal* läßt explizit die Möglichkeit zu, nicht nur euklidische Metriken, sondern im Rahmen der verwendeten *Minkowski* r-Metriken, auch nichteuklidische Reizkonfigurationen an die Ausgangsdaten anzupassen. Hinsichtlich der theoretischen Erklärung der durch MDS abgebildeten Reizbeurteilungen wird damit auf seiten des MDS-Formalismus der Bereich „erklärender" Modelleigenschaften erheblich erweitert, indem nämlich der r-Parameter der Metrik als Modelleigenschaft hinzukommt. Wie weit sich diese in der *Kruskal*-Analyse implizierte Erweiterung auch für die Bildung empirisch fundierter Theorien (Urteilstheorien, Wahrnehmungstheorien usw.) als brauchbar erweist, müssen spezielle empirische Untersuchungen zeigen, wie sie teilweise im letzten Hauptabschnitt (Teil III) der Abhandlung diskutiert werden. Als syntaktische Basis für semantische Interpretationen und empirische Untersuchungen zur Modellfunktion des erweiterten MDS-Modells der *Kruskal*-Analyse spielt eine bestimmte *„Gewichtungseigenschaft"* (vgl. *Wender* 1969) der r-Metrik eine bedeutsame Rolle, die in Ergänzung der bisher diskutierten Metrikeigenschaften (vgl. S. 74ff.) einer näheren Erläuterung bedarf.
Innerhalb der Klasse der r-Metriken werden – wie schon diskutiert – durch bestimmte Werte des Exponenten r einige bekannte Spezialfälle definiert, nämlich durch $r = 1$ die City-Block-Metrik, durch $r = 2$ die euklidische Metrik

und durch $r = \infty$ die Supremumsmetrik. Neben diesen Spezialfällen erfüllen auch alle dazwischenliegenden Fälle $1 \leqq r \leqq \infty$ die Bedingungen einer Metrik. Bestimmte Eigenschaften der r-Metriken in bezug auf den Exponenten r werden deutlicher sichtbar, wenn man eine Umformung nach *Cross* (1965 a, b; vgl. auch *Wender* 1969, *Coombs* 1967) vornimmt, und die Distanzfunktion (3.8) unter der Bedingung ansteigender r-Werte betrachtet.
Die Distanzen $d_r(x, y)$ erfüllen eine bestimmte Homogenitätsbedingung des affinen Raumes, nämlich die Invarianz gegenüber Translationen:

$$(3.137) \qquad d_r(x + c, y + c) = d_r(x, y) .$$

Wegen dieser Eigenschaft genügt es für die weitere Umformung und für bestimmte Aussagen über Distanzen, die Norm $l_r(x)$ des Ortsvektors eines Reizes x zu betrachten, d. h. den Abstand $d_r(0, x)$, der bei Komponenten x_i gegeben ist durch:

$$(3.138) \qquad d_r(0, x) = l_r(x) = \left(\sum_{i=1}^{n} |x_i|^r \right)^{1/r} .$$

Durch Potenzierung mit r und anschließender Division durch $l_r(x)^{r-1}$ wird (3.138) umgeformt in:

$$(3.139) \qquad l_r(x) = \sum_{i=1}^{n} \left(\frac{|x_i|}{l_r(x)} \right)^{r-1} \cdot |x_i| =$$

$$= \left(\frac{|x_1|}{l_r(x)} \right)^{r-1} |x_1| + \cdots +$$

$$+ \left(\frac{|x_i|}{l_r(x)} \right)^{r-1} |x_i| + \cdots + \left(\frac{|x_n|}{l_r(x)} \right)^{r-1} |x_n| .$$

Interpretiert man in (3.139) die Ausdrücke

$$(3.140) \qquad \left(\frac{|x_i|}{l_r(x)} \right)^{r-1} = g_i$$

als Gewichtskoeffizienten, so läßt sich der Abstand eines Punktes x vom Nullpunkt als gewichtete Summe der einzelnen Komponenten $|x_i|$ über n Dimensionen darstellen:

$$(3.141) \qquad l_r(x) = \sum_{i=1}^{n} g_i |x_i| .$$

Anhand dieser Umformung der r-Metrik, die auch für *Distanzen* $d_r(x,y)$ zwischen Reizen gilt, läßt sich für die Gewichte g_i eine aufschlußreiche Grenzwertbetrachtung anstellen. Wir betrachten den Fall eines maximalen Koordinatenwertes $|x_{max}|$ aus der Menge $\{|x_i|\}$ aller Reizkoordinaten:

$$(3.142) \qquad |x_{max}| = \underset{i=1}{\overset{n}{\mathrm{MAX}}}\{|x_i|\}\,.$$

Für $|x_i| \neq |x_{max}|$ ist $|x_i| < |x_{max}|$ und somit $l_r(x) > |x_i|$. Daraus ergibt sich in den Gewichtskoeffizienten g_i die Folgerung $|x_i|/l_r(x) < 1$. Betrachtet man nun für die Gewichtskoeffizienten g_i den Grenzwert dafür, daß der Exponent r gegen Unendlich geht, so ergibt sich:

$$(3.143) \qquad \lim_{r\to\infty}\left(\frac{|x_i|}{l_r(x)}\right)^{r-1} = 0\,.$$

Dieser Grenzübergang zeigt, daß der Anteil aller Komponenten $|x_i| \neq |x_{max}|$ verschwindet, wenn der Metrik-Koeffizient r gegen Unendlich strebt. Man kann leicht zeigen, daß für diesen extremen Fall einer Metrik die Vektorlänge $l_r(x)$ für einen Reiz x lediglich durch den Anteil der maximalen Reizkomponenten $|x_{max}|$ aus der Menge $\{|x_i|\}$ aller Komponenten $|x_i| \neq |x_{max}|$ bestimmt wird:

$$(3.144) \qquad \lim_{r\to\infty} l_r(x) = |x_{max}|\,.$$

Dieser Fall wurde schon als „Supremumsmetrik" oder „Dominanzmetrik" bezeichnet: Für $r = \infty$ dominiert die größte Reizkoordinate alle übrigen Koordinaten.
Vergleicht man zwei Reizkomponenten $|x_i|$ und $|x_j|$ ($i,j = 1,2,\ldots,n$ Dimensionen), von denen eine größer als die andere ist ($|x_i| < |x_j|$), so ergibt sich für den Grenzwert des Quotienten g_i/g_j ihrer Gewichte:

$$(3.145) \qquad \lim_{r\to\infty}\frac{g_i}{g_j} = \lim_{r\to\infty}\frac{|x_i|^{r-1}}{|x_j|^{r-1}} = 0\,.$$

Dieser Grenzübergang läßt die Deutung zu, daß bei wachsendem Exponenten r der relative Beitrag der größeren Koordinaten $|x_j|$ gegenüber $|x_i|$ immer stärker ins Gewicht fällt, wie sich an einem Beispiel demonstrieren läßt:

$$\left.\begin{aligned}|x_i| &= 2\\ |x_j| &= 10\end{aligned}\right\}\ |x_i| < |x_j|$$

$r = 1 \quad 2^0/10^0 = 1/1$
$r = 2 \quad 2^1/10^1 = 2/10$
$r = 3 \quad 2^2/10^2 = 4/100$
$r = 4 \quad 2^3/10^3 = 8/1000$ usw.

Wieder bezogen auf *Distanzen* $d_r(x,y)$ besagt diese formal hergeleitete Eigenschaft von *Minkowski* r-Metriken, daß bei größer werdendem Exponenten r der Beitrag der großen spezifischen Distanzen $|x_i - y_i|$ beim Aufbau der globalen Distanzen immer stärker ins Gewicht fällt. Im Grenzfall bei $r = \infty$ ist am Aufbau einer globalen Distanz lediglich die größte spezifische Distanz beteiligt. Diese formale Deutung von r-Metriken auf der Basis von *Kombinationsregeln* mit gewichteter Summation spezifischer Distanzen wird von *Wender* (1969) als „Gewichtungseigenschaft" bezeichnet. Eigenschaften dieser Art lassen bestimmte psychologische Interpretationen und experimentelle Überprüfungsmöglichkeiten zu, wie später noch erörtert wird. Im Zusammenhang mit der Generalisierung von MDS-Modellen im Rahmen der „polynomial conjoint analysis" hat sich auch *Young* (1972, 87ff.) mit den Formaleigenschaften bestimmter Kombinationsregeln zum Aufbau von metrischen Distanzen beschäftigt. Auf die psychologische Bedeutung solcher Regeln haben z. B. *Shepard* (1964), *Fischer & Micko* (1972, 42ff.) u. a. hingewiesen.
Fundamentale Kritik an der Verwendung von geometrischen Strukturmodellen zur Erklärung psychologischer Phänomene (wie hier der angestrebten Erklärung von Urteilsverhalten durch geometrische Kombinationsregeln) wird von vielen Autoren, beispielsweise von *Boyd* (1972) geübt. *Boyd* kritisiert unter der ironisierenden Überschrift „Euclid as a Social Scientist" vor allem die populäre Verwendung euklidischer Raummodelle, deren Anwendung der Erklärung dynamischer Verhaltens*abläufe* eher im Wege stehen solle, als daß die Theorienbildung in diesem Bereich durch sie begünstigt wird. Ähnlich kritische Einschätzungen geometrischer Raummodelle und ihrer Anwendung zur theoretischen Erklärung von Verhaltensabläufen stammen beispielsweise von *Kalveram* (1968, 1971), *Arabie & Boorman* (1972, 193f.), u. a. (vgl. auch *Messick* 1972, *Guttman* 1971, *Cliff* 1973). *Boyd* bevorzugt statt der kontinuierlichen und räumlichen Repräsentation durch geometrische Modelle (vgl. z. B. *Degerman* 1972) die Anwendung von diskreten oder kategorialen Beschreibungen bei Benutzung eines informationstheoretischen Ansatzes (vgl. auch *Boyd & Wexler* 1973, *Boorman & Arabie* 1972).
Auch wir sind der Meinung, daß die ausschließliche Verwendung geometrischer Strukturmodelle *ohne* Einbezug dynamischer Modellkomponenten (wie z. B. durch informationstheoretische Prozeßmodelle oder probabilistische Zusatzüberlegungen) und *ohne* Überprüfung der Strukturhypothesen in skalierungsexternen experimentell kontrollierten Verhaltensabläufen auf die Dauer nur zu einer Pseudo-Dynamisierung und lediglich deskriptiven Mathematisierung der

getroffenen theoretischen Aussagen führt (vgl. dazu z. B. *Green & Carmone* 1972, 133ff.; *Shepard* 1972, 10ff.).
Im Gegensatz zu der ziemlich eindeutigen Ablehnung von geometrischen MDS-Modellen hinsichtlich ihrer Eignung zur Bildung von Verhaltenstheorien durch *Boyd* u. a. vertreten beispielsweise *Beals, Krantz & Tversky* (1968) eher die Position der „Geometriker" bei der Bildung von Theorien zur Urteilsbildung etc. Dabei wird die Verwendung von metrisch und dimensional organisierten MDS-Modellen von diesen Autoren keineswegs als zwingend oder als anderen Modellen eindeutig überlegen angenommen, vor allem dann, wenn die Eignung der Modelle zur Abbildung bestimmter prozessualer Vorgänge (wie z. B. Aufmerksamkeitsfluktuationen; vgl. *Shepard* 1964) oder von Kontextabhängigkeiten der Urteilsbildung (vgl. *Torgerson* 1965) nicht eindeutig geklärt ist. Diese Klärung ist jedoch sowohl in syntaktischer als auch in semantisch-empirischer Hinsicht möglich und erforderlich. Die syntaktische Analyse der Modelleignung und ihrer Voraussetzungen ist vor allem die Aufgabe von Axiomatisierungsversuchen, wie sie z. B. *Beals, Krantz & Tversky* für die nonmetrische MDS vorgenommen haben. Auf diese Versuche gehen wir im folgenden kurz ein.

3.4.3 Zur axiomatischen Begründung der nonmetrischen multidimensionalen Skalierung

3.4.3.1 Allgemeines

Erwartet man, daß die Verfahren der ordinalen Skalierung und insbesondere die repräsentierende metrische Struktur (hier: *Minkowski*-Metrik) zur Bildung empirisch fundierter psychologischer Theorien beitragen, so müssen neben der deskriptiven Reduktionsleistung der Methoden insbesondere ihre theoretisch-empirischen Implikationen untersucht werden. Bei dieser Analyse kann man sich zweckmäßig an der allgemeinen Gliederung von *Zeichenfunktionen* nach syntaktischen, semantischen und pragmatischen Funktionen orientieren (vgl. *Morris* 1938, 1947, *Carnap* 1954, *Seiffert* 1971, 81ff.; *Klaus* 1972, 290ff., *Lord & Novick* 1968, 15ff. u. a.), die sich leicht auf den Spezialfall der empirischen Theorienbildung anwenden lassen.
Demgemäß müßte eine axiomatisierte Meßtheorie der ordinalen Skalierung zunächst die *syntaktische* Basis des Modells klären, indem formale Eigenschaften und Bedingungen angegeben werden, deren Widerspruchsfreiheit analysiert wird, und deren restriktive Konsequenzen untersucht werden. Hierzu gehört insbesondere die Frage der Metrik und der dimensionalen Darstellbarkeit des postulierten psychologischen Raumes auf ordinaler Basis. Axiome werden hier

zunächst als willkürlich-zweckmäßige Festsetzungen und Annahmen betrachtet, deren Bündelung zu einem Axiomensystem es dann ermöglicht, in Form von Theoremen bestimmte Folgerungen zu deduzieren. Die (syntaktische) Herleitung der Theoreme sollte noch nicht von der (semantischen) Deutung der axiomatischen Zeichen Gebrauch machen. Die Theoreme selbst (und damit das Axiomensystem) lassen sich dann logisch und empirisch deuten. Man spricht auch von logischer und empirischer Modellbildung (vgl. *Leinfellner* 1967, 52).
Für den Fall der hier betrachteten Theorienbildung in einer *empirischen* Wissenschaft interessiert insbesondere die empirische Modellbildung, d.h. ein solches Axiomensystem, für dessen Zeichen neben ihrer syntaktischen vor allem *semantischen* Funktionen untersucht werden, indem man die Relation vom Zeichen zum bezeichneten empirisch-psychologischen Inhalt analysiert. Nach *Leinfellner* (1967, 52) spricht man schon dann von einem empirischen Modell, wenn wenigstens eines der axiomatischen Zeichen empirisch gedeutet wird. Geht man gegenüber dieser Mindestforderung jedoch von einer Maxime aus, nach der ein Formalsystem nur in dem Maße zum Aufbau empirischer Theorien geeignet ist, in dem möglichst viele seiner Axiome empirische Interpretationen zulassen (vgl. z.B. *Wender* 1969), so wird als Grenzfall allerdings die Problematik eines extremen Empirismus sichtbar, der die totale Ablehnung von theoretischen Begriffen impliziert, die keine (bzw. „noch" keine) empirische Bedeutung haben (vgl. *Leinfellner* 1967, 20).
In Weiterführung der fundamentalen empirischen Bezugsetzung der Zeichen eines Axiomensystems muß schließlich ihre *pragmatische* Funktion antizipiert werden, indem empirische Anwendungs- und Gültigkeitsbereiche angegeben werden. Diese Fragen betreffen zunächst spezielle experimentelle Anordnungen zur empirischen Überprüfung bestimmter Annahmen und führen allgemeiner zu Problemen der angewandten Psychologie und des Praxisbezugs psychologischer Forschung (vgl. „pragmatisches Obligat" wissenschaftlicher Erkenntnis; *Leinfellner* 1967, 14f.).
Im gesellschaftspolitisch bezogenen Grenzbereich der angewandten Psychologie werden auch – insbesondere als Gegenstand einer „kritischen Psychologie" – bestimmte Fragen der „*äußeren Relevanz*" wissenschaftlicher Theorien aufgeworfen (vgl. *Holzkamp* 1970). Während die „innere Relevanz" die Aussagekraft der empirischen Befunde für die übergeordneten theoretischen Sätze betrifft und sich etwa mit dem Terminus der „Repräsentanz" bei *Holzkamp* (1964) deckt, richtet sich die äußere Relevanz hauptsächlich auf die praktische Bedeutsamkeit, Wichtigkeit und Interessenabhängigkeit der theoretischen Ansätze für das betroffene Individuum in der Gesellschaft und seiner Alltagsrealität. In diesem Zusammenhang spielt besonders das nach *Habermas* (1965) weiterentwickelte Konzept der „emanzipatorischen Relevanz" eine bedeutsame Rolle. Nach *Holzkamp* (1970, 20) wäre eine psychologische Forschung emanzipatorisch relevant, „sofern sie zur Selbstaufklärung des

Menschen über seine gesellschaftlichen und sozialen Abhängigkeiten beiträgt und so die Voraussetzungen dafür schaffen hilft, daß der Mensch durch Lösung von diesen Abhängigkeiten seine Lage verbessern kann."

Die Lösung von Fragen dieser Art, die *jede* empirische Theorienbildung auch impliziert, ist jedoch kein spezifischer Gegenstand der theoretischen Analyse von Skalierungsmodellen und müßte vielmehr im erweiterten Rahmen einer allgemeinen wissenschaftstheoretischen Begründung der Psychologie weiterentwickelt werden, wie es beispielsweise *Holzkamp* (1964, 1968, 1972; vgl. auch *Albert & Keuth* 1973, *Westmeyer* 1973, *Bruder* 1973, *Brocke, Röhl & Westmeyer* 1973 u. a.) seit einiger Zeit versucht. Auf die Behandlung bestimmter empirisch orientierter Relevanzfragen im Zusammenhang mit MDS-Modellen kommen wir jedoch mehrfach in denjenigen Beispielsexperimenten des Teils III zurück, die Vorgänge der politischen Urteilsbildung zum Gegenstand haben (vgl. 4.3.1).

Von den genannten Funktionen einer Skalierungstheorie werden in den Axiomatisierungsversuchen von *Beals, Krantz & Tversky* (1968) und *Tversky & Krantz* (1970) vor allem die *syntaktische*, aber auch die *semantische* Funktion berücksichtigt. Diese meßtheoretischen Untersuchungen gehen zurück auf frühere Arbeiten von *Tversky* (1966) und *Beals & Krantz* (1967). Besonders in der letzten Arbeit von *Tversky & Krantz* (1970) zur meßtheoretischen Begründung der dimensionalen Repräsentation und metrischen Struktur von Ähnlichkeitsdaten werden die wesentlichen Aspekte eines Axiomatisierungsversuches für MDS-Modelle besonders deutlich herausgestellt, nämlich

a) Analyse der *dimensionalen* Repräsentation von Reizähnlichkeiten
b) Analyse der *metrischen* Struktur von Reizähnlichkeiten
c) Analyse des Modells hinsichtlich der *Kombination* von dimensionalen und metrischen Eigenschaften
d) Analyse der Modelleigenschaften hinsichtlich der speziellen *ordinalen* Implikationen von nonmetrischen MDS-Modellen
e) Überlegungen zur *psychologischen* Bedeutung von Dimensionalität und Metrik.

Die ordinalen Bedingungen der Axiomatisierung werden vor allem in der früheren Arbeit (*Beals, Krantz & Tversky* 1968) genauer untersucht. Wir gehen auf diesen für die nonmetrische MDS spezifischen Aspekt nicht in vollem Umfang, sondern nur paradigmatisch ein, wie beispielsweise bei der metrischen Eigenschaft der „segmentalen Additivität".

Kernstück der theoretischen Bemühungen von *Beals, Krantz & Tversky* sind bestimmte Theoreme zur dimensionalen und metrischen Struktur von MDS-Modellen auf der Basis von *Minkowski*-Metriken (bzw. „Potenz-Metriken"), und die Analyse der dabei erforderlichen Axiome, Annahmen und Restriktionen. Bei der Erörterung einiger wichtiger Einzelheiten beziehen wir uns hauptsächlich auf die neuere Arbeit von *Tversky & Krantz* (1970), die auch die Beweise der Theoreme enthält.

Der eine Satz von Axiome enthält die Bedingungen, unter denen eine *metrische Repräsentation* von Unähnlichkeiten möglich ist. Bezogen auf das grundlegende Repräsentationstheorem von *Suppes & Zinnes* (1963) werden hier also spezielle metrische Eigenschaften der isomorphen Abbildung eines empirischen Relativs in ein numerisches Relativ untersucht. Die Autoren gehen davon aus, daß bei der Lösung von Skalierungsproblemen nur eine bestimmte Klasse von Metriken sinnvoll verwendbar ist, nämlich solche, bei welchen Distanzen entlang einer kürzesten Kurve (Segment) additiv sind. Dazu werden ordinale Eigenschaften angegeben, die für die Existenz einer „Metrik mit additiven Segmenten" erforderlich sind. Es wird gezeigt, daß die schon beschriebenen *Minkowski* r-Metriken diese Eigenschaften aufweisen.

Ein weiterer Satz von Axiomen richtet sich auf die *dimensionale Repräsentation* von Unähnlichkeiten, d. h. auf die Anwendung eines Dimensionskonzepts zur Repräsentation des postulierten psychologischen Raumes subjektiver Reizähnlichkeiten. Diese Abbildung impliziert zunächst die prinzipielle Forderung nach der dimensionalen Zerlegbarkeit globaler Reizähnlichkeiten (vgl. decomposability). Weiterhin soll das Modell die Reizdifferenzen innerhalb jeder Dimension abbilden (vgl. intradimensional subtractivity) und die interdimensionale Addition dieser spezifischen Reizunterschiede ermöglichen (vgl. interdimensional additivity). Das gesamte Dimensionsmodell vereinigt alle drei Gesichtspunkte und wird als *„additives Differenz-Modell"* (additive difference model) bezeichnet.

Beide Sätze von Axiomen (zur Dimensionalität und Metrik) werden schließlich kombiniert zu einem allgemeinen geometrischen Modell mit additiven Segmenten. Von den bekannten Metriken werden die Forderungen beider Mengen von Axiomen und ihre Implikationen nur durch die *Minkowski*-Metriken (oder power metrics) erfüllt.

3.4.3.2 Additives Differenz-Modell

Die Theorie von MDS-Methoden basiert auf der Annahme subjektiver Ähnlichkeiten bzw. Unähnlichkeiten zwischen Reizen x, y, z, ..., deren n-dimensionale Struktur durch die theoretische Konstruktion des *psychologischen Raumes* beschrieben wird. Die Aufgabe von nonmetrischen MDS-Methoden besteht darin, den psychologischen Reizraum so durch einen *metrischen Skalenraum* mit Reizkoordinaten $x = (x_1, \ldots, x_i, \ldots, x_n)$, $y = (y_1, \ldots, y_i, \ldots, y_n)$ zu repräsentieren, daß bei ordinaler Ausgangsinformation die psychologischen

Distanzen durch eine montone Funktion mit metrischen Distanzen $d(x,y)$ im n-dimensionalen Repräsentationsraum verknüpft werden. Dabei soll die *Minkowski*-Metrik oder Potenz-Metrik

$$(3.146) \qquad d_r(x,y) = \left[\sum_{i=1}^{n} |x_i - y_i|^r \right]^{1/r} \quad ; \quad r \geqq 1$$

als Modell für die psychologischen Distanzen verwendet werden.
Diese metrische Distanzfunktion verkörpert nicht nur ein Modell bestimmter Metrik (hier r-Metrik), sondern impliziert vor allem folgende fundamentale Annahmen zur *dimensionalen* Repräsentation (vgl. *Tversky & Krantz* 1970, 573ff.):

a) *Zerlegbarkeit* (decomposability) der globalen Unähnlichkeiten: Die Distanz ist eine Funktion komponentenspezifischer Beiträge.
b) *Intradimensionale Subtraktivität:* Jeder komponentenspezifische Beitrag ist der Betrag (Absolutwert) der Skalendifferenz.
c) *Interdimensionale Additivität:* Die Distanz ist eine Funktion der Summe aller komponentenspezifischen Beiträge.

Die Annahmen (a), (b) und (c) besagen zusammengefaßt, daß eine dimensionale Zerlegung der globalen Distanzen möglich sei (a), daß innerhalb jeder Dimension spezifische Reizdifferenzen gebildet werden (b), und daß diese komponentenspezifischen Differenzen über alle Dimensionen wieder zur globalen Distanz aufsummiert werden können (c).
Die *Zerlegbarkeit* (a) allein wird bei Generalisierung von (3.146) durch folgende Funktionsgleichung beschrieben (vgl. auch *Shepard & Carroll* 1966, 570ff.):

$$(3.147) \qquad d(x,y) = F[\emptyset_1(x_1,y_1),\ldots,\emptyset_i(x_i,y_i),\ldots,\emptyset_n(x_n,y_n)] \,.$$

Die Funktion F steigt in jedem ihrer n Argumente $\emptyset_i(x_i,y_i)$ monoton an. Die Werte x_i, y_i der Funktionen $\emptyset_i$ können auch Nominalwerte sein.
Bei zusätzlicher Annahme der *Subtraktivität* (b) innerhalb der i-ten Dimension kann (3.147) geschrieben werden:

$$(3.148) \qquad d(x,y) = F(|X_1 - Y_1|,\ldots,|X_i - Y_i|,\ldots,|X_n - Y_n|) \,.$$

Dabei werden die Funktionen $\emptyset_i$ spezifiziert durch $\emptyset_i(x_i,y_i) = |X_i - Y_i|$. Die Werte X_i sind Meßwerte $X_i = f_i(x_i)$ von Reiz x in der i-ten Dimension des psychologischen Raumes. Die Art der Kombination verschiedener Dimensionen wird in (3.148) nicht spezifiziert. Es ist jedoch die Annahme erforderlich,

daß die Beiträge der einzelnen Dimensionen nur von den absoluten Differenzen zwischen Skalenwerten X_i, Y_i in der jeweiligen i-ten Dimension, d. h. von der Möglichkeit intradimensionaler Subtraktivität abhängen.
Nimmt man interdimensionale *Additivität* (c) allein an, so wird die Potenzmetrik (3.146) generalisiert durch:

$$(3.149) \qquad d(x,y) = F\left[\sum_{i=1}^{n} \emptyset_i(x_i, y_i)\right]$$

Diese Funktion impliziert die entscheidende Annahme, daß spezifische Distanzen $\emptyset_i(x_i, y_i)$ zwischen x und y in der i-ten Dimension über *alle* Dimensionen addiert werden können. Mit anderen Worten: Eine globale Distanz $d(x,y)$ soll eine additive Kombination spezifischer Distanzen $d(x,y)_i$ über alle n Dimensionen sein.
Die Gleichungen (3.148) und (3.149) sind Spezialfälle von (3.147), repräsentieren jedoch unterschiedliche Generalisierungsrichtungen der Potenzmetrik (3.146). Faßt man die Additivität und Subtraktivität in einer Gleichung zusammen, so ergibt sich das vollständige „*additive Differenz-Modell*" (additive difference model) der MDS (vgl. auch *Shepard & Carroll* 1966, 571):

$$(3.150) \qquad d(x,y) = F\left[\sum_{i=1}^{n} \emptyset_i(|X_i - Y_i|)\right]$$

Wie aus dem additiven Differenzmodell (3.150) ersichtlich ist, sind an der dimensionalen Darstellung von Distanzen $d(x,y)$ zwei Funktionen beteiligt, nämlich f_i (vgl. $X_i = f_i(x_i)$) und $\emptyset_i$. Die Funktionen f_i werden direkt auf die Reizeingänge angewendet, d. h. im Fall der Psychophysik auf physikalische Messungen der Reizattribute x_i, denen gemäß der Funktion f_i subjektive Meßwerte X_i zugeordnet werden. Insofern können f_i *psychophysische Funktionen* darstellen und repräsentieren auf der Subjektseite ein Modell für den Übergang von physikalischen Messungen auf subjektive Äquivalente in der i-ten Dimension bzw. hinsichtlich des i-ten Reizattributes (vgl. *Beals, Krantz & Tversky* 1968, 137ff., *Tversky & Krantz* 1970, 593f.).
Die zweite Menge von Funktionen $\emptyset_i$ setzt subjektive Reizwerte X_i, Y_i voraus und wird dann auf die komponentenweisen Differenzen $|X_i - Y_i|$ angewendet, indem sie diese interdimensional (additiv) kombiniert zu einer globalen Distanz $d(x,y)$. Dieser Distanz soll die Unähnlichkeit $M(x,y)$ zwischen je zwei Reizen entsprechen. Insofern handelt es sich bei $\emptyset_i$ um *Ähnlichkeitsfunktionen*. Bezogen auf die subjektiven Vorgänge der Ähnlichkeitsbeurteilung von Reizen können dem Aufbau der Ähnlichkeitsfunktionen $\emptyset_i$ interpretative Hypothesen über die dimensionale Organisationsform der Urteilsbildung entnommen werden: Man nimmt an, daß die Subjekte ihre globale Unähnlichkeitswerte

$M(x,y)$ so aus attributspezifischen Reizunterschieden kombinieren, wie die Distanzen $d(x,y)$ gemäß der Ähnlichkeitsfunktion $\emptyset_i$ konstruiert wurden.
Die Zielsetzung der Arbeit von *Beals, Krantz & Tversky* besteht darin, das durch die Gleichungen (3.146)–(3.150) beschriebene MDS-Modell, insbesondere das additive Differenz-Modell (3.150), meßtheoretisch zu begründen. Vor allem sollen die notwendigen und/oder hinreichenden Bedingungen (oder Axiome) für den Aufbau von (3.146)–(3.150) angegeben werden. Die Axiomatisierung ist gegliedert nach

a) dimensionalen Annahmen,
b) metrischen Annahmen,
c) dimensionalen und metrischen Annahmen

unter jeweils ordinalen Bedingungen. Eine vollständige Darstellung der Axiomatisierung würde den gesteckten Rahmen unserer Abhandlung weit überschreiten, zumal die Experimente in Teil III zwar auf die dimensionale und metrische Grundkonzeption des Modells, nicht jedoch auf die Prüfung spezieller Annahmen oder expliziter Hypothesen auf der Basis der Axiomatik Bezug nehmen. Wir beschränken uns deshalb auf die Skizzierung einiger Grundkonzepte und verweisen zur genaueren Information auf die Originalarbeiten von *Beals, Krantz & Tversky* (1968) und *Tversky & Krantz* (1970).

3.4.3.3 Zur dimensionalen Additivität und Subtraktivität im additiven Differenz-Modell

Gegeben sei eine nichtleere Objektmenge $A = \{u,v,w,x,y,z,\ldots,\}$, für deren Produktmenge $A \times A$ numerische Unähnlichkeitsmaße (bzw. „psychologische Distanzen“) $M(x,y)$ vorliegen, die zu metrischen Distanzen $d(x,y)$ des Reizraumes korrespondieren sollen. $x = (x_1,\ldots,x_i,\ldots,x_n)$ sei der Vektor der Komponenten des Reizes x im n-dimensionalen Raum.
Als wichtige und grundlegende Eigenschaft für den Aufbau ordinaler Annahmen für das Modell (3.146)–(3.150) wird zunächst für je drei Reize x, y, z die „betweeness“ $x|y|z$ definiert: Der Reiz y liegt zwischen x und z, wenn folgende zwei Bedingungen gelten

(a) $M(x,z) \geqq M(x,y), M(y,z)$
(b) $x_i = y_i = z_i$ für jedes $i(i,j = 1,2,\ldots,n$ Dimensionen) mit $x_i = z_i$

y liegt also zwischen x und z, wenn es mit x und z auf jeder Dimension zusammenfällt, auf denen x und z gleich sind (b), und wenn die Unähnlichkeit

von y und x (vgl. $M(x, y)$) und y und z (vgl. $M(y, z)$) die Unähnlichkeit zwischen x und z (vgl. $M(x, z)$) nicht überschreitet (a).
Auf dieser Basis werden sechs Axiome (A 1)–(A 6) angegeben, die wir hier jedoch nicht im einzelnen erläutern können. Das *Axiom* (A 3) legt beispielsweise die notwendige Bedingung für die Möglichkeit *interdimensionaler Additivität* fest. Man betrachte als zweidimensionales Beispiel (vgl. Abb. 22) zwei Reize x und x′, die in der i-ten Dimension identisch sind. ($x_i = x_i'$) und zwei weitere Reize y und y′, die gleichfalls in der i-ten Dimension identisch sind ($y_i = y_i'$). Die Reize in den Paaren (x, x′) und (y, y′) seien jedoch in der anderen, j-ten Dimension nicht identisch. Betrachtet man nun die Folgerungen anhand der Distanzfunktion (3.149) zur interdimensionalen Additivität, so hätten die zu $d(x, y)$ bzw. $d(x', y')$ korrespondierenden Unähnlichkeitswerte $M(x, y)$ bzw. $M(x', y')$ identische Ausdrücke in der i-ten Dimension, d. h. $\emptyset_i(x_i, y_i) = \emptyset_i(x_i', y_i')$. Berücksichtigt man nun die Additivität über n Dimensionen (im Beispiel: $n = 2$), so hängt die zu globalen Distanzen korrespondierende *ordinale* Ordnung $M(x, y) < M(x', y')$ nicht von der i-ten Dimension, sondern von den unterschiedlichen Werten $x_j \neq x_j$ und $y_j \neq y_j$ in der j-ten Dimension ab. Mit anderen Worten: Haben je zwei Reize x, x′ und y, y′ die gleichen Kompontenten auf einer bestimmten Dimension i, so ist für die Ordnung von globalen Unähnlichkeiten $M(x, y)$ und $M(x', y')$ diese Dimension irrelevant. Die Rangordnung der Unähnlichkeitswerte ist vielmehr abhängig von Positionsunterschieden der Reize auf anderen Dimensionen, hier der j-ten Dimension. In vollständiger Form lautet das Axiom (A 3) folgendermaßen (vgl. *Tversky & Krantz* 1970, 576):
Wenn bei $i, j = 1, 2, \ldots, n$ Dimensionen je zwei Reize (x, x′), (y, y′), (z, z′), (w, w′) identische Komponenten ($x_i = x_i'$), ($y_i = y_i'$), ($z_i = z_i'$), ($w_i = w_i'$) in der i-ten Dimension haben, und wenn zwei Reize (x, z), (x′, z′), (y, w), (y′, w′) identische Komponenten ($x_j = z_j$), ($x_j' = z_j'$), ($y_j = w_j$), ($y_j' = w_j'$) in allen anderen Dimensionen $i \neq j$ haben, so gilt $M(x, y) \leqq M(x', y')$ dann und nur dann, wenn $M(z, w) \leqq M(z', w')$.
Wie man leicht sieht, bildet die angegebene Eigenschaft eine notwendige Voraussetzung für die Forderung der *interdimensionalen Additivität* unter *ordinalen* Bedingungen. Ein empirischer Test von (A 3) für den dreidimensionalen Fall mit Schema-Gesichtern als Reize stammt von *Tversky & Krantz* (1969; vgl. auch *Wender* 1970, 1971).
Die weiteren Axiome richten sich teilweise auf bestimmte, nicht direkt empirisch prüfbare Annahmen über Unähnlichkeitsmaße (vgl. (A 1)) und zur Spezifikation der „betweeness"-Bedingung (vgl. (A 2)) und zum anderen auf den Aspekt der intradimensionalen Subtraktivität (vgl. (A 4)) und auf die Berücksichtigung spezieller eindimensionaler Eigenschaften (vgl. (A 5), (A 6)).
Auf der Basis aller Axiome (A 1)–(A 6) wird ein Theorem zur n-dimensionalen Repräsentation von Unähnlichkeiten auf ordinaler Basis angegeben, das alle

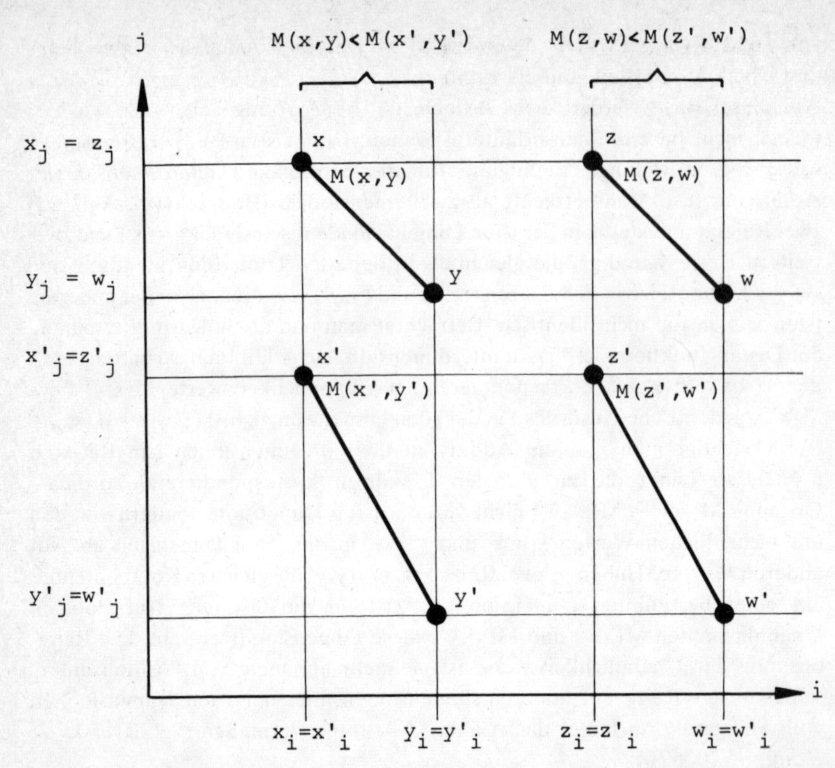

Abb. 22: Zweidimensionale Veranschaulichung von Axiom A 3 zur interdimensionalen Additivität.

notwendigen und/oder hinreichenden Bedingungen für die Zerlegbarkeit und für interdimensionale Additivität und intradimensionale Subtraktivität angibt (vgl. *Tversky & Krantz* 1970, 577).

3.4.3.4 Zur metrischen Struktur des additiven Differenz-Modells

Das additive Differenzmodell (3.150) enthält Unähnlichkeitsmessungen, die den metrischen Distanzen der Potenzmetrik (3.146) entsprechen sollen. Für diese Abstandsmaße müssen zunächst die anfangs schon genannten allgemeinen *Metrik-Axiome* (vgl. S. 74) zur Positivität (M 1), Symmetrie (M 2) und Erfüllung der Dreiecksungleichung (M 3) gelten. Diese drei Bedingungen stellen notwendige Eigenschaften einer Metrik dar. Andererseits sind (M 1)–

(M3) so allgemein, daß sie auch Metriken zulassen, die hinsichtlich der *räumlichen* Repräsentationen der Skalierung nicht sinnvoll erscheinen, also in dieser Hinsicht keine hinreichenden Bedingungen darstellen.
Man mag sich diesen Sachverhalt am Beispiel dreier Punkte x, y, z auf einem Kreisumfang und auf einem Ellipsenumfang veranschaulichen (vgl. Abb. 23). Für dieses Beispiel sind z. B. zwei Metriken möglich, die den Abstand zwischen je zwei Punkten beschreiben, nämlich als Sehne $d(x,y)_1$ und als Bogenlänge $d(x,y)_2$. Liegen die Punkte auf dem Kreisumfang (Abb. 23a), so sind die Distanzen verschieden:

$$d(x,y)_1 \neq d(x,y)_2$$
$$d(x,z)_1 \neq d(x,z)_2$$
$$d(y,z)_1 \neq d(y,z)_2 \, .$$

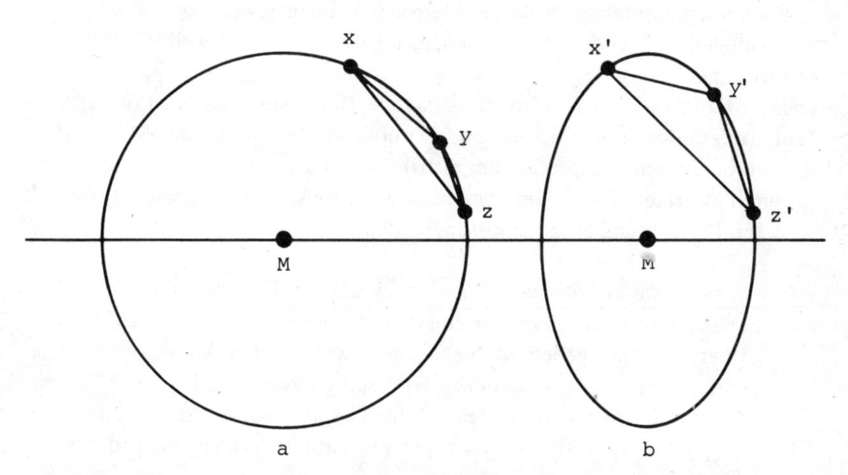

Abb. 23: Vergleich von Bogenlänge und Sehne als mögliche metrische Distanzen.

Ihre Ordnung ist jedoch gleich, d. h. die Metriken sind hier ordinal äquivalent:

$$d(y,z)_1 < d(x,y)_1 < d(x,z)_1 \sim d(y,z)_2 < d(x,y)_2 < d(x,z)_2 \, .$$

Liegen die Punkte x, y, z hingegen auf dem Umfang einer Ellipse (vgl. Abb. 23b), so sind die Distanzen d_1 und d_2 nicht notwendig ordinal äquivalent:

$$d(x',y')_1 < d(y',z')_1 < d(x',z')_1 \neq$$
$$\neq d(y',z')_2 < d(x',y')_2 < d(x',z')_2 \, .$$

Weiterhin sind in jedem Halbkreis (bzw. jeder Halbellipse) für die „Bogenlängen-Metrik“ die Distanzen für drei Punkte x, y, z *additiv*:

$$d(x,y)_2 + d(y,z)_2 = d(x,z)_2$$
$$d(x',y')_2 + d(y',z')_2 = d(x',z')_2 .$$

Diese Additivitätseigenschaft gilt jedoch nicht für die „Sehnen-Metrik“. Die Summe zweier Sehnen ist immer größer als die dritte Sehne:

$$d(x,y)_1 + d(y,z)_1 > d(x,z)_1$$
$$d(x',y')_1 + d(y',z')_1 > d(x',z')_1 .$$

Insbesondere die letztere Eigenschaft resultiert aus der begrenzten Betrachtungsweise, daß die Lage der Punkte auf einem Kreis- bzw. Ellipsenumfang angenommen wurde. Bei euklidischen und ähnlichen Metriken tritt diese Schwierigkeit nicht auf, weil auch Punkte innerhalb irgendwelcher Umfänge angenommen werden. In solchen Metriken können jeweils zwei Punkte x, y durch ein *Segment* verbunden werden, in dem Distanzen aller weiteren Punkte y *additiv* sind.
Diese Metrikeigenschaft wird als sinnvolle Bedingung für die Lösung von Skalierungsaufgaben betrachtet, und die üblichen Metrikaxiome (M1)–(M3) werden durch eine entsprechende, restriktive Zusatzbedingung (M 4) ergänzt, wodurch Metriken wie in dem oben genannten Beispiel als ungeeignet von der weiteren Betrachtung ausgeschlossen werden:

(M4) *Segmentale Additivität:* Für je zwei unterschiedliche Punkte x und z existiert eine Menge Y von Punkten, die eineindeutig (isomorph) in ein Intervall der reellen Zahlen abgebildet werden können, wobei x und z zu den Intervallgrenzen korrespondieren. Wenn t_1 und t_2 die zu y_1, y_2 korrespondierenden Zahlen sind, dann ist die Distanz $d(y_1, y_2) = |t_1 - t_2|$. Für $y \in Y$ gilt die Additivitätsbeziehung $d(x,y) + d(y,z) = d(x,z)$.

Mit anderen Worten: Für je zwei Punkte x und z des psychologischen Reizraumes existiert eine Menge Y von Reizpunkten, die isomorph zu einem Intervall reeller Zahlen mit den Grenzen x und z ist. Der Bereich zwischen x und z wird *additives Segment* genannt (vgl. Abb. 24).
Handelt es sich um metrische Räume mit abgeschlossenen und kompakten Mengen, so ist (M4) äquivalent mit der Annahme eines konvexen Eichkörpers (vgl. M-Konvexität, *Menger* 1928). Die Konvexitätsannahme ist erfüllt, wenn bei je zwei Punkten der Menge auch ihre volle Verbindungsstrecke zu der Menge gehört. Diese Eigenschaft erfüllen die *Minkowski* r-Metriken ($r \geqq 1$),

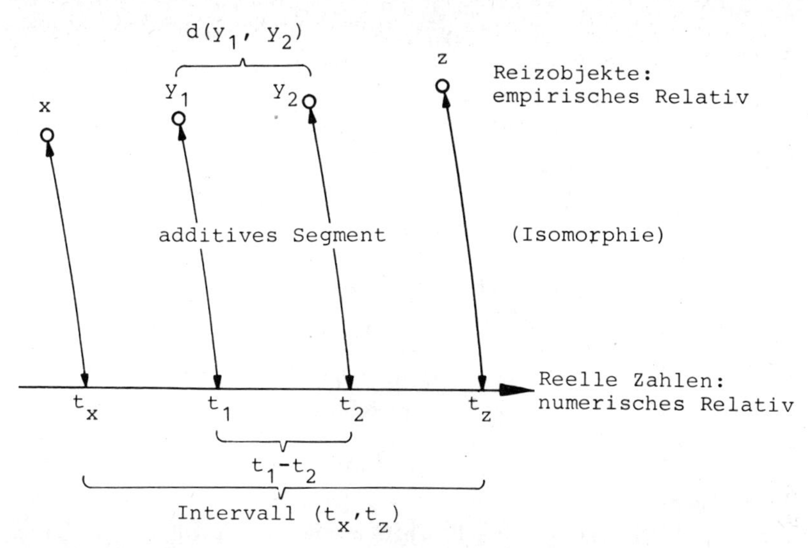

Abb. 24: Veranschaulichung der Annahme additiver Segmente.

wie schon an den Kugelumgebungen (bzw. Einheitskreisen) für die euklidische Metrik, die City-Block-Metrik und die Supremumsmetrik veranschaulicht wurde (vgl. Abb. 9). Durch die Forderung der segmentalen Additivität werden der Metrik, die dem psychologischen Reizraum aufgeprägt wird, bestimmte Restriktionen auferlegt. Für das Beispiel der Ellipsenanordnung von Reizpunkten mit Sehnen-Metrik wurde z. B. gezeigt, daß zwar eine Metrik, nicht jedoch deren segmentale Additivität vorliegt.

Die Axiome (M1)–(M4) sind auf jede konstruierte bzw. arbiträre Punktmenge anwendbar. Für die Belange der MDS mit Produktmengen ist jedoch die Einführung einer *schwächeren* Version (M4′) der segmentalen Additivität zweckmäßig, die auch den speziellen Fall einbezieht, daß Punkte nur auf *einer* Dimension differieren (vgl. *Tversky & Krantz* 1970, 584), d. h. eine Metrik wird schon dann als geeignet betrachtet, wenn die Axiome (M1)–(M3) erfüllt sind, und wenn (M4′) gilt:

(M4′) Das Axiom (M4) der segmentalen Additivität gilt für je zwei Punkte x und z, die sich nur auf einer Dimension unterscheiden.

Die stärkere Annahme (M4) zur segmentalen Additivität impliziert, daß die verschiedenen Dimensionen keine spezifische Bedeutung haben. Der Vergleich mit (M4′) zeigt hingegen, daß bei Verletzung von (M4) und Gültigkeit von (M4′) bestimmte Richtungen des psychologischen Raumes *spezifische* Bedeutung haben. Dieser Gesichtspunkt spielt wahrscheinlich eine wichtige Rolle für die Überlegungen von *Shepard* (1964) und *Micko* (vgl. *Micko & Fischer* 1970, *Micko* 1970, *Fischer & Micko* 1972) zur Metrik der Ähnlichkeitsskalierung; denn die Autoren nehmen an, daß bestimmte Richtungen des psychologischen Reizraumes durch bestimmte Aufmerksamkeitszuwendungen der Beurteiler ausgezeichnet werden.

Für den Fall der nonmetrischen MDS müssen spezielle *ordinale* Bedingungen für die Existenz einer Metrik mit additiven Segmenten angegeben werden. Gegeben sei die Objektmenge $A = \{x, y, z, w, \ldots,\}$, wobei im Skalierungsexperiment gemäß subjektiver Unähnlichkeitsfunktionen über der Produktmenge $A \times A$ Unähnlichkeitswerte für je zwei Reize xy, zw, ..., gewonnen werden. Bei der ordinalen Skalierung betrachtet man die Ordnung aller Paare xy, zw, ..., nach Unähnlichkeiten, wobei die anfangs schon genannten Eigenschaften von Ordnungsrelationen erfüllt sein sollen (Reflexivität, Transitivität etc.; vgl. S. 59).

$xy \lesssim zw$ soll dann bedeuten, daß die Unähnlichkeit zwischen z und w mindestens so groß sein soll wie die zwischen x und y. Wenn diese beobachtete Ordnung durch eine Metrik erzeugt sein soll, d. h. wenn man metrische Eigenschaften des psychologischen Reizraumes annehmen will, so müssen korrespondierend zu (M1) und (M2) zwei ordinale Eigenschaften erfüllt sein:

(P1) $\quad xx \sim yy\,, \quad$ und für $x \neq y: xx < xy\,.$

In Worten: Alle Paare identischer Objekte sind gleich unähnlich und weniger unähnlich, als jedes Paar nicht identischer Objekte.

(P2) $\quad xy \sim yx\,.$

In Worten: Die Ordnung ist symmetrisch, d. h. die Unähnlichkeit zwischen x und y ist gleich der Unähnlichkeit zwischen y und x.

Wenn neben (P1) und (P2) die notwendige Bedingung erfüllt ist, daß sich die Ordnung der Reizpaare durch eine ordinale Skala reeller Zahlen repräsentieren läßt, dann ist auch gemäß (M1)–(M3) eine metrische Repräsentation der Unähnlichkeitsordnung möglich. Um jedoch auch eine sinnvolle *räumliche Repräsentation* zu ermöglichen, wurde die Klasse möglicher metrischer Modelle durch die Forderung *segmentaler Additivität* (M4) bzw. (M4′) eingeschränkt. Auf diese restriktive Annahme richten sich die weiteren ordinalen Bedingungen (P3)–(P6). Davon sind die Bedingungen (P3)–(P5) insofern nur als „technische" Bedingungen anzusehen, als sie keinen realen empirischen Bezug haben, demgemäß empirisch nicht prüfbar sind und lediglich bestimmte unerläßliche modellimmanente Eigenschaften angeben. So wird beispielsweise für den psychologischen Raum eine Kontinuitätsannahme getroffen, d. h. die Repräsentation der Objektmenge sollte keine „Löcher" haben.

Wir übergehen die technischen Bedingungen (vgl. *Beals, Krantz & Tversky* 1968, 130f.) und erörtern die für die Forderung der segmentalen Additivität entscheidende Eigenschaft (P6), die das Konzept der „*Konturen gleicher Ähnlichkeit*" impliziert.

Gegeben sei die Objektmenge $A = \{x, y, z, w, \ldots,\}$ mit Objektpaaren $xy, zw, \ldots,$. Unter einer Kontur gleicher Ähnlichkeit mit dem Zentrum in x und dem Radius $r(x,y)$ versteht man die Menge aller Punkte y', die $xy' \sim xy$ erfüllen, d. h. die Menge aller Reize, die zu einem vorgegebenen Reiz die gleiche Ähnlichkeit besitzen. Dabei sind zwei Konturen *konzentrisch*, wenn sie dasselbe Zentrum haben.

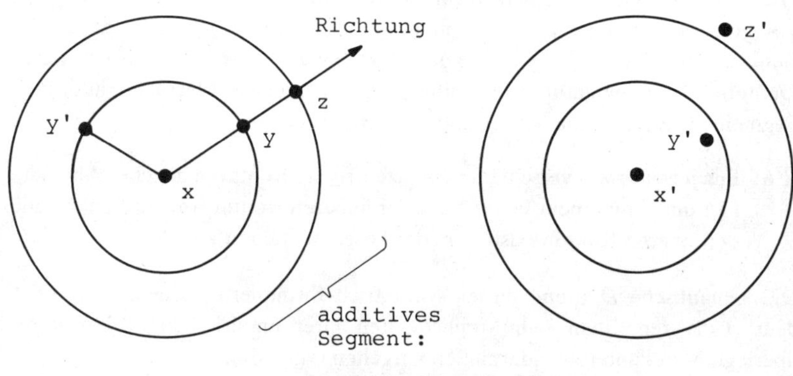

Abb. 25: Geometrische Veranschaulichung konzentrischer Konturen gleicher Ähnlichkeit.

Um die Bedeutung dieses Konzeptes für die ordinale Bedingung (P6) der segmentalen Additivität zu zeigen, betrachten wir Konturen gleicher Ähnlichkeit hier nur unter metrischen Gesichtspunkten von Unähnlichkeitsordnungen und ohne Beachtung bestimmter Raumachsen (vgl. Abb. 25):

1. Gegeben seien zwei konzentrische Konturen gleicher Ähnlichkeit mit dem Zentrum x.
2. Jedes Objekt z auf der äußeren Kontur definiert eine Richtung gegenüber x.
3. Es wird angenommen, daß eine empirisch vorgefundene Ähnlichkeit zwischen Objekten x und z durch eine Metrik erzeugt wird, in der x und z durch ein Segment mit additiven Distanzen verbunden sind.
4. Ein solches Segment schneidet die innere Kontur in einem Punkt y. Die Distanzen $d(x,y)$ und $d(y,z)$ addieren sich zu $d(x,z)$. Nach der Dreiecksungleichung (M3) muß y der zu z nächste Punkt auf der inneren Kontur sein.
5. Bei gegebener Richtung muß der Punkt y so gesucht werden, daß er auf einem additiven Segment für x und z liegt. Ausgehend von Ordnungsrelatio-

nen wird y gefunden, indem die Distanz von z zur inneren Kontur minimalisiert wird, wobei die minimale Distanz bei additiven Distanzen gleich der Differenz der Radien der beiden konzentrischen Konturen sein soll: $d(y,z)_{min} = r(x,z) - r(x,y)$.

6. Für minimalisierte Distanzen $d(y,z)_{min}$ soll räumliche (lokale) und richtungsmäßige Homogenität gelten, d. h. die Distanzen im psychologischen Ähnlichkeitsraum sollen in allen Richtungen und bei beliebigem Zentrum gleich sein.

Der letzte Punkt enthält die grundlegende ordinale Eigenschaft, die alle metrischen Skalierungsmodelle mit additiven Segmenten aufweisen sollen. Diese Eigenschaft läßt sich formalisieren, indem man den Punkt y als *kosegmental* definiert: y ist kosegmental mit x und y, wenn $yz \lesssim y'z'$ für alle Punkte x', y', z' gilt, die $x', y' \lesssim xy$ und $xz \lesssim x'z'$ rechtfertigen. Nach dieser Definition kann die geforderte ordinale Eigenschaft einer Metrik mit additiven Segmenten folgendermaßen formuliert werden:

(P 6) Für jeweils zwei verschiedene konzentrische Konturen gleicher Ähnlichkeit um x mit einem Punkt z auf der äußeren Kontur soll ein Punkt y auf der inneren Kontur existieren, der kosegmental mit x und z ist.

Die *semantische Deutung* dieser syntaktisch formulierten Eigenschaft wird deutlicher, wenn man sich Möglichkeiten ihrer empirischen Überprüfung überlegt. Man kann folgendermaßen vorgehen (vgl. Abb. 26):

1. Aufsuchen von Paaren $x_1 z_1$ und $x_2 z_2$, die gleiche Ähnlichkeitswerte haben.
2. Dann wird ein Wert y_1 gesucht, der (bei einer bestimmten Ähnlichkeit mit x_1) größtmögliche Ähnlichkeit mit z_1 aufweist. Desgleichen wird (bei derselben konstanten Ähnlichkeit mit x_2) ein Wert y_2 gesucht, der größtmögliche Ähnlichkeit zu z_2 aufweist.
3. Die Eigenschaft P 6 wird getestet, indem man prüft, ob $y_1 z_2$ dieselbe Ähnlichkeit aufweisen wie $y_2 z_2$.

Läßt sich die Hypothese der gleichen Ähnlichkeit nicht widerlegen, so kann bis auf weiteres die Annahme (P 6) als berechtigt angesehen werden, d. h. der subjektive Unterschied zwischen zwei konzentrischen Konturen ist nicht von der Lokalisation des Mittelpunktes und auch nicht von der Richtung des Unterschiedes abhängig.
Auf der Basis der getroffenen Annahmen (P 1)–(P 6) leiteten *Beals & Krantz* (1967) folgendes *Theorem* zur Existenz einer *Metrik mit additiven Segmenten* her:

Wenn die *ordinalen* Eigenschaften (P 1)–(P 6) gelten, dann kann eine Unähnlichkeitsordnung durch eine Metrik mit *additiven Segmenten* repräsentiert

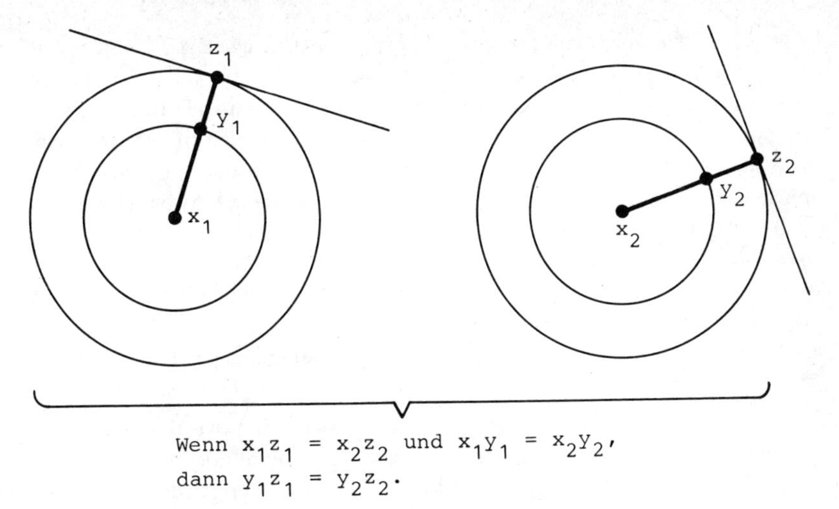

Abb. 26: Lokale und richtungsmäßige Homogenität für minimalisierte Unterschiede $y_1 z_1$ und $y_2 z_2$.

werden. Es existiert dann eine Skala d, die den Metrik-Axiomen (M1)–(M4) genügt, so daß $xy \lesssim zw$ dann und nur dann gilt, wenn $d(x,y) \leqq d(z,w)$. Diese Metrik ist eine Verhältnisskala, d. h. zwei Skalen unterscheiden sich lediglich durch ihre Maßeinheiten.

3.4.3.5 Zur Verknüpfung dimensionaler und metrischer Annahmen im additiven Differenz-Modell

Im dritten Teil der Axiomatisierung von *Beals, Krantz & Tversky* (1968, 138; vgl. *Tversky & Krantz* 1970, 585f.) wird ein weiteres Theorem für die *Verknüpfung* von dimensionalen und metrischen Annahmen angegeben. *Beals, Krantz & Tversky* gehen aus von den dimensionalen Annahmen des additiven Differenzmodells (3.150) und untersuchen die Restriktionen, die diesem Modell durch die Verknüpfung mit den Metrik-Axiomen auferlegt werden. Diese Überlegungen führten zunächst zur Einführung einer schwächeren Version (M4′) des Metrik-Axiomes (M4) der segmentalen Additivität und schließlich zu einem Verknüpfungs-Theorem. Aus diesem Theorem geht als wichtigste Konsequenz hervor, daß eine dimensionale Darstellung mit angemessener Metrik notwendige Annahmen voraussetzt, die nur durch eine bestimmte Klasse metrischer Räume gewährleistet wird, nämlich durch die in (3.146) dargestellten Potenzmetriken bzw. *Minkowski* r-Metriken. Als gleichfalls mögliche Metrik wurde von *Tversky* (1966) die *Shepard*sche Exponentialmetrik genannt, in der $\emptyset$ eine Exponentialfunktion ist.

Akzeptiert man alle bisher getroffenen Annahmen als sinnvolle Eigenschaften für psychologische Skalierungsaufgaben, so wird der Bereich möglicher Skalierungsmodelle allerdings erheblich eingeengt. Es hat sich jedoch gezeigt, daß in üblichen Skalierungsmethoden bisher nur solche Modelle verwendet wurden, die dem Verknüpfungstheorem genügen. Dieses *Theorem* hat folgenden Inhalt (*Beals, Krantz & Tversky* 1968, 138):

Wenn d(x,y) eine geeignete Metrik ist, die den Metrikeigenschaften (M1), (M2), (M3), (M4′) und den dimensionalen Annahmen des additiven Differenzmodells (3.150) genügt, dann müssen folgende Bedingungen gelten:

a) Die Ähnlichkeitsfunktionen $\emptyset_i$ unterscheiden sich lediglich in der Maßeinheit ihres Zahlenbereiches, d. h. es existieren eine Funktion $\emptyset$ und positive Zahlen $t_1, \ldots, t_n$, so daß $\emptyset_i(u) = \emptyset(t_i, u)$ für jedes u im Bereich der Funktionen $\emptyset_i$ und für alle i gilt. (Die Funktionen $\emptyset_i$ sind also Verhältnisskalen.)
b) Die Funktion $\emptyset$ ist superadditiv, d. h. es gilt $\emptyset(u + v) \geqq \emptyset(u) + \emptyset(v)$ für alle u und v im Bereich von $\emptyset$.
c) Die Metrik d genügt:

(3.151) $$d(x,y) = \emptyset^{-1}\left[\sum_{i=1}^{n} \emptyset(|X_i - Y_i|)\right]$$

wobei

(3.152) $$X_i = t_i f_i(x_i) .$$

In der Arbeit von *Tversky & Krantz* (1970) wird versucht, die Beweise für alle Theoreme anzugeben. Vor allem wird hervorgehoben, daß die *Minkowski r-Metrik* bzw. die *Potenzmetrik* (3.146) die einzige additive Differenz-Metrik ist, die auch die Forderung der additiven Segmente erfüllt.

Weiterhin betonen die Autoren abschließend, daß sie in ihrem Ansatz MDS-Modelle eher als quantitative psychologische Theorien, und nicht so sehr als Datenreduktionsmodelle betrachten. Besonders unter diesem Aspekt muß das formale Konzept der *Dimension* hinsichtlich seiner psychologischen Bedeutung diskutiert werden. *Tversky & Krantz* (1970, 594 ff.) erörtern drei Bedeutungen des Begriffs „psychologische Dimension“:

a) Eine Dimension wird im physikalischen Sinne direkt auf experimentell manipulierbare *Reizvariablen* bezogen und ist insofern psychologisch neutral. In diesem Zusammenhang ist auch der Vorschlag der Autoren hervorzuheben, die Funktionen f_i im additiven Differenz-Modell als psychophysische Funktionen bzw. die intradimensionale Subtraktivität innerhalb des gesamten Zerlegungsprozesses als „perzeptive“ Stufe zu bezeichnen. Demgegenüber werden die Funktionen $\emptyset_i$ als Ähnlichkeitsfunktionen interpretiert, welche in einem „bewertenden" Prozeß der interdimensionalen Additivität entsprechen.

b) Eine Dimension wird als „*trait*" bzw. nicht direkt meßbare Variable interpretiert. Dieses Konzept liegt vor allem der faktorenanalytisch begründeten Persönlichkeitspsychologie zugrunde. Die Prüfbarkeit der latenten Dimensionen (= Faktoren) orientiert sich dabei hauptsächlich an den korrelativen Beziehungen der zugrundeliegenden Tests, d. h. am Konzept der Konstruktvalidität.

c) Eine Dimension wird als *perzeptives Strukturkonzept* bei der Wahrnehmung subjektiver Reizattribute betrachtet. Diese für die Anwendung von MDS-Modellen charakteristische Interpretation einer psychologischen Dimension bedarf allerdings empirischer Absicherungen, wie durch den Rückgriff auf introspektive Angaben der Beurteiler oder durch die Herleitung von Hypothesen auf dimensionaler Basis, die dann in externen, experimentellen Situationen überprüft werden.

Die im folgenden Abschnitt (Teil III) dargestellten empirischen Untersuchungen zur Urteils- und Entscheidungsbildung auf der Basis von MDS-Modellen implizieren hauptsächlich den letzten Interpretationsaspekt (c), teilweise aber auch den „faktorenanalytischen" Aspekt (b) zur Deutung des Begriffs der psychologischen Dimension.

Teil III

4. Empirische Gültigkeit und theoretischer Erklärungswert multidimensionaler Skalierungen

Die Formaleigenschaften der Abbildung subjektiver Reizähnlichkeiten in metrische Skalenräume sowie die zugehörigen Skalierungsmethoden wurden in den bisherigen Abschnitten hauptsächlich unter syntaktischen Gesichtspunkten und unter dem Aspekt einer zweckmäßigen Datendeskription erörtert. In diesem Kapitel ist nun die schon wiederholt angeschnittene Frage zu diskutieren, ob und wieweit es sinnvoll ist, die Strukturmodelle der MDS-Verfahren nicht nur für Datenbeschreibungen und zur Lösung von Reduktionsaufgaben, sondern *auch* als formalen Bezugsrahmen für empirisch begründete Erklärungsversuche gegenüber den abgebildeten Beobachtungsdaten zu verwenden. So könnte etwa mit Hilfe geeigneter Experimente untersucht werden, wieweit die syntaktisch hergeleitete „Gewichtungseigenschaft" des metrischen Raummodells sinnvolle psychologische Interpretationen zuläßt, und wieweit auf dieser Basis die theoretische Eignung von MDS-Verfahren als Modelle der Urteilsbildung, Kognition, Wahrnehmung und verwandter psychologischer Gegenstandsbereiche zu beurteilen ist. Kurz: Es ist der *empirische Geltungsbereich* von geometrischen MDS-Modellen anhand ausgewählter Verhaltensbereiche aufzuzeigen, und es ist zu diskutieren, welchen Beitrag diese Modelle zur *theoretischen Erklärung* beobachteter Phänomene in diesen Verhaltensbereichen leisten.
Um die Frage zum Erklärungswert und zur Bedeutung von MDS-Modellen innerhalb der psychologischen Theorienbildung anhand empirischer Beispiele diskutieren zu können, müssen zuvor – in Ergänzung der Abschnitte 2.2–2.6 aus Teil I – einige allgemeine Aspekte wissenschaftlicher Erklärungen und deren spezieller Status für Erklärungsversuche mit MDS-Modellen präzisiert werden (vgl. Abschnitte 4.1 und 4.2). Die in Abschnitt 4.3 folgende Darstellung und Diskussion empirischer Untersuchungen und der theoretischen Brauchbarkeit der verwendeten MDS-Modelle beschränkt sich auf eine kleine Auswahl von eigenen Skalierungsexperimenten im Bereich der *Urteils- und Entscheidungsbildung*. Weiterhin können bei der Erörterung des Erklärungswertes von MDS-Modellen keineswegs alle in den vorangegangenen Teilen I und II behandelten theoretischen und methodischen Implikationen durch die Diskussion der ausgewählten empirischen Untersuchungen abgedeckt werden.

4.1 Zum Konzept wissenschaftlicher Erklärungen

Wie in anderen empirischen Wissenschaften, so orientiert sich wissenschaftliche Erkenntnis auch in den verschiedenen Gegenstandsbereichen der Psychologie an dem Konzept, im Rahmen bestimmter Theoriensysteme Hypothesen herzuleiten und deren Geltungsanspruch an der Erfahrung durch Beobachtungen, Experimente und andere empirische Untersuchungen zu überprüfen. Wenn dabei auch die Reihenfolge „theoretische Sätze – experimentelle Sätze – Hypothesenbeurteilung durch Daten“ nicht immer eingehalten wird (vgl. *Holzkamp* 1964, 1968), so werden jedoch immer theoretische Aussagen durch empirische Daten begründet. Dabei können innerhalb einer Forschungsstrategie mit dem Ziel einer zunehmenden Präzisierung der Beziehungen zwischen theoretischer Erkenntnis und Empirie induktive und deduktive Anteile in unterschiedlicher Reihenfolge miteinander wechseln. *Cattell* (1966, 10ff.) bezeichnet den gesamten Ablauf als „induktiv-hypothetisch-deduktive Methode“ und wählt als Paradigma für die zunehmende Präzisierung der Theorienbildung das Bild einer aufsteigenden Spirale (IHD-Spirale; vgl. auch *Schneewind* 1969, 111, *Selg* 1966, 14).

Leinfellner (1967, 14ff.) nennt als einfachste Voraussetzungen oder Hilfssätze für die Lösung von Problemen der wissenschaftlichen Erkenntnis verschiedene Obligate (Prozeßobligat, anthropologisches bzw. pragmatisches Obligat, Obligat der sprachlich-begrifflichen Repräsentation, spieltheoretisches Obligat bzw. Obligat über das optimale theoretische Wissen), wobei das *Prozeßobligat* bestimmte Richtlinien des Voranschreitens der wissenschaftlichen Erkenntnis auf empirischer Basis zusammenfaßt:

1. Der Anfang der Erkenntnis besteht in der deskriptiven Erfassung der Wahrnehmungen, Messungen usw. von Erkenntnisobjekten.
2. Man steigt dann zur begrifflich-theoretischen Darstellung, nämlich zur Repräsentation der Erkenntnisobjekte durch theoretische Konstruktionen auf.
3. Schließlich kehrt man wieder zur Erfahrung zurück, indem die theoretischen Konstruktionen an der Empirie bestätigt werden bzw. indem ihre Falsifikationsmöglichkeit geprüft wird.
4. Sinkt der Bestätigungsgrad einer Theorie, so kann das zum Anlaß für die neuerliche Bildung bzw. Modifikation theoretischer Konstruktionen genommen werden (usw.).

Das Ziel dieser Erkenntniskette besteht schließlich darin, auf der Basis theoretischer *Beschreibungen* zu wissenschaftlichen *Erklärungen* der beobachteten Phänomene zu kommen. Das oft genannte Problem der Unterscheidbarkeit und Trennung von Beschreibung und Erklärung erweist sich m. E. dabei als Scheinproblem, wenn man beide Erkenntnisarten als aufeinander abgestimmte *prozessuale* Aspekte einer einheitlichen Erkenntniskette betrachtet – wie hier im *Leinfellner*schen Prozeßobligat. Auch *Gutjahr* (1972, 258) betont beispielsweise, daß Beschreibung und Erklärung (wie auch Induktion und Deduktion) keine sauber abgrenzbaren Stufen des Erkenntnisprozesses darstellen. Die prozessuale Einheit von Deskription und Erklärung wird noch deutlicher herausgearbeitet in wissenschaftstheoretischen Konzepten, in denen das Regelkreisprinzip zur Beschreibung wissenschaftlicher Erkenntnis herangezogen wird (vgl. z. B. *Klaus* 1972).

Der *deskriptive* Aspekt von MDS-Modellen ist vornehmlich darin zu sehen, daß die Vielfalt beobachteter Reizähnlichkeiten innerhalb eines metrischen Raumkonzeptes beschrieben werden soll, dessen reduzierte Dimensionalität entsprechend der minimalen Anzahl von subjektiven Reizattributen geschätzt wird, die für eine möglichst vollständige, jedoch nicht redundante Beschreibung der untersuchten Erkenntnisobjekte erforderlich ist. Es handelt sich hier um eine *Strukturbeschreibung* (vgl. *Miller* 1964, *Leinfellner* 1967, 59ff.) der Objekteigenschaften und deren Relationen. Strukturträger sind die beschriebenen Reizobjekte, gleichzeitig aber auch die urteilenden Subjekte; denn es werden nicht objektive, sondern *subjektive* Struktureigenschaften der Reize erfaßt. Die Parameter der metrischen Struktur, die dem subjektiven Reizraum aufgeprägt wird, werden aus den abgegebenen Ähnlichkeitsurteilen der Subjekte geschätzt. Insofern ist es berechtigt, den möglichen Erklärungswert der Strukturbeschreibung nicht nur auf die Objekte, sondern gleichzeitig auf die Theorie der Urteilsbildung der untersuchten Subjekte zu beziehen.

Die spezifische Leistung von MDS-Modellen zur Erklärung abgebildeter Wahrnehmungs- oder Urteilsphänomene verbindet sich insbesondere mit der vorteilhaften Eigenart, daß die theoretischen Konstrukionen zur Urteilsbildung durch ein formalisiertes Strukturmodell beschrieben werden können, dessen syntaktische Eigenschaften und Folgerungen klar und eindeutig angebbar sind (zur Brauchbarkeit von mathematischen Modellen vgl. z. B. *Bjork* 1973 und den Bericht über das „Braunschweiger Symposion über die Struktur psychologischer Theorien", 1971). Um den Vorteil der formalen Beschreibung subjektiver Reizräume durch metrische Skalenräume jedoch auch als brauchbare Mittel für die *Erklärung* der repräsentierten Phänomene heranziehen zu können, müssen darüber hinaus bestimmte allgemeine Bedingungen einer wissenschaftlichen Erklärung erfüllt sein. Im folgenden orientieren wir uns hauptsächlich an dem *Hempel*schen Konzept der wissenschaftlichen Erklärung (vgl. *Hempel & Oppenheim* 1948, *Hempel* 1962, 1965, *Nagel* 1961, *Brodbeck* 1962, *Stegmüller* 1965, 1969, *Leinfellner* 1967, *Fodor* 1968, *Meehan* 1968, *Lenk* 1972, *Stapf & Herrmann* 1972, *Westmeyer* 1973, *Groeben & Westmeyer* 1973 u. a.).

Bei der Beschreibung von Phänomenen erhält man Antwort auf die Frage „Was ist der Fall?" Wissenschaftliches *Erklären* von empirischen Ereignissen und Regelmäßigkeiten heißt hingegen, Warum-Fragen zu beantworten. Das zu

Erklärende (Explanandum) kann ein Gesetz sein. Gewöhnlich handelt es sich jedoch unmittelbar um einen empirischen Sachverhalt. Man fragt dann: „Warum ist es der Fall, daß dieser empirische Sachverhalt auftritt?“ Nach dem *Hempel*schen Konzept der wissenschaftlichen Erklärung wird diese Warumfrage folgendermaßen interpretiert: „Aufgrund welcher Antezedensbedingungen und kraft welcher Gesetze ist es der Fall, daß dieser Sachverhalt auftritt?“
Verschiedene Erklärungsformen lassen sich nach der Art der enthaltenen Gesetze unterscheiden. Handelt es sich beispielsweise um Kausalgesetze, so werden die Antezendensbedingungen als Ursache angesehen, und die Erklärung ist eine *Kausalerklärung*. Statt der wissenschaftstheoretisch schwer zu präzisierenden und in den Sozialwissenschaften gegenwärtig kaum nachweisbaren Kausalgesetze wird meistens die abgeschwächte Form des *deterministischen* Prinzips bevorzugt. Von deterministischen Modellen oder „Datenmodellen“ (vgl. *Fischer* 1970, 214 f.) spricht man dann, wenn sich die Axiome eines Modells (z. B. eines Meßmodells) direkt auf einzelne Beobachtungsdaten beziehen und schon eine einzige abweichende Beobachtung das Modell widerlegt, bzw. „wenn es (das Modell) für jedes Objekt und/oder Ereignis seines Basisbereichs angibt, ob es mit dem Modell vereinbar ist oder nicht“ (vgl. *Tack* 1971, 358). Aber auch die Annahme deterministischer Gesetze ist in der Psychologie vielfach zu restriktiv, und man geht oft von statistischen bzw. *probabilistischen* Gesetzen aus. Die Eigenart von probabilistischen Modellen besteht vor allem darin, daß sich seine Axiome auf zu schätzende Parameter hypothetischer Verteilungen beziehen: „Das Wesen probabilistischer Modelle besteht darin, daß die empirischen Beobachtungen als Realisierungen von Zufallsvariablen aufgefaßt werden; das Modell macht Aussagen über den Verteilungstypus und über die Parameter der auftretenden Verteilungen“ (*Fischer* 1971, 376). *Fischer* (1970) bezeichnet diese Modelle zur Unterscheidung von „deterministischen Datenmodellen“ als „probabilistische Parametermodelle“. Die probabilistischen Modelle werden als realistischer eingeschätzt, weil sie leichter beibehalten und nicht schon durch einzelne abweichende Beobachtungen widerlegt werden können. Andererseits weist *Fischer* (1971, 376) auch darauf hin, daß die Unterscheidung von deterministischen und probabilistischen Modellen nicht scharf ist; denn jedes deterministische Modell kann als Spezialfall eines probabilistischen Modells angesehen werden, das den empirischen Ereignissen die Wahrscheinlichkeit Eins zuordnet. *Hempel* (1965, 331 ff.) unterscheidet in diesem Zusammenhang vor allem zwischen „*deduktiv-nomologischer Erklärung*“ und „*statistischer Erklärung*“, wobei die letztere wiederum unterteilt wird in die „deduktiv-statistische“ und „induktiv-statistische“ Erklärung. Das *Hempel*sche Prinzip der wissenschaftlichen Erklärung läßt sich am einfachsten an der deduktiv-nomologischen Erklärung darstellen.
Das *Explanandum* (E) sei ein Satz, der das zu erklärende Ereignis beschreibt. Das *Explanans* seien diejenigen Sätze, durch deren Angabe das Explanandum

erklärt werden soll. Es zerfällt in zwei Aussageklassen, nämlich in allgemeine *Gesetzesaussagen* $(G_1,\ldots,G_r)$ und in bestimmte *Antezedensbedingungen* $(A_1,\ldots,A_r)$, welche die konkreten Bedingungen (z. B. Randbedingungen, experimentelle Behandlungen) angeben, unter denen die zu erklärenden Ereignisse vorkommen. Die deduktiv-nomologische Erklärung basiert dann auf einer logischen Deduktion nach folgendem Schlußschema:

$$\frac{\text{Wenn Explanans}\begin{cases}\text{Gesetzesaussagen } G_1,\ldots,G_t\\ \text{Antezendensbedingungen } A_1,\ldots,A_r\end{cases}}{\text{dann Explanandum} \qquad\qquad E\,.}$$

Gelten bestimmte Adäquatheitsbedingungen, so kann auf dieser Basis das Explanandum E als erklärt gelten: Das zu erklärende Phänomen (E) kommt aufgrund der Gesetze $(G_1,\ldots,G_r)$ und kraft der Antezendensbedingungen $(A_1,\ldots,A_r)$ vor. Oder kürzer: Das Phänomen E kann durch G und A erklärt werden.
Die von *Hempel* angegebenen *Adäquatheitsbedingungen* lauten in vereinfachter Form (vgl. *Lenk* 1972, 17f., *Westmeyer* 1973, 17ff.):

B_1 Das Explanandum muß logisch aus dem Explanans deduziert sein.
B_2 Das Explanans muß mindestens ein allgemeines Gesetz enthalten.
B_3 Das Explanans muß empirischen Gehalt haben, d. h. es muß die grundsätzliche experimentelle bzw. empirische Prüfung impliziert sein.
B_4 Die Sätze des Explanans müssen „wahr“ sein.

Die Bedingung B_4 der „Wahrheit“ wurde später durch eine schwächere Version ersetzt:

B_4' Alle Sätze des Explanans müssen gut bewährt bzw. nicht falsifiziert sein.

Die Bedingungen B_3 und B_4 weisen auf die empirische Prüfung, d. h. auf den *Empiriebezug* der theoretischen Erklärung hin. Die Antezendensbedingungen im Explanans drücken gewöhnlich die experimentelle Manipulation aus (vgl. dazu Herstellungsanteil vs. Selektionsanteil beim Experimentieren; *Holzkamp* 1964, 1968). Die abgeschwächte Bedingung B_4' deutet vor allem an, daß Gesetze nie als „wahr“ bzw. eindeutig verifiziert, sondern immer nur als mehr oder weniger bewährt zu gelten haben. Man kann auch von mehr oder weniger gut bestätigten Gesetzeshypothesen sprechen, welche die theoretische Basis der wissenschaftlichen Erklärung bilden.
Der wesentliche Unterschied zwischen deduktiv-nomologischen und *statistischen* Erklärungen besteht darin, daß bei letzteren im Explanans mindestens ein Gesetz oder theoretisches Prinzip von statistischer bzw. probabilistischer

Grundform vorkommt. In den Sozialwissenschaften wird dabei vor allem die „*induktiv-statistische Erklärung*" (bzw. die „statistische Ereignis-Erklärung" vgl. *Lenk* 1972, 21) benutzt, die statistische Erklärungen von besonderen Ereignissen liefert. Einzelereignisse können besonders in den Sozialwissenschaften nicht mit logisch-deduktiver Sicherheit, sondern immer nur mit einer gewissen Wahrscheinlichkeit erklärt oder vorausgesagt werden. Das allgemeine Schema einer statistischen Ereignis-Erklärung hat folgende Form (vgl. *Lenk* 1972, 22):

$$\begin{array}{l} p(G,F) = r \\ Fa \\ \hline\hline Ga \end{array}$$

In Worten: Wenn alle Objekte mit der Eigenschaft F mit der statistischen Wahrscheinlichkeit r auch die Eigenschaft G haben, so kann mit logischer Wahrscheinlichkeit r (bei r nahe Eins: praktisch sicher) geschlossen werden, daß a auch die Eigenschaft G hat. Der Einzelfall a gehört also zur Art F.
Zur Veranschaulichung dieser induktiv-statistischen Erklärung geben *Stapf & Herrmann* (1972, 6) folgendes *Beispiel:*
Ein bestimmtes Individuum (a) ist introvertiert (F). Es liegt also im Explanans das besondere Ereignis (Fa) vor. Introvertierte (F) zeigen mit statistischer Wahrscheinlichkeit r ein weiteres bestimmtes Merkmal (G), nämlich eine hohe Lernleistung beim Erlernen des bedingten Lidschlagreflexes. Dieser Satz drückt das statistische Gesetz $p(G,F) = r$ aus. Es kann dann mit der logischen, d. h. induktiven Wahrscheinlichkeit r geschlossen werden, daß das Individuum a auch das Merkmal G zeigt: Das besondere Lernverhalten des Individuums a wird also im Sinne der induktiv-statistischen Erklärung unter Verwendung des statistischen Gesetzes $p(G,F) = r$ erklärt. Oder kurz ausgedrückt: Eine bestimmte individuelle Lernleistung (Ga) wird durch die Antezedensbedingung „Introversion" und durch das angegebene statistische Gesetz mit einer gewissen Wahrscheinlichkeit erklärt.
In den bisherigen Erörterungen verschiedener Erklärungsschemata kommt zum Ausdruck, daß die (deduktiv oder induktiv) aus dem Explanans hergeleitete Folgerung wie eine Hypothese zu betrachten ist, deren Widerspruchsfreiheit gegenüber dem empirischen Zustand des zu erklärenden Ereignisses zu prüfen ist. Treten im Rahmen festgelegter Normen (z. B. Anpassungskriterien, Signifikanzniveaus etc.) keine Widersrpüche auf, so können die vorgeordneten Gesetzesaussagen und Antezedensbedingungen bis auf weiteres zur Erklärung des in Frage stehenden Phänomens herangezogen werden.
Aus der Beantwortung der entsprechenden Warum-Frage ergibt sich also der Erklärungswert der vorgeordneten Gesetzesaussage bzw. der verwendeten

theoretischen Konstruktion. Demgemäß kann auch der durch ein MDS-Modell beschriebenen theoretischen Konstruktion eines mehrdimensionalen Urteils- oder Wahrnehmungsraumes nur dann Erklärungswert zukommen,

a) wenn den syntaktisch begründeten und semantisch interpretierten Bestimmungsstücken des MDS-Modells antezedente, experimentell manipulierbare Bedingungen zugeordnet sind,
b) wenn aus der Kombination beider Aussageklassen überprüfbare Konsequenzen (Hypothesen, Vorhersagen) herleitbar sind, und
c) wenn sich diese Konsequenzen anhand empirischer Daten nicht falsifizieren lassen.

Hinsichtlich der Erklärungsversuche mit MDS-Modellen (und anderen dimensionsanalytischen Methoden) nach diesem Schema ergeben sich allerdings einige Probleme, auf die z. B. *Kalveram* (1968, 1970, 1971) hingewiesen hat. Bei Versuchen mit MDS-Modellen sollen bestimmte theoretische Konstruktionen mehrdimensional repräsentiert werden. Theoretische Konstruktionen können nach der Diskussion von *MacCorquodale & Meehl* (1948) im Gegensatz zu intervenierenden Variablen nicht als vollständige Abstraktionen aus kontrollierten Variablen angesehen werden. Vielmehr enthalten sie neben der Abstraktion kontrollierter Reiz-Variablen noch andere hypothetische Variablen, welche die Reaktionsvariablen determinieren, d. h. theoretische Konstruktionen haben einen „Bedeutungsüberschuß“, der nicht unmittelbar auf Beobachtungen reduzierbar ist (vgl. z. B. *Herrmann & Stapf* 1970, 7 f.).
Für den Fall der Abbildung theoretischer Konstrukte durch ein geometrisches Raummodell (wie etwa auch bei faktorenanalytischen Modellen) kommen als hypothetische Strukturvariablen dieses „Bedeutungsüberschusses“ vor allem die Dimensionen (oder Faktoren) des Raummodelles in Frage. Man nimmt dann etwa bei Urteilsvorgängen an, daß die Beurteilung von Reizen nicht direkt nach bestimmten, beobachtbaren Reizattributen erfolgt, sondern in bestimmten hypothetischen Reizdimensionen, die der Vielfalt aller Reizattribute gemeinsam sind und als latente Größen die Struktur subjektiver Urteilsräume bestimmen. Diese hypothetischen Dimensionen sind der Beobachtung und direkten Manipulation des Experimentators nicht zugänglich, werden jedoch andererseits für die subjektive Urteilsbildung der untersuchten Vpn als unmittelbar relevant angesehen. Insbesondere diese Eigenart von geometrischen Strukturmodellen hat vor allem Anlaß zu vielen kritischen Auseinandersetzungen gegenüber dem theoretischen Wert von Faktorenanalysen gegeben. So hält *Kalveram* (1971) den möglichen Erklärungswert geometrischer Strukturmodelle nur dann für gegeben, wenn es gelingt, statt der nicht möglichen direktion Manipulation hypothetischer Strukturdimensionen eine stellvertretende Manipulation dieser Größen zu erreichen.

Ein weiteres Problem im Zusammenhang mit Erklärungen bei der Beantwortung von Warum-Fragen wird von *Westmeyer* (1973, 27ff.) diskutiert. Von den vollkommenen Warum-Erklärungen werden *unvollkommene Erklärungen* abgehoben, die als Durchgangsstadien auf dem Wege zu vollkommenen Erklärungen aufgefaßt werden (vgl. *Brodbeck* 1962, *Hempel* 1968 u. a.). Eine entsprechende „Liberalisierung" wird durch eine weitere Abschwächung der Adäquatheitsbedingung B_4 vorgenommen:

B_4'' Die im Explanans enthaltenen *Gesetze* $G_1, \ldots, G_r$ müssen gut bewährt sein.

Die Explanans-Bedingung B_4'' beschränkt sich also auf die enthaltenen *Gesetze* G, und die Bewährung der Antezedensbedingungen A wird nicht als notwendige Bedingung gefordert. Dadurch wird die Möglichkeit eröffnet, auf lange Sicht beispielsweise auch andere als die kontrollierten experimentellen Bedingungen als Erklärungsbasis gelten zu lassen. Diese Liberalisierung richtet sich vor allem auf Feldexperimente und ähnliche natürliche Situationen mit unvollkommener Kontrolle unabhängiger Variablen, wie beispielsweise in der Persönlichkeitsforschung (vgl. Experimente mit großem Selektionsanteil, *Holzkamp* 1964, 1968). *Westmeyer* (1973, 29) bezeichnet diese Art der unvollkommenen Erklärung im Gegensatz zur vollkommenen Warum-Erklärung als „*Wie-es-möglich-war, daß-Erklärung*". Damit wird lediglich geklärt, wie es *möglich* war, daß das Ereignis im Explanandum eintrat. Es bleibt jedoch jeweils vorläufig offen, ob nicht auch andere Ermöglichungsgründe vorgelegen haben könnten.

Eng verwandt und in der logischen Struktur mit der Erklärung gleich ist der Vorgang der *Prognose* (vgl. *Stegmüller* 1969, *Westmeyer* 1973, 30 u. a.). Bei der üblichen Prognose geht man aus pragmatischen Gründen vom Explanans aus und trifft auf dieser Basis eine Vorhersage über das Eintreffen eines bestimmten Explanandums, währenddem bei der Erklärung das Explanandum gegeben ist und durch das Explanans erklärt werden soll. Jede adäquate Vorhersage ist jedoch als eine potentielle Erklärung anzusehen. Umgekehrt wird die Gültigkeitsabsicherung einer Erklärung häufig so aufgebaut, daß ein bestimmtes Explanandum E gegeben ist, daß andererseits auf der Basis der Gesetzesaussagen G und experimenteller Antezedensbedingungen A eine Prognose $\hat{E}$ hergeleitet wird, und daß abschließend die Gültigkeit der Erklärung von E durch G und A anhand der Übereinstimmung zwischen beobachtetem Explanandum E und modellabhängig prognostiziertem „Explanandum" $\hat{E}$ beurteilt wird. In diesem Fall muß es sich – zeitlich gesehen – nicht um „echte", d. h. zukunftsbezogene Vorhersagen handeln.

4.2 *Spezielle Erklärungs- und Geltungsaspekte mehrdimensionaler Skalierungen*

Bei der Gliederung von Untersuchungen, aus denen sich Schlüsse hinsichtlich der empirischen Gültigkeit bzw. des Erklärungswertes der durch MDS abgebildeten theoretischen Konstrukte zur Urteilsbildung ziehen lassen, kann man sich zweckmäßig an der anfangs schon erörterten „*Interaktion*“ zwischen Beurteilern und Reizobjekten und den daraus resultierenden Verhaltenskonsequenzen orientieren. In den Mittelpunkt[10] stellen wir das *urteilende Individuum* bzw. als theoretische Konstruktion dessen latente Urteilsstruktur, deren Abbildungsmöglichkeit durch MDS-Modelle Gegenstand der weiteren Betrachtungen ist.

Im folgenden wird ein Schema (vgl. Abb. 27) verwendet, das einerseits zusammenfassend den theoretischen Status von MDS-Modellen verdeutlichen soll und andererseits der Gliederung dreier verschiedener Gültigkeitsaspekte dienen kann, die für die später darzustellenden empirischen Untersuchungen von Belang sind. In einfachster Form läßt sich dieses Schema von links nach rechts in der Form einer üblichen S-(I)-R-Anordnung lesen: Reize-Individuen-Reaktion.

Man geht aus von einer Reizmenge S bzw. der Produktmenge $S \times S$ (Reizpaare), auf die bestimmte Reaktionen R (abhängige Variablen) erfolgen. Die beteiligten Individuen I und die Modellabbildungen der korrespondierenden hypothetischen Konstrukte der Urteilsbildung werden im wörtlichen Sinne als „intervenierende“ Größen – oder in Hinblick auf den implizierten Meßvorgang – als subjektive „Agentien“ (vgl. *Sixtl* 1972) der Messung betrachtet. Das Schema muß differenzierter betrachtet werden, wenn die einzelnen Phasen zur Abschätzung des *Erklärungswertes* des MDS-Modelles bzw. des abgebildeten hypothetischen Konstruktes näher erörtert werden sollen. Empirischer Ausgang und Datenquelle ist die „Interaktion“ zwischen Reizen aus der Reizmenge S (bzw. Reizpaaren aus der Produktmenge $S \times S$) und Beurteilern I. Für den Beurteiler bzw. für die Gesetzmäßigkeiten seiner Urteilsprozesse wird als theoretische Konstruktion ein subjektiver Urteilsraum postuliert, der formal durch den mehrdimensionalen metrischen Skalenraum eines MDS-Modells G repräsentierbar sein soll.

Die formalen Bestimmungsstücke des *MDS-Modells* bilden eine der Aussagenklassen (vgl. Gesetzesaussagen im Explanans), die zur Herleitung von Hypothesen über die *Reaktionen* R (vgl. Explanandum) der Individuen erforderlich sind. Wie schon ausgeführt wurde, lassen sich die wichtigsten Postulate und Theoreme des MDS-Modells unter dem Aspekt der dimensionalen (G_1) und metrischen Darstellbarkeit (G_2) von Reizähnlichkeiten zusammenfassen (vgl. S. 188ff.). Als zweite Aussageklasse für die Bildung konditionaler Vorhersagen müssen dem abgebildeten hypothetischen Konstrukt bestimmte *Antezedensbe-*

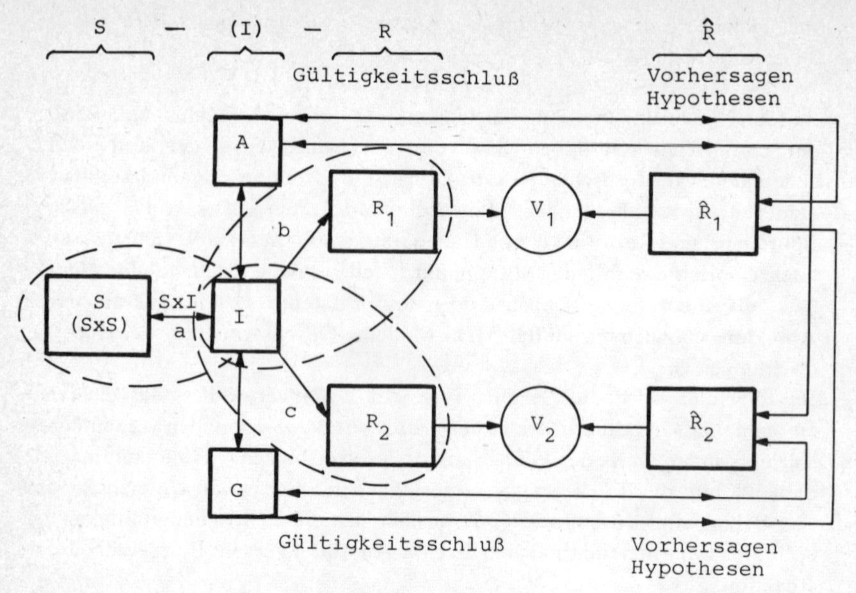

S (bzw. S × S) = Reize (bzw. Reizpaare)
I = Individuum (theoretische Konstruktion subjektiver Urteilsräume)
G = Modellbedingungen (Urteilsmodell: MDS)
G_1 = dimensionale Repräsentation
G_2 = metrische Repräsentation
A = Antezedensbedingungen
R = beobachtete Reaktionen
R_1 = Urteile
R_2 = andere Reaktionen (z. B. Lernen, Entscheidungen)
$\hat{R}$ = vorhergesagte, erwartete Reaktionen
V = Vergleich zwischen beobachteten und vorhergesagten Reaktionen
V_1 = Vergleich $R_1 - \hat{R}_1$
V_2 = Vergleich $R_2 - \hat{R}_2$

Abb. 27: Schema zum Erklärungswert und zur Geltung von MDS-Modellen.

dingungen A zugeordnet werden. Wenn etwa der Gewichtungseigenschaft der r-Metrik des MDS-Modells als psychologisches Äquivalent im Urteilsverhalten die „Schwierigkeit der Urteilsbildung" zugeordnet wird (vgl. *Wender* 1969), und wenn der Erklärungswert dieser Zuordnung empirisch geprüft werden soll, so muß eine geeignete experimentelle Antezedensbedingung eingeführt werden, die zu diesem Konzept korrespondiert. *Wender* hat dafür z. B. die Zeitdauer der Reizdarbietung gewählt und diese experimentell manipuliert. Wählt man demgegenüber etwa das MDS-Modell von *Micko & Fischer* (1970),

nach dem die Metrik als Folge bestimmter Aufmerksamkeitszustände der Beurteiler interpretiert wird, so müßte als Antezedensbedingung die experimentelle Manipulation und Kontrolle von Aufmerksamkeitszuständen der Vpn eingeführt werden.
In der Annahme, daß die schließlich erfolgenden Reaktionen R (Explanandum) durch die beiden Aussageklassen G und A (Explanans) erklärt werden können, können entsprechende Reaktionsvoraussagen $\hat{R}$ getroffen und mit den tatsächlich erfolgten und beobachtbaren Reaktionen R verglichen (V) werden. Lassen sich die Vorhersagehypothesen nicht falsifizieren, so können bis auf weiteres die Aussageklassen G und A als erklärende Bedingungen gelten, d. h. dem durch das MDS-Modell abgebildeten theoretischen Konstrukt „Urteilsraum“ (bzw. Teilen dieses Konstruktes) wird Erklärungswert beigemessen.
Das erörterte Schema dient nicht nur der Verdeutlichung des *allgemeinen* Ablaufs möglicher Kontrollen zum Erklärungswert oder zur Geltung der durch MDS-Modelle abgebildeten theoretischen Konstruktionen, sondern auch der Hervorhebung einiger *Spezifikationen* dieser Fragen. Eine zentrale Stellung soll der individuelle Urteilsprozeß (I) einnehmen, der in jedem Fall essentieller Gegenstand der Abbildungsversuche durch MDS-Modelle ist, d. h. die theoretische Konstruktion eines „subjektiven Urteilsraumes“ wird als gemeinsames Konzept für alle möglichen speziellen Gültigkeitsaspekte angenommen. Mögliche Spezifikationen der generellen Gültigkeitsfrage lassen sich hervorheben, wenn man die besonderen reizseitigen und reaktionsseitigen Relationen der zentralen Urteilsstruktur miteinbezieht. Je nachdem, auf welche inhaltlich-psychologische Fragestellung sich der Skalierungsversuch bezieht, lassen sich dann *drei Gesichtspunkte* unterscheiden, die jedoch nicht die einzige Gliederungsmöglichkeit bilden und auch keine voneinander unabhängigen Alternativen darstellen (vgl. Abb. 27, gestrichelte Bereiche a, b, c):

a) In den Vordergrund werden die *Reize* (S) gerückt, indem spezielle Relationen zwischen Reizen und subjektiven Urteilsäquivalenten untersucht werden (S–I). Die Skalierungsabsicht wird darauf akzentuiert, spezifische Dimensionen der Variation subjektiver Reizattribute metrisch darzustellen. Die verwendeten Dimensionen sind Skalen, welche die subjektive Struktur der Reizobjekte beschreiben und können die Aufgabe psychologischer Meßskalen erfüllen. MDS kann unter diesem Gesichtspunkt als Meßmodell für subjektive Reizstrukturen dienen und z. B. – wie in der Psychophysik – die metrische Grundlage für die Untersuchung der Relationen zwischen subjektiven und physikalisch objektivierbaren Reizstrukturen bilden.
b) In den Vordergrund rücken die *Urteile* (R), und man untersucht die speziellen Abhängigkeiten der Urteile von strukturellen Besonderheiten des Urteilsverhaltens der *Individuen* (R_1–I). Die Skalierungsabsicht richtet sich also primär auf die Aufdeckung subjektiver Urteilsstrukturen. Für diesen

Aspekt sind z. B. Untersuchungen interessant, die der Auffindung subjektiver Kombinationsregeln, Urteilsstrategien usw. dienen, nach denen die Individuen Reizähnlichkeiten beurteilen. MDS dient dann als Modell für subjektive Urteilsstrukturen und Urteilsregeln und der Untersuchung dabei auftretender individueller Differenzen.

c) Wenn man die Bedeutung subjektiver Urteilsstrukturen weitergehend generalisiert und annimmt, daß die postulierten Urteilsstrukturen nicht nur unmittelbar resultierende Urteile (R_1), sondern auch *mittelbare Verhaltensbereiche* (R_2) kontrollieren, so wird der Modellfunktion von MDS der weiteste Spielraum gelassen (R_2–I). Die skalierten Urteilsstrukturen werden dann etwa als latente Verhaltensbereitschaften aufgefaßt, deren Kenntnis z. B. die Vorhersage von Präferenzentscheidungen, Reizgeneralisierungen, Reizidentifikationen u. dgl. ermöglichen soll.

Verwandt mit unserem zur Unterscheidung von Geltungsaspekten verwendeten S-(I)-R-Konzept in der letztgenannten Version (c) sind Modellvorstellungen von *Cross* (1965 a) zur multidimensionalen Reizgeneralisierung. *Cross* stellt drei Modelle dar (Erregungsmodell, Diskriminierungsmodell und Dominanzmodell), die als intervenierende theoretische Konstruktionen (vgl. I) die Verknüpfungen zwischen zu lernenden Reizen (S) und den erfolgenden Generalisierungen (R) beschreiben und jeweils durch eine bestimmte Metrik der Reizbeurteilung gekennzeichnet sind (vgl. *Ahrens* 1972).
Teilweise ähnlich, vor allem zu den Aspekten (a) und (b) in unserem S-(I)-R-Konzept sind auch solche Ansätze, die auf die *Torgerson*sche Klassifikation von Skalierungsmethoden in reizzentrierte, subjektzentrierte und Response-zentrierte Skalierung zurückgehen. *Torgerson* (1958, 45ff.) spricht von *reizzentrierter* Skalierung, wenn die Variation der Reaktionen auf Reizunterschiede bezogen wird (vgl. Psychophysik). Dazu im Gegensatz wird eine Skalierung als *subjektzentriert* bezeichnet, wenn die Reaktions-Variabilität auf individuelle Differenzen der Subjekte attributiert wird (vgl. Psychometrie). Der *Response-Ansatz* kombiniert beide Gesichtspunkte.
Auch *Gutjahr* (1972, 39ff.) geht bei der Analyse der Meßbarkeit psychologischer Variablen von einer allgemeinen Verhaltensgleichung V = f(P, U) bzw. V(P, U) aus, in der Personeneigenschaften (P), äußere Einwirkungen und Reize (U) und Verhalten (V) verknüpft werden. Analog zur *Torgerson*schen Klassifikation wird zwischen reizzentrierter (vgl. U(P, V), personenzentrierter (vgl. P(V, U) und verhaltenszentrierter (vgl. V(P, U)) Skalierung unterschieden.
Gleichfalls auf einem S-(I)-R-Konzept beruht der schon bei unserer Interaktionsbetrachtung (vgl. S. 39ff.) diskutierte Ansatz von *Sixtl* (1972) zur Verzahnung von allgemeiner und differentieller Psychologie. *Sixtl* unterscheidet Reizvariablen S_j (und zusätzlich irrelevante Umgebungsvariablen a, b, ...,), Organismusvariablen 0_i (und zusätzlich Organismusvariablen t, z, ..., von

temporärer Wirksamkeit) und die Ergebnisvariable bzw. die Verhaltensdimension X. Grundlage einer Klassifikation von Skalierungsansätzen ist die Reaktionsgleichung $x_{ij} = \varphi(S_j, a, b, \ldots, 0_i, t, z, \ldots,)$. Bei der Deutung von Reaktionsunterschieden in den x_{ij}-Werten unterscheidet *Sixtl* zunächst zwischen reizzentrierter und reaktionszentrierter Skalierung und Response-zentrierter Skalierung als Mischform. Wie schon ausgeführt, wird eine Wechselwirkung zwischen den Agentien (d. h. Subjekten) und Gegenständen (d. h. Reizobjekten) der Messung angenommen. Ist diese Wechselwirkung gleich Null, so liegt reizzentrierte Skalierung vor. Ist sie jedoch von Null verschieden, so handelt es sich um reaktionszentrierte Messung. Wichtig ist dabei die *Sixtl*sche Interpretation, daß x_{ij} in beiden Fällen *Abbild* des *Reizes* sein soll und nur durch die Beschaffenheit des Agens (d. h. der Urteilsperson) im Sinne eines individuellen Bias mehr oder weniger verzerrt wird. Die „eigentliche" personenzentrierte Messung der differentiellen Testpsychologie wird gegenüber den drei bisher genannten Skalierungsarten dadurch definiert, daß eine systematische Wechselwirkung zwischen Reizen und Personen vorliegt, die aber durch bestimmte algebraische Transformationen zum Verschwinden gebracht werden kann. In diesem Konzept der „spezifischen Objektivität" der Objekt- bzw. Agensparameter ist das probabilistische Testmodell von *Rasch* zu erkennen.
Die meisten bisher vorliegenden Skalierungsexperimente enthalten in expliziter Form lediglich *Geltungsaspekte*, die sich direkt oder indirekt auf unseren erstgenannten, *reizorientierten* Gesichtspunkt (a) richten. Dieser Aspekt ist indirekt in allen Anwendungen von MDS in der Psychophysik enthalten, d. h. bei Fragestellungen, in denen physikalisch objektivierbare Reizattribute bekannt sind und mit ihren subjektiven Äquivalenten verglichen werden. Viele Skalierungsexperimente aus diesem Bereich sind *Methodenexperimente*, in denen über die grundsätzliche Eignung bestimmter Skalierungsverfahren entschieden werden soll. Bei Variation der Reizobjekte nach bekannten Attributen wird gefragt, ob das verwendete Skalierungsmodell diese Variationsprinzipien zutreffend reproduzieren kann. Aus der Anpassungsgüte für die Übereinstimmung zwischen objektivierbarer und skalierter Reizstruktur wird auf die Brauchbarkeit des Skalierungsmodelles geschlossen. Die skalierte Struktur wird dabei allerdings meistens über die Abgabe *subjektiver* Ähnlichkeitsurteile zu den Reizen gewonnen (vgl. z. B. *Sixtl & Wender* 1964).
Es sind jedoch im Grenzfall auch voraussetzungslosere und „objektivere" Untersuchungen denkbar, indem auf den Einbezug intervenierender subjektiver Urteilsprozesse gänzlich verzichtet wird. So hat z. B. *Kristof* (1963) in einem Methodenexperiment das euklidische Distanzmodell anhand objektiv ausgemessener Landkartendistanzen zwischen Städten untersucht, wobei die MDS erwartungsgemäß die Reize nach den Dimensionen „Ost-West" und „Nord-Süd" abbildete. Gewinnt man demgegenüber – wie z. B. in Untersuchungen zur „subjektiven Landkarte" (vgl. *Stapf* 1968) – die strukturelle Abbildung dieser

Reize über subjektive Entfernungsschätzungen, so werden zwar auch die beiden Himmelsrichtungen abgebildet; die Anordnung der Reize ist jedoch jeweils nach bestimmten stichproben- und reizspezifischen Gesichtspunkten subjektiv verzerrt. Lediglich wenn man die Identität von physikalischem und subjektivem Reizraum voraussetzt, lassen sich physikalische Reizattribute als direkte externe Kriterien für Geltungsuntersuchungen verwenden. In der Regel ist jedoch mit einer systematischen Abweichung der psychologischen Reizstruktur zu rechnen, d. h. die Geltungsuntersuchung geht in eine übliche Fragestellung der Psychophysik über, bei der die Relation zwischen physikalischen Reizattributen und ihren psychologischen Äquivalenten untersucht wird. Die Geltungsfrage verlagert sich damit faktisch wiederum auf die subjektiven Reizräume, deren Geltungsbeurteilung andere Kriterien erfordert, als lediglich die Attribute der physikalischen Reizstruktur. Dieses Problem wird nicht immer deutlich genug gesehen. Nur wenn es sich eindeutig um *Methodenexperimente* (z. B. Monte-Carlo-Untersuchungen) zur Prüfung der adäquaten Deskriptionsleistung eines MDS-Modells oder eines MDS-Algorithmus handelt, kann die Brauchbarkeit eines Modells danach beurteilt werden, wieweit eine „objektive" Reizstruktur reproduzierbar ist. Dieser Nachweis zielt aber nur auf einen begrenzten Geltungsaspekt im Rahmen der internen Gültigkeit von MDS-Modellen (vgl. z. B. *Green & Carmone* 1972, 48 ff.). Untersuchungen zum psychologisch-theoretischen Erklärungswert und zur Interpretation dimensionaler Repräsentationen setzen die interne Gültigkeit in diesem Sinne als notwendig voraus, haben jedoch immer auf die beobachteten und möglichen subjektiven Reaktionen im Rahmen eines MDS-Modells Bezug zu nehmen (vgl. z. B. *Shepard* 1972, 39 ff.).
Im folgenden sollen hauptsächlich nur solche Skalierungsversuche dargestellt und diskutiert werden, in denen die Betonung auf den beiden anderen *reaktionsorientierten* Geltungsaspekten (b, c) liegt. Es handelt sich also um die Frage, durch welche Merkmale und Regelmäßigkeiten sich subjektive Urteilsstrukturen beschreiben lassen, und wieweit sich auf dieser Grundlage einerseits die unmittelbar erfolgenden Urteile und andererseits auch bestimmte mittelbare Verhaltensweisen erklären lassen.
Wie schon ausgeführt, beschränken wir uns auf eigene Untersuchungen, die Erklärungsversuche dieser Art enthalten. Diese Untersuchungen haben fast ausschließlich solche Reizobjekte zum Gegenstand, die sich nicht nach einem physikalischen Merkmalssystem objektivieren lassen und insofern bestimmte oben genannte Probleme des ersten Geltungsaspektes nicht unmittelbar enthalten. Es handelt sich vor allem um Untersuchungen zur Struktur *politischer Urteils- und Entscheidungsprozesse* und zu Vorgängen der *diagnostischen Urteilsbildung*. Es werden auch einige Untersuchungen einbezogen, in denen zur Aufklärung von Urteilsstrukturen nicht ein spezielles Skalierungsmodell, sondern lediglich ein multivariates Strukturkonzept verwendet wurde. Da die beiden Geltungsaspekte nicht systematisch auf die genannten Themenbereiche

verteilt sind, gehen wir am besten von einer inhaltlichen Gliederung aus und diskutieren von Fall zu Fall den Status der einzelnen Geltungsfragen und die Möglichkeiten ihrer Beurteilung. Die Darstellung empirischer Arbeiten mit MDS soll auch gleichzeitig der Demonstration des allgemeinen empirischen Anwendungsbereiches der zuvor nur theoretisch erörterten Methoden dienen.

4.3 Empirische Untersuchungen zur Struktur von Vorgängen der Urteilsbildung

Die hier zu diskutierenden empirischen Untersuchungen stammen aus einem Forschungsbereich, mit dem sich der Verfasser in den letzten Jahren hauptsächlich beschäftigt hat. Sie haben Vorgänge der *Urteils- und Entscheidungsbildung* zum Gegenstand.
In der *ersten* Gruppe von Untersuchungen sind einige *sozialpsychologisch* orientierte Experimente zur *politischen Urteilsbildung* zusammengefaßt (vgl. 4.3.1), welche die Strukturierung von Urteilsvorgängen gegenüber politisch bedeutsamen Alternativen zum Gegenstand haben. Zunächst wurde untersucht, welche Urteilssystematik der Beurteilung ausgewählter westdeutscher Politiker zugrundeliegt, und durch welche Dimensionen entsprechende subjektive Urteilsräume darstellbar sind. Insbesondere wurde die Interpretationsgültigkeit vermuteter Urteilsdimensionen und die Frage interindividueller Urteilsdifferenzen geprüft (vgl. 4.3.1.1). Weiterhin wurden unter der Annahme, daß individuelle Urteilsstrukturen die kognitive Basis von wertenden Präferenzentscheidungen bilden, Vorgänge der politischen Entscheidungsbildung in kleinen Gruppen untersucht. Vor allem wurde die Frage geprüft, wie es sich auf die Optimalität von Gruppenentscheidungen auswirkt, wenn in den kollektiven Entscheidungsregeln die Mehrdimensionalität der zugrundeliegenden Urteilsstrukturen berücksichtigt wird oder nicht (vgl. 4.3.1.2). Auch die Untersuchung möglicher Regeln zur Prognose politischer Wahlen geht von der Annahme aus, daß einer wertenden Präferenzentscheidung bestimmte kognitive Prozesse vorgeordnet sind, so daß die Kenntnis entsprechender Urteilsstrukturen bzw. kognitiver Strukturen die Prognose anschließender Wahlentscheidungen ermöglichen sollte (vgl. 4.3.1.3).
Die *zweite* Gruppe von Untersuchungen enthält *differentialpsychologisch* orientierte Experimente zur *diagnostischen* Bedeutung von Urteilsstrukturen verschiedener Pbn-Gruppen (vgl. 4.3.2). Um bestimmte wahrnehmungspsychologische Grundlagen projektiver Testverfahren zu untersuchen, wurden projektive Reize über die Abgabe von Ähnlichkeitsurteilen multidimensional skaliert. Anhand der resultierenden Reizkonfigurationen wurden verschiedene Pbn-Gruppen hinsichtlich der Dimensionalität und der Metrik ihrer Wahrneh-

mungsräume verglichen, wobei insbesondere die Verbindung zu bestimmen diagnostisch bedeutsamen Verhaltensklassen hergestellt wurde (vgl. 4.3.2.2). Weiterhin wurde die Interdependenz zwischen diesen Wahrnehmungsstrukturen und den zu denselben Reizen abgegebenen Deutungen untersucht (vgl. 4.3.2.3).

4.3.1 Zur Anwendung der MDS in der Sozialpsychologie: Untersuchungen zur politischen Urteils- und Entscheidungsbildung

4.3.1.1 Urteilsstrukturen bei der Beurteilung westdeutscher Politiker

Empirische Untersuchungen zur Urteilsbildung gegenüber Politikern stammen meistens aus dem Bereich der *Meinungsforschung*. Dementsprechend basieren inhaltliche Aussagen über die Urteilssystematik in diesen Fällen gewöhnlich auf Fragebogendaten, denen mehrstufige oder dichotome Antwortskalen mit *apriori* festgelegten Eigenschaftszuordnungen zugrundeliegen. Dadurch ergibt sich der Vorteil, daß die resultierenden Ergebnisse inhaltlich direkt zu interpretieren sind; denn es resultieren nur Anworten, deren inhaltliche Verankerung wegen der vorgegebenen Skalen zwangsläufig als schon bekannt vorausgesetzt werden kann. Diese Zwangsläufigkeit bei Vorgabe allgemeiner Urteilsinhalte stellt jedoch für die urteilenden Subjekte eine Einengung dar, wobei die Berechtigung dieser Einschränkung potentieller Urteilsgesichtspunkte selten geprüft wird. Hinzu kommt, daß der Bereich inhaltlicher Apriori-Hypothesen zur Urteilsbildung bei Meinungsumfragen zumeist zusätzlich eingeengt ist durch bestimmte selektive Interessen und Erwartungen der Auftraggeber, wie z. B. durch Wahlkampfüberlegungen der politischen Parteien. Mit diesen Methoden untersucht man also nicht notwendig, welche Gesichtspunkte einem komplexen Vorgang der politischen Urteilsbildung *tatsächlich* bzw. im Sinne spontaner Äußerungen zugrundeliegen. Vielmehr wird den untersuchten Personen ein bestimmtes Urteilskonzept auferlegt, von dem man nie genau weiß, in welchem Umfang es sich mit einer „wahren" Urteilsstruktur oder Informationsbasis deckt, welche die Subjekte unvoreingenommen verwenden würden und die es aufzudecken gilt. Meinungsforschung ist in der Regel interessenabhängig und liefert insofern lediglich selektive Information.
Wenn diese selektive Informationssammlung, die öffentliche Berichterstattung darüber und ihre Verwertung in der Wahlpropaganda der Parteien ständig wiederholt wird, ist allerdings mit der Zeit durch Eingewöhnung ein bestimmter Stabilisierungseffekt zu erwarten. Dessen negative Eigenschaften können sich darin äußern, daß sich der Wähler allmählich an ein durch Wahlkampfparolen vergröbertes Urteilssystem anpaßt, dessen Optimalität für die politische

Entscheidungsbildung in einer demokratischen Gesellschaft besonders deshalb sehr fragwürdig ist, weil das Informationsbedürfnis gegenüber den Wahlmöglichkeiten nicht nur eingeschränkt wird, sondern auch jeglicher Manipulation besonders leicht zugänglich ist. Weiterhin sind die verwendeten Fragebogenskalen der Meinungsforschung meistens einfache Schätzskalen, deren meßtheoretische Begründung problematisch ist. Selbst wenn diese Skalen mit Hilfe meßtheoretisch fundierter eindimensioaler Skalierungstechniken konstruiert wurden, so fehlen dann jedoch Informationen über die wechselseitigen Abhängigkeiten der einzelnen Skalen bzw. über die mehrdimensionale Struktur dieser Variablenabhängigkeiten.
Wendet man zur Aufdeckung latenter Urteilsstrukturen gegenüber Politikern hingengen zumindestens zusätzlich Methoden der *multidimensionalen Ähnlichkeitsskalierung* an, so wird insbesondere der Nachteil vermieden, daß die Urteilsbildung der Subjekte und damit auch der Bereich aufdeckbarer Urteilsstrukturen auf bestimmte Urteilsskalen beschränkt wird, deren inhaltliche Auswahl in der Regel nicht das beteiligte Subjekt, sondern der Experimentator trifft. Wie schon ausgeführt, basiert die MDS lediglich auf der Abgabe globaler Ähnlichkeitsurteile, und man geht von der Annahme aus, daß in diesen Ähnlichkeitsurteilen alle subjektiv verwendeten Urteilsgesichtspunkte bzw. latenten Urteilsdimensionen implizit enthalten sind. Die Abbildung der Ähnlichkeitsurteile in einen metrischen Skalenraum dient dann der Zielsetzung, diese implizite Urteilssystematik innerhalb eines orthogonalen Koordinatensystems explizit zu machen. Dabei geht man zwar auch von der Annahme spezifischer Reizskalen aus, die allerdings zunächst nur eine formale Rolle innerhalb der als Kombinationsregel gedeuteten Distanzfunktion spielen. Man nimmt jedoch an, daß die Subjekte ihre globalen Ähnlichkeitsschätzungen so aus spezifischen Ähnlichkeiten kombinieren, wie mit Hilfe des Skalierungsmodells ihre Zerlegung denkbar ist.
An diese Formalprozedur schließt sich die inhaltliche *Interpretation* der spezifischen Skalen an, d.h. die Spezifität der Urteilsstruktur wird inhaltlich nicht vorausgesetzt, sondern erst nachträglich anhand empirischer Informationen wahrscheinlich gemacht. Was den Geltungsanspruch der so gewonnenen inhaltlich interpretierten Skalen betrifft, sind allerdings mindestens zwei einschränkende Bedingungen besonders bedeutsam, nämlich

a) die Subjektivität der Interpretationen des Experimentators und
b) die Abhängigkeit der Skalen von der Zusammensetzung der Beurteilerstichprobe.

Das erste Geltungsproblem (*Interpretationsgültigkeit*) tritt besonders bei der MDS von Reizen auf, für deren Variation keine oder nur wenig objektivierbare Kriterien existieren. Diese Eigenschaft trifft besonders für unsere Untersuchun-

gen von sozialen Urteilsprozessen zu, bei denen die Reizobjekte soziale Alternativen, d. h. politische Kandidaten sind. Zwar lassen sich Politiker beispielsweise hinsichtlich ihrer Parteizugehörigkeit objektivieren. Für subjektive Urteilsprozesse muß jedoch gegenüber dieser kategorialen Urteilsmöglichkeit eher eine kontinuierliche Skala, beispielsweise von politisch rechts nach politisch links angenommen werden. Weitere Gesichtspunkte sind denkbar, deren interpretative Aufdeckung jedoch meistens notwendig subjektiv ist. Der Geltungsanspruch der gewählten Interpretationen muß deshalb geprüft werden, und zwar am besten, indem man die Interpretationshypothesen durch empirische Informationen absichert, die dem Urteilsverhalten der untersuchten Subjekte selbst entnommen sind. Dem Problem der Interpretationsgültigkeit ist ein weiteres Geltungsproblem vorgeordnet, das mit der Populationsabhängigkeit der MDS-Ergebnisse zusammenhängt. Man muß nämlich fragen, ob der abgebildete mehrdimensionale Urteilsraum *alle* Personen der untersuchten Stichprobe gleichermaßen repräsentiert, also die Annahme eines mittleren Beurteilers rechtfertigt, oder ob nicht möglicherweise Subgruppen von Personen existieren, die aus verschiedenen Populationen stammen und über jeweils unterschiedliche Urteilsstrukturen verfügen. Auch diese Möglichkeit der Geltungseinschränkung durch die *Stichproben-Heterogenität* von Urteilsgesichtspunkten ist um so wahrscheinlicher, je komplexer die zu beurteilenden Reize sind. Insbesondere bei der Beurteilung von Politikern erscheint es sehr unwahrscheinlich, daß nur *ein* genereller Gesichtspunkt existiert, nach denen sich mehrdimensionale Urteilssysteme organisieren können.
Beide Gültigkeitsaspekte relativieren die angestrebten *Erklärungen* politischer Urteilsbildung auf der strukturellen Basis eines MDS-Modells und sind in der vorliegenden Untersuchung zur Beurteilung westdeutscher Politiker explizit untersucht worden. Der Gesichtspunkt der *Interpretationsgültigkeit* zielt *mittelbar* auf den anfangs genannten Geltungsaspekt (b) (vgl. Abb. 27); denn die empirisch begründete Interpretierbarkeit der MDS-Skalen muß als minimale und notwendige Voraussetzung für den Erklärungswert des MDS-Modells bzw. der abgebildeten theoretischen Konstruktion des psychologischen Urteilsraumes gefordert werden. Der interpretative Geltungsaspekt kann sich jedoch auch unmittelbar auf den Gesichtspunkt (c) richten, und zwar dann , wenn die Interpretationsgültigkeit der Skalen nicht direkt anhand der ursprünglich abgegebenen Ähnlichkeitsurteile (vgl. R_1 in Abb. 27), sondern anhand einer abgeleiteten, neuen Urteilssituation geprüft wird (vgl. R_2). In unserer Untersuchung wurde die letztere Möglichkeit gewählt.
Der von der Stichprobenheterogenität abhängige zweite Geltungsaspekt betrifft die *differentielle Geltung* der MDS-Skalen und zielt allgemein – wenn nicht zusätzlich extern gemessene Persönlichkeitsmerkmale und weitere Eigenschaften der Beurteiler herangezogen werden – auf den Gesichtspunkt (b) der Geltungsbegründung einer angestrebten Erklärung des beobachteten Urteils-

verhaltens. Aufgrund der empirischen MDS-Ergebnisse ist dann beispielsweise zu beurteilen, ob die skalierbare Stichprobenheterogenität (d. h. interindividuelle Mehrdimensionalität) mit den postulierten Kombinationsregeln des zweistufigen *Tucker & Messick*-Modells vereinbar ist (vgl. Gesetzesaussagen G im Explanans). Mögliche Antezedensbedingungen A im Explanans wurden in unserer Untersuchung allerdings nicht experimentell *hergestellt*, sondern durch die *Selektion* bestimmter Beurteilergruppen aufgrund des ersten Schrittes der *Tucker & Messick*-Prozedur realisiert.

Urteilsstrukturen und interindividuelle Differenzen

Ein Experiment zur politischen Urteilsbildung wurde 1965 mit N = 52 männlichen Vpn einer norddeutschen Kleinstadt durchgeführt (vgl. *Ahrens* 1967a). Das Durchschnittsalter der Vpn betrug etwa 19 Jahre. Die Vpn hatten Volksschulbildung und würden nach ihren Angaben voraussichtlich bei der nächsten Bundestagswahl zu 54% die SPD und zu 46% CDU gewählt haben. Als zu beurteilende Reizobjekte wurden die Namen von n = 15 damals bekannten westdeutsche Politikern gewählt:

1. Brandt
2. Adenauer
3. Barzel
4. Bucher
5. Dehler
6. Erhard
7. Erler
8. Gerstenmaier
9. Krone
10. Mende
11. Schröder
12. Seebohm
13. Strauß
14. Stücklen
15. Wehner

Um im *ersten* Durchgang Daten für die *Ähnlichkeitsskalierung* zu gewinnen, wurden die Beurteilungsobjekte zu $n(n-1)/2 = 105$ Reizpaaren zusammengestellt und den Vpn in zufälliger Reihenfolge zur Ähnlichkeitsbeurteilung auf einer 7-Punkte-Schätzskala vorgelegt. Für die Abbildung vermuteter mehrdimensionaler Urteilsstrukturen durch ein multidimensionales Skalierungsmodell stand somit eine (52 × 105)-Matrix mit Schätzungen der Ähnlichkeit zwischen je zwei Politikern zur Verfügung.
Um das letztgenannte Geltungsproblem – nämlich die Frage *interindividueller Urteilsdifferenzen* – zu lösen, wurde die MDS nicht für eine durchschnittliche Vp unter Verwendung mittlerer Schätzwerte pro Reizpaar durchgeführt. Vielmehr wurde das schon ausführlich dargestellte points of view-Modell von *Tucker & Messick* (1963) angewendet (vgl. S. 122ff.), um neben intraindividuellen Urteilsstrukturen auch systematische interindividuelle Differenzen aufzudecken. Wie schon ausgeführt, kann diese Fragestellung nach dem *Tucker & Messick*-Modell in der folgenden zweistufigen Prozedur beantwortet werden:

1. Durch eine Dimensionsanalyse aller Vpn-Urteile wird geklärt, ob verschiedene unabhängige Klassen von Beurteilern existieren, welche die Politiker nach jeweils unterschiedlichen Urteilsstrukturen beurteilen. Wenn die Variation aller Ähnlichkeitsurteile interindividuell mehrdimensional ist, so kann die Annahme einer mittleren Urteilsstruktur bzw. einer einzigen Beurteilerpopulation nicht als gültig angesehen werden. Der Geltungsanspruch für vermutete Urteilsstrukturen müßte dann zugunsten einer differentiellen Aussage eingeschränkt werden.
2. Bei interindividueller Mehrdimensionalität wird für jede homogene Klasse von Beurteilern bzw. für jeden Beurteilergesichtspunkt eine getrennte MDS der Reizobjekte durchgeführt und damit jeweils eine Urteilsstruktur beschrieben, die nur für die zugehörigen Vpn Geltung beansprucht.

Die Dimensionsanalyse des *ersten* Schrittes der Skalierungsprozedur zeigte in unserem Experiment, daß vermutlich *zwei* unabhängige *Beurteilertypen* in der Gesamtstichprobe existieren (vgl. Abb. 28). Die Populationsabhängigkeit der Gültigkeit skalierter Reizstrukturen manifestiert sich hier also so, daß für die Herkunft der Beurteilerstichprobe zwei unterschiedliche Bezugspopulationen angenommen werden müssen, die jeweils einen eigenen Geltungsbereich beanspruchen. Dadurch ergibt sich eine Präzisionssteigerung für alle weiterführenden Gültigkeitsuntersuchungen der intraindividuell gegliederten Urteilsstrukturen. Vor allem verringert sich die Wahrscheinlichkeit des Fehlers, daß durch die skalierten Urteilsstrukturen lediglich das Urteilsverhalten artifizieller Durchschnittspersonen erklärt wird, die keine der untersuchten Einzelpersonen wirklich repräsentieren. Unsere Untersuchung war allerdings nicht so angelegt, daß die Klassifikation der Beurteiler im Personenraum mit externen Kriterien wie Persönlichkeitsmerkmalen, sozialer Status u. dgl. in Verbindung gebracht werden konnte. Für die kontrollierten Variablen Alter und voraussichtliche Parteiwahl konnte kein systematischer Zusammenhang nachgewiesen werden. Nachdem die Hypothese interindividueller Eindimensionalität zugunsten der Vermutung zweier homogener Beurteilerklassen zurückgewiesen wurde, konnten nun im *zweiten* Schritt der *Tucker & Messick*-Prozedur die beiden zugehörigen *klassenspezifischen Urteilsstrukturen* ermittelt werden. Die Zugehörigkeit der einzelnen Vpn zu diesen Klassen ist aus der Größe ihrer Projektionen auf die beiden Achsen des Personenraumes ersichtlich. Um für beide Klassen die zugehörigen, intrainidividuell gegliederten Urteilsstrukturen aufzudecken, wurden auch die Reizpaare auf die beiden Achsen abgebildet. Für jeden Urteilsgesichtspunkt ist somit ersichtlich, in welchem Ausmaß er die subjektive Ähnlichkeit je zweier Politiker vermutlich determiniert. Demgemäß wurden die Reizpaarprojektionen als faktorielle Ähnlichkeiten bzw. Distanzen interpretiert (vgl. S. 136ff.), zu zwei Distanzmatrizen zusammengestellt und unter Verwendung der *Torgerson*schen Prozedur (vgl. S. 88ff.) zwei getrennten

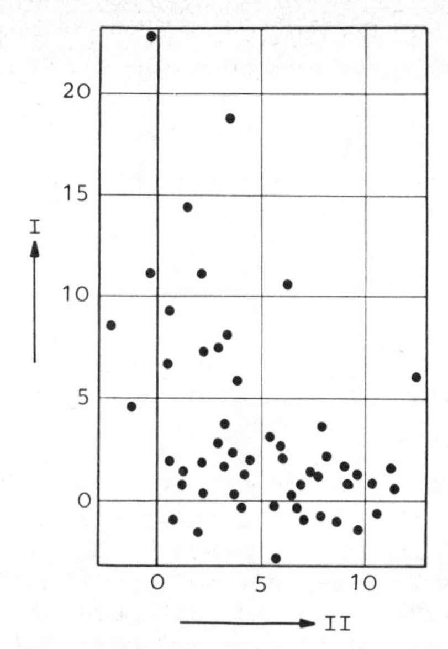

Abb. 28: Abbildung von N = 52 Beurteilern auf zwei Gesichtspunkten der Ähnlichkeitsbeurteilung von Politikern (vgl. *Ahrens* 1967 a, 74).

MDS zugeführt, um die intraindividuelle Gliederung der Urteilsstrukturen beider Beurteilertypen zu erfassen.

Nach den Ergebnissen der MDS beurteilen beide Beurteilertypen die untersuchten Politiker vermutlich jeweils nach einem Urteilssystem, das durch je zwei orthogonale Skalen hinreichend genau beschrieben wird (vgl. Tab. 2). Die Interpretation dieser Skalen ist jedoch subjektiv und vor allem zeitabhängig. Sie orientiert sich vorläufig an Attributen, nach denen die untersuchten Vpn die Politiker *vermutlich* beurteilen.

Aus den Abbildungen der Politiker auf die *Skala S_1* des *Beurteilertyps I* geht deutlich hervor, daß dieser Urteilsdimension die Parteizugehörigkeit der Politiker zugrundegelegt wird. Diese Skala entspricht offenbar der Konvention, Politiker nach politisch links und rechts mit allen Zwischenstufen zu unterscheiden (vgl. Brandt-Mende-Adenauer).

Die Interpretation der zweiten *Skala S_2* des Beurteilertyps I ist schwieriger. Vermutlich werden die Politiker unter diesem Gesichtspunkt danach unterschieden, ob sie in der Sicht der Vpn eher als politischer Außenseiter wirken, die oft unangepaßte und eigenwillige Meinungen vertreten, oder ob sie eher das Image der Unauffälligkeit und guten Anpassung haben (vgl. Strauß, Mende – Barzel).

Der ersten *Skala S_1* des *Beurteilertyps II* scheint die zum Zeitpunkt der Untersuchung eingeschätzte Machtausstattung und politische Kontrolle zugrun-

Nr.	Politiker	Mittlerer Beurteiler				Beurteilertyp I		Beurteilertyp II	
		S_1	S_2	S_3	S_4	S_1	S_2	S_1	S_2
1	Brandt	0,28	0,31	0,06	–0,07	0,53	0,08	0,05	0,27
2	Adenauer	–0,28	0,05	0,24	0,05	–0,32	0,16	0,33	0,02
3	Barzel	–0,13	0,07	–0,14	0,38	–0,14	0,26	–0,15	0,08
4	Bucher	–0,06	0,04	–0,61	–0,07	0,17	–0,29	–0,45	–0,09
5	Dehler	0,39	–0,07	–0,13	–0,09	0,39	–0,09	–0,29	0,01
6	Erhard	–0,24	–0,03	0,18	–0,08	–0,32	–0,01	0,26	–0,05
7	Erler	0,49	0,00	–0,08	–0,01	0,50	0,20	-0,28	0,16
8	Gerstenmaier	–0,19	0,19	0,09	0,16	–0,25	0,09	0,14	0,20
9	Krone	0,03	–0,48	0,00	0,24	–0,21	0,08	–0,27	–0,36
10	Mende	–0,09	0,07	0,00	–0,18	0,03	–0,47	0,10	0,05
11	Schröder	–0,19	0,22	0,12	–0,04	–0,27	0,05	0,23	0,10
12	Seebohm	–0,25	–0,11	0,06	–0,13	–0,26	0,00	0,22	–0,25
13	Strauß	–0,16	–0,25	0,04	–0,35	–0,11	–0,32	0,19	–0,32
14	Stücklen	–0,09	–0,12	–0,02	0,12	–0,20	0,10	–0,01	–0,14
15	Wehner	0,47	0,11	0,19	0,06	0,47	0,17	–0,07	0,32

Tab. 2: Skalen der Urteilsstrukturen zweier Beurteilertypen und des mittleren Beurteilers (vgl. *Ahrens* 1967 a, 75).

dezuliegen, und zwar unabhängig von der Parteizugehörigkeit. Als stärkster Repräsentant der Regierung wurde danach Adenauer und als Oppositionsführer Wehner gesehen. Die zweite *Skala* S_2 des Beurteilertyps II dient wahrscheinlich zur Beurteilung der Politiker danach, ob sie in der Sicht der Beurteiler eher jung, fortschrittlich und aufgeschlossen wirken und demokratische Entscheidungsbildung erwarten lassen, oder ob sie im politischen Denken und Handeln eher alt, konservativ und unbeweglich wirken und eine autoritäre Führung erkennen lassen (vgl. Wehner, Brandt – Krone, Strauß).

Versucht man für die Urteilsdimensionen *beider* Beurteilertypen ein gemeinsames Interpretationskonzept zu finden, so ließe sich vielleicht am besten der Gesichtspunkt verschiedener *Führungseigenschaften* bezüglich der politischen Entscheidungsbildung verwenden, die von den verschiedenen Beurteilertypen unterschiedlich gewichtet werden. Beim Beurteilertyp I werden die Führungsqualitäten einzelner Politiker einmal institutionalisiert auf die Partei, durch die sie als Regierungs- oder Oppositionspolitiker gekennzeichnet sind (S_1). Zum anderen wird eine Führungsqualität stark beachtet, die sich nicht nur durch große Aktivität, sondern gleichzeitig durch die Attribute des unangepaßten und auffälligen Außenseiters auszuzeichnen scheint (S_2). Der *Beurteilertyp II* hingegen scheint sich hauptsächlich an einem in der sozialpsychologischen

Literatur häufig beschriebenen Führungsdual zu orientieren (vgl. *Hofstätter* 1963, *Bales & Slater* 1955), nämlich an der Unterscheidung zwischen dem tüchtigen, mächtigen Führer, der die Gruppenaktivität kontrolliert (S_1) und dem sozial-emotional beliebten Führer, der die Affektbeziehungen in sozialen Strukturen kontrolliert und am ehesten der Idealbildung dienen kann (S_2).
Versuchsweise wurden neben beiden Beurteilertypen auch die Reizähnlichkeiten des *mittleren Beurteilers* skaliert, wobei eine vierdimensionale Struktur resultierte (vgl. Tab. 2). Auffällig ist dabei nun, daß diese vier Urteilsdimensionen des mittleren Beurteilers bis auf kleine Abweichungen insgesamt gut mit den Urteilsdimensionen der beiden Beurteilertypen übereinstimmen (Korrelationen: 0.925, 0.866, 0.737 und 0.726) und sich auch entsprechend ähnlich interpretieren lassen. Man könnte also in diesem Fall vermuten, daß sich die mittlere, vierdimensionale Struktur der Urteilsbildung additiv aus den beiden zweidimensionalen Strukturen der Beurteilertypen I und II zusammensetzt. Könnten ähnliche Befunde in weiteren Untersuchungen reproduziert werden, so würde damit die auf den Seiten 139ff. diskutierte Möglichkeit gestützt, die *Tucker & Messick*-Prozedur als Modell für *zweistufige subjektive Urteilsregeln* zu verwenden, die sowohl intraindividuelle als auch interindividuelle Differenzen berücksichtigen. In unserem Fall könnte man für jeden Beurteiler der Stichprobe ein allgemeines Urteilsprinzip postulieren, das er zwar mit allen übrigen gemeinsam hat, das jedoch andererseits durch zwei unterschiedlich gewichtete Gesichtspunkte I und II charakterisierbar ist.
Gemäß der *ersten* Kombinationsregel des Modells (vgl. (3.83), S. 139) entscheiden die Vpn, welchen dieser beiden allgemeinen Gesichtspunkte sie bei der Ähnlichkeitsbeurteilung der Politiker hauptsächlich berücksichtigen werden. Dieser Gesichtspunkt erhält das größere Gewicht in der Linearkombination faktorieller Ähnlichkeiten. Ein idealisierter Repräsentant des Beurteilertyps I würde z. B. seinen Gesichtspunkt I mit 1 und den des Beurteilertyps II mit 0 gewichten, so daß sein abgegebenes Ähnlichkeitsurteil lediglich spezifische Dimensionen des Gesichtspunktes I enthalten würde. Der andere Gesichtspunkt II verschwindet in der Linearkombination. Durch die *zweite* Kombinationsregel (vgl. (3.85) S. 140) wird dann gemäß der verwendeten Distanzfunktion beschrieben, wie und aus welchen spezifischen Dimensionen ein globales Ähnlichkeitsurteil des Beurteilertyps I im einzelnen kombiniert wird. Die MDS der Ähnlichkeitsurteile aller Vertreter des Beurteilertyps I beschreibt dann die oben genannte zweidimensionale Urteilsstruktur. Ähnliches gilt für den Beurteilertyp II.
Faßt man beide Beurteilertypen gemäß der ersten Kombinationsregel additiv zusammen, und führt man entsprechend der zweiten Kombinationsregel eine gemeinsame Zerlegung der Distanzmatrizen in spezifische Skalen durch, so müßte eine gemeinsame vierdimensionale Struktur resultieren, die sich entsprechend der anfänglichen Addition zweier Beurteilertypen additiv aus den beiden

zugehörigen zweidimensionalen Strukturen zusammensetzen müßte. Wie schon ausgeführt, wird diese Vermutung durch die vorgefundenen empirischen Ergebnisse gestützt, und es ist bis auf weiteres anzunehmen, daß die beiden Schritte der *Tucker & Messick*-Prozedur tatsächlich eine für *alle* Vpn der Stichprobe konsistente, *zweistufige Urteilsregel* abbilden. Dieser Hinweis auf die Modellgültigkeit des verwendeten Skalierungsverfahrens muß jedoch durch weitere, gezielte Untersuchungen abgesichert werden.
Hinsichtlich des von uns verwendeten Konzepts wissenschaftlicher Erklärungen (vgl. S. 208ff.) ist vor allem einschränkend zu beachten, daß die Antezedensbedingungen im Explanans einerseits nicht durch experimentelle Herstellung, sondern lediglich durch eine Personenselektion fixiert wurden, und daß diese Selektion andererseits innerhalb der ursprünglichen Datenerhebung erfolgte und bisher nicht extern begründet ist.
Wie schon diskutiert wurde (vgl. S. 145ff.), entspricht die hier hauptsächlich aufgrund empirischer Ergebnisse gestützte und zunächst nur spekulative Hypothese eines *gemeinsamen Reizraumes* mit additiven Beziehungen zwischen verschiedenen Beurteilertypen dem Prinzip dem später entwickelten einstufigen „group stimulus space-Modells" von *Carroll & Chang* (1970) zur MDS individueller Differenzen. Dieses Modell geht nämlich von einem gemeinsamen Gruppen-Reizraum aus, für den sich individuelle oder gruppenspezifische Reizräume lediglich durch Transformation mit differentiellen Gewichten ergeben. Hier könnte der spezielle Fall vorliegen, daß der Beurteilertyp I die zwei Reizdimensionen des Beurteilertyps II mit Null gewichtet (und umgekehrt), wodurch sich insgesamt und additiv der vierdimensionale „Gruppen-Reizraum" des mittleren Beurteilers ergäbe. Diese Interpretation zur Verknüpfung beider Modelle bleibt jedoch bis zu Durchführung expliziter formaler und empirischer Untersuchungen vorläufig spekulativ.

Urteilsstrukturen und Interpretationsgültigkeit

Hinsichtlich der versuchten Interpretationen zu einzelnen Urteilsskalen wird der zweite anfangs genannte Geltungsaspekt relevant, den wir kurz als „*Interpretationsgültigkeit*" bezeichnen wollen. Geht man davon aus, daß mit Hilfe von MDS Komponenten der subjektiven Urteilsbildung bestimmter Personen aufgedeckt werden sollen, und daß die psychologischen Deutungen dieser Komponenten lediglich subjektive Interpretationshypothesen des Experimentators darstellen, so liegt es nahe, die Geltung dieser Hypothesen zunächst genau an denjenigen Vpn zu überprüfen, aus deren Urteilsverhalten die Daten der Skalierung stammen. Zur Lösung dieser Validierungsaufgabe bietet sich folgende Überlegung an:

1. Man nimmt an, daß das Skalierungsmodell die abgegebenen Ähnlichkeitsurteile in diejenigen latenten Urteilsdimensionen zerlegt, die zuvor auch von

den Vpn zur Kombination globaler Ähnlichkeitsurteile implizit verwendet wurden, d. h. MDS sei ein Urteilsmodell.
2. Durch die Interpretation der Skalen werden inhaltliche Hypothesen über die Bedeutung einzelner Urteilsdimensionen aufgestellt.
3. Zur Prüfung der Geltung dieser Interpretationshypothesen ist mindestens zu untersuchen, ob sie nicht im Widerspruch zu anderen Urteilsvorgängen der Vpn bei gleichen Reizobjekten stehen (vgl. Geltungsaspekt c; Abb. 27).
4. Dazu beurteilen dieselben Vpn, die im Skalierungsexperiment die Politiker nach globaler Ähnlichkeit beurteilten, in einem zweiten Durchgang die Politiker nicht unspezifisch, sondern vielmehr spezifisch und explizit nach denjenigen Attributen, die der Experimentator seinen Interpretationshypothesen subjektiv zugrundegelegt hat.
5. Der Grad der Interpretationsgültigkeit läßt sich unter diesen Voraussetzungen aus dem Ausmaß der Übereinstimmung zwischen skalierter Urteilsstruktur mit hypothetischen Interpretationen und der späteren Beurteilung der Politiker auf den interpretierten Skalen abschätzen (vgl. V_2; Abb. 27). Damit wird die Widerspruchsfreiheit der interpretativen Hypothesen gegenüber einer veränderten, jedoch gleichfalls relevanten Urteilssituation geprüft.

Um diese Überlegungen zu realisieren, wurden insgesamt N = 29 Vpn aus der Gesamtstichprobe in einem zweiten Durchgang nach einigen Wochen nochmals untersucht, indem sie die Politiker nunmehr auf 9-Punkte-Schätzskalen inhaltsspezifisch nach den beigefügten Kurzformen der Interpretationen aus dem ersten Durchgang beurteilten. Außerdem erschien es angebracht, durch eine Wiederholung der globalen Ähnlichkeitsschätzungen die Stabilität der Urteilsstrukturen zu prüfen. Der Retest-Koeffizient von r = 0.833 läßt vermuten, daß die Vpn in der Zwischenzeit ihre Urteilssystematik nicht wesentlich verändert hatten.
Zur Abschätzung der Interpretationsgültigkeit mit Hilfe von Korrelationsmaßen wurden die Vpn gemäß der Klassifikation im ersten Teil der Untersuchung in zwei Gruppen aufgeteilt. Die resultierenden elementaren Gültigkeitskoeffizienten einzelner Skalen und die Durchschnittswerte für die mittlere Struktur und die Strukturen der beiden Beurteilertypen sind in Tab. 3 zusammengefaßt. Ein Vergleich der durchschnittlichen Koeffizienten der beiden einzelnen Beurteilertypen zeigt, daß die Skalenwerte der Struktur des Beurteilertyps I mit r = 0.891 am besten mit den später abgegebenen, interpretationsspezifischen Schätzwerten übereinstimmen. Erwartungsgemäß hat dabei die Skala „Parteizugehörigkeit“ mit r = 0.960 die größte Interpretationsgültigkeit.
Wie schon ausgeführt, wurde versuchsweise trotz Aufdeckung zweier Beurteilertypen auch eine *mittlere Urteilsstruktur* mit vier interpretierbaren Skalen ermittelt, die insgesamt weitgehend mit den beiden zweidimensionalen Einzelstrukturen übereinstimmten. Es ist nun interessant, daß auch für diese Struktur

Tab. 3: Koeffizienten zur Interpretationsgültigkeit einzelner Skalen und durchschnittlicher Urteilsstrukturen (*Ahrens* 1967, 84).

Struktur	Urteils-dimension bzw. MDS-Skala	Interpretation (Kurzform)	Elementare Inter-pretations-gültigkeit (r)	Globale Interpretations-gültigkeit	
				Mittlere Korrelation (r)	Trans-formations-analyse nach *Fischer & Roppert* (1964)
Mittlerer Beurteiler	S_1	Parteizugehörigkeit	0,937	0,770	0,991
	S_2	Fortschritt, jugendliche Wirkung usw.	0,715		
	S_3	Macht, Erfahrung, autoritäre Haltung usw.	0,547		
	S_4	Außenseiterposition	0,691		
Beurteilertyp I	S_1	Parteizugehörigkeit	0,960	0,891	0,982
	S_2	Außenseiterposition	0,718		
Beurteilertyp II	S_1	Macht, Erfahrung, autoritäre Haltung usw.	0,739	0,663	0,983
	S_2	Fortschritt, jugendliche Wirkung usw.	0,571		

eines hypothetischen mittleren Beurteilers die Interpretationsgültigkeit mit 0,770 recht hoch ist. Daraus ist wahrscheinlich zu entnehmen, daß zwar verschiedene Beurteilertypen bei der unspezifischen Ähnlichkeitsbeurteilung im ersten Durchgang *spontan* jeweils bestimmte zweidimensionale Urteilsgesichtspunkte verwenden, daß aber andererseits jeder der beiden Beurteilertypen im zweiten Durchgang durchaus in der Lage ist, auch die Urteilssystematik des jeweils anderen Standpunktes nachzuvollziehen. Diese Vergleiche wurden ermöglicht, weil die Beurteiler einer bestimmten Vpn-Klasse ihre Urteile auch nach den beiden Skalen des jeweils anderen Beurteilertyps abgaben.
Auch dieses Ergebnis spricht für die anfangs schon diskutierte Vermutung, daß die vierdimensionale Struktur der mittleren Vp nicht nur hypothetische Bedeutung hat, sondern vielmehr bei allen Vpn latent vorhanden ist und in einer externen Urteilssituation mit ensprechendem Aufforderungscharakter auch vollständig realisiert werden kann. Beide Beurteilertypen unterscheiden sich

nicht prinzipiell, sondern nur danach, welchen Urteilsdimensionen sie bei unspezifischen Ähnlichkeitsurteilen besonderes Gewicht beimessen. Auch dieser Gesichtspunkt würde für die anfangs schon genannte Möglichkeit sprechen, beide Schritte der *Tucker & Messick*-Prozedur als vorläufig gültiges Modell für die Abbildung einer zweistufigen Regel subjektiver Urteilsprozesse zu betrachten.

Diskussion

Der Geltungsanspruch der durch MDS abgebildeten Urteilsstrukturen und der einzelnen interpretierten Skalen wurde unter zwei einschränkenden Bedingungen untersucht, nämlich

a) hinsichtlich der Populationsabhängigkeit der aufgedeckten Strukturen, und
b) hinsichtlich der Subjektivität der vorgenommenen Interpretationen.

Der *erste* Gesichtspunkt führt im Rahmen des genannten Geltungsaspekts b (vgl. Abb. 27) auf eine Frage der *differentiellen Validität*; denn wir stellten fest, daß die gesamte Beurteilerstichprobe vermutlich aus zwei Beurteilertypen zusammengesetzt ist, die jeweils intraindividuell durch eine bestimmte zweidimensionale Urteilsstruktur repräsentierbar sind. Insofern kann in unserem Experiment die Geltung von Urteilsdimensionen nicht generell für einen mittleren Beurteiler, d. h. für eine einzige Bezugspopulation beansprucht werden, sondern muß differentiell nach zwei Gesichtspunkten behandelt werden.
Besondere Beachtung verdient in diesem Zusammenhang der Umstand, daß die Skalierung der Ähnlichkeitsurteile des mittleren Beurteilers eine vierdimensionale Urteilsstruktur aufdeckte, die sich vermutlich additiv aus den jeweils zweidimensionalen Strukturen der beiden Beurteilertypen zusammensetzt. Ließe sich diese Additivitätshypothese theoretisch eindeutig begründen und auch in weiteren empirischen Untersuchungen nicht falsifizieren, so ergäben sich interessante Rückschlüsse auf die Geltung oder den Erklärungswert des points of view-Modells von *Tucker & Messick*. Man könnte nämlich vermuten, daß der im formalen Teil diskutierte Aufbau des Skalierungsmodells nach zwei abhängigen *Kombinationsregeln* nicht nur deskriptiv-syntaktische, sondern auch psychologische Bedeutung im Urteilsverhalten der Vpn hat. Danach würde jeder individuelle Urteilsprozeß prinzipiell auf einer vierdimensionalen (mittleren) Grundstruktur basieren, wobei die Angehörigen der beiden Beurteilertypen diese Dimensionen nur unterschiedlich gewichten, so daß im Endeffekt jeweils zweidimensionale Urteilsbildungen resultieren. Die oft geäußerte Vermutung, daß bei heterogener Stichprobe die mittlere Vp lediglich hypothetische und möglicherweise nur artifizielle Realität habe, wäre in diesem Fall nur

halb richtig; denn eine hypothetische mittlere Struktur könnte durchaus als real vorhandenes Bezugssystem aller Vpn postuliert werden. Die so interpretierte Bedeutung mittlerer Vpn bzw. mittlerer Urteilsstrukturen ist jedoch nur dann sinnvoll, wenn man sie zusätzlich um die genannten differentiellen Gewichtungsgesichtspunkte ergänzt. Wie anfangs schon erwähnt wurde, wird der Geltungsanspruch bzw. der Erklärungswert dieses Konzepts allerdings vorläufig noch mindestens dadurch eingeschränkt, daß die auf interindividuelle Differenzen gerichtete Antezedensbedingung gerade auf denjenigen Daten aufbaut, die auch erklärt werden sollen, und daß diese Bedingung nicht durch experimentelle Herstellung, sondern lediglich durch Klassenbildung im Personenraum realisiert wurde.
Der gesamte Ansatz gibt ein Beispiel für Möglichkeiten, auch in anderen Bereichen der Psychologie das oft diskutierte Verknüpfungsproblem für *allgemeinpsychologische* und *differentialpsychologische* Fragestellungen einer Lösung zuzuführen, die eine dogmatische Trennung beider Bereiche vermeidet. Mindestens für die Analyse bestimmter kognitiver und perzeptiver Strukturanteile in Urteilsprozessen scheint das points of views-Modell von *Tucker & Messick* einen brauchbaren Lösungsansatz zu enthalten, der in dem schon genannten Gruppen-Reizraum-Modell von *Carroll & Chang* und in dem dreimodalfaktorenanalytischen Ansatz von *Tucker* weiter entwickelt wurde.
Der *zweite* Geltungsgesichtspunkt der *Interpretationsgültigkeit* ist dem ersten untergeordnet und spezifiziert diesen. Er zielt zunächst im engeren Sinne auf die Subjektivität der inhaltlichen *Skaleninterpretationen* durch den Experimentator. Indem man diese Interpretationshypothesen an denselben Vpn gegenüber einer veränderten Urteilssituation im zweiten Durchgang absichert, gewinnt man jedoch auch gewisse Anhaltspunkte für die *Generalisierbarkeit* der über Ähnlichkeitsurteile gewonnenen Urteilsdimensionen. Wenn weiterhin bei der Interpretationsgültigkeit insbesondere die *semantische Erklärung* von Dimensionen der Urteilsbildung zur Diskussion steht, so wird das Explanans hier für den zweiten Durchgang der Untersuchung etwa folgendermaßen spezifiziert und ergänzt:

a) Gesetzesaussage: Insbesondere die dimensionale MDS-Struktur der Ähnlichkeitsurteile.
b) Antezedensbedingung: Insbesondere die subjektiven, inhaltlichen Interpretationen des Experimentators, welche die Schätzskalen bezeichnen, nach denen die Beurteiler die Politiker beurteilen sollen.

Nach der Geltungsmodalität c (vgl. Abb. 27) wird dann auf der Basis beider Aussageklassen eine über Schätzskalen ermittelte Reizstruktur (vgl. $\hat{R}_2$) vorausgesagt, die mit der MDS-Struktur aufgrund globaler Ähnlichkeitsurteile (vgl. R_2) bei maximaler Interpretationsgültigkeit vollständig übereinstimmen soll.

Mindestens weist eine gute Übereinstimmung im Sinne der anfangs erörterten schwächeren „Wie-es-möglich-war, daß-Erklärung" (vgl. S. 214) darauf hin, daß die aufgedeckten und interpretierten latenten Komponenten eine brauchbare Basis für direkte Reizbeurteilungen abgeben *können*, – wenn auch andere semantische Erklärungen bzw. Interpretationen des Urteilsverhaltens *möglich* erscheinen. Diese Möglichkeit wurde auch in einer später noch zu diskutierenden Untersuchung zur politischen Entscheidungsbildung in kleinen Gruppen ausgenutzt, indem die über Ähnlichkeitsurteile aufgedeckten Urteilsdimensionen später als kognitives Bezugssystem für direkte Präferenzurteile gegenüber den Reizobjekten verwendet wurden.
Eine Verknüpfung beider Geltungsaspekte erscheint möglich, indem die Interpretationsgültigkeit auch für die mittlere Struktur ermittelt wurde. Da auch diese Struktur eine recht hohe Interpretationsgültigkeit aufwies, kann man mindestens annehmen, daß alle Vpn nicht nur die Interpretationen der „eigenen" zwei Urteilsdimensionen, sondern auch die des jeweils anderen Beurteilertyps nachvollziehen können. Auch diese Vermutung steht nicht im Widerspruch zu der Annahme, daß alle Vpn von einer gemeinsamen latenten Grundstruktur ausgehen, deren Dimensionen sie in globalen Ähnlichkeitsurteilen nur unterschiedlich gewichten.

4.3.1.2 Urteilsbildung und politische Wahlentscheidungen in kleinen Gruppen

Optimalität von Gruppenentscheidungen

Der Verfasser hat sich in einer Reihe von empirischen Untersuchungen mit Vorgängen der sozialen Entscheidungsbildung in kleinen Gruppen beschäftigt. Ausgehend von einer kollektiven Entscheidungssituation, bei der individuelle Präferenzen gegenüber vorgegebenen Wahlmöglichkeiten zu einer gemeinsamen Gruppenentscheidung zusammengefaßt werden sollen, wurden hauptsächlich verschiedene Einflußgrößen untersucht, von denen die Optimalität resultierender Gruppenentscheidungen vermutlich abhängig ist. In einer ersten Untersuchung (*Ahrens* 1966 a) wurde beispielsweise unter Verwendung bestimmter spiel- und entscheidungstheoretischer Konzepte untersucht, wie sich die Art der verwendeten kollektiven *Entscheidungsstrategie* auf die *Optimalität* der sozialen Entscheidung auswirkt. Als Optimalitätskriterien wurden verschiedene Aspekte der durchschnittlichen Zufriedenstellung der Gruppenmitglieder verwendet, wobei sich zeigte, daß die Optimalität verschiedener Entscheidungsstrategien nicht allgemein, sondern nur in Abhängigkeit von bestimmten individuellen und sozialen Normvorstellungen beurteilt werden kann.

Spiel- und entscheidungstheoretische Begründungen von Entscheidungsstrategien enthalten gewöhnlich bestimmte Axiome der rationalen Entscheidung, und zwar insbesondere das Transitivitätsaxiom für die Ordnungsrelationen der zu bewertenden Alternativen (vgl. S. 59). Eine Deutung der Transitivitätsannahme besteht darin, daß den Alternativen ein eindimensionales Entscheidungskontinuum zugrundeliegen sollte Geht man dabei allgemein von der früher schon begründeten (vgl. S. 148ff.) Annahme aus, daß jedem wertenden Entscheidungsprozeß ein korrespondierender kognitiver Prozeß vorgeordnet ist, so könnten die Annahmen der individuellen und kollektiven Rationalität erweitert werden, indem man für die Kontrolle der Entscheidungsbildung die Existenz *mehrdimensionaler* Urteilsräume postuliert und demgemäß die Transitivitätsannahme nicht generell, sondern lediglich für jedes einzelne, eindimensionale Urteilskontinuum trifft. Die erwartete Erhöhung der rationalen Durchschaubarkeit einer individuellen und kollektiven Entscheidungsbasis durch Einführung mehrdimensionaler Gliederungskomponenten und entsprechender Modifikation der Transitivitätsannahme kann als eines der Ziele allgemeiner Optimierungsbemühungen angesehen werden, die z. B. *Rittel* (1971; vgl. auch *Paschen* 1972) bei systemtheoretischen Analysen von Planungs- und Entscheidungsprozessen als „Objektifizierung" bezeichnet. Damit ist gemeint, daß man in den meisten kollektiven Entscheidungsvorgängen auf den Einbezug subjektiver Bewertungskriterien zwar nicht verzichten kann, daß aber eine „Objektivierung der Subjektivität" anzustreben ist, indem die subjektiven Kriterien der Bewertung explizit gemacht werden, so daß mindestens der Objektivitätsaspekt der interindividuellen Nachvollziehbarkeit gesichert erscheint.

Die mehrdimensionale Erweiterung zugrundeliegender Urteilsprozesse ermöglicht die Untersuchung einer weiteren Einflußgröße auf die Optimalität von Gruppenentscheidungen. Es kann nämlich dann gefragt werden, welche Auswirkungen es auf die Optimalität von sozialen Entscheidungen hat, wenn in den Entscheidungsstrategien mehrdimensionale Urteilsgesichtspunkte explizit berücksichtigt werden oder nicht. Sofern man in der mehrdimensionalen Differenzierung der Informationsbasis von Entscheidungssituationen eine Erhöhung der Rationalität sieht und weiterhin annimmt, daß größere Rationalität auch die Optimalität resultierender Entscheidungen erhöht, müßten mehrdimensionale Entscheidungsstrategien die Gruppenmitglieder durchschnittlich mehr zufriedenstellen. Orientiert man sich jedoch beispielsweise an der Praxis von Bundestagswahlen, so ist eher ein gegenläufiger Trend zu beobachten; denn die politischen Parteien unternehmen im Wahlkampf gewöhnlich große Anstrengungen, um dem Wähler für die endgültige Wahl möglichst eindimensionale globale Entscheidungshilfen bereitzustellen (vgl. z. B. Wahlslogans der CDU („Recht und Ordnung") und der SPD („Mehr Lebensqualität") bei den letzten Bundestagswahlen). Unabhängig von der Problematik der willkürlichen Einengung einer ursprünglichen mehrdimensionalen Informationsbasis ist allerdings im Zusammenhang mit informationsverarbeitenden und informationsvermittelnden Prozessen auch die Frage der *kognitiven Kapazität* von Beurteilern zu bedenken: Nicht nur die Unterschreitung einer optimal dimensionierten Informationsmenge, sondern auch ihre Überschreitung kann das Gegenteil von einer rationalen Entscheidung bewirken. Bedient man sich in empirischen Untersuchungen zur Strukturierung von Entscheidungsinformationen beispielsweise faktorenanalytischer Konzeptionen nach *Thurstone* u. a., so wird ein Optimum zwischen Dimensionsminimierung und Dimensionsmaximierung als selbstverständlich angestrebt; denn die Faktoren sollen so geschätzt werden, daß bei minimaler Anzahl möglichst viel Varianz nicht redundant abgebildet wird. Wie weit dieses primär methodisch orientierte und normative Sparsamkeitskonzept dimensionsanalytischer Methoden allerdings ohne weiteres auf menschliche informationsverarbeitende Prozesse (wie Kognitionen, Wahrnehmungen, Entscheidungen) übertragbar ist, muß von Fall zu Fall überprüft werden. Die von uns dikutierte Erklärungsproblematik bei der Verwendung von MDS-Modellen ist auch unter diesem Aspekt zu sehen.

Der Effekt *mehrdimensionaler Entscheidungsinformationen* wurde in einer zweiten Untersuchung geprüft (*Ahrens* 1967c), wobei zusätzlich untersucht wurde, wie sich der Grad der kognitiven Übereinstimmung in der Gruppe auf die Optimalisierungsfähigkeit der Entscheidungsstrategien auswirkt. Zur Erfassung mehrdimensionaler Urteilssysteme wurden hier allerdings lediglich bestimmte eigenschaftsspezifische Schätzskalen verwendet, also keine aufgrund von MDS gewonnenen orthogonalen Urteilsskalen. Eine Varianzanalyse zeigte, daß die postulierte Erhöhung der Rationalität durch mehrdimensionale Gliederung der Entscheidungsinformation über die politischen Kandidaten offensichtlich keinen günstigen Effekt auf die Optimalität von Gruppenentscheidungen hatte; denn die durchschnittliche Zufriedenstellung der Gruppenmitglieder war in den Gruppen signifikant größer, in denen eindimensionale Entscheidungsstrategien verwendet wurden.

Insbesondere um diesen Effekt genauer und differenzierter zu prüfen, wurde eine weitere Untersuchung zur politischen Entscheidungsbildung durchgeführt (*Ahrens* 1967b). In dieser Untersuchung wurde vor allem die Erfassung mehrdimensionaler Urteilsstrukturen verbessert, indem eine MDS der zu bewertenden Politiker zugrundegelegt und auch die Hypothese der interindividuellen Eindimensionalität der Urteilsstrukturen geprüft wurde. Vor allem wurde auch die Menge von Optimalitätskriterien erheblich erweitert und mit Hilfe einer Faktorenanalyse auf die wichtigsten unabhängigen Optimalitätsdimensionen reduziert. Aus dem aufgedeckten, mehrdimensionalen Urteilssystem der untersuchten Vpn wurde der mehrdimensionale Aufbau bestimmter Entscheidungsstrategien hergeleitet, und es wurde insbeondere untersucht, wie sich im Vergleich mit eindimensionalen Entscheidungen die Berücksichtigung

mehrdimensionaler Urteilsinformation auf die verschiedenen Optimalitätskriterien auswirkt. Diese Untersuchung soll im folgenden ausführlicher dargestellt werden.
Hinsichtlich der *Erklärungsfunktion* des verwendeten MDS-Modells impliziert diese Untersuchung auch den anfangs schon genannten dritten Gültigkeitsaspekt (c), nämlich wieweit sich durch MDS abgebildete Urteilsstrukturen auch für weitere relevante Verhaltensbereiche als geeignete Erklärungskonzepte erweisen (vgl. Abb. 27). In unserem Fall gehen wir von der allgemeinen Annahme aus, daß wertendes Entscheidungsverhalten in kleinen Gruppen strukturell kontrolliert wird durch vorgeordnete individuelle Kognitionen und Urteilsprozesse gegenüber denselben Reizobjekten. Insofern sollte die Optimalität der Entscheidungen auch davon abhängen, in welchem Ausmaß explizite Dimensionen korrespondierender Urteilsprozesse in der kollektiven Entscheidungsbildung berücksichtigt werden oder nicht. Anhand dieser Untersuchung ist natürlich kein direkter Geltungsnachweis dafür zu führen, wieweit das MDS-Modell Urteilsstrukturen abbildet, die kollektive Präferenzentscheidungen möglichst vollständig erklären; denn die Optimalität der Entscheidungen ist nicht nur von den Faktoren abhängig, die im Skalierungsexperiment kontrolliert werden. Der Geltungsanspruch kann lediglich indirekt im Sinne einer Konstruktvalidierung (vgl. *Cronbach & Meehl* 1955) begründet werden, indem man den Stellenwert von MDS innerhalb des gesamten Variablengefüges einer kollektiven Entscheidungssituation prüft. Eine direkte Gültigkeitsschätzung wäre möglich, indem geprüft wird, wie genau sich Präferenzentscheidungen aufgrund der Kenntnis von Urteilsstrukturen vorhersagen lassen. Diese Möglichkeit richtet sich unmittelbar auf den Geltungsaspekt (c) und wird erst in der letzten Gruppe von Experimenten zur politischen Entscheidungsbildung erörtert (vgl. 4.3.1.3), in denen Urteilsstrukturen als Prädiktoren von Prognosemodellen für die Vorhersage wertender Wahlausgänge verwendet wurden.

Urteilsstrukturen als Basis von Präferenzurteilen

Im *ersten* Durchgang der Untersuchung (*Ahrens* 1967b) sollen die *kognitiven Anteile* individueller Urteilsstrukturen geklärt werden, von denen angenommen wird, daß sie das Bezugssystem für die kollektiven Präferenzentscheidungen des zweiten Durchganges bilden. Die Namen folgender Politiker wurden als Beurteilungsobjekte und später in einer fiktiven Kanzlerwahl als Wahlmöglichkeiten verwendet:

1. Bucher	8. Erhard
2. Seebohm	9. Schmidt
3. Brandt	10. Schröder
4. Barzel	11. Strauß

5. Adenauer	12. Erler
6. Mende	13. von Guttenberg
7. von Hassel	14. Höcherl

Die Politikernamen wurden zu allen 91 möglichen Reizpaaren zusammengestellt und auf einer 7-Punkte-Schätzskala nach Ähnlichkeit beurteilt. Als Vpn dienten N = 60 Teilnehmer eines Kollegs zur Vorbereitung der Reifeprüfung für Personen mit abgeschlossener Berufsausbildung. Das Durchschnittsalter der Vpn betrug 23 Jahre. Die Frage nach der voraussichtlichen Parteiwahl bei der nächsten Bundestagswahl wurde von 48 Vpn beantwortet. Davon würden 37 Vpn die SPD, 8 die CDU und 3 die F.D.P. wählen, d.h. hinsichtlich der Parteibevorzugung ist diese Stichprobe als wesentlich homogener anzusehen als diejenige des ersten Experiments (vgl. 4.3.1.1). Die Ähnlichkeitsdaten wurden im Januar 1966 erhoben.
Zunächst wurde unter Verwendung der *Tucker & Messick-Prozedur* geprüft, ob für die gesamte Stichprobe die Annahme eines homogenen Urteilssystems beibehalten werden kann. Wären mehrere generelle Urteilsgesichtspunkte vorhanden, so müßten diese interindividuellen kognitiven Differenzen bei der Untersuchung der Präferenzentscheidungen im zweiten Durchgang ausbalanciert oder explizit als Einflußgrößen für die Optimalität der Gruppenentscheidungen kontrolliert werden. Der Eigenwertabfall der Hauptachsentransformation aller Ähnlichkeitsurteile zeigte jedoch, daß vermutlich nur *ein* genereller Urteilsgesichtspunkt existiert und interindividuelle Urteilsdifferenzen als zufällig vernachlässigt werden können. Man kann also für die spätere Untersuchung kollektiver Entscheidungen in zufällig zusammengestellten kleinen Gruppen (vgl. Durchgang II) davon ausgehen, daß alle Vpn der Stichprobe über ein gemeinsames kognitives Bezugssystem zum Aufbau von Präferenzentscheidungen verfügen und dieses auch gleichgewichtet benutzen. Dieser Urteilshomogenität scheint auch die relativ homogene Parteienbevorzugung zu entsprechen; denn die meisten Vpn der Stichprobe sind SPD-Wähler.
In Anbetracht der akzeptierten Voraussetzung interindividueller Eindimensionalität der Vpn kann der MDS zur Aufdeckung latenter Urteilsdimensionen also mit Recht die Annahme zugrundegelegt werden, daß alle Vpn hinreichend genau durch die Urteilsstruktur des *mittleren* Beurteilers repräsentiert werden. Die euklidische MDS der Ähnlichkeitsurteile des mittleren Beurteilers erbrachte bei Verwendung der *Torgerson*schen Prozedur eine Urteilsstruktur, die nach Inspektion des Eigenwertabfalls (vgl. Abb. 29) vermutlich durch *vier Skalen* hinreichend genau beschrieben wird.
Nach einer Varimax-Rotation der mittleren Urteilsstruktur wurden die einzelnen Skalen folgendermaßen interpretiert (Kurzform; in Klammern die relative, d.h. durch r = 4 rotierte Skalen aufgeklärte Urteilsvarianz):

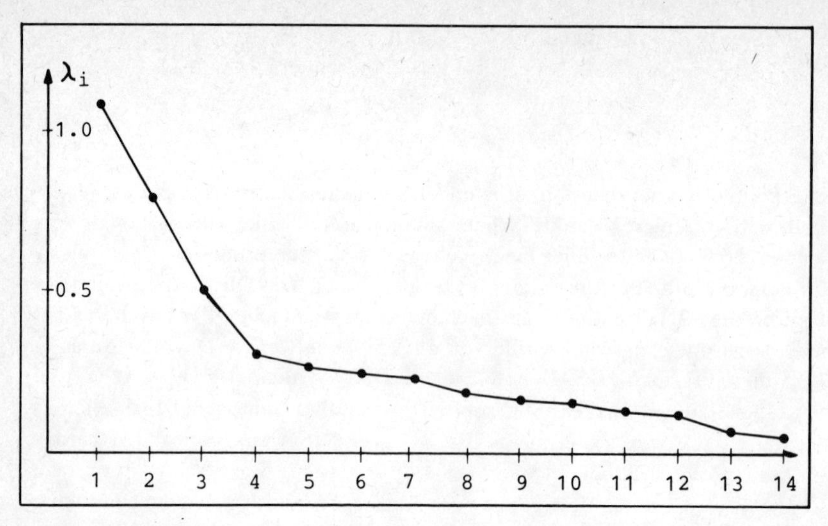

Abb. 29: Eigenwertabfall der MDS des mittleren Beurteilers.

S_1 Ausstattung der Politiker mit wünschenswerten Führungseigenschaften (29%).
S_2 Ausstattung der Politiker mit akzentuiert negativen Führungseigenschaften (31%).
S_3 Parteizugehörigkeit (25%).
S_4 Ausstattung der Politiker mit expressiver Vitalität (15%).

Die beiden ersten Skalen beschreiben bestimmte Führungsqualitäten, wobei die Skala S_1 die Politiker nach subjektiv wünschenswerten Attributen ordnet (vgl. Barzel, Schmidt, Schröder vs. Seebohm), während die Skala S_2 gewisse Eigenschaften zu repräsentieren scheint, die ein Politiker in der Sicht der Beurteiler auf keinen Fall aufweisen sollte (vgl. Strauß, Guttenberg vs. Brandt). Ähnlich wie in der zuvor dargestellten Untersuchung beachten die Vpn in Form der Skala S_3 auch einen Urteilsgesichtspunkt, der die Parteizugehörigkeit der Politiker berücksichtigt (vgl. Brandt vs. Erhard). Die Skala S_4 klärt mit nur 10% den geringsten Teil der gesamten Urteilsvarianz auf und beschreibt bestimmte politisch unspezifische Persönlichkeitseigenschaften der Politiker (vgl. Seebohm, Strauß vs. Bucher), die auch bei jeder anderen Personenbeurteilung eine Rolle spielen könnten.
Die genannten Interpretationshypothesen wurden in einer Vergleichsstichprobe von 20 Vpn ähnlich abgesichert, wie schon in der vorigen Untersuchung beschrieben wurde. Ein Teil des subjektiven Urteilsraumes – nämlich die Dimensionen S_3 (Parteizugehörigkeit) und S_1 (wünschenswerte Führungseigenschaften) wird durch Abb. 30 veranschaulicht.

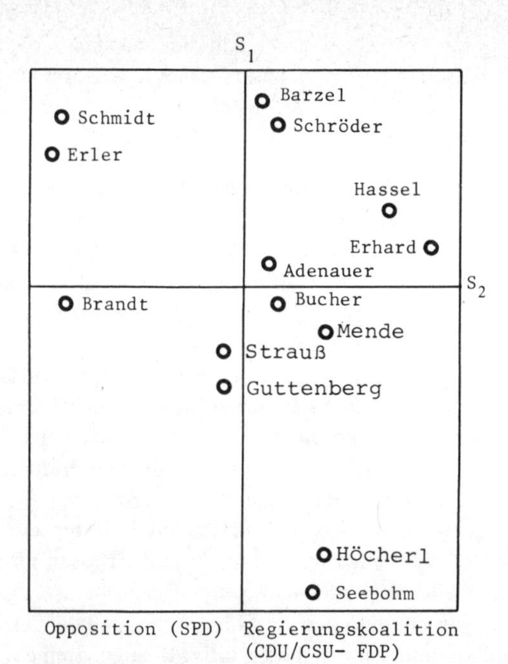

Abb. 30: Zwei Dimensionen des subjektiven Urteilsraumes des mittleren Gruppenmitgliedes bei der Kognition westdeutscher Politiker (*Ahrens* 1967b)
S_1 = wünschenswerte Führungseigenschaften
S_2 = Parteizugehörigkeit
Datenerhebung im Februar 1966.

Mehrdimensionale Entscheidungsstrategien und die Optimalität von Gruppenentscheidungen

Im *zweiten* Teil der Untersuchung soll am Beispiel experimentell simulierter *politischer Wahlentscheidungen* der Frage nachgegangen werden, wie sich angesichts vorgegebener Wahlmöglichkeiten bestimmte Regeln oder Strategien der kollektiven Entscheidungsbildung auf die subjektive Optimalität der resultierenden Gruppenentscheidung auswirken und welche Bedeutung dabei den aufgedeckten kognitiven Faktoren der Urteilsbildung zukommt. Dabei gehen wir von kleinen Gruppen aus, die beispielsweise von *Gäfgen* (1961, 1963) in Abhebung von Teams und „Schlichtungsgemeinschaften" als „Wahl- oder Entscheidungsgemeinschaften" bezeichnet werden. Für diese Gruppen gilt, daß ihre Mitglieder gegenüber bestimmten Alternativen zwar über heterogene Präferenzen verfügen, sich jedoch kooperativ wie ein Team verhalten und eine faire und für alle akzeptable Gruppenentscheidung suchen. Soziale Entscheidungen dieser Art wurden mehrfach untersucht (vgl. z. B. *Marquis, Guetzkow &*

Heyns 1951, *Black* 1948, 1958 u. a.), vor allem auch in der Nationalökonomie als Problem der „social welfare economics" (vgl. z. B. *Arrow* 1951).
Der Ablauf einer *kollektiven Wahlentscheidung* wird hier vereinfacht folgendermaßen gedacht (vgl. Abb. 31):

1. Vorhanden sei eine kleine Gruppe (vgl. 2), der zur Bildung einer kollektiven Wahlentscheidung eine begrenzte Menge von politischen Kandidaten als Alternativen zur Verfügung steht (vgl. 3). Die kollektive Wahlentscheidung soll zu einer gemeinsamen Präferenzordnung aller Wahlmöglichkeiten führen, d. h. das Gruppenziel besteht in der gemeinsamen Lösung einer Entscheidungsaufgabe (vgl. 1).
2. Zunächst trifft jedes Gruppenmitglied gemäß subjektiver Bevorzugungsgesichtspunkte eine individuelle Präferenzentscheidung, indem es die Politiker in eine vollständige Rangordnung bringt (vgl. 5). Wie später die kollektiven Entscheidungen, so können auch die individuellen Präferenzen hinsichtlich ihrer subjektiven Optimalität eingeschätzt werden (vgl. 6).
3. Es wird angenommen, daß den wertenden Präferenzentscheidungen ein kognitives Urteilssystem zum Erkennen und Erfassen mehrdimensionaler Eigenschaften aller Wahlmöglichkeiten vorgeordnet ist (vgl. 4).
4. Unabhängig von der zusätzlichen Möglichkeit, daß die einzelnen Gruppenmitglieder über unterschiedliche kognitive Bezugssysteme verfügen, entsteht in der Gruppe ein Interessenkonflikt, der durch eine Vielzahl mehr oder weniger verschiedener individueller Präferenzordnungen bedingt ist (vgl. 5).
5. Angesichts der gestellten sozialen Entscheidungsaufgabe wird angenommen, daß die Gruppenmitglieder an einer fairen Lösung der Konfliktsituation interessiert sind und kollektive Entscheidungsregeln verwenden (vgl. 8), mit deren Hilfe die Einzelentscheidungen zu optimalen Gruppenentscheidungen zusammengefaßt werden können (vgl. 7).
6. Die Gruppenmitglieder sind in der Lage, die Gruppenentscheidungen nach ihrer subjektiven Optimalität zu bewerten (vgl. 9).

Wie schon ausgeführt wurde, soll anhand der experimentellen Realisierung dieser kollektiven Entscheidungssituation insbesondere der Einfluß und Stellenwert bestimmter kognitiver Bedingungen untersucht werden. Es war die spezielle Aufgabe des ersten Teils der Untersuchung, die *kognitiven Anteile* der Entscheidungssituation möglichst durchschaubar zu machen. Dazu gehören vor allem zwei Gesichtspunkte:

1. Aufgrund der *Tucker & Messick*-Analyse und der resultierenden interindividuellen Eindimensionalität kann man von der Voraussetzung ausgehen, daß der Entscheidungskonflikt in zufällig gebildeten Gruppen vermutlich nicht konfundiert ist mit Konflikten, die lediglich durch unterschiedliche kognitive Bezugssysteme verschiedener Gruppenmitglieder bedingt sind.

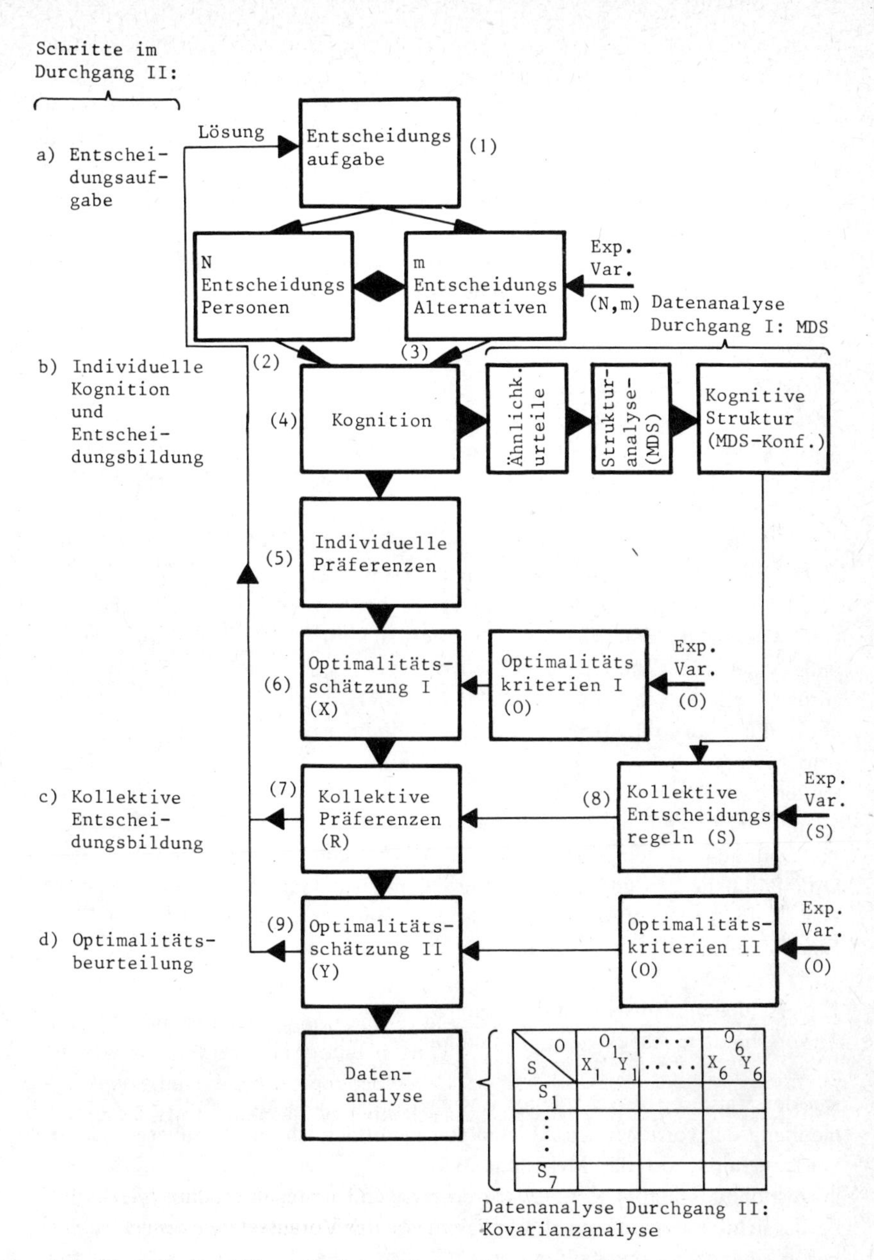

Abb. 31: Ablauf und Versuchsplan zur Untersuchung der Optimalität von Gruppenentscheidungen.

2. Die MDS der Wahlmöglichkeiten zeigte, daß das durchschnittliche Gruppenmitglied über ein mehrdimensionales kognitives System verfügt. Erwartet man, daß auch die spätere Bewertung der Alternativen in diesem Bezugssystem verläuft, so können die einzelnen Urteilsskalen zum Aufbau mehrdimensionaler Entscheidungsstrategien verwendet werden, deren Optimalität dann mit dem Effekt eindimensionaler Regeln zu vergleichen ist.

Die Bedeutung des ersten Untersuchungsteils und aller Schritte des weiteren Verlaufs der Untersuchung im zweiten Teil sind im einzelnen aus dem zusammengefaßten Ablauf der Entscheidungsbildung und einem entsprechenden Versuchsplan in Abb. 31 zu ersehen.
Nachdem im *ersten* Untersuchungsteil bestimmte kognitive Anteile der Entscheidungsbildung aufgeklärt wurden und die Ergebnisse der *Tucker & Messick*-Analyse gezeigt haben, daß vermutlich alle Vpn der gesamten Stichprobe durch eine einheitliche vierdimensionale Urteilsstruktur repräsentierbar sind, können alle Vpn zufällig auf experimentell zusammengestellte kleine Gruppen von je acht (bzw. neun) Mitgliedern aufgeteilt werden. Der Versuchsplan des *zweiten* Untersuchungsteils ist so aufgebaut, daß die resultierenden experimentellen Daten mit einer bestimmten Kovarianzanalyse (vgl. *Winer* 1962, 606ff.) ausgewertet werden können. Die Kovariationsmerkmale X gehen auf die Optimalitätseinschätzung der individuellen Präferenzen zurück (vgl. 6), währenddem die Haupttestmerkmale Y auf der Optimalitätsbeurteilung der kollektiven Entscheidungsbildung bzw. der Entscheidungsregeln beruhen (vgl. 9). Genauere Informationen sind der Originalarbeit zu entnehmen (*Ahrens* 1967b).
Gemäß der Hauptfragestellung, wie sich verschiedene Strategien der Entscheidungsbildung in kleinen Gruppen auf verschiedene Aspekte der subjektiven Optimalitätsbeurteilung der resultierenden Gruppenentscheidungen auswirken, enthält der Versuchsplan als Kriteriumvariable (Y) die subjektive Einschätzung der Optimalität und zwei Variationsbedingungen, nämlich

1. verschiedene Entscheidungsregeln ($S_1 - S_7$),
2. verschiedene Aspekte der Optimalitätsbeurteilung ($0_1 - 0_6$).

Bei der Variation verschiedener Entscheidungsregeln interessiert im Zusammenhang der vorliegenden Abhandlung hauptsächlich nur der übergeordnete Gesichtspunkt, ob die Mehrdimensionalität der zur Entscheidungsbildung korrespondierenden Urteilsstrukturen in der Gruppenentscheidungsstrategie berücksichtigt wird oder nicht. Wir beschreiben deshalb die einzelnen *Strategien* nur in einer sehr kurzgefaßten Form:

Mehrdimensionale Strategien:

S_1 Bildung mehrdimensionaler Rangordnungen (d. h. *vier* separater Rangordnungen) und Mittelung über alle vier Urteilsdimensionen und alle Gruppenmitglieder.

S_2 Bildung mehrdimensionaler Rangordnungen mit Gewichtung der Alternativen nach subjektiven Präferenzstärken und Mittelung über alle vier Urteilsdimensionen und alle Gruppenmitglieder.

S_3 Majoritätswahl einer Urteilsdimension nach subjektiver Wichtigkeit und Bildung von Präferenzordnungen nach dieser Dimension. Mittelung über alle Gruppenmitglieder.

S_4 Bildung mehrdimensionaler Rangordnungen und Gewichtung der einzelnen Urteilsdimensionen mit ihrer subjektiven Wichtigkeit. Mittelung über alle vier Dimensionen und alle Gruppenmitglieder.

Eindimensionale Strategien:

S_5 Bildung eindimensionaler Rangordnungen und Mittelung über alle Gruppenmitglieder.

S_6 Bildung eindimensionaler Rangordnungen mit Gewichtung der Alternativen nach subjektiven Präferenzstärken und Mittelung über alle Gruppenmitglieder.

S_7 Bildung eindimensionaler Rangordnungen und Majoritätswahl derjenigen Einzelentscheidung, die von den meisten Gruppenmitgliedern am ehesten als gemeinsame Gruppenentscheidung akzeptiert wird.

Die *Optimalität* wurde während der gesamten Entscheidungsbildung von den einzelnen Gruppenmitgliedern zu verschiedenen Zeitpunkten unter insgesamt 30 Gesichtspunkten eingeschätzt. Da man annehmen kann, daß die endgültige Bewertung der Gruppenentscheidung jeweils mit beeinflußt wird durch die Optimalitätseinschätzung der eigenen, individuellen Entscheidungsbildung, wurden *vor* der Bildung kollektiver Entscheidungen von den Gruppenmitgliedern auch schon die eigenen, individuellen Entscheidungsvorgänge beurteilt (vgl. Optimalitätsschätzung I; Abb. 28). Diese Einschätzungen (X) wurden später für Kovarianzanpassungen verwendet, um in den endgültigen Optimalitätsbeurteilungen (Y) der Gruppenentscheidung bestimmte Optimalitätsaspekte der individuellen Entscheidungsbildung möglichst weitgehend zu eliminieren. Wie aus früheren Untersuchungen schon hervorging (vgl. *Ahrens* 1966 a, 1967 c), sind bei der Optimalitätsbeurteilung der eigentlichen Gruppenentscheidung zwei Aspekte zu berücksichtigen. Diese Aspekte betreffen die verwendete Entscheidungsstrategie, deren Optimalität einerseits *indirekt* über die resultierende Sozialentscheidung und andererseits *direkt* als explizit beschriebene

Regel beurteilt werden kann. Zwischen beiden Aspekten lassen sich oft Diskrepanzen beobachten, die den schon häufig untersuchten Urteilsdiskrepanzen zwischen der *Verhaltensebene* und der *Einstellungsebene* wertender Beurteilungen ähneln (vgl. z. B. *Kutner, Wilkins & Yarrow* 1952, *Linn* 1965, *Herrmann* 1967). Auch in einer früheren eigenen Untersuchung (*Ahrens* 1966 a) zeigte sich, daß eine diktatorische Entscheidungsstrategie auf der Verhaltensebene nicht deutlich weniger Zufriedenheit erzeugte als z. B. eine demokratische Majoritätsregel. Erst bei einer expliziten Beurteilung der diktatorischen Regel auf der Einstellungsebene resultieren eindeutig niedrigere subjektive Optimalitätseinschätzungen. Um beide Arten von Optimalitätsurteilen zu erfassen, wurde auch in der vorliegenden Untersuchung die Optimalität der Strategien einmal indirekt über die resultierenden Gruppenentscheidungen, und zum anderen direkt über ihre explizite Beschreibung beurteilt.
Um die Vielfalt der resultierenden Optimalitätsschätzungen nach allen 30 Variablen für die varianzanalytische Datenverarbeitung und deren Interpretation übersichtlicher zu strukturieren, wurden alle Optimalitätsschätzungen einer gemeinsamen Faktorenanalyse unterzogen. Dadurch konnte einmal das redundante System aller deskriptiven Optimalitätskriterien auf die wichtigsten orthogonalen Komponenten reduziert werden. Zum anderen wurden sowohl die in Betracht gezogenen Kovariationsmerkmale (nach der individuellen Entscheidung) als auch die eigentlichen Optimalitätsschätzungen (nach der Gruppenentscheidung) auf gemeinsame Faktoren abgebildet. Jedem Optimalitätsfaktor kann somit für die Kovarianzanalyse nach Höchstladung ein bestimmtes Kovariationsmerkmal zugeordnet werden.
Aus der Faktorenanalyse wurden sechs rotierte und interpretierbare *Optimalitätsfaktoren* ausgewählt (58,8% aufgeklärte Totalvarianz):

O_1 Implizite Zufriedenheit mit der Strategie (beurteilt anhand der Gruppenentscheidung; vgl. Verhaltensebene).
O_2 Explizite Zufriedenheit mit der Strategie (beurteilt anhand der Strategiebeschreibung; vgl. Einstellungsebene).
O_3 Rationalität der Gruppenentscheidung.
O_4 Repräsentation der Einzelinteressen durch die Gruppenentscheidung.
O_5 Ausmaß, in dem die Strategie die individuelle Partizipationsmöglichkeit sichert.
O_6 Verbindlichkeit der Gruppenentscheidung.

Der varianzanalytischen Datenverarbeitung wurden statt aller einzelnen Optimalitätsvariablen diese Optimalitätsfaktoren zugrundegelegt, die in der Kovarianzanalyse die Stufen eines Variationsgesichtspunktes mit wiederholten Messungen darstellen. Als Meßwerte wurden die mittleren Schätzwerte der jeweils nach Höchstladung ausgewählten Optimalitätsvariablen verarbeitet.

Tab. 4: Ergebnisse der Kovarianzanalyse (S = Gruppenentscheidungsstrategien, O = Optimalitätsfaktoren; *Ahrens* 1967b, 149).

Quelle		SS'_Y	df	MS'_Y	F	P
Strategien	(S'_{YY})	37,10	6	6,20	1,55	0,18
$Rest_1$	(P'_{YY})	203,64	51	3,99		
Optimalitätsfaktoren	(O'_{YY})	58,95	5	11,79	7,71	0,01
Strat. × Optimalität	(SO'_{YY})	89,57	30	2,99	1,95	0,01
$Rest_2$	(R'_{YY})	396,54	259	1,53		
Total		777,88	351			

Das Hauptergebnis der *Kovarianzanalyse* ist vor allem in der signifikanten *Interaktion* zwischen Gruppenentscheidungsstrategien (S) und den verschiedenen faktoriellen Optimalitätskriterien (O) zu sehen (vgl. Tab. 4). Dieses Ergebnis zeigt zunächst einmal deutlich, daß eine normativ gestellte Frage nach *der* optimalen sozialen Entscheidungsstrategie wenig sinnvoll ist. Vielmehr zeigt die Interaktion, daß die Optimalität verschiedener Entscheidungsstrategien nur in Abhängigkeit von bestimmten unterschiedlichen Optimalitätsaspekten beurteilt werden kann. Man müßte dann differenzierter und gezielter fragen: Welche soziale Entscheidungsstrategie kann bei welchem Kriterium als optimal angesehen werden? Oder: Nach welchem Kriterium wird eine bestimmte Strategie als optimal beurteilt? Fragen dieser und ähnlicher Art müßten gestellt werden, um alle Einzelheiten der gesamten Interaktion einer erschöpfenden Interpretation zuzuführen (vgl. dazu *Ahrens* 1967b, 141ff.). Im Zusammenhang mit den hier zu diskutierenden *Geltungsproblemen* des verwendeten MDS-Modells aus dem ersten Teil der Untersuchung beschränken wir uns im folgenden lediglich auf einige Fragen, deren Beantwortung die Bedeutung und den Stellenwert bestimmter *kognitiver Anteile* der Entscheidungsbildung näher beleuchten kann.

Kognitive Anteile wurden in der Untersuchung der kollektiven Entscheidungsprozesse berücksichtigt, indem ein Teil der Strategien explizit auf allen vier Dimensionen der aufgedeckten Urteilsstruktur basierte (vgl. „mehrdimensionale" Entscheidungsregeln S_1-S_4), während bei anderen Strategien die Gruppenmitglieder ihre Präferenzentscheidungen lediglich nach nur einer globalen Urteilsdimension organisierten, die subjektiv beliebig und nicht näher spezifiziert war (vgl. „eindimensionale" Entscheidungsregeln S_5-S_7). Insbesondere beschränken wir uns dann hier auf die Frage, wie sich diese strukturelle Eigenschaft beider Strategieklassen auf das subjektive Optimalitätskriterium *„Zufriedenheit"* auswirkt, wenn

a) die Strategien *indirekt* anhand der resultierenden Gruppenentscheidungen beurteilt werden (O_1), oder wenn
b) die Strategien *direkt* anhand ihrer rationalen Beurteilung bewertet werden (O_2).

Um die oben genannten Fragen zum Stellenwert kognitiver Entscheidungsanteile beantworten zu können, betrachten wir innerhalb der Gesamtinteraktion $S \times O$ lediglich die Optimalitätsfaktoren O_1 und O_2 und fassen die Strategien zusammen zu mehrdimensionalen (S_M) und eindimensionalen (S_E) Entscheidungsregeln (vgl. Abb. 32).

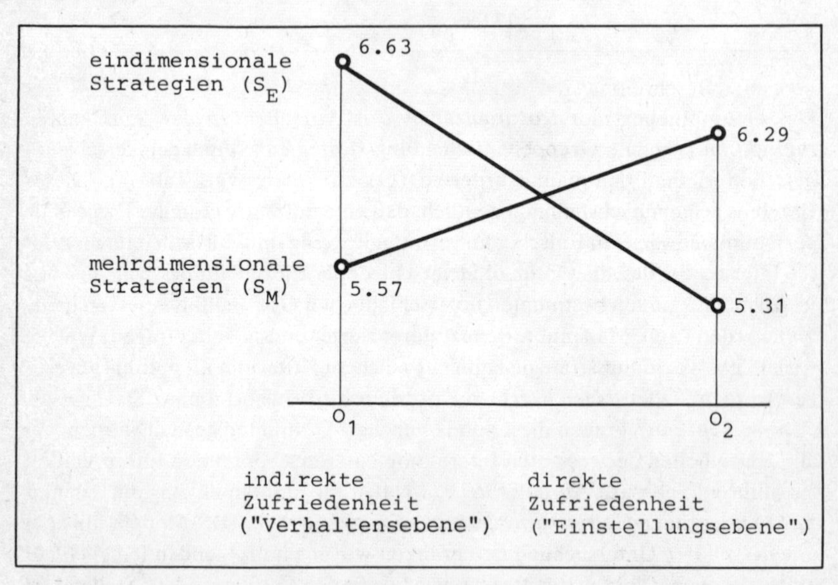

Abb. 32: Veranschaulichung der Interaktion zwischen eindimensionalen und mehrdimensionalen Strategien (S_E, S_M) und impliziten und expliziten Zufriedenheitsaspekten (O_1, O_2). Die Zahlen bezeichnen die jeweils mittleren Meßwerte.

Mit der ersten Zufriedenheitskomponente (O_1) verbindet sich eine implizite Optimalitätsbeurteilung der Strategien. Sie ist implizit insofern, als die Zufriedenstellung nicht an der Strategie direkt, sondern vielmehr indirekt an einer ihrer erlebten Folgen – nämlich an der Gruppenentscheidung – eingeschätzt wird. Die zweite Zufriedenheitskomponente (O_2) hingegen sollte eine explizite Einschätzung der Strategien repräsentieren, die als eine angenäherte Einstellungsmessung interpretierbar ist. Berücksichtigt man weiterhin, ob eindimensionale (S_E) oder mehrdimensionale (S_M) Strategien angewendet bzw. beurteilt werden, so zeigt der Vergleich der Mittelwerte einen interessanten

Umkehreffekt: Bei der indirekten Zufriedenheitsschätzung haben die mehrdimensionalen Strategien durchschnittlich geringere Zufriedenheitswerte zur Folge, während sich dieser Unterschied bei direkter Bewertung der Strategien umkehrt.
Postuliert man – auch im Sinne üblicher normativ-ethischer Vorstellungen – die positive Wirkung der rationalen Erweiterung der Entscheidungsbasis durch ein größeres und den Urteilsstrukturen der Gruppenmitglieder adäquates Informationsangebot, so zeigt sich hier eine bemerkenswerte *Urteilsdiskrepanz*: Auf der *Verhaltensebene* erzeugt die Erhöhung der rationalen Durchschaubarkeit und des Informationsangebotes der Entscheidungssituation nur wenig Zufriedenheit. Der positiv erwartete Effekt bleibt nicht nur aus, sondern verkehrt sich sogar ins Gegenteil. Auf der *Einstellungsebene* hingegen treffen unsere normativen Erwartungen zu; denn die von den Gruppenmitgliedern bei der expliziten Beschreibung der mehrdimensionalen Strategie zur Kenntnis genommene Erhöhung der Anzahl rationaler Entscheidungselemente entspricht offensichtlich der Einstellung, daß man mit diesen Strategien auch zufriedener sein sollte. Im Prinzip ähnliche Diskrepanzen wurden z. B. auch in einem Feldexperiment von *Marquis, Guetzkow & Heyns* (1951) zur Optimalität von Konferenzentscheidungen beobachtet. Dabei zeigte sich u. a., daß die Zufriedenstellung der Konferenzteilnehmer nicht mit der tatsächlich beobachteten Partizipation, sondern mit der subjektiv *erwarteten* Beteiligung und freien Meinungsäußerung der Teilnehmer positiv korrelierte.
Das diskrepante Ergebnis unserer Untersuchung läßt sich in pointierter Form dahingehend zusammenfassen, daß auf der Einstellungsebene der Entscheidungssubjekte ein hoher *Anspruch* auf möglichst viel Information und Rationalität besteht, und daß schon allein die erwartete oder angedeutete Realisierungsmöglichkeit dieses Anspruches zu größeren Zufriedenheitsvorstellungen führt. Wird diese Erwartungsstruktur jedoch – wie in unseren kleinen Gruppen – tatsächlich realisiert und somit verhaltenswirksam, so kommen vermutlich relativ einstellungsunabhängige Aspekte ins Spiel, auf die man eher unzufrieden reagiert. Sozusagen „zur Ehrenrettung“ der Gruppenmitglieder wäre die Vermutung anzustellen, daß das erhöhte Informationsangebot im Zusammenhang mit der mehrdimensionalen Entscheidungsbildung zu komplex und umfangreich ist und die informationsverarbeitenden Möglichkeiten überfordert, so daß die erhöhte Rationalität nicht nur nichts nützt, sondern sogar störend wirkt. Anhaltspunkte für diese interpretative Hypothese ergeben sich beispielsweise aus Untersuchungen zur individuellen Urteilsbildung von *De Soto* (1961) und *Osgood, Suci & Tannenbaum* (1957). Hier zeigte sich, daß die Beurteiler Schwierigkeiten haben, im gleichen Urteilsprozeß mehrere Dimensionen zu realisieren. Bei den Vpn zeigte sich eine Tendenz, alle Dimensionen zu einem einzigen Urteilsgesichtspunkt „gut vs. schlecht“ zu vereinigen (vgl. auch *Johnson* 1955). Demgegenüber wäre es aber immerhin auch denkbar, daß die

Verarbeitung mehrdimensionaler Informationen nur an der Bequemlichkeit der Vpn scheitert, und zwar auch dann, wenn – wie in unserem Experiment – diese Entscheidungsinformation möglichst repräsentativ für die latenten Urteilsstrukturen der Vpn aufgebaut wurde. Der kognitive Aufwand erscheint dann zwar möglich, wird jedoch in einer realen Entscheidungssituation als unbequem erlebt und erzeugt Unzufriedenheit. Im Prinzip ähnliche Vermutungen hatten wir auch schon anhand der Ergebnisse eines früheren Experimentes zur Optimalität von Entscheidungsstrategien geäußert (vgl. *Ahrens* 1966a). Beim Vergleich einer diktatorischen Entscheidungsstrategie mit bestimmten demokratischen Entscheidungsregeln (z. B. Majoritätsentscheidung, Berücksichtigung individueller Präferenzstärken) hinsichtlich verschiedener Aspekte der Zufriedenstellung zeigte sich nämlich, daß die diktatorische Regel lediglich auf der „Einstellungsebene" als deutlich negativer eingeschätzt wurde. Eine pessimistische (und allerdings auch sehr spekulative) Interpretationshypothese angesichts dieser Urteilsdiskrepanz könnte auch hier darin bestehen, daß der Aufwand bei komplexen demokratischen Entscheidungsregeln in bestimmten Situationen als zu unbequem erlebt wird, so daß die „bequemere" autoritäre Regel zwar nicht auf der „Einstellungsebene", jedoch auf der „Verhaltensebene" der Urteilsbildung günstiger oder mindestens nicht ungünstiger beurteilt wird.

Vorgänge dieser Art, die sich im wörtlichen Sinne und in Abhebung von den Rationalitätsmaximen der klassischen Entscheidungstheorie als „irrational" bezeichnen lassen, sind Gegenstand aller Wissenschaften, die sich mit menschlichen Urteils- und Entscheidungsprozessen beschäftigen. So haben beispielsweise *v. Neumann & Morgenstern* (1944) in ihren spiel- und entscheidungstheoretischen Ansätzen zur mathematischen Nationalökonomie den Begriff des „*Verhaltensstandards*" eingeführt. Die Annahme von Verhaltensstandards erscheint in der normativ konzipierten Spieltheorie deshalb erforderlich, weil in bestimmten Entscheidungssituationen die Begründung eindeutiger Lösungen allein unter der Annahme der Rationalität nicht möglich erscheint. Auch *Arrow* (1951) zeigte in einer formalen Analyse von Wahlentscheidungsvorgängen, daß ein bestimmtes „Abstimmungsparadox" bei apriori festgelegter Gültigkeit gewisser fairer Bedingungen (z. B. Zurückweisung der Diktatur) nur vermieden werden kann, wenn man die Entscheidungsstruktur erheblich vereinfacht und die Gesamtzahl der Alternativen auf zwei einschränkt. *Hofstätter* (1963) hat z. B. in spekulativer Form versucht, aus diesem spiel- und entscheidungstheoretisch orientierten Ansatz die Entwicklungstendenz der westlichen Demokratien zum Zweiparteiensystem herzuleiten.

Vereinfachungstendenzen dieser Art sind auch z. B. Gegenstand der Stereotypenforschung und werden z. B. in der Sozialanthropologie *Gehlen*s (1955, 1957) als „*Entlastungstechniken*" bezeichnet. Diese Entlastungstechniken sind nicht nur im Handeln wirksam, sondern dienen auch der vereinfachten

Schematisierung von Urteilsvorgängen, Wertgefühlen und Entscheidungsprozessen. Angesichts der hohen potentiellen Reizzugänglichkeit des Menschen und seiner Tendenz, dauernde Konfliktquellen und die Interferenz verschiedener Probleme zu vermeiden, mag der Wunsch nach der Transformation der Entscheidungskoordinaten auf bequeme, übersichtliche Maßstäbe verständlich und vielleicht sogar lebenswichtig erscheinen (*Gehlen* 1957, 48). Andererseits kann jedoch gerade die Tendenz zur vereinfachten Ordnungsstiftung mit essentiellen Lebensinteressen in Konflikt geraten, und zwar besonders bei politischen Wahlentscheidungen in hochentwickelten Gesellschaftssystemen. Bei der Beobachtung realer politischer Wahlen kann man sich nämlich oft des Eindrucks kaum erwehren, daß in den Propagandaaktionen der Parteien im Wahlkampf die latenten Vereinfachungstendenzen der Wähler nicht nur erkannt, sondern auch zielstrebig manipuliert werden. So können bestimmte bedeutsame Entscheidungsdimensionen im Bewußtsein der Wähler heruntergespielt werden (z. B. wirtschaftliche Gerechtigkeit, Bildungspolitik), während andere Dimensionen (z. B. Recht und Ordnung) unverhältnismäßig hoch gewichtet werden, weil sie vielleicht gerade populär sind und einen großen Wahlerfolg versprechen.

Mit den letzten Erörterungen und angedeuteten Vermutungen zur *Realität* politischer Wahlen sind wir weit über den Bereich hinausgegangen, der durch unser durchgeführtes Laborexperiment mit kleinen Gruppen tatsächlich abgedeckt wird. Es sollte sich auch nicht um eine systematisch begründete Generalisierung handeln, sondern lediglich um einen qualitativen Vergleich zweier empirischer Bereiche der politischen Wahl (Laborexperimente und Beobachtung realer Wahlen) mit einem spekulativen Ausblick auf vermutete Gemeinsamkeiten. Immerhin scheint unsere pessimistische Vermutung, daß tatsächlich durchgeführte soziale Entscheidungen – wie z. B. politische Wahlen – weniger nach bestimmten Gesichtspunkten der rationalen Wahl (z. B. möglichst detaillierte Information über alle Dimensionen der Wahlmöglichkeiten), sondern eher unter dominierender Mitwirkung bestimmter Verhaltensstandards und Vereinfachungstendenzen vollzogen werden, nicht in unmittelbarem Widerspruch zu bestimmten Ergebnissen eines entsprechenden Laborexperiments zu stehen.

Die abschließende Diskussion darüber, ob und wieweit aus den vorliegenden experimentellen Ergebnissen Informationen zur Beurteilung des Geltungsbereiches und des Erklärungswertes von MDS-Modellen für weitergefaßte Verhaltensbereiche (hier: politische Wahlentscheidungen) zu gewinnen sind, soll sich wieder möglichst eng auf das durchgeführte Experiment beziehen.

Diskussion

Ausgehend von der zentralen Stellung individueller Urteilsstrukturen bzw. der theoretischen Konstruktion subjektiver Urteilsräume für verschiedene reaktionsorientierte Geltungsaspekte, wurden die im ersten Teil der Untersuchung aufgeklärten Urteilsstrukturen als latente Verhaltensbereitschaften interpretiert, die der Kontrolle bestimmter mittelbarer Verhaltensweisen dienen (vgl. Abb. 27; vor allem Geltungsaspekt c). Als mittelbare Verhaltensbereiche wurden im zweiten Durchgang kollektive Entscheidungsprozesse gegenüber Wahlmöglichkeiten untersucht, die mit den Urteilsobjekten des ersten Durchgangs identisch sind. Um den Stellenwert der vorgeordneten Urteilsstrukturen und damit den Geltungsbereich des verwendeten MDS-Modells diskutieren zu können, sind mindestens drei Aspekte zu berücksichtigen, unter denen die Urteilsstrukturen in den wertenden Entscheidungsprozessen Realität erlangt haben:

1. „*Subjektive*" *Optimalität* der Entscheidungsbildung: Unter der Annahme, daß die Berücksichtigung aller Urteilsdimensionen eine mehrdimensionale Erweiterung der Rationalität darstellt und sich insofern auf subjektive Optimalitätseinschätzungen der Gruppenentscheidung auswirkt, wurden mehrdimensionale und eindimensionale Entscheidungsstrategien untersucht.
2. *Urteilsdiskrepanzen:* Es wird angenommen, daß die Berücksichtigung bzw. Nichtberücksichtigung mehrdimensionaler Entscheidungsinformationen mindestens in zwei Bereichen der subjektiven Optimalitätsschätzung Auswirkungen hat, nämlich
   a) auf der Verhaltensebene und
   b) auf der Einstellungsebene.
   Beim Vergleich beider Ebenen sind bestimmte Urteilsdiskrepanzen zu erwarten.
3. „*Objektive*" *Optimalität* der Entscheidungsbildung: Neben der Wirkung der Mehrdimensionalität auf subjektive Optimalitätskriterien könnte man auch Auswirkungen auf die objektive Leistungsfähigkeit der Strategien hinsichtlich ihrer Aggregationsfunktion erwarten.

Der *erste* Gesichtspunkt zielt auf einen sehr allgemeinen Gültigkeitsaspekt der Urteilsstrukturen für die Optimalität von Entscheidungsprozessen. Wir kamen zu der Feststellung, daß die Geltung der durch das MDS-Modell abgebildeten mehrdimensionalen Urteilsstrukturen für mittelbar abhängige Entscheidungsvorgänge und deren Optimalität nicht generell, sondern nur hinsichtlich verschiedener Optimalitätsfaktoren beurteilt werden kann. Diese differentielle Feststellung führt auf den *zweiten* Gesichtspunkt. Betrachtet man innerhalb mehrerer Optimalitätskriterien lediglich die durchschnittliche Zufriedenstellung der Gruppenmitglieder, so zeigt sich selbst in diesem relativ begrenzten Bereich, daß der Stellenwert der kognitiven Mehrdimensionalität für die Entscheidungsbildung aufgrund subjektiver Optimalitätsschätzungen nicht einheitlich abgeschätzt werden kann. Wie bestimmte Urteilsdiskrepanzen zwischen der Einstellungsebene und der Verhaltensebene zeigten, muß der Geltungsbereich der mehrdimensional abgebildeten Urteilsstrukturen vielmehr differentiell beurteilt werden.

Das schlechte Abschneiden der mehrdimensionalen Strategien auf der Verhaltensebene der subjektiven Optimalitätsbeurteilung muß nun allerdings nicht bedeuten, daß diese Strategien gegenüber den eindimensionalen Regeln auch objektiv weniger leistungsfähig sind. Diesen *dritten* Gesichtspunkt zur Bedeutung kognitiver Strukturen kann man zwar im Rahmen unseres Experimentes nicht absolut, vielleicht aber relativ beurteilen. Eine Übereinstimmungsanalyse aller sieben *objektiven* Gruppenentscheidungen (d. h. der tatsächlich resultierenden kollektiven Präferenzordnungen unter verschiedenen Bedingungen (S_1-S_7) der Entscheidungsfindung) zeigte nämlich bei einem signifikanten Konkordanzkoeffizienten (W) und einer umgerechneten mittleren Rangkorrelation von $\bar{r}_s = 0,77$ ein ziemlich hohes Maß der Übereinstimmung, obwohl jeweils unterschiedliche Entscheidungsstrategien zugrundeliegen (vgl. Tab. 5).

Politiker	Gruppenentscheidungen (R)							mittlere Rangordnung
	R_1	R_2	R_3	R_4	R_5	R_6	R_7	
Bucher	10	7	1	7	4	3	6	7
Seebohm	14	14	11	13	13	11.5	13	14
Brandt	6	4	4	3	3	7	2	3
Barzel	2	6	7	4	8	1	9	5.5
Adenauer	8	9	9	8	5.5	10	8	8
Mende	9	8	8	9	9	9	7	9
Hassel	7	10	10	10	10	11.5	5	10
Erhard	1	3	6	5	7	5	10	5.5
Schmidt	3	1	3	2	1	4	1	1
Schröder	5	5	5	1	5.5	6	3	4
Strauß	13	12	14	14	12	8	14	12
Erler	4	2	2	6	2	2	4	2
Guttenberg	11	11	12	11	11	14	12	11
Höcherl	12	12	13	12	14	13	11	13
Übereinstimmung der Gruppenentscheidungen R_g: $W = 0,80$, $\bar{r}_s = 0,77$.								

Tab. 5: Übereinstimmung der Gruppenentscheidungen (*Ahrens* 1967b, 165).

Man kann also vermuten, daß die Gruppenpräferenzen zu den Politikern faktisch relativ invariant sind gegenüber der Art der verwendeten Entscheidungsregel. Betrachten wir die Gruppenentscheidung nur unter dem entscheidungs*suchenden* Aspekt der *Gruppenleistung* und nicht unter dem Gesichtspunkt normativer „Bestimmungsleistungen" (vgl. *Hofstätter* 1957), so fällt die prinzipiell gleichwertige Leistungsfähigkeit (bzw. „objektive" Optimalisierungsfähigkeit) der untersuchten Regeln auf; denn alle führen zu nur wenig voneinander abweichenden Gruppenentscheidungen. Dieser vergleichbaren Optimalisierungsfähigkeit ist auch die Trennung nach eindimensionalen und mehrdimensionalen Strategien untergeordnet. Nach den Ergebnissen des ersten Untersuchungsteils verfügen alle Vpn über dieselbe latente Urteilsstruktur. Hinsichtlich der objektiv resultierenden Gruppenentscheidung macht es wahrscheinlich deshalb auch keinen großen Unterschied, ob die vier Urteilsdimensionen in den Strategien S_M explizit berücksichtigt oder in den Regeln S_E vernachlässigt werden. Mehrdimensionale und eindimensionale Regeln unterscheiden sich also nach diesem „objektiven" Optimalitätsaspekt kaum.
Betrachtet man die Strategien hingegen unter *subjektiven* Optimalitätskriterien – wie z. B. anhand der Zufriedenstellung der Gruppenmitglieder als Aspekt des *„internen Systems"* von Gruppen (vgl. *Homans* 1951) – so werden bestimmte Unterschiede hinsichtlich des Stellenwertes kognitiver Variablen sichtbar: Eindimensionale und mehrdimensionale Strategien führen zwar objektiv annähernd zu denselben Resultaten; die Gruppenmitglieder sind jedoch mit diesen Regeln subjektiv unterschiedlich zufrieden.
Selbstverständlich kann aus der Diskussion aller genannten Gesichtspunkte zur Bedeutung kognitiver Bedingungen für die Analyse sozialer Entscheidungsprozesse kein direkter und stringenter Nachweis zum Erklärungswert des anfänglich zugrundegelegten MDS-Modells abgeleitet werden. Das gesamte sozialpsychologische Experiment ist auch gar nicht explizit zu diesem Zwecke durchgeführt worden. Da jedoch alle Erklärungs- und Interpretationsversuche nur im Rahmen von mindestens *einer* Eigenschaft des MDS-Modells – nämlich seiner *dimensionalen* Darstellungsform – getroffen wurden, kann doch indirekt auf die Erklärungseigenschaften dieser Modellvorstellung geschlossen werden. Denn in der Verwendung eines MDS-Modells zur Beschreibung latenter Urteilsstrukturen bei Politikerwahlen ist mindestens einer der *Ermöglichungsgründe* für die explizite Herleitung bestimmter mehrdimensionaler Entscheidungsstrategien zur Weiterverwendung bei Präferenzentscheidungen zu sehen. Die experimentelle Manipulation der abgeleiteten Entscheidungsregeln bildete wiederum die wesentliche Antezedensbedingung für das Auftreten bestimmter Gruppenentscheidungen und ihrer Optimalitätseinschätzungen im zweiten Durchgang des Experiments. Indem wir das Präferenzverhalten als ein im Rahmen des zugrundegelegten MDS-Modells abgeleitetes Verhalten interpretierten (vgl. Geltungsaspekt c), konnte zumindest eine Annäherung an das anfangs erörterte

Prinzip einer „Wie-es-möglich-war, daß-Erklärung" nach *Westmeyer* (1973, 27ff.) erreicht werden.

4.3.1.3 Prognose politischer Wahlentscheidungen

Prognosen und Hochrechnungen

In den folgenden Untersuchungen zur Prognose politischer Wahlen fragen wir nicht nach der Optimalisierungsfähigkeit unterschiedlich aufgebauter Wahlregeln. Vielmehr wird die Majoritätswahl als übliche Abstimmungsstrategie vorausgesetzt und wir fragen dann, wie und aufgrund welcher Ausgangsinformationen sich bei vorgegebenen politischen Kandidaten bestimmte Stimmverteilungen der Wahl *vorhersagen* lassen. Der Erklärungswert eines zugrundegelegten Urteilsmodells bzw. einer skalierten kognitiven Struktur wäre hier anhand der Prognose für einen abgeleiteten Verhaltensbereich, also im vorliegenden Fall über die vorhergesagten Wahlentscheidungen einzuschätzen (vgl. Geltungsaspekt c). Wir hatten anfangs auch schon diskutiert (vgl. S. 214), daß sich Erklärung und Prognose ohnehin nicht in ihrer logischen Struktur, sondern lediglich hinsichtlich einer zeitorientierten Pragmatik unterscheiden.
Prognoseprobleme im Bereich politischer Wahlen sind in letzter Zeit besonders durch die sog. *Hochrechnungen* bekannt geworden, mit deren Hilfe z. B. bei Bundestagswahlen schon zu einem frühen Zeitpunkt vor der endgültigen Stimmauszählung der Wahlausgang möglichst genau vorhergesagt werden soll (vgl. z.B. *Bruckmann* 1966, *Coleman* et al. 1964). Diese Hochrechnungen basieren allerdings gewöhnlich auf schon vorliegenden Teilergebnissen bestimmter Wählerstichproben oder schon ausgezählter Wahlkreise. Je größer der Umfang der Teilergebnisse wird, desto präziser wird das tatsächliche Wahlergebnis approximiert. Dieses Grundkonzept von Hochrechnungen zeigt, daß es sich hier eigentlich nicht um „echte" Prognoseprobleme, sondern vielmehr um bestimmte Schätzprobleme handelt, die immer dann auftreten, wenn aus Stichproben die Verhältnisse in der Population geschätzt werden sollen. Um die Präzision dieser Schätzungen zu steigern, werden zwar auch bestimmte Daten aus der Zeit vor der Wahl (Meinungsumfragen, sozio-ökonomische Variablen usw.) einbezogen. Die entscheidende prognostische Information stammt jedoch aus Teilergebnissen, welche die schon erfolgte Stimmabgabe der Wähler voraussetzen.
Demgegenüber lassen sich Prognosemethoden abheben, deren Eingangsdaten ausschließlich aus Variablenmessungen *vor* der Wahl stammen. Diese Methoden basieren z.B. auf Einstellungsmessungen, und es tritt die Erfassung intervenierender Urteilsprozesse in den Vordergrund, von denen Präferenzre-

aktionen und ähnliche Entscheidungen vermutlich abhängen (vgl. z.B. *Luce* 1959, *Thurstone* 1959, *Restle* 1961, *Shelly & Bryan* 1964, *Cross* 1965, *Bieri* et al. 1966, *Bock & Jones* 1968). Dieser Umstand führt unmittelbar auf das anfangs genannte Geltungsproblem c, nämlich der vermuteten Geltung von skalierten Urteilsstrukturen für mittelbar abhängige Entscheidungsprozesse. Durch Skalierungsverfahren sollten also Urteilsskalen explizit gemacht werden, nach denen die Personen vermutlich auch Wahlentscheidungen gegenüber denselben Alternativen organisieren (vgl. *Bock & Jones* 1968, 248, *Carroll* 1972, *Coxon* 1972, *Bechtel, Tucker & Chang* 1971). Die Verbindlichkeit entsprechender Vorhersagen validiert dann nicht nur die pragmatischen Kriterien eines Prognoseverfahrens, sondern ermöglicht auch eine unmittelbare Stellungnahme zur Brauchbarkeit eines kognitiven Modells zur Erklärung kollektiven Entscheidungsverhaltens.
Zur Untersuchung dieser Fragestellung diskutieren wir zunächst ein *eindimensionales Prognosemodell* (*Ahrens & Möbus* 1968), das auf Arbeiten von *Thurstone* (1945, 1959) zur Einstellungsskalierung beruht. In einem weiteren Experiment wird dann eine *mehrdimensionale Erweiterung* dieses Prognosemodells untersucht (*Möbus & Ahrens* 1970). Beiden Untersuchungen liegt keines der üblichen MDS-Modelle zugrunde, sondern vielmehr ein allgemeines dimensionales Strukturmodell mit bestimmten Zusatzannahmen.

Univariate Wahlprognosen

Die Untersuchung zu univariaten Wahlprognosen (*Ahrens & Möbus* 1968) soll nur kurz dargestellt werden, weil sie lediglich isolierte eindimensionale Vorhersagen enthält und insofern nur eine Vorstufe des später entwickelten mehrdimensionalen Prognosemodells darstellt.
In Anlehnung an frühere Arbeiten von *Thurstone* (1932, 1945) wurde auf der Basis eindimensionaler *Einstellungsskalierungen* ein Prognosemodell verwendet, das sich auf das Skalierungskonzept der „discriminal dispersion" stützt. Dabei geht man davon aus, daß dem Reizkontinuum S ein Reaktionskontinuum R zugeordnet ist, auf dem die Reaktionen R_{ij} der Vpn i auf Reize S_j erfolgen. Die subjektiven Reizattribute werden anhand der Vpn-Reaktionen R_{ij} skaliert, beispielsweise unter Verwendung der „Methode der gleicherscheinenden Intervalle" oder durch eine einfache Rating-Technik. Für die Weiterverwendung dieses Skalierungskonzeptes geht man von den Verteilungen aller Reaktionen R_{ij} um die jeweils modale Reaktion R_j aus (vgl. Abb. 33) und leitet aus dem postulierten linearen Zusammenhang zwischen den Reaktionsverteilungen zu einzelnen Politikern S_j und den Bevorzugungen die erwarteten *Bevorzugungswahrscheinlichkeiten* für alle Wahlmöglichkeiten her. Daraus resultiert schließlich die Vorhersage der Anzahl von *Erststimmen*, die in der anschließenden Wahl auf jeden der Politiker entfallen sollten. Die formalen

Einzelheiten zur Berechnung der Vorzugswahrscheinlichkeiten sind aus der Originalarbeit ersichtlich (*Ahrens & Möbus* 1968, 547–554).
Als Vpn der experimentellen Untersuchung dienten N = 21 Psychologiestudenten, die eine Kanzlerwahl mit folgenden Kandidaten simulieren sollten:

Wehner
Strauß
Brandt
Kiesinger
Schmidt
Schröder

Der *erste* Durchgang diente zunächst der Auffindung geeigneter Variablen, mit denen die Einstellungsstruktur gegenüber den ausgewählten politischen Kandidaten beschreibbar ist. Die Vpn nannten insgesamt 60 unterschiedliche Eigenschaften, nach denen die Politiker auf 7-Punkte-Schätzskalen beurteilt wurden. Alle Variablen wurden zur Reduktion des Einstellungssystems auf unabhängige *Einstellungskomponenten* einer Faktorenanalyse unterzogen. Der Eigenwertabfall einer Hauptachsenlösung ließ vermuten, daß zwei bis drei Faktoren die latente Einstellungsstruktur der Vpn hinreichend genau beschreiben. Aus den faktorisierten Eigenschaften wurden für die Weiterverwendung in jeweils eindimensionalen Wahlprognosen fünf Variablen nach Ladungsreinheit auf den ersten beiden Faktoren ausgewählt:

1. Aufrichtigkeit
2. Intelligenz
3. Sachlichkeit
4. Zivilcourage
5. Liberalität

Die Vorhersage der Verteilung der Erststimmen für die später erfolgte Simulation einer Kanzlerwahl basiert auf den Urteilsverteilungen für jeweils eine der fünf ausgewählten Einstellungsskalen. Abb. 33 zeigt beispielhaft die Urteilsverteilungen der potentiellen Wähler auf der Variablen „Aufrichtigkeit". Nach der im *zweiten* Durchgang erfolgten *Wahlentscheidung* mit Angabe des am meisten bevorzugten Kandidaten konnten die beobachteten und mit den für die einzelnen Variablen erwarteten Stimmanteile der Kandidaten verglichen werden, um den Prognoseerfolg zu beurteilen (vgl. Tab. 6). Mit Hilfe des *Kolmogorof-Smirnow*-Tests für Güte der Anpassung konnte gezeigt werden, daß nur für die Variablen „Intelligenz" und „Zivilcourage" Unterschiede zwischen der Modellvorhersage und der beobachteten Stimmabgabe nicht zufällig zu erklären sind.

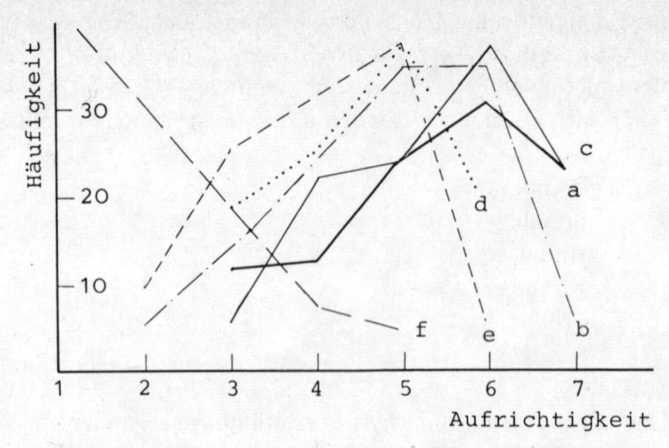

Abb. 33: Urteilsverteilungen auf der Variablen „Aufrichtigkeit" (vgl. *Ahrens & Möbus* 1968, 559).

a) Schröder d) Schmidt
b) Brandt e) Wehner
c) Kiesinger f) Strauß.

Politiker	Beobachtete Stimmverteilung aus der Wahl		Erwartete Stimmanteile (%) nach dem *Thurstone*-Modell				
	Anzahl der Stimmen	Stimm-Anteil (%)	Aufrichtigkeit	Liberalität	Sachlichkeit	Intelligenz	Zivilcourage
Schröder	7	33	33	25	29	29	11
Brandt	6	28	20	23	16	4	10
Kiesinger	5	24	29	21	22	15	6
Schmidt	2	10	10	19	14	22	31
Wehner	1	5	8	9	14	7	17
Strauß	0	0	0	3	5	26	25
Summe	21	100	100	100	100	100	100

Tab. 6: Beobachtete und eindimensional vorhergesagte Stimmanteile (*Ahrens & Möbus* 1968, 560).

Für die Variable „Intelligenz" mag dieses Ergebnis insofern plausibel erscheinen, weil diese Eigenschaft allen Kandidaten in relativ hohem Maße zugemessen wird. Somit wurde hier wahrscheinlich eine grundlegende Voraussetzung des

Modells nicht erfüllt, nämlich das Vorliegen deutlich differenzierender Einstellungsverteilungen. Als entscheidender könnte jedoch ein weiterer Gesichtspunkt gewertet werden, da man – wie bei den vorangegangenen Untersuchungen schon diskutiert wurde – prinzipiell mit dem Auftreten bestimmter *Diskrepanzen* zwischen Urteils- und Verhaltensebene rechnen muß. Diese nichtzufälligen Diskrepanzen würden die Vorhersagegenauigkeit des Prognosemodells einschränken. Im vorliegenden Fall zeigt sich eine solche Diskrepanz z.B. bei dem Politiker Strauß, der auf der neutralen Urteilsebene bei der Intelligenzeinschätzung den höchsten Mittelwert erhält. Entsprechend wird für die Verhaltensebene der Vpn ein relativ hoher Stimmanteil vorhergesagt. Tatsächlich erhält Strauß jedoch in dieser *wertenden* Wahlentscheidung keine Stimme. Vermutlich ist die Variable „Intelligenz" speziell bei diesem Kandidaten mit anderen Aspekten des Wertsystems der Vpn konfundiert, durch welche die hohe eingeschätzte Intelligenz von Strauß einen negativen Akzent erhält, der seine Wahl verhindert.
Diese und ähnliche Ursachen für das wahrscheinliche Auftreten von Diskrepanzen zwischen Urteils- und Verhaltensebene könnten als Störgröße für unsere Validierungsabsicht vermutlich teilweise ausgeschaltet werden, indem man die Verhaltensvorhersage nicht auf eine isolierte Urteilsdimension beschränkt, sondern in simultanen Vorhersagen die Gesamtheit *aller* Urteilsdimensionen berücksichtigt. Auch aus diesem Grunde wurde das Modell auf einen simultan erfaßbaren, *mehrdimensionalen* Urteilsbereich erweitert.

Multivariate Wahlprognosen

In die Entwicklung unseres mehrdimensionalen Prognosemodells sind hinsichtlich der erhofften *Modellfunktion* für soziale Entscheidungsprozesse vor allem folgende Überlegungen eingegangen:

1. Das Modell soll allgemein eine rationale Systematik abbilden, mit deren Hilfe auf der Basis vorgegebener und individuell beurteilter Alternativen soziale Wahlentscheidungen konstruierbar sind (Problem der sozialen Entscheidungsfunktion).
2. Das Modell soll strukturell so aufgebaut sein, daß es den Eingang und die Abbildung mehrdimensionaler Entscheidungsinformationen zu den Alternativen erlaubt (Problem der Mehrdimensionalität).
3. Das Modell soll im besonderen diejenigen Anteile von Entscheidungs- und Bewertungsprozessen abbilden, welche der Kombination verschiedener Entscheidungsdimensionen und der Zusammenfassung individueller Entscheidungen zu Sozialentscheidungen dienen (Problem der Kombination von Entscheidungsinformationen).

Der *erste* Gesichtspunkt enthält ein Problem, das besonders ausführlich in der Theorie der *Sozialwahlfunktionen* (social welfare functions; vgl. *Arrow* 1951, *Goodman & Markowitz* 1952, *Gäfgen* 1961, 1963, *Hofstätter* 1963 u.a.) behandelt wurde. Diese Theorie richtet sich zwar primär auf normative bzw. präskriptive Fragen der Nationalökonomie, ist jedoch wegen ihrer Fragestellung und zunehmend behavioristischen bzw. deskriptiven Ausrichtung und besonders wegen ihrer Verwandtschaft mit der Theorie psychologischer Skalierungsverfahren (vgl. *Gäfgen* 1957, 1961, 1963, *Coombs* 1960 u.a.) auch für die Psychologie von Interesse. Durch eine Sozialwahlfunktion soll ein rationaler Mechanismus angegeben werden, mit dessen Hilfe aus individuellen Präferenzen eine faire soziale Wertordnung gewonnen werden kann. Die Bedeutung des Konzepts der Sozialwahlfunktion für die Erklärungsaspekte unserer Untersuchung wird z.B. aus folgender Erläuterung ersichtlich (*Gäfgen* 1961, 9): „Es kann sein, daß der Entscheidungsprozeß der Gruppen nicht explizit formulierbar ist und dem Forscher nur die Präferenzäußerungen der Individuen und der Gruppe als solcher bekannt sind. Es stellt sich dann die Frage, ob ein Formalmechanismus konstruierbar ist, der in der gleichen Situation auch zu gleichen Präferenzäußerungen der Gruppe führt, wie sie tatsächlich beobachtbar sind." Genau auf dieser Überlegung basiert auch unser Konzept, die Geltung eines Strukturmodells zu untersuchen: Jedes formalisierte Sozialwahlsystem, das die von *Gäfgen* genannte empirisch prüfbare Bedingung erfüllt, läßt sich einerseits als Prognoseverfahren und andererseits bis auf weiteres auch als Modell einer sozialen Wahl verwenden.

Bei der Verfolgung des Zieles, die Wahlentscheidungen und Präferenzen einer Gruppe durch Konstruktion rationaler Regeln mit dem Urteils- bzw. Wertsystem ihrer Mitglieder zu verknüpfen, ist es nach der *zweit*genannten Überlegung wichtig, die Abbildung *mehrdimensionaler Wertsysteme* zu ermöglichen. Diese Eigenschaft kann realisiert werden, indem man der gesamten Modellentwicklung ein mehrdimensionales Strukturkonzept zugrundelegt. Für diesen Zweck eignen sich im Prinzip mehrdimensionale Erweiterungen des *Thurstone*schen Paarvergleichs und die genannten MDS-Modelle zur Erfassung der vorgeordneten kognitiven und perzeptiven Strukturen oder in direkter Form vor allem die verschiedenen MDS-Modelle zur Analyse von *Präferenzen* (vgl. *Carroll* 1972, *Coxon* 1972, *Coombs* 1964, *Slater* 1960, *Bechtel, Tucker & Chang* 1971, *Schönemann* 1970, *Schönemann & Wang* 1972 u.a.). Vorerst war jedoch für die unmittelbare Verwendung dieser Modelle das Problem noch nicht zufriedenstellend gelöst, wie man zur Gewinnung mehrdimensionaler Einstellungsverteilungen die Vpn *direkt* auf die einzelnen Einstellungsskalen abbilden kann. Deshalb wurde zunächst als Dimensionskonzept eine einfache faktorenanalytische Beschreibung von Einstellungsdimensionen zugrundegelegt.

Durch die mehrdimensionale Struktur des Bewertungssystems ergibt sich zwangsläufig die in der *dritten* Überlegung beschriebene Notwendigkeit, innerhalb des Modells Regeln einzuführen, welche die *Kombination* oder die intrapersonelle Vergleichbarkeit der Entscheidungsobjekte in mehreren Bewertungsdimensionen ermöglichen. Dieser Gesichtspunkt ist z. B. in der Nationalökonomie als Problem der Messung und Vergleichbarkeit des Nutzens von Wirtschaftsgütern in mehreren Dimensionen bekannt. Zur Lösung dieses Problems läßt sich das Konzept der *Indifferenzkurven* verwenden (vgl. *Edwards* 1954, *Gäfgen* 1963, *Radner* 1965, *Thurstone* 1931, 1959, 123 ff., *Coombs & Milholland* 1954 u. a.). Dieses Konzept erfordert keine direkte Nutzenmessung der Objekte in einem mehrdimensionalen Wertsystem. Vielmehr genügt eine komparative Nutzenbestimmung, indem im mehrdimensionalen Werteraum die Alternativen danach beurteilt werden, wieweit sie trotz unterschiedlicher Kombination einzelner Dimensionen denselben subjektiven Nutzen vermitteln. Formal gesehen sind Indifferenzkurven Funktionen, die im m-dimensionalen Wertraum diejenigen Alternativen miteinander verbinden, die dem Individuum von gleichem Nutzen erscheinen. Man kann sich die Bedeutung von Indifferenzkurven für unsere Fragestellung am Beispiel eines Wählers veranschaulichen, der die Politiker A, B, C und D zu bewerten hat (vgl. Abb. 34). Die Alternativen A und B haben gleichen Nutzen bei verschiedenen Anteilen in den Dimensionen X und Y. Die Alternative C wird den Alternativen A und B vorgezogen, weil sie oberhalb der Indifferenzkurve A, B liegt, während A und B wiederum der unterhalb liegenden Alternative D vorgezogen wird. Insgesamt ergibt sich die Präferenzordnung C > A, B > D.

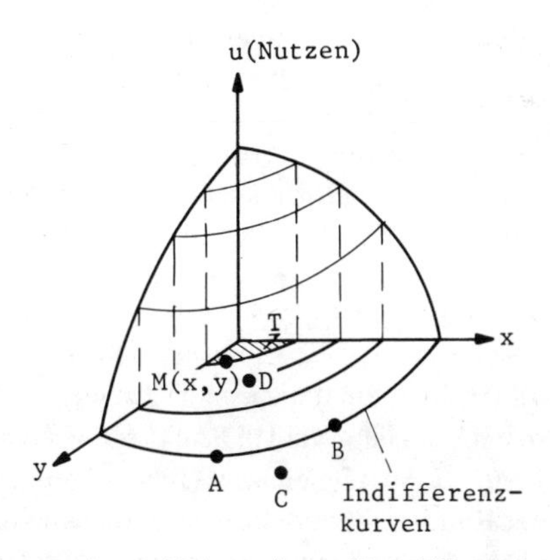

Abb. 34: Indifferenzkurven in zwei Dimensionen X und Y mit den Alternativen A, B, C und D (*Möbus & Ahrens* 1970, 391).

Die formale Struktur des von uns entwickelten *Prognosemodells* ist ausführlich in der Originalarbeit dargestellt (vgl. *Möbus & Ahrens* 1970). Wir geben hier lediglich eine kurze und stark vergröberte qualitative Beschreibung der wichtigsten Bestimmungsstücke:

1. Als gemeinsames Bezugssystem für den Bewertungs- und Entscheidungsprozeß gegenüber allen m Wahlmöglichkeiten durch alle N beteiligten Entscheidungspersonen wird die Existenz eines n-dimensionalen, subjektiven Werteraumes postuliert.
2. Aufgrund subjektiver Einstellungsurteile lassen sich in diesem mehrdimensionalen Werteraum Indifferenzkurven schätzen, die jeweils Wahlmöglichkeiten gleichen subjektiven Wertes repräsentieren, der sich in n Dimensionen kombiniert.
3. Aus der Lage der einzelnen Wahlmöglichkeiten gegenüber den Indifferenzkurven des Werteraumes lassen sich die Vorzugswahrscheinlichkeiten für die spätere Wahl der Alternativen schätzen. Diese Vorzugswahrscheinlichkeiten werden nach der Kombination einzelner Einstellungsverteilungen aus entsprechenden mehrdimensionalen Wahrscheinlichkeitsverteilungen geschätzt und gestatten eine Vorhersage darüber, mit welcher Wahrscheinlichkeit im Durchschnitt zu erwarten ist, daß jeweils eine Alternative gegenüber allen anderen bevorzugt wird.
4. Die formale Regeln, mit deren Hilfe man zur Schätzung der Vorzugswahrscheinlichkeiten gelangt, beschreiben generell den Übergang von einem mehrdimensionalen Urteils- bzw. Einstellungssystem in eine eindimensionale, wertende Sozialwahlentscheidung. Im einzelnen wird beschrieben, wie einzelne Wertedimensionen *intra*individuell kombiniert sind, und wie schließlich individuelle Wertordnungen *inter*individuell zu einer kollektiven Wahlentscheidung aggregiert werden.

Auf bestimmte technische Probleme, die z. B. bei der Approximation der Indifferenzkurven oder bei der mehrdimensionalen Erfassung des Werteraumes auftraten, können wir hier nicht eingehen. Es sei lediglich erwähnt, daß wir für die erste empirische Erprobung des Modells hauptsächlich aus rechnerischen Gründen folgende Restriktionen trafen:

1. Beschränkung auf die Kombination jeweils zweier Urteilsdimensionen.
2. Annahme, daß sich die soziale Wahl in Entscheidungsdimensionen vollzieht, die für den Ausgang der Wahl gleiches Gewicht haben.
3. Annahme, daß der Raum der attributbezogenen Entscheidungsdimensionen nur in geringem Maße reizspezifisch ist, so daß alle Entscheidungsalternativen auf gemeinsame Dimensionen eines mittleren Reizobjekts, d. h. „mittleren Politikers“ abgebildet werden können.

Ein Experiment zur *Erprobung* des mehrdimensionalen Prognosemodells wurde 1967 mit einer Stichprobe von N = 40 Vpn durchgeführt. Als Einstellungsvariablen wurden m = 70 Eigenschaften verwendet, die zum größten Teil aus einer früheren Untersuchung zu eindimensionalen Wahlprognosen stammten (vgl. *Ahrens & Möbus* 1968). Als Wahlmöglichkeiten wurden n = 6 westdeutsche Politiker (Wehner, Brandt, Kiesinger, Strauß, Schröder, Schiller) ausgewählt, die zum Zeitpunkt der Datenerhebung sämtlich Mitglieder der Regierungskoalition waren. Nach der Beurteilung der Politiker auf Einstellungsskalen im ersten Durchgang wurde in einem späteren zweiten Durchgang eine direkte Personenwahl (Kanzlerwahl) zu diesen Kandidaten simuliert, um Daten für die Überprüfung der Prognoseeigenschaften des Modells zu gewinnen.

Das mehrdimensionale *Urteilssystem* der Vpn wurde durch eine Faktorenanalyse der Reizattribute, d.h. durch Abbildung aller eingeschätzten Politikereigenschaften auf orthogonale Hauptachsen strukturell erfaßt. Mit Hilfe geeigneter Verfahren (vgl. Strukturvergleiche nach *Fischer & Roppert* 1964) wurde die Annahme geprüft, daß sich die Wertstrukturen zu den einzelnen Politikern nicht wesentlich unterscheiden. Alle weiteren Schritte der Untersuchung konnten also im Rahmen einer für alle Politiker repräsentativen Wertstruktur durchgeführt werden.

Wie der Eigenwertabfall der Hauptachsentransformation vermuten ließ, kann das kollektive Wertsystem durch vier Dimensionen hinreichend genau beschrieben werden. Die Varimaxrotierten Faktoren wurden folgendermaßen interpretiert (Kurzform; 71% aufgeklärte Totalvarianz):

F_1 = Führungsaktivität
F_2 = Beliebtheit durch sachbezogene Führungseigenschaften
F_3 = Starrheit vs. Beweglichkeit
F_4 = konservative Einstellung.

Im Anschluß an die Dimensionsanalyse aller Urteils- bzw. Einstellungsvariablen wurde zu jedem Politiker die Verteilung der Faktorenwerte (factor scores) aller Vpn in jeder der vier Dimensionen ermittelt. Auf dieser Basis wurden jeweils bivariate Wahrscheinlichkeitsverteilungen abgeleitet, die dann der Aufstellung *zweidimensionaler Wahlprognosen* dienten. Dabei wurde der vierte Faktor außer Acht gelassen, da seine Stabilität nicht genügend gesichert erschien. In Tab. 7 sind im Vergleich mit der tatsächlich abgegebenen Stimmverteilung alle zweidimensionalen Prognosen bei Zugrundelegung der Dimensionen F_1, F_2 und F_3 zusammengestellt (vgl. auch Abb. 35).

Beim allgemeinen Aufbau des Prognosemodells waren wir von der uneingeschränkten Möglichkeit ausgegangen, daß die Ergebnisse von Wahlprozessen nach Kenntnis vorangegangener Urteilsprozesse vorhersagbar sind. Nachdem nun erste empirische Ergebnisse vorliegen, müssen jedoch die anfangs genannten Restriktionen beachtet werden, d.h. insbesondere die vorläufige Beschrän-

Alternativen (Politiker)	Mittlere Faktorenwerte und Streuungen						Zweidimensionale Prognosen der Stimmabgaben (%)			Beobachtete Stimmabgaben (%)
	F_1		F_2		F_3					
	$\bar{X}$	s	$\bar{X}$	s	$\bar{X}$	s	F_1/F_2	F_1/F_3	F_2/F_3	
Brandt	0,02	0,49	0,01	0,74	0,17	0,84	13,6	19,8	17,5	17,5
Strauß	0,28	0,98	–0,49	0,91	–0,60	1,02	20,1	18,6	9,1	7,5
Schröder	–0,25	0,74	0,05	0,69	0,21	0,64	12,1	12,5	16,8	15,0
Schiller	0,14	0,85	0,21	0,84	0,10	0,85	25,1	20,8	24,9	32,5
Wehner	–0,09	0,75	–0,16	0,82	–0,21	0,89	10,4	11,6	10,9	12,5
Kiesinger	–0,11	0,75	0,36	0,75	0,34	0,71	18,5	17,7	20,5	15,0

(F_1 = Führungsaktivität, F_2 = Beliebtheit nach sachorientierter Führungsqualifikation, F_3 = Starrheit vs. Beweglichkeit.)

Tab. 7: Zweidimensionale Prognose und beobachtete Stimmabgabe der Abstimmung (*Möbus & Ahrens* 1970, 406).

kung auf zweidimensionale Kombinationen mit Gleichgewichtung der zu kombinierenden Komponenten.

Geht man von der Bedeutung der inhaltlichen Interpretation der Faktoren aus, so wäre insbesondere für die Kombination der Einstellungskomponenten F_2 und F_3 eine besonders gute Vorhersage von Wahlentscheidungen zu erwarten; denn beide Faktoren enthalten stark *wertende* Gesichtspunkte. Da unsere Untersuchungsstichprobe aus studentischen Vpn bestand, können wir angesichts der derzeitigen Unzufriedenheit der Studenten mit autokratischen und starren (F_3) und wenig sachorientierten Formen (F_2) der politischen Führung erwarten, daß gerade diese Kombination von Einstellungskomponenten eine wertende Wahlentscheidung besonders gut approximiert. Wie die Inspektion der Abb. 35 zeigt, erweist sich tatsächlich diese Kombination (F_2/F_3) als die Regel mit den geringsten Abweichungen zwischen vorhergesagter und beobachteter Stimmverteilung (vgl. Summe der Abweichungsquadrate). Die Prognosegenauigkeit läßt sich wahrscheinlich noch erheblich erhöhen, wenn man die vorläufige Beschränkung auf jeweils nur zwei Dimensionen und auf die Gleichgewichtungsannahme aufgibt.

Wie lassen sich aber darüber hinaus die teilweise beträchtlichen *Abweichungen* zwischen Prognose und Beobachtung bei den Kombinationen F_1/F_2 und F_1/F_3 interpretieren, und ergeben sich daraus prinzipielle Probleme für die Eignungsbeurteilung unseres Modells? Die Inspektion der Abweichungen zeigt, daß die größten Diskrepanzen in den Extrembereichen der Einstellungswerte (X) bzw.

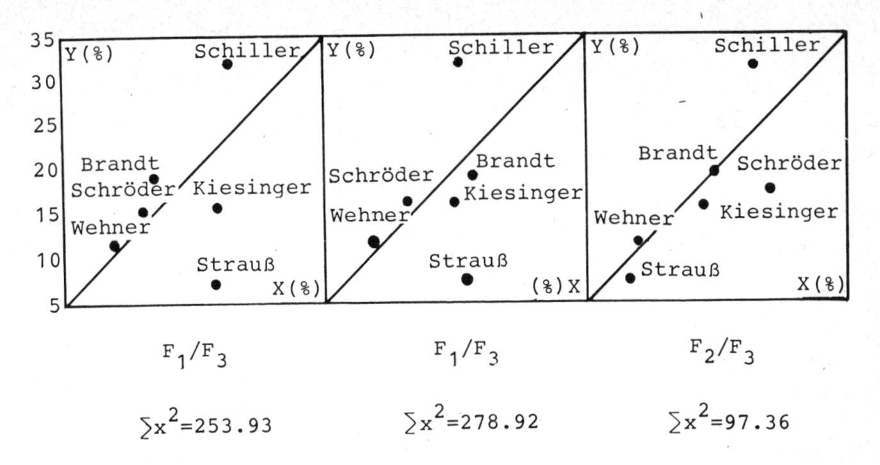

Abb. 35: Zusammenhang von Prognosen (X) und Stimmabgaben (Y) bei verschiedenen Faktorenkombinationen (*Möbus & Ahrens* 1970, 408).

der Stimmabgabe (Y) auftreten: Die beobachteten Abstimmungsergebnisse werden für Schiller durch die Modellprognose unterschätzt, während die Stimmanteile für Strauß überschätzt werden. Insbesondere die große Diskrepanz beim Kandidaten Strauß in beiden Kombinationen verdeutlicht die Vermutung, daß es sich hierbei wahrscheinlich nicht um eine beliebige oder zufällige, sondern vielmehr um eine systematische und modellspezifische Abweichung handelt. Mit „modellspezifisch" ist hier gemeint, daß diese Abweichungen möglicherweise systematisch aus den beiden Hauptanteilen des Modells erklärbar sind, nämlich dem zugrundegelegten *Urteilssystem* und dem hergeleiteten *Wahlverhalten*. Man würde dann die Abweichungen – ähnlich wie schon in früheren Experimenten – als systematische *Urteilsdiskrepanzen* zwischen Urteils- und Verhaltensebene interpretieren. In beiden Kombinationen F_1/F_2 und F_1/F_3 ist die Einstellungskomponente „*Führungsaktivität*" (F_1) enthalten. Auf der Einstellungsebene werden die Einzelmerkmale dieses Faktors dem Kandidaten Strauß in hohem Maße zuerkannt und führen möglicherweise zu der günstigen Wahlprognose für Strauß, die jedoch gegenüber der tatsächlichen Wahl eine Überschätzung darstellt. Zu dieser Überschätzung mag die Vermutung korrespondieren, daß in der Sicht unserer studentischen Vpn die als hoch eingeschätzte Ausstattung von Strauß mit Führungsaktivität im wertenden Wahlverhalten zusammen mit anderen Eigenschaften (wie Starrheit und Unsachlichkeit; vgl. F_3) eher negative Bedeutung gewinnt.

Möglicherweise lassen sich die so erklärten Diskrepanzen ausgleichen, indem die beiden anderen Faktoren jeweils höher gewichtet werden, was der Aufbau des Modells zuläßt. Andererseits muß man dann allerdings bedenken, daß die aufgetretenen Diskrepanzen dann nicht mehr sichtbar sind und somit als mögliche Quelle zusätzlicher und sinnvoller Erklärungshypothesen ausscheiden. Diese Situation ähnelt beispielsweise dem Problem von „response sets" in Testuntersuchungen, die man entweder als Störgrößen eleminieren kann oder etwa als „response styles" mit persönlichkeitsspezifischen Erklärungswert ausdrücklich mit in die gesamte Theorienbildung einbezieht (vgl. z. B. *Darmarin & Messick* 1965).

Diskussion

Der hier untersuchte Gültigkeitsaspekt (c) richtet sich auf die Generalisierbarkeit von dimensional abgebildeten Urteilsstrukturen auf mittelbar abhängige Verhaltensweisen, und zwar hier auf Wahlentscheidungen. Die gesamte Untersuchungsprozedur zur Beurteilung der Geltung dieser Generalisierungshypothese war auf die Maximierung der Anpassungsgüte ausgerichtet, d.h. es sollte möglichst große Übereinstimmung zwischen Prognose und Beobachtung der Wahlentscheidung erzielt werden. Vor allem die Modellerweiterung durch Berücksichtigung mehrdimensionaler Entscheidungsinformationen richtete sich explizit auf dieses Optimalisierungsziel. Trotzdem waren jedoch bestimmte Abweichungen beobachtbar.
Genau in Hinblick auf die theoretische Bedeutung, die man diesen *Abweichungen* beimessen kann, ergeben sich zwei Linien für die mögliche Weiterentwicklung des Prognosemodells:

a) Wenn man die postulierte Generalisierungsmöglichkeit von der Urteilsstruktur auf wertende Entscheidungsstrukturen ausdrücklich und uneingeschränkt bestehen läßt, so orientieren sich alle Verbesserungen des Modells auch weiterhin an der Reduktion auftretender Diskrepanzen zwischen Prognose und Beobachtung. Dieser Gesichtspunkt gilt insbesondere für die pragmatische Brauchbarkeit von Prognoseverfahren für die Vorhersage konkreter Wahlentscheidungen. Neuere MDS-Modelle von *Carroll* (1972, 114ff.) zur „externen" Analyse von Präferenzurteilen unter Berücksichtigung individueller Differenzen könnten beispielsweise die Grundlage für entsprechende Weiterentwicklungen des Prognosemodells bilden. Die „externe" Präferenzanalyse von *Carroll* zielt nämlich explizit die Verknüpfung von apriori gegebenen oder über MDS gewonnenen Urteilsdimensionen mit wertenden Präferenzurteilen an (vgl. auch *Carroll* 1968).
b) Geht man jedoch angesichts der Tatsache, daß bei dieser Art von Prognosemodellen die Eingangsdaten immer aus der *Urteilsebene* stammen, während sich die Prognose immer auf die *Verhaltensebene* richtet, von einer prinzipiellen Einschränkung der Generalisierungsmöglichkeit von neutraler

Urteilsbildung auf wertende Präferenzen aus, so gewinnen geradezu gegenteilige Optimalisierungsgesichtspunkte an Bedeutung. Dann ist nämlich explizit mit Diskrepanzen zu rechnen. Die Erwartung maximal „genauer“ Prognosen wäre nicht sinnvoll, und das Strukturmodell sollte vielmehr so aufgebaut oder verändert werden, daß es diese Diskrepanzen explizit abbildet und die Herleitung von Erklärungshypothesen für ihr Auftreten ermöglicht. Dieser Gesichtspunkt gilt insbesondere für die theoretische Brauchbarkeit des Modells.

Angesichts dieser beiden zunächst scheinbar widersprüchlichen Gesichtspunkte wäre zusammenfassend zu fragen: In welchem Maße werden Wahlvorgänge jeweils durch vorangegangene Urteilsprozesse kontrolliert und in wieweit kommt dem zugrundeliegenden Strukturmodell auch Erklärungswert für die Erklärung systematischer Abweichungen zu? Die Konsequenz für das von uns aufgeworfene Geltungsproblem besteht darin, den Erklärungswert der beiden Prognosemodelle nicht nur unter dem Aspekt der *Prognosegenauigkeit*, sondern mit gleichem Gewicht auch unter dem Gesichtspunkt der Analysemöglichkeit für systematische Quellen der „*Ungenauigkeit*“ zu beurteilen.
Betrachten wir das hier aufgetretene Geltungsproblem einmal unter *prozessualen* Aspekten – beispielsweise im Sinne des anfangs genannten „Prozeß-Obligats“ wissenschaftlicher Erkenntnis nach *Leinfellner* (vgl. S. 208) – so wird hier der Fall sichtbar, daß man aufgrund bestimmter empirischer Ergebnisse und ihrer Interpretationen veranlaßt wird, das theoretische Bezugssystem der Erklärungsprozedur zu erweitern bzw. zu modifizieren. Die teilweise aufgetretenen Abweichungen wurden ursprünglich als Störgrößen betrachtet, die zur Erhöhung der Anpassungsgüte bzw. Vorhersagegenauigkeit zu eleminieren wären. Demgegenüber wurden die beobachteten Abweichungen jedoch von uns teilweise als Ausdruck systematischer *Urteilsdiskrepanzen* interpretiert, d.h. nicht nur übereinstimmende, sondern auch abweichende Ergebnisse wurden als erklärungswürdig betrachtet. Die Konsequenz dieser Interpretation für weitere Geltungsuntersuchungen würde in folgenden Modifikationen des Erklärungsmodells bestehen:

a) Abweichungen zwischen den auf Urteilsstrukturen beruhenden Wahlprognosen und dem tatsächlich beobachteten Wahlverhalten müßten mit in das *Explanandum* einbezogen werden.
b) Um auch das durch Abweichungen erweiterte Explanandum „Wahlverhalten“ theoretisch-empirisch erklären zu können, muß auch das *Explanans* sowohl hinsichtlich der Gesetzesaussagen als auch in Bezug auf experimentelle Antezedensbedingungen um das Konzept der „Urteilsdiskrepanzen“ zwischen Einstellungs- und Verhaltensebene erweitert werden.

Diese Erweiterungsforderung beschreibt allerdings gleichzeitig eine der wichtigsten Restriktionen, durch welche der Erklärungswert des in unserem Prognosemodell verwendeten Dimensionskonzepts der Urteilsbildung vorerst eingeschränkt wird; denn das zusätzliche Erklärungskonzept der Urteilsdiskrepanzen wurde von uns bisher nur *ad hoc* zur *Interpretation* abweichender Befunde verwendet.
Aus den bisherigen Untersuchungen wurde jedoch deutlich, daß die Abbildungsmöglichkeit der theoretischen Konstruktion „Urteilsdiskrepanz" die *mehrdimensionale* Konzeption geeigneter Modelle zwar nicht voraussetzt, jedoch als besonders günstig erscheinen läßt.

4.3.2 Zur Anwendung der MDS in der differentiellen Psychologie: Untersuchungen zur diagnostischen Bedeutung wahrnehmungspsychologischer Anteile projektiver Formdeutetests

4.3.2.1 Einleitung und allgemeiner Versuchsplan

Die „Formdeuteverfahren" sind Testinstrumente, deren Einsatz in der psychologischen Diagnostik und klinischen Psychologie unter der Annahme begründet wird, daß in den subjektiven Deutungen von Klecksfiguren Gesetzmäßigkeiten sichtbar werden, die diagnostische Rückschlüsse auf die *differentielle* (vgl. dazu Abb. 12) Ausprägung bestimmter latenter Persönlichkeitsmerkmale ermöglichen sollen. Die Deutungen zu Klecksfiguren werden also als diagnostisch relevant angesehen, d.h. sie sollen zwischen Personen bzw. diagnostischen Klassen differenzieren, valide diagnostische Schlüsse ermöglichen und möglichst auch in Termen eines diagnostischen Theoriensystems „erklärbar" sein.
Dieses Konzept wurde im Ansatz bekanntlich zum ersten Mal konsequent von *Rorschach* (1921) entwickelt, und zwar unter der weitreichenden und in den Konsequenzen wenig beachteten Annahme, daß der Formdeuteversuch ein „wahrnehmungsdiagnostisches Experiment" darstelle (vgl. *Rorschach* 1921, 5f.). Diese Begründung enthält die Grundannahme, daß es differentielle Gesetzmäßigkeiten der *Wahrnehmungsorganisation* geben müsse, aus denen auf bestimmte Persönlichkeitseigenschaften der Pbn rückgeschlossen werden kann, und daß diese beispielsweise in den subjektiven Deutungen zu den *Rorschach*schen Klecksfiguren zum Ausdruck kommen.
In diesem Sinne interpretierte z.B. *Fischer* (1968, 118ff.) das *Rorschach*-Verfahren im Sinne von *Holtzman* (1961) als psychometrischen Test und hat anhand der Deutungen untersucht, wieweit sich besonders bestimmte „Erfassungskategorien" (z.B. Formschärfe, Ganzantworten) unter Verwendung des stochastischen Testmodells von *Rasch* (1960) testtheoretisch begründen lassen

(vgl. auch *Fischer & Spada* 1973). Nach den bisher vorliegenden Ergebnissen erscheint die Weiterverfolgung dieses wahrnehmungspsychologisch begründeten Ansatzes vielversprechend. Die Untersuchungen werden gegenwärtig mit der *Holtzman*-Inkblot-Technique (vgl. *Holtzman* 1961) – einer Weiterentwicklung des *Rorschach*-Tests – fortgeführt (vgl. z.B. *Spada, Scheiblechner & Fischer* 1970, *Fischer & Spada* 1973).
Auch in unseren Untersuchungen zur *Holtzman*-Inkblot-Technique (HIT) wurde das wahrnehmungspsychologische Konzept *Rorschach*s aufgegriffen (vgl. *Stäcker & Ahrens* 1967, *Ahrens & Stäcker* 1970, *Ahrens* 1970). Um die wahrnehmungspsychologischen Implikationen von Formdeuteverfahren in ihrer Bedeutung für diagnostische Fragestellungen zu untersuchen, wurden jedoch nicht nur die üblichen Tafeldeutungen, sondern auch weitere Pbn-Reaktionen auf das Reizmaterial analysiert, von denen wir eine direktere Erfassung fundamentaler Wahrnehmungsprozesse erhofften. So wurden insbesondere Ähnlichkeitsurteile zu HIT-Tafelpaaren untersucht. Die für das Zustandekommen von Ähnlichkeitsurteilen angenommenen latenten Wahrnehmungsstrukturen sollten erfaßt werden, indem die postulierten Wahrnehmungsräume oder subjektiven Reizräume durch bestimmte MDS-Modelle abgebildet wurden.
Es ist dann die Frage zu klären, wieweit neben den üblichen Deutungen auch diese perzeptiven Reaktionen diagnostisch relevant sind. Präziser formuliert: Es soll im Ansatz untersucht werden, wieweit sich Ähnlichkeitsbeurteilungen der Klecksfiguren in Termen eines wahrnehmungspsychologisch fundierten und vor allem diagnostisch bedeutsamen Strukturmodells erklären lassen. Der globale Zusammenhang zwischen dem üblichen Deutesystem („Konzeptsystem") und dieser perzeptiv akzentuierten Reizbeurteilung („Perzeptsystem") kann hergestellt werden, indem man etwa untersucht, wieweit die diagnostischen Klassifikationen beider Systeme zu demselben Ergebnis führen. Aufgrund strukturell beschriebener Interdependenzen zwischen Perzepten und Konzepten sollen Anhaltspunkte für die wahrnehmungspsychologischen Anteile projektiver Formdeuteverfahren gefunden werden.
Die ersten Ergebnisse dieser Untersuchung (vgl. *Stäcker & Ahrens* 1967) wurden unter zwei Aspekten weiter analysiert, nämlich einmal in Hinblick auf die Interdependenz zwischen Perzepten und Konzepten (vgl. *Ahrens & Stäcker* 1970) und zum anderen unter besonderer Berücksichtigung der Metrik des perzeptiven Systems der Pbn (vgl. *Ahrens* 1970). Da unter beiden Fragestellungen zur Beschreibung perzeptiver Strukturen bestimmte MDS-Verfahren benutzt wurden, sind neben den inhaltlichen Ergebnissen der Untersuchung vor allem einige der anfangs genannten *Geltungsfragen* zum MDS-Modell bedeutsam. Auf die Diskussion dieser Geltungsfragen wollen wir uns im folgenden hauptsächlich beschränken, und zwar anhand eines Schemas (vgl. Abb. 36), das analog zu dem anfangs schon allgemein zugrundegelegten Konzept (vgl. Abb. 27) aufgebaut ist.

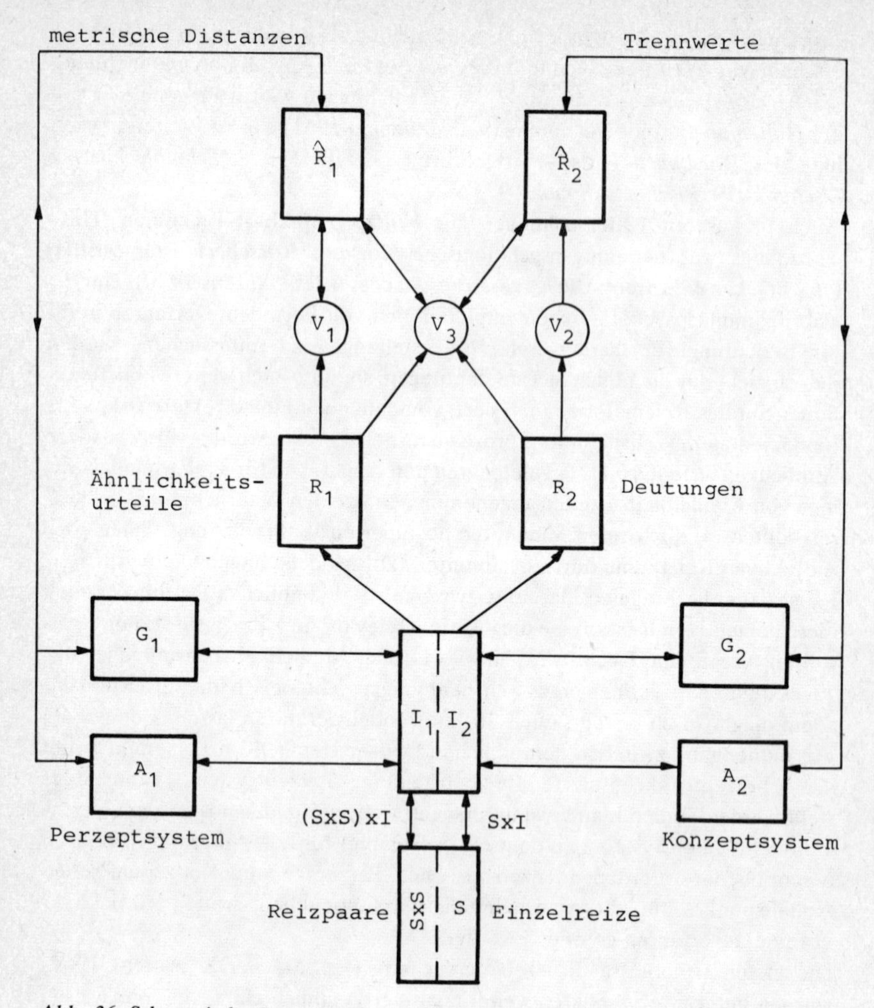

Abb. 36: Schematische Darstellung von Gültigkeitsaspekten einer Untersuchung über wahrnehmungspsychologische Anteile von Formdeutetests (Zeichenerklärung vgl. S. 271).

Erläuterung und Zeichenerklärung zu Abbildung 36:

S (bzw. $S \times S$) = Reize (bzw. Reizpaare)
I = Individuen (bzw. theoretische Konstruktionen zum individuellen Verhalten)
R = Reaktionen
R_1 = beobachtete Ähnlichkeitswahrnehmungen
$\hat{R}_1$ = durch MDS angepaßte metrische Distanzen
R_2 = beobachtete Deutungen
$\hat{R}_2$ = linear kombinierte Trennwerte
G = Modelleigenschaften
G_1 = Perzeptmodell (MDS)
G_{11} = intraindividuelle Mehrdimensionalität
G_{12} = Metrik
G_{13} = interindividuelle Differenzen
G_2 = Konzeptmodell
G_{21} = HIT-Kategoriensystem
G_{22} = Diskriminanzraum
A = Antezedensbedingungen
A_1 = Antezedensbedingungen des Perzeptmodells
A_{11} = Instruktion zur Ähnlichkeitswahrnehmung
A_{12} = Selektion diagnostischer Klassen (K_1 = Hirnorganiker, K_2 = Normale)
A_2 = Antezedensbedingungen des Konzeptmodells
A_{21} = Instruktion zur Abgabe von Deutungen
A_{22} = Selektion diagnostischer Klassen (K_1 = Hirnorganiker, K_2 = Normale)
V = Vergleiche
V_1 = Prüfung, ob anhand von R_1 die Klassen K_1 und K_2 nach Dimensionalität und Metrik der Perzeptstruktur unterscheidbar sind.
V_2 = Prüfung, ob anhand von R_2 die Klassen K_1 und K_2 nach Deutekategorien des HIT-Systems unterscheidbar sind.
V_3 = Prüfung, ob die Klassen K_1 und K_2 sowohl anhand von R_1 als auch R_2 unterscheidbar sind.

Indem die *Interdependenz* zwischen Deutungen (Konzeptsystem) und Ähnlichkeitsurteilen (Perzeptsystem) unter besonderer Berücksichtigung der Annahme untersucht werden soll, daß den Deutungen bestimmte wahrnehmungspsychologische Gesetzmäßigkeiten zugrundeliegen, wird zunächst der Gültigkeitsgesichtspunkt (c) relevant (vgl. Abb. 27): Es wird nämlich gefragt, wieweit der diagnostische Erklärungswert der durch MDS erfaßten Perzeptstrukturen auch auf weitere Verhaltensklassen, nämlich auf Deutungen, generalisierbar ist. In der Untersuchung wird aber auch unmittelbar der Geltungsaspekt (b) angesprochen: Es wird gefragt, wieweit der durch die Metrik und Dimensionalität repräsentierte Anteil der *Perzeptstruktur* zur Erklärung bestimmter diagnostisch bedeutsamer Wahrnehmungs- und Urteilsauffälligkeiten herangezogen werden kann. Die diagnostische Fragestellung richtete sich beispielhaft in der gesamten Untersuchung auf die Unterscheidbarkeit von hirnorganisch gestörten und normalen Pbn.

Das *Perzeptsystem* (I_1) der Pbn sollte erfaßt werden, indem als spezielle „Interaktion" zwischen HIT-Tafeln (S) und Pbn (I) die Ähnlichkeitsbeurteilungen (R_1) von Tafelpaaren (S × S) untersucht wurden. Die Ähnlichkeitswahrnehmungen R_1 sollen differentialdiagnostisch relevant und in strukturellen Termen eines MDS-Modells erklärt werden. Auf Seiten des MDS-Modells (G_1) kommen dabei als strukturelle Modellbedingungen vor allem die intraindividuelle Mehrdimensionalität (G_{11}) und die Metrik (G_{12}) in Frage. Insbesondere die differentialdiagnostische Fragestellung erfordert die Berücksichtigung einer weiteren Modellbedingung, nämlich die Abbildungsmöglichkeit interindividueller Wahrnehmungsdifferenzen (G_{13}).

Dieser Modellabbildung sind bestimmte experimentelle Antezedensbedingungen A_1 zugeordnet, und zwar allgemein die Instruktion zur Abgabe von Ähnlichkeitsurteilen (A_{11}) und speziell die Aufteilung (A_{12}) der Pbn in zwei apriori unterscheidbare diagnostische Klassen K_1 (Hirnorganiker) und K_2 (Normale).

Im klassischen Fall einer Untersuchung zum Erklärungswert eines theoretischen Konzeptes (vgl. S. 208ff.) hätte man aufgrund der beiden Aussageklassen G_1 und A_1 Hypothesen oder Vorhersagen $\hat{R}_1$ herzuleiten, und ihre Beibehaltung bzw. Ablehnung anhand eines Vergleiches (V_1) zwischen beobachteten Reaktionen (R_1) und erwarteten Reaktionen ($\hat{R}_1$) zu beurteilen. Beobachtete Reaktionen sind die abgegebenen Ähnlichkeitsurteile; erwartete Reaktionen sind die durch die MDS-Prozedur angepaßten metrischen Distanzen $d(x, y)$. Die kritische Prüfung V_1 soll in zweierlei Hinsicht realisiert werden:

a) Es wird geprüft, in welchem Ausmaß die vorgegebene Klassifikation der Pbn in K_1 und K_2 (vgl. A_{12}) unter Verwendung modellabhängig angepaßter Distanzen $d(x, y)$ reproduziert werden kann. Die empirische Basis der angepaßten Distanzen (vgl. $\hat{R}_1$) bilden die beobachteten Ähnlichkeitsurteile (vgl. R_1).

b) Die unter einer bestimmten Metrik- und Dimensionshypothese (vgl. G_{11}, G_{12}) angepaßten Distanzen $d_r(x, y)$ (vgl. $\hat{R}_1$) werden mit den beobachteten Ähnlichkeitsurteilen (vgl. R_1) verglichen.

Das MDS-Modell soll also die Perzeptstrukturen der Pbn so repräsentieren, daß die beobachteten Ähnlichkeitswahrnehmungen *klassenspezifisch* und durch unterschiedliche *Metrik* und *Dimensionalität* der zugeordneten Wahrnehmungsräume vorhersagbar bzw. erklärbar sind. Unter diesem allgemeinen Gesichtspunkt kann dann im einzelnen beurteilt werden, wieweit den durch das

MDS-Modell abgebildeten Wahrnehmungsstrukturen Erklärungswert mit differentialdiagnostischen Implikationen zukommt.
Die Erfassung des *Konzeptsystems* (I_2) der Pbn erfolgte über die Deutungen (R_2) zu den einzelnen HIT-Tafeln (S). Das Konzeptmodell (G_2) enthält das von *Holtzman* (1961) aufgestellte Kategoriensystem zur Auswertung der Tafeldeutungen (G_{21}) und weiterhin die Annahme eines Klassifikationsraumes (G_{22}), in dem sich die Pbn aufgrund ihrer kategorisierten Deutungen nach den vorgegebenen diagnostischen Klassen K_1 und K_2 unterscheiden lassen. Die Trennfähigkeit der Klassen K_1 und K_2 durch HIT-Kategorien soll unter Verwendung linearer Diskriminanzfunktionen geprüft werden. Dieser Modellvorstellung sind als Antezedensbedingungen (A_2) die üblichen Instruktionen zur Abgabe von Deutungen (A_{21}) und die Aufteilung der Pbn nach den Klassen K_1 und K_2 zugeordnet (A_{22}). Die geschätzten Werte $\hat{R}_2$ sind dann die Trennwerte der Diskriminanzfunktion, die sich als Linearfunktion der kategorisierten Deutungen R_2 ergeben. Im Vergleich V_2 werden nicht unmittelbar $\hat{R}_2$ und R_2 verglichen. Vielmehr wird geprüft, ob die vorgegebenen Klassen K_1 und K_2 anhand der Trennwerte $\hat{R}_2$ diskriminierbar sind.
Die *Interdependenzen* zwischen Perzeptsystem (I_1) und Konzeptsystem (I_2) können auf einer globalen Ebene so untersucht werden, indem man im Vergleich V_3 prüft, ob die diagnostischen Klassen K_1 und K_2 sowohl anhand von $\hat{R}_1$ (strukturell aufgeschlüsselte Ähnlichkeitswahrnehmungen) als auch auf der Basis von $\hat{R}_2$ (linear kombinierte Deutekategorien) unterscheidbar sind. Die Klassifikation im Perzeptsystem wurde durch die Analyse der Ähnlichkeitsurteile nach dem points of view-Modell von *Tucker & Messick* für inter- und intraindividuelle Differenzen untersucht, währenddem der Klassifikation im Konzeptsystem eine Diskriminanzanalyse zugrundegelegt wurde.
Die Ausgangsdaten zur Untersuchung aller drei Gesichtspunkte stammen aus einer Untersuchung von insgesamt N = 54 Vpn, davon 22 Hirnorganiker mit bekannter psychiatrischer Diagnose und psychopathologischem Befund (vgl. *Stäcker & Ahrens* 1967). Sämtliche Vpn waren männliche Nichtstudenten mit einem Durchschnittsalter von 35 Jahren. Als Reizmaterial dienten 15 *Holtzman*-Tafeln der Serie A (Nr. 1, 2, 3, 6, 10, 18, 19, 25, 35, 36, 39, 42, 43, 44, 45). Im ersten Durchgang wurden die Tafeln paarweise vorgelegt und auf einer 5-Punkte-Schätzskala nach Ähnlichkeit beurteilt. Im zweiten Durchgang wurden nach der üblichen Anweisung die Deutungen zu den einzelnen Tafeln abgegeben.

4.3.2.2 Perzeptanalyse

Dimensionale Analyse der Perzepte

Unter der Annahme, daß der Wahrnehmung von Reizähnlichkeiten und der Abgabe entsprechender Ähnlichkeitsurteile ein mehrdimensional organisierter subjektiver Wahrnehmungsraum zugrundeliegt, soll das Perzeptsystem der Pbn durch ein MDS-Modell abgebildet werden, und zwar zunächst unter der eingeschränkten Annahme einer euklidischen Metrik. Die inhaltliche Interpretation dieser mehrdimensionalen Repräsentation von Wahrnehmungsvorgängen kann sich allgemein am Konzept der *kognitiven Komplexität* orientieren (vgl. *Bieri* 1955, *Bieri & Blacker* 1956 u. a.). Bei dimensionaler Darstellung kognitiver Komplexität unterscheiden *Schroder* et al. (1967) drei Operationen, nämlich

a) Differenzierung (Unterscheidung der Reize hinsichtlich verschiedener Dimensionen).
b) Diskriminierung (Unterscheidung der Reize innerhalb spezifischer Dimensionen).
c) Integration (Zusammenfassung verschiedener Dimensionen zu einem übergeordneten Wahrnehmungsschema).

Der psychologischen Diskriminierungsoperation (b) entspricht innerhalb der dimensionalen Darstellungsfunktion des MDS-Modells die Annahme der intradimensionalen Subtraktivität von Reizkoordinaten (vgl. S. 190) und der Integrationsoperation (c) die Annahme der interdimensionalen Additivität spezifischer Reizunterschiede (vgl. S. 191).
Gemäß unserer differentialdiagnostischen Grundfrage wurden zunächst mit Hilfe des Modells von *Tucker & Messick* (vgl. S. 115 ff.) *interindividuelle Wahrnehmungsdifferenzen* analysiert (vgl. *Stäcker & Ahrens* 1967, *Ahrens & Stäcker* 1970). Diese Gesichtspunktanalyse zeigte innerhalb der Abbildung aller N = 54 Pbn im gemeinsamen Personenraum, daß der erste Wahrnehmungsgesichtspunkt F_I besonders viel Varianz aufklärt (Eigenwertabfall: 13,51, 2,86, 2,79, 2,30, 1,95 usw.). Weiterhin wird deutlich, daß die beiden apriori zusammengestellten Pbn-Klassen (Hirnorganiker und Normale) nicht nach verschiedenen orthogonalen Gesichtspunkten, sondern entlang einer gemeinsamen Dimension (F_I) unterscheidbar sind (vgl. Abb. 37).
Schon auf dieser globalen Abbildungsebene von Wahrnehmungsunterschieden ist eine besondere Auffälligkeit feststellbar: Im unteren Bereich von F_I werden mit durchschnittlich geringen wahrgenommenen Reizähnlichkeiten die Hirnorganiker abgebildet ($\bar{X}_1 = 1{,}66$), während im oberen Bereich mit größeren Reizähnlichkeiten die Normalen repräsentiert sind ($\bar{X}_1 = 2{,}37$). Die Hirnorga-

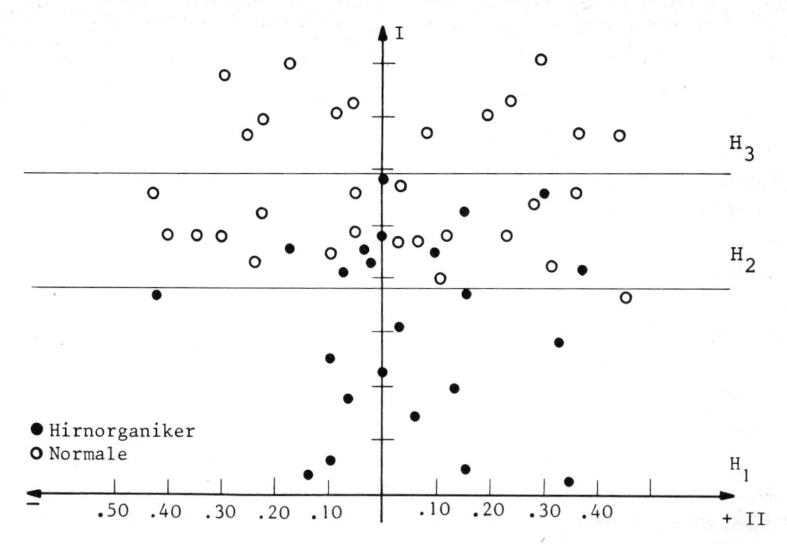

Abb. 37: Klassifikation der Pbn nach dem ersten Faktor (F_I) der *Tucker & Messick*-Analyse (*Stäcker & Ahrens* 1967, 686).

niker scheinen also in besonderem Maße unfähig zu sein, im Paarvergleich größere Ähnlichkeiten der Tafeln wahrzunehmen. Dieser Befund läßt sich vielleicht in Richtung einer verminderten Leistung bei der Invariantenbildung, der Abstraktion gemeinsamer Reizgesichtspunkte und deren Integration zu globalen Ähnlichkeitsurteilen deuten. Diese Interpretationshypothese impliziert insbesondere eine gestörte Integrationsfähigkeit bei der Reizwahrnehmung, muß jedoch noch näher differenziert und gestützt werden durch die getrennte multidimensionale Skalierung der Ähnlichkeitswahrnehmungen von Hirnorganikern und Normalen. Vorerst interpretieren wir den globalen Wahrnehmungsgesichtspunkt F_I als *„normale vs. gestörte perzeptiv-kognitive Funktion"*. Dem entspricht beispielsweise auch – wenn wir der Verknüpfung mit verbalen Deutungen einmal vorgreifen – die negative Korrelation $r = -0{,}38$ der Vpn-Projektionen auf F_I mit der Anzahl der „Versager" bei den zugehörigen Vpn: Je häufiger Personen keine Deutungen zu den Tafeln geben, desto eher nehmen sie auch nur geringe Reizähnlichkeiten wahr und werden in der Perzeptanalyse im unteren Bereich von F_I abgebildet.

Um differenzierteren Einblick in die Wahrnehmungssystematik der Pbn zu erhalten, wurden die nach F_I eindeutig klassifizierbaren Hirnorganiker und Normalen zwei getrennten multidimensionalen Skalierungen ihrer Ähnlichkeitsurteile unterzogen (vgl. Tab. 8). Dieses Vorgehen entspricht zwar nicht ganz der *Tucker & Messick*-Prozedur, bei der hauptsächlich nur orthogonale „view points" des Personenraumes als Basis für separate Skalierungen

verwendet werden. Es hat sich jedoch auch schon in anderen Untersuchungen gezeigt, daß andere als orthogonale Personenklassifikationen (z.B. Cluster-Analysen) bei der *Tucker & Messick*-Prozedur zu unterscheidbaren MDS-Strukturen führen (vgl. *Lüer & Fillbrandt* 1970).
Orientiert man sich wie üblich am Eigenwertabfall der Strukturen und an den Skalen mit hinreichend großer Varianzaufklärung, so wird bei gleicher Varianzaufklärung (43%) die Wahrnehmungsstruktur der Normalen durch *weniger* Dimensionen (n = 3) beschrieben als die der Hirnorganiker (n = 4). Die Hirnorganiker erscheinen also insofern als „mehrdimensionaler", als die Beschreibung ihrer Wahrnehmungsstruktur bei gleicher Varianzaufklärung eine größere Anzahl von Komponenten erfordert. Dieser Sachverhalt wird versuchsweise als gestörte Fähigkeit bei der Abstraktion einer geringen Anzahl gemeinsamer Komponenten und deren Integration zu einem globalen Ähnlichkeitsurteil interpretiert. Dieser Interpretation entsprechen die durchschnittlich geringeren Reizähnlichkeitswerte (vgl. F_I) und innerhalb der intraindividuellen Reizstruktur die durchschnittlich geringe gemeinsame Varianz in den einzelnen Dimensionen. Verminderte „kognitive Komplexität" bei den Hirnorganikern könnte also als herabgesetzte Fähigkeit zur perzeptiv-kognitiven Integration interpretiert werden.

Tafel (Nr.)	Hirnorganiker				Normale		
	S_1	S_2	S_3	S_4	S_1	S_2	S_3
1	0,02	–1,23	0,13	–0,18	0,66	–0,12	0,26
2	–0,43	0,35	1,72	–0,43	–1,38	–0,45	0,39
3	0,00	–0,09	–0,30	0,67	1,77	–0,44	0,07
6	–0,36	–0,01	–0,08	1,67	1,69	–0,68	0,16
10	1,53	1,37	–0,07	–0,38	–2,69	0,12	–0,53
18	0,00	–0,07	0,18	–1,05	0,76	0,05	–0,58
19	0,30	0,17	0,83	0,76	–0,06	–0,89	1,42
25	0,18	0,05	0,20	0,07	0,18	–0,49	1,09
35	0,18	0,26	0,55	1,20	1,37	–0,05	1,37
36	–1,05	–0,63	–0,50	–0,85	0,64	–0,01	0,03
39	–0,95	0,18	0,16	–0,38	1,14	–0,68	0,59
42	–0,31	0,61	–1,81	0,09	0,36	0,30	–2,95
43	0,07	–1,75	–0,50	–0,30	–0,94	4,54	–0,14
44	–1,02	1,05	–0,46	–0,28	–0,27	–0,84	–2,29
45	1,81	–0,28	–0,04	–0,62	–3,23	–0,35	1,12
Var. %	11,6	11,0	10,3	10,3	17,6	13,4	12,1

Tab. 8: Skalen der Perzeptstruktur von Hirnorganikern und Normalen bei euklidischer Metrik.

Auf die einzelnen inhaltlichen Interpretation aller Skalen können wir hier nicht näher eingehen (vgl. dazu *Stäcker & Ahrens* 1967, *Ahrens & Stäcker* 1970). Die perzeptiven Anteile dieser Interpretationen lassen sich jedoch gut nach den anfangs genannten drei Aspekten der *kognitiven Komplexität* zusammenfassen. Danach erscheint die Wahrnehmbarkeit von Reizähnlichkeiten bei Hirnorganikern im Vergleich zu Normalen insofern erschwert, als sie bei der Perzeption von HIT-Tafeln

a) schlechter bestimmte perzeptive Invarianten auffinden oder bilden können (Differenzierung von Dimensionen des Wahrnehmungsraumes),
b) die Reize innerhalb dieser Dimensionen nicht so gut unterscheiden können (Diskriminierung von Reizen innerhalb einzelner Dimensionen des Wahrnehmungsraumes),
c) und die Dimensionen vergleichsweise nur unzulänglich zu einem sparsamen und übergeordneten Wahrnehmungsschema strukturieren können (Integration verschiedener Dimensionen des Wahrnehmungsraumes).

Analyse der Metrik von Perzepten

In den anfangs erörterten Axiomatisierungsversuchen von *Beals, Krantz & Tversky* (vgl. S. 188ff.) wurden vor allem drei wichtige Eigenschaften von MDS-Distanzen herausgestellt, die Bedeutung für den Erklärungswert erlangen können, nämlich allgemein die Zerlegbarkeit, und speziell die dimensionale und metrische Darstellung von Distanzen. Als Ergänzung zur schon erörterten dimensionalen Darstellung subjektiver Wahrnehmungsräume soll im folgenden untersucht werden, ob und in welcher Hinsicht auch die durch die *Metrik* von MDS repräsentierten Strukturmerkmale der skalierten Ähnlichkeitsurteile *Erklärungswert* für Wahrnehmungsunterschiede zwischen Hirnorganikern und Normalen haben (vgl. *Ahrens* 1972, 1973). Diese Untersuchungsfrage wird in zwei Teilen folgendermaßen gestellt (vgl. dazu Abb. 36):

1. Sind die postulierten Wahrnehmungsstrukturen der nach der Antezedensbedingung A_{12} aufgeteilten Pbn (K_1 = Hirnorganiker, K_2 = Normale) im MDS-Modell durch unterschiedliche Werte des Metrik-Parameters r (vgl. G_{12}) in der angepaßten Distanzfunktion bzw. *Minkowski* r-Metrik (3.8) repräsentierbar?
2. Lassen sich aus den experimentellen Bedingungen (A_1) und den strukturellen Modellbedingungen (G_1) der verwendeten metrischen Distanzfunktion Hypothesen über die Metrik der Ähnlichkeitswahrnehmungen R_1 herleiten und wie sind diese zu beurteilen?

Der *zweite* Teil der Frage zielt auf den besonderen Erklärungswert metrischer Repräsentationen. Zur Herleitung psychologischer Hypothesen zur Metrik der Wahrnehmungsräume von Hirnorganikern und Normalen kann man sich an verschiedenen Ansätzen zur psychologischen *Interpretation der Metrik* orientieren (vgl. Ahrens 1973).

Die Aufgabe von MDS ist weder auf die Reize noch auf die Subjekte allein definiert. Die zu analysierenden Perzepte (hier Unähnlichkeitsurteile) stammen vielmehr aus einer Datenquelle, in der eine „Interaktion" zwischen Subjekten und Objekten stattfindet, wie früher schon allgemein ausgeführt wurde (vgl. S. 39ff.). Wegen dieser doppelten Verankerung der Perzepte lassen sich vorliegende Interpretationsansätze zur Metrik danach unterscheiden, ob bei der modellabhängigen Deutung von Perzepten Eigenschaften der Reize oder Eigenschaften der subjektiven Wahrnehmungsvorgänge stärker betont werden.

„Reizseitige" Interpretationen stammen z. B. von *Torgerson* (1958), der zwischen zwei Reizarten unterscheidet, nämlich solchen, die nach einem komplexen, multivariaten Attribut variieren und solchen, die nach mehreren eindimensionalen Merkmalen unterscheidbar sind. Ähnlich trifft *Shepard* (1964) eine Unterscheidung zwischen unitären und analysierbaren Reizen. Wegen der offensichtlichen Identifizierbarkeit bestimmter Dimensionen sollen analysierbare Reize (z. B. geometrische Figuren) nach einer City-Block-Metrik und unitäre Reize (z. B. Farben) nach einer euklidischen Metrik beurteilt werden. Empirische Untersuchungen zum Konzept der Analysierbarkeit stammen z. B. von *Hyman & Well* (1968) und von *Waern* (1969).

„Subjektseitige" Interpretationen wurden z. B. von *Shepard* (1964), *Cross* (1965 a, b), *Wender* (1969) und *Micko & Fischer* (1970) vorgeschlagen. Die Ansätze von *Shepard,* und *Micko & Fischer* haben gemeinsam, daß die Metrik als abhängig von bestimmten Aufmerksamkeitszuständen der Subjekte interpretiert wird. In beiden Konzepten werden vor allem auch die Konsequenzen inter- und intrasubjektiv veränderlicher Aufmerksamkeitszuwendungen diskutiert. Sehr verschieden sind beide Ansätze jedoch hinsichtlich der zugeordneten Theorien, auf deren Einzelheiten wir hier nicht eingehen können. *Micko & Fischer* nehmen für jede Richtung P des subjektiven Raumes einen bestimmten Aufmerksamkeits- oder Wichtigkeitswert $0 \leqq m(P)$ an. Vor allem im Metrik-Bereich $1 \leqq r \leqq 2$ wird für die Kombination globaler Distanzen eine einheitliche Regel postuliert, nämlich die Bildung eines mit Wichtigkeits- oder Aufmerksamkeitswerten gewichteten Mittels aus spezifischen Distanzen. Jede spezielle Metrik wird durch die jeweilige Verteilung der Aufmerksamkeitswerte über alle (auch nichtorthogonale) Dimensionen charakterisiert. Danach sollte bei Konzentration der Aufmerksamkeit auf spezifische, paarweise orthogonale Richtungen eine City-Block-Metrik ($r = 1$) und bei gleichmäßiger Verteilung über alle Richtungen eine euklidische Metrik ($r = 2$) resultieren. Bei $r > 2$ konzentriert sich die Aufmerksamkeit zunehmend auf nur eine Richtung des

subjektiven Raumes und geht im Grenzfall ($r = \infty$) in die Supremums- oder Dominanzmetrik über, bei der in die globale Distanz lediglich die größte der gewichteten spezifischen Differenzen eingeht. Sollten sich in empirischen Untersuchungen häufiger Metriken von $r > 2$ als bestgeeignet erweisen, so schlagen die Autoren vor, statt der postulierten Kombinationsregel mit Mittelungsoperation eine Supremumsregel anzunehmen, die mehr oder weniger deutlich ($2 < r \leqq \infty$) realisiert wird. Für Metriken $r < 2$ müßte dann geklärt werden, ob sie nicht lediglich Artefakte der Heterogenität von Ähnlichkeitswerten darstellen.
Für unsere Untersuchung metrischer Eigenschaften subjektiver Wahrnehmungsräume gehen wir hauptsächlich von der „subjektseitigen" Metrik-Interpretation nach *Cross* (1965 a, b) aus, die auch von *Wender* (1969) weiterentwikkelt und empirischen Arbeiten zugrundegelegt wurde. Wie früher schon ausführlich diskutiert wurde (vgl. S. 182ff.) kann man die metrische Distanzfunktion des MDS-Modells so umformen, daß eine mit der Metrik r variierende „Gewichtungseigenschaft" der Distanzfunktion deutlich sichtbar wird. Das psychologische Äquivalent dieser Gewichtungseigenschaft wird von *Wender* als *„Schwierigkeit der Urteilsbildung"* interpretiert: Es wird vermutet, daß der Schwierigkeitsgrad der Bildung von Ähnlichkeitsurteilen wesentlich mitbestimmt, auf welche Art die Subjekte einzelne Merkmalsdifferenzen zu einem Gesamturteil kombinieren. Können *alle* Merkmalsunterschiede in orthogonalen Dimensionen leicht wahrgenommen werden, so werden alle Differenzen gleichgewichtet kombiniert und die resultierenden Unähnlichkeitsurteile werden am besten durch eine City-Block-Metrik ($r = 1$) angepaßt. Ist dieser Vorgang erschwert, so halten sich die Subjekte zunehmend nur an die *größeren* Differenzen und beachten im Extremfall lediglich die maximalen Differenzen. Dieser Fall ist durch eine Dominanz- oder Supremumsmetrik ($r = \infty$) repräsentierbar. Interpretationshypothesen dieser Art wurden experimentell unter der Annahme bestätigt, daß mit der Verkürzung der Darbietungszeit eine Erhöhung des Schwierigkeitsgrades einhergeht. Andere Manipulationen der Urteilsschwierigkeit, d.h. andere experimentelle Ermöglichungsgründe für die Erklärung verschiedener Metriken sind denkbar. In unserem Experiment wird angenommen, daß hirnorganische Störungen die perzeptive Urteilsbildung der Subjekte erschweren, und daß somit einer entsprechenden Aufteilung der Beurteilerstichprobe in Hirnorganiker und Normale unterschiedliche Schwierigkeitsstufen entsprechen. Der „hergestellten" Antezedensbedingung des *Wender*schen Versuches entspricht hier allerdings nur eine „selektive" Bedingung im Explanans.
Spezielle Vermutungen über die *Metrik* der Wahrnehmungsräume von Hirnorganikern und Normalen gehen zunächst von der („reizseitigen") Annahme aus, daß die verwendeten HIT-Tafeln Reize sind, deren Objektivierung durch physikalisch meßbare Form- und Farbattribute kaum möglich ist. Die Reize sind

also physikalisch nicht analysierbar. Demgegenüber wird jedoch die („subjektseitige") Annahme getroffen, daß die Subjekte angesichts der gestellten Aufgabe (Ähnlichkeitsbeurteilung) versuchen, die Reize *perzeptiv analysierbar* zu machen. Dabei wird postuliert, daß die Subjekte zur Bildung globaler Unähnlichkeitsurteile bestimmte subjektive Entscheidungsregeln oder Kombinationsregeln verwenden (vgl. *Shepard* 1964, *Cross* 1965 a, *Coombs* 1967, *Lüer & Fillbrandt* 1970 u. a.), die jeweils durch eine Distanzfunktion bestimmter Metrik r abgebildet werden können. Hinsichtlich dieser Annahme seien drei markante *Lösungsmöglichkeiten* betrachtet:

1. Die perzeptive Analysierbarkeit der Reize läßt sich *leicht* herstellen, weil spezifische Invarianten der Reizähnlichkeit leicht auffindbar bzw. leicht zu bilden sind. Insofern ist die Urteilsbildung nicht schwierig (vgl. *Wender*). Die Aufmerksamkeit der Subjekte konzentriert sich hinsichtlich der perzeptiven Unterscheidbarkeit der Reize nur auf bestimmte Richtungen des Wahrnehmungsraumes (vgl. *Micko & Fischer*). Diese Lösungsmöglichkeit wird am besten durch eine City-Block-Metrik ($r = 1$) abgebildet.
2. Die perzeptive Analysierbarkeit kann insofern *nicht* ohne weiteres hergestellt werden, als für die Subjekte kein eindeutig festgelegtes orthogonales Bezugssystem auffindbar ist. Vielmehr organisiert sich der Wahrnehmungsprozeß in einem subjektiven Reizraum, in dem alle Richtungen dieselbe (konstante) Aufmerksamkeit auf sich ziehen (vgl. *Micko & Fischer*). Dieser Lösungsmöglichkeit entspricht eine euklidische Metrik ($r = 2$), bei der die Raumachsen beliebig rotierbar sind.
3. Die perzeptive Analysierbarkeit nach verschiedenen, gleichberechtigten Dimensionen kann nur sehr *schwer* hergestellt werden. Wegen dieser Schwierigkeit berücksichtigen die Subjekte hauptsächlich jeweils nur *die* Richtung des Wahrnehmungsraumes, in der sich die Reize eines Paares am besten unterscheiden lassen (vgl. *Wender*). Dieser jeweils wichtigsten Dimension wird die größte Aufmerksamkeit zugewendet, und sie dominiert im Extremfall alle anderen Dimensionen der Reizähnlichkeit (vgl. *Micko & Fischer*). Dieser Lösungsmöglichkeit sind Metriken mit $r > 2$ in Richtung der Dominanz- oder Supremumsmetrik ($r = \infty$) angemessen.

Für die Prüfung, welche dieser Lösungsmöglichkeiten oder welche mögliche Zwischenlösung von der jeweils durchschnittlichen Person der beiden Untersuchungsgruppen (Hirnorganiker und Normale) vermutlich realisiert wird, lassen sich zwar keine eindeutigen Alternativhypothesen mit einem bestimmten r-Wert, wohl aber Hypothesen über einen relativ umgrenzten *Metrikbereich* aufstellen. Die Vorhersage genauer Metrikkoeffizienten erscheint nach dem gegenwärtigen Stand der Theorienbildung ohnehin nicht vertretbar. Vor allem ist auch vorerst die exakte zufallskritische Überprüfung spezieller Metrikhypothesen nicht gesichert; denn die Hypothesen müssen anhand der Stress-Werte der *Kruskal*-Analyse beurteilt werden (vgl. S. 170ff.), für die aber bisher noch keine Prüfverteilung hergeleitet wurde. Aus diesen Gründen begnügen wir uns mit der Angabe erwarteter Metrikbereiche und stützen uns dabei vor allem auch auf die schon dargestellten Ergebnisse der Dimensionsanalyse der Ähnlichkeitswahrnehmungen. Für die *Hirnorganiker* könnte man erwarten, daß sich ihre Urteilsbildung wegen bestimmter Wahrnehmungsschwierigkeiten hauptsächlich nur auf besonders auffällige Merkmalsdifferenzen stützt und am besten durch eine Metrik in Richtung der Dominanzmetrik repräsentiert wird. Demgegenüber sollten die *normalen* Vpn eher in der Lage sein, die Aufgabe der perzeptiven Analyse von Reizähnlichkeiten nicht nur anhand besonders großer Merkmalsdifferenzen zu lösen. Demgemäß könnte dem Wahrnehmungsraum normaler Vpn eine Metrik mit vergleichsweise kleinem Exponenten r angemessen sein, d.h. wir erwarten, daß organisch nicht gestörte Vpn auch bei komplexen Reizen ein relativ differenziertes System der perzeptiven Analysierbarkeit aufbauen können, dessen metrischer Aufbau im Idealfall einer City-Block-Metrik nahe kommt.

Zur Überprüfung dieser Vermutungen eignet sich wegen der Verwendung von *Minkowski*-Metriken und der Variationsmöglichkeit von r die ordinale MDS nach *Kruskal*. Die iterative Anpassungsprozedur wird unter Verwendung verschiedener Metrikkoeffizienten r wiederholt. Als endgültige Lösung wird diejenige Konfiguration bestimmter Metrik r und Dimensionalität n akzeptiert, bei welcher der Stress S am kleinsten, d.h. die Anpassung am größten ist. Insbesondere diese Möglichkeit der *Kruskal*-Analyse läßt sich ausnutzen, um anhand der resultierenden S-Werte zu beurteilen, durch welche Metrik die Wahrnehmungsstrukturen von Hirnorganikern und Normalen am *besten* repräsentierbar sind (vgl. Tab. 9).

Die *Analyse der Stress-Werte* geht von einer kombinierten Betrachtung von n und r aus, wobei man bei der Dimensionalitätsschätzung analog zur Analyse von Eigenwertabfällen bei Faktorenanalysen vorgeht: Die für eine vollständige, jedoch nicht redundante Beschreibung der Perzepte erforderliche Dimensionszahl wird dort geschätzt, wo die Hinzunahme weiterer Dimensionen den Stress nicht mehr wesentlich reduziert. Eine entsprechende Inspektion der S-Werte zeigte, daß vermutlich drei- bis vierdimensionale Konfigurationen angemessen sind (vgl. Abb. 38b, 39b). In diesem Bereich erscheint auch eine hinreichende Differenzierung der Konfigurationen nach unterschiedlichen Metrik-Exponenten möglich. Für die endgültige Auswahl einer skalierten Konfiguration ist es auch ausschlaggebend, welches Dimensionssystem am besten interpretierbar ist. Aus diesem Grunde wählen wir für beide Vpn-Gruppen eine *drei*dimensionale Darstellung.

Bei einer Dimensionszahl von $n = 3$ wird für die *Hirnorganiker* im untersuchten Metrikbereich ($1 \leqq r \leqq 6$) minimaler Stress ($S = 0{,}145$) bei $r = 5$ erreicht (vgl.

Abb. 38a). Hätten wir die schlechter interpretierbare vierdimensionale Konfiguration gewählt, so läge der minimale Stress bei r = 4. Man kann also mit aller Vorsicht vorläufig die Interpretationshypothese vertreten, daß die metrische Organisation der Wahrnehmungsräume von Hirnorganikern am besten durch eine zur *Dominanzmetrik* tendierende Metrik repräsentierbar ist. Hirnorganisch gestörte Vpn stellen also die perzeptive Analysierbarkeit von Reizähnlichkeiten vermutlich so her, indem sie sich hauptsächlich auf die jeweils dominanten Merkmalsdifferenzen stützen. Diese Erklärungsmöglichkeit zu den beobachteten Ähnlichkeitswahrnehmungen der Hirnorganiker wurde nach dem allgemeinen Erklärungsschema von *Hempel & Oppenheim* (1953) aus der Kombination zweier Aussagenklassen hergeleitet, nämlich aus der formalen „Gewichtungseigenschaft" der Metrik des MDS-Modells, die als „Schwierigkeit der Urteilsbildung" interpretiert wurde, und aus der selektiven Antezedensbedingung, die eine Aufteilung der Stichprobe in wahrnehmungsgestörte und normale Pbn festlegte.

		Metrik r								
	n	1,0	1,5	2,0	2,5	3,0	3,5	4,0	5,0	6,0
Hirn-organiker	1	0,501	0,487	0,469	0,428	0,428	0,491	0,476	0,424	0,482
	2	0,330	0,262	0,236	0,253	0,243	0,294	0,277	0,228	0,298
	3	0,170	0,162	0,160	0,173	0,186	0,154	0,166	0,145	0,162
	4	0,103	0,102	0,122	0,122	0,107	0,098	0,081	0,105	0,100
	5	0,062	0,073	0,089	0,084	0,068	0,065	0,075	0,077	0,102
	6	0,050	0,057	0,067	0,056	0,054	0,062	0,057	0,098	0,097
Normale	1	0,266	0,245	0,244	0,283	0,245	0,246	0,244	0,247	0,244
	2	0,215	0,147	0,147	0,169	0,163	0,149	0,148	0,153	0,148
	3	0,134	0,102	0,106	0,109	0,121	0,108	0,108	0,132	0,107
	4	0,095	0,065	0,075	0,069	0,065	0,077	0,067	0,073	0,073
	5	0,053	0,049	0,058	0,058	0,050	0,049	0,050	0,053	0,054
	6	0,050	0,042	0,050	0,048	0,045	0,046	0,048	0,047	0,048

Tab. 9: Stresswerte der Konfigurationen von Hirnorganikern und Normalen bei verschiedener Metrik (r) und Dimensionalität (n).

Näheren Einblick in die Wahrnehmungssystematik der *Hirnorganiker* gewinnt man über die Interpretationen der einzelnen Reizskalen (vgl. Tab. 10), auf die wir hier nur kurz eingehen und für deren Verständnis die Kenntnis des Reizmaterials, d. h. der HIT-Tafeln vorausgesetzt werden muß. Auffällig ist, daß keine der Skalen durch Farbwerte der HIT-Tafeln spezifiziert wird. Vielmehr dominieren formale Gesichtspunkte, die interpretativ als „*Art der Flächenglie-*

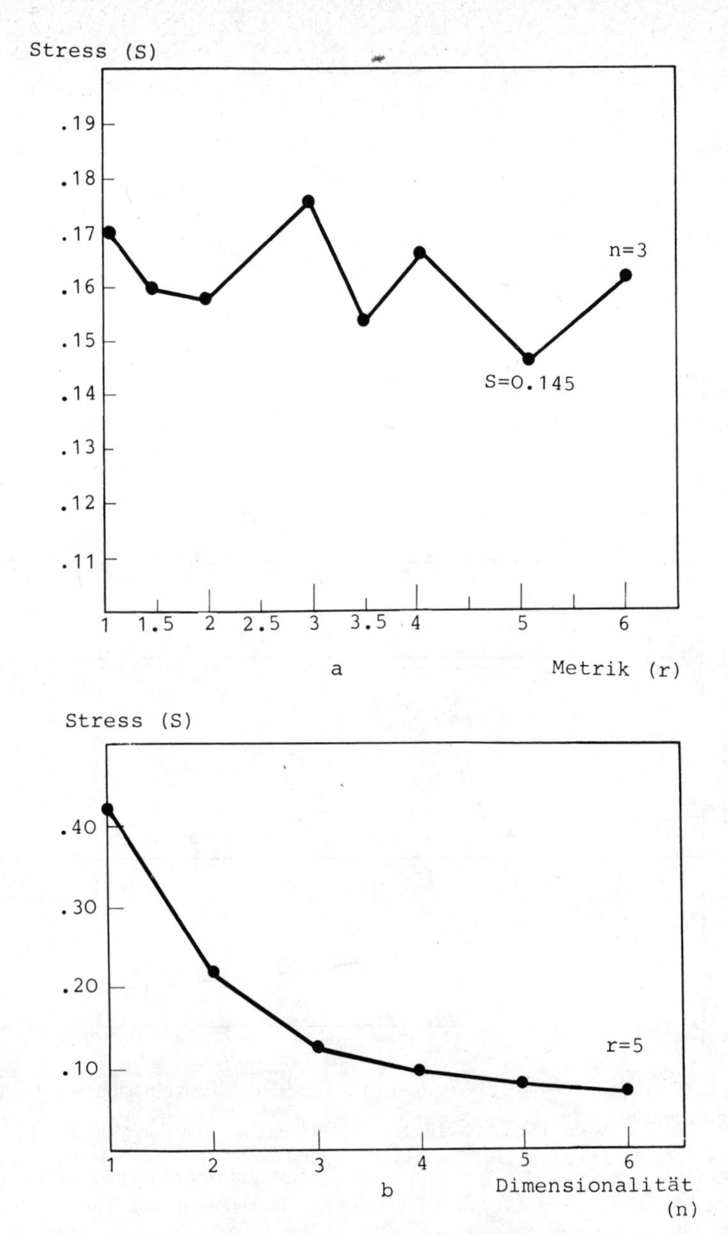

Abb. 38: Stresswerte (S) der Hirnorganiker in Abhängigkeit von der Metrik r bei n = 3 Dimensionen (a) und von der Dimensionalität n bei r = 5 (b).

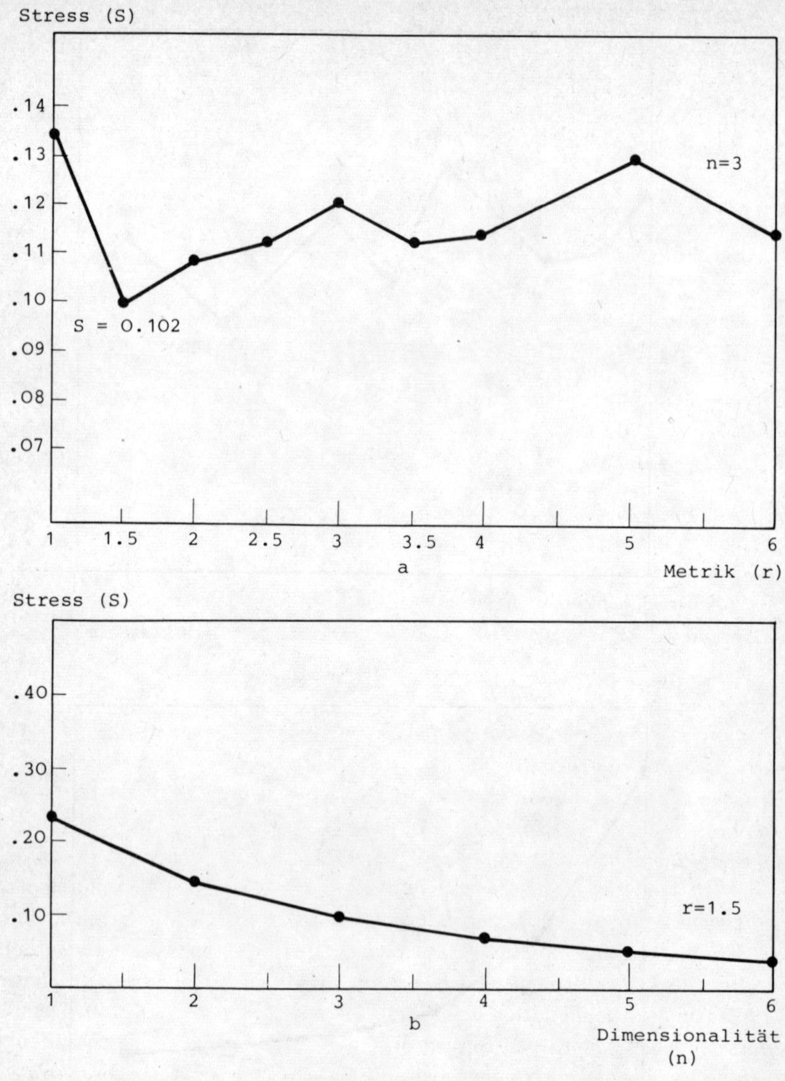

Abb. 39: Stresswerte (S) der Normalen in Abhängigkeit von der Metrik r bei n = 3 Dimensionen (a) und von der Dimensionalität n bei r = 1,5 (b).

HIT-Tafel (Nr.)	Hirnorganiker			Normale		
	S_1	S_2	S_3	S_1	S_2	S_3
1	–0,19	–0,56	0,60	0,18	–0,54	–0,69
2	0,61	–0,44	–0,56	–0,56	0,08	–0,64
3	0,64	–0,26	0,48	–0,69	–0,13	–0,16
6	0,79	–0,25	0,52	0,39	–0,05	–0,11
10	–0,55	–0,39	–0,91	–0,75	0,37	0,40
18	–0,39	–0,30	–0,10	0,13	0,37	–0,46
19	0,69	–0,32	–0,57	–0,20	–0,08	–0,40
25	0,79	0,58	–0,39	–0,21	–0,63	0,08
35	0,08	0,64	–0,61	0,11	–0,74	–0,25
36	–0,52	0,30	0,70	0,91	–0,62	0,47
39	0,55	0,63	0,59	0,58	–0,08	–0,64
42	–0,52	0,92	0,63	0,42	0,98	0,13
43	–0,87	–0,64	0,73	–0,59	0,96	1,80
44	–0,65	0,75	–0,43	0,36	0,21	0,44
45	–0,47	–0,67	–0,67	–1,44	–0,10	0,03

Tab. 10: Dreidimensionale Reizkonfiguration der Hirnorganiker (r = 5) und der Normalen (r = 1,5).

derung“ zusammengefaßt werden können. Die „Flächengliederung“ der Reizvorlagen wird durch drei Skalen näher beschrieben:
Auf der *Skala* S_1 werden die Reize nach ihrer „Figur-Grund-Abhebung“ diskriminiert. Drei Reizklassen sind unterscheidbar, nämlich Tafeln mit geringer und unscharfer Abhebung der Klecksfiguren, Tafeln mit scharfer Abhebung kompakter Kleckse und Tafeln mit scharfer Abhebung differenziert gegliederter Figuren. Auf der *Skala* S_2 werden die Reize danach unterschieden, wie sich ihre gesamte ausgefüllte Fläche schwerpunktmäßig verteilt. Es werden feingegliederte Flächen mit Verteilung der figuralen Masse auf viele kleine Details von grob gegliederten Flächen mit Verteilung auf wenige große Details unterschieden. Im mittleren Bereich liegen Reize, deren Masse sich auf eine geschlossene Fläche mit einem einzigen Schwerpunkt zentriert. Die *Skala* S_3 wird als „Flächenhomogenität“ interpretiert und unterscheidet zwischen heterogenen, löcherigen und homogenen, geschlossenen Flächen.
Auffällig für alle Dimensionen der perzeptiven Flächengliederung bei Hirnorganikern ist es, daß ein Skalenende jeweils besonders deutlich durch eine bestimmte Tafel (Nr. 43) markiert wird. Diese Tafel ist durch unscharfe Schattierungsattribute ausgezeichnet und stellt für die Hirnorganiker offensichtlich einen besonders schwierigen Reiz dar, der deshalb von allen übrigen

abgehoben wird und insofern hohen Markierungswert für die gesamte Wahrnehmungssystematik besitzt. Bei der Abgabe von Deutungen zu dieser HIT-Tafel traten bei den Hirnorganikern auch die meisten Versager auf (vgl. *Ahrens & Stäcker* 1970). Diese Auffälligkeit der dimensionalen Darstellung des Wahrnehmungsraumes läßt sich gut vereinbaren mit der vorangegangenen *metrischen* Interpretation. Die durch $r = 5$ (bzw. $r = 4$) gestützte metrische Vermutung, daß die Hirnorganiker hauptsächlich nur besonders auffällige Merkmalsdifferenzen beachten, wird in der dimensionalen Struktur der Perzepte z.B. dadurch reflektiert, daß die für Tafel 43 charakteristischen Merkmale alle Dimensionen markieren und somit die gesamte Urteilsbildung dominieren.

Bei den *Normalen* wird bei Annahme eines dreidimensionalen Wahrnehmungsraumes minimaler Streß ($S = 0{,}102$) bei $r = 1{,}5$ erreicht (vgl. Abb. 39a). Durch diese Metrik, die *zwischen* der *City-Block-Metrik* ($r = 1$) und der *euklidischen Metrik* ($r = 2$) liegt, werden die Normalen deutlich von den Hirnorganikern in der erwarteten Richtung abgehoben. Betrachtet man die perzeptive Analysierbarkeit der Reize bei $r = 1$ als gelungen, so wäre demgemäß für das untersuchte Reizmaterial bei Normalen zu vermuten, daß die perzeptive Analysierbarkeit unter den gegebenen experimentellen Bedingungen nur unvollständig hergestellt werden konnte. Geht man von einer bestimmten Alternativannahme des theoretischen Ansatzes von *Micko & Fischer* (1970) aus, nach der als allgemeine Kombinationsregel eine Supremumsmetrik mit $r > 2$ in Frage kommt, so wären metrische Anpassungen für $r < 2$ möglicherweise Artefakte der Stichprobenheterogenität. Diese Möglichkeit ist in unserem Falle jedoch weitgehend auszuschließen, da die gesamte Stichprobe zuvor einer Heterogenitätsanalyse nach *Tucker & Messick* unterzogen wurde, und für die vorliegende MDS nur eine ausgewählte homogene Teilstichprobe zugrundegelegt wurde.

Wegen der relativen Ähnlichkeit von $r = 1{,}5$ mit einer euklidischen Metrik weichen die Interpretationen zu den Konfigurationsskalen nicht wesentlich von denen einer euklidischen Lösung ab (vgl. *Ahrens & Stäcker* 1970). Die bei den Hirnorganikern auffällige Schwierigkeit der Tafel 43 wird im Wahrnehmungsverhalten der Normalen auch sichtbar. Sie wird aber bei der perzeptiven Analyse der Reize nicht so aufgelöst, indem sie gewissermaßen auf alle Dimensionen verteilt wird, also den gesamten Wahrnehmungsvorgang dominiert. Vielmehr wird die schwierige Tafel 43 perzeptiv isoliert und markiert *eine* Skala als spezifische Dimension dieses Reizobjektes. Diese perzeptive Differenzierung können die hirnorganisch gestörten Vpn offensichtlich nicht so gut leisten.

Verwendet man die metrische und dimensionale Repräsentation der Wahrnehmungsräume zur Herleitung *hypothetischer Regeln*, nach denen sich subjektive Ähnlichkeitswahrnehmungen vermutlich organisieren, so könnte man beispielsweise die vermutete Wahrnehmungssystematik der *Hirnorganiker* unter Berücksichtigung der drei anfangs genannten Aspekte kognitiver Komplexität

etwa folgendermaßen skizzieren (vgl. dazu „intraindividuelle Differenzierung" im Persönlichkeitsquerschnitt; (1.1) in Abb. 12):
Die Subjekte haben die Aufgabe zu lösen, gegenüber vorgegebenen Reizpaaren Ähnlichkeitsurteile abzugeben. Die subjektive Lösung der gestellten Aufgabe entspricht einem Versuch, die perzeptive Analysierbarkeit der Reizpaare herzustellen und könnte modellgemäß durch folgende *dreistufige Wahrnehmungsregel* beschrieben werden:

1. Finde allgemeine Anhaltspunkte für die perzeptive Analysierbarkeit der Reizähnlichkeiten und differenziere diese nach verschiedenen, möglichst unabhängigen Gesichtspunkten: *Differenzierung* spezifischer Ähnlichkeitsdimensionen. (Dieser Schritt wird formal durch die Anzahl der Dimensionen des Raummodells abgebildet. Hinsichtlich der inhaltlichen Interpretation kommt hier als allgemeiner Gesichtspunkt die „Flächengliederung" der Reize in Frage, die nach $n = 3$ spezifischen Dimensionen differenziert wird:

   S_1 = Figur-Grund-Abhebung
   S_2 = Fläche und Schwerpunkte
   S_3 = Homogenität der Fläche.)

2. Stelle in jedem Paarvergleich die Reizunterschiede bzw. Reizähnlichkeiten hinsichtlich der spezifischen Dimensionen fest: *Diskriminierung* der Reize. (Diese erste Kombinationsregel (vgl. dazu *Shepard* 1964, *Shepard & Carroll* 1966, *Beals, Krantz & Tversky* 1968 u.a.) entspricht der Annahme der intradimensionalen Subtraktivität spezifischer Reizattribute, deren numerische Werte zu den Skalenwerten der Konfiguration korrespondieren.)
3. Finde und benutze eine subjektive Regel, mit der spezifische Reizähnlichkeiten am einfachsten zu einer Wahrnehmung globaler Reizähnlichkeiten kombiniert werden können: *Integration* spezifischer Reizdimensionen. (Diese zweite Kombinationsregel entspricht der Annahme interdimensionaler Additivität, wobei die spezielle Form der Kombination durch die Art der Metrik beschrieben wird. Die hier vorgefundene Metrik mit Tendenz zur Supremumsmetrik legt nahe, daß bei der Kombination hauptsächlich nur die größten Merkmalsdifferenzen der Reize zugrundegelegt werden.)

Diese vermuteten Wahrnehmungsregeln von Hirnorganikern sind allerdings im Rahmen unserer experimentellen Untersuchung vorläufig nur als *hypothetische* Erklärungen anzusehen, die bestenfalls den Status von „Ermöglichungsgründen" im Sinne der von *Westmeyer* (1973, 27ff.) diskutierten „Wie-es-möglich-war, daß-Erklärungen" haben könnten (vgl. S. 214). Zur genaueren Geltungsbegründung dieser theoretischen Erklärungen müßten weitere und gezielte Experimente durchgeführt werden.

4.3.2.3 Konzeptanalyse und Interdependenz von Konzepten und Perzepten

Um Einblick in das *Konzeptsystem* der Pbn zu gewinnen, wurden die verbalen *Deutungen* zu den Einzeltafeln analysiert, und zwar anhand ihrer Verschlüsselung nach 13 ausgewählten Kategorien des *Holtzman*schen Auswertungssystems:

RT = Reaktionszeit
R = Versager
L = Lokalisierung
FA = Formschärfe
C = Farbe
Sh = Schattierung
V = pathognome Verbalisierung
H = Inhaltskategorie: Mensch
A = Inhaltskategorie: Tier
Ax = Angst
Hs = Feindseligkeit
Br = Barriere
P = Vulgärantworten

Die so kategorisierten Deutungen aller Tafeln wurden nicht einer isolierten Strukturanalyse unterzogen, sondern vielmehr gleich in Hinblick auf die Interdependenzen zwischen Perzepten und Konzepten analysiert. Auf Seiten des Konzeptmodells (G_2) gingen wir dabei von der Annahme eines Klassifikationsraumes (G_{22}) aus, der durch die linear kombinierten Variablen des HIT-Kategoriensystems (G_{21}) aufgespannt wird. In Verbindung mit den Ergebnissen der Perzeptanalyse ist dann zu prüfen, ob sich die aufgrund von Ähnlichkeitsurteilen (Perzepten) aufgefundenen Pbn-Klassen auch mit Hilfe der kategorisierten Deutungen (Konzepte) diskriminieren lassen. Zu diesem Zweck wurde eine *Diskriminanzanalyse* gerechnet, wobei als Klassen die beiden nicht überlappenden Regionen der Perzeptanalyse (Hirnorganiker und Normale im unteren bzw. oberen Bereich von F_I der *Tucker & Messick*-Analyse; vgl. Abb. 37) und als Trennvariablen die 13 HIT-Kategorien verwendet wurden. Im vorliegenden Zweiklassenfall ist der Trennraum eindimensional, d.h. es wird *eine* lineare Diskriminanzfunktion entwickelt, mit deren Hilfe die Pbn anhand linear kombinierter Trennwerte entlang einer Diskriminanzdimension abgebildet werden.
Wie Abb. 40 zeigt, lassen sich die beiden Klassen der Hirnorganiker und Normalen ohne Überlappungsbereich trennen. Die Trennung ist statistisch signifikant ($F^{13}_{16} = 6{,}90$; $p < 0{,}01$). Aus dieser Diskriminierungsmöglichkeit ergibt sich ein erster, globaler Anhaltspunkt dafür, die diagnostische Brauchbar-

keit des untersuchten Formdeuteverfahrens nicht nur anhand der üblichen Tafeldeutungen, sondern auch auf der Basis fundamentalerer Wahrnehmungsvorgänge zu beurteilen. Wie eng und differenziert die Interdependenzen zwischen Perzepten und Konzepten über diesen globalen Zusammenhang hinaus zu begründen sind, muß anhand der detaillierten Interpretation der diskriminierenden Konzeptvariablen und ihrer Verknüpfung mit Interpretationen des Perzeptsystems abgeschätzt werden.

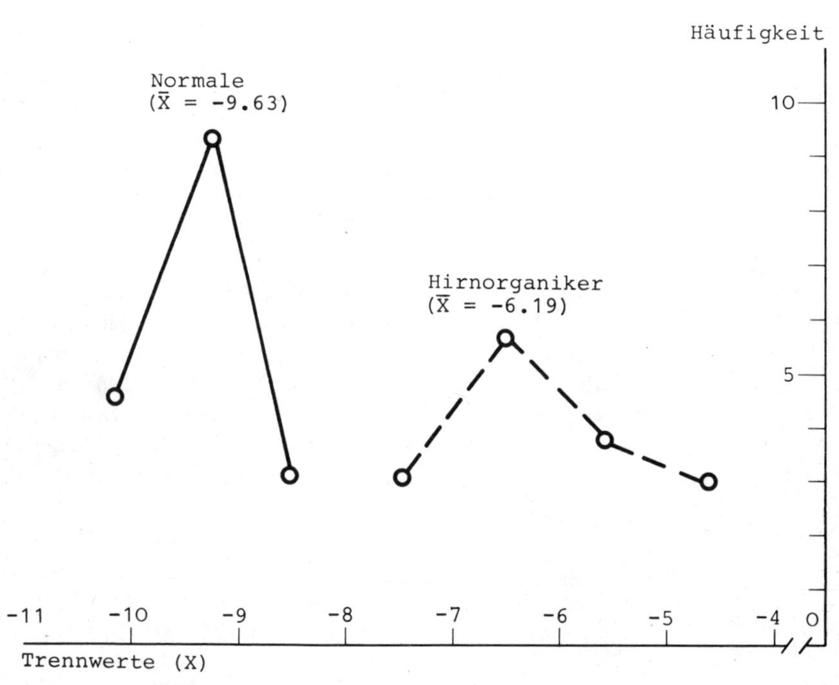

Abb. 40: Trennung von Normalen und Hirnorganikern anhand einer Diskriminanzfunktion der Deutekategorien.

Die inhaltliche *Interpretation der Diskriminanzanalyse* orientierte sich an den HIT-Variablen mit den größten Trenngewichten, und zwar (mit positivem Vorzeichen) an R (Versager) und V (pathognome Verbalisierung) und (mit negativem Vorzeichen) an RT (Reaktionszeit), Sh (Schattierung) und Ax (Angst). Auf die einzelnen Interpretationen gehen wir nicht ausführlich (vgl. dazu *Ahrens & Stäcker* 1970), sondern lediglich in dem Teilbereich ein, der Informationen für die Interdependenzen zwischen Perzepten und Konzepten enthält.

Besonders bedeutsam für den Zusammenhang von perzeptiven und konzeptuell-deutenden Leistungen der Pbn scheinen *Schattierungsattribute* der Reizvorlagen zu sein. Auf der Konzeptseite fällt auf, daß die Schattierungskategorie (Sh) für die Unterscheidung von Hirnorganikern und Normalen hochgewichteten Diskriminierungswert hat. Hirnorganiker geben vergleichsweise nur eine geringe Zahl von „Schattierungsdeutungen“ ab. Andererseits zeigte sich auch im durch MDS erfaßten Perzeptsystem der Pbn, daß die perzeptive Ausdifferenzierung von Tafeln mit auffälligen Schattierungsqualitäten von den Hirnorganikern am wenigsten geleistet werden kann. So konnte die besonders auffällige „Schattierungstafel“ Nr. 43 nur von normalen Pbn deutlich von den anderen Reizen abgehoben werden und definierte hier eine eigene Wahrnehmungsdimension. Bei den Hirnorganikern hingegen scheint diese perzeptive Diskriminierungsfähigkeit gestört zu sein; denn die Tafeln mit Schattierungsqualitäten verteilen sich auf subjektive Reizdimensionen, die auch durch andere Attribute als die auffälligen Schattierungsmerkmale gekennzeichnet sind. Die verminderte Anzahl der Schattierungsdeutungen der Hirnorganiker läßt sich also wahrscheinlich bereits auf der perzeptiven Ebene von Ähnlichkeitsurteilen nachweisen.

Betrachtet man das Perzeptsystem versuchsweise als das elementarere System, so ließe sich unter dieser Annahme eine Determination der Deutungen durch vorgeordnete Wahrnehmungsvorgänge erwägen: Nur wenn die Schattierungsqualität einer Tafel (hier besonders Tafel Nr. 43) eindeutig *wahrgenommen* werden kann (bzw. gegenüber anderen Tafeln deutlich diskriminiert werden kann), ist auch die Abgabe entsprechender Sh-*Deutungen* möglich. Kausalinterpretationen dieser Art sind natürlich vorläufig spekulativ und erfordern weitergehende, gezielte Untersuchungen.

Auch eine Erhöhung von RT und Ax in den Deutungen der normalen Pbn läßt sich teilweise als Folge größerer perzeptiver Differenzierungsmöglichkeiten deuten. Faßt man die geforderte Abgabe von Deutungen als unsichere Entscheidungssituation mit mehreren Deutemöglichkeiten für jede Tafel auf, so würde eine perzeptive Differenzierungsschwäche der Hirnorganiker die subjektive Komplexität ihrer Entscheidungssituation faktisch verringern. Dadurch könnten sowohl die Entscheidungszeit als auch die Entscheidungsunsicherheit reduziert werden. Dieser Vermutung entspricht bei den Hirnorganikern die durchschnittlich geringere *Reaktionszeit* (RT) und auch die verminderte Abgabe von Ax-Deutungen, wenn man postuliert, daß Entscheidungsunsicherheit *Angst* erzeugt.

Eindeutiger mit perzeptiven Eigenarten verknüpfbar scheint die bei den Hirnorganikern beobachtete Erhöhung der *Versagerzahl* (R) und der *pathognomen Verbalisierung* (V) zu sein. Der Vermehrung von Versagern entspricht auf der Perzeptseite die durchschnittlich geringer wahrgenommenen Reizähnlichkeit ($r_{RF_I} = -0{,}38$). Diese perzeptive Auffälligkeit wurde von uns als verminderte Fähigkeit gedeutet, zwischen verschiedenen Reizdimensionen zu differenzieren, um diese dann zu einem globalen Ähnlichkeitskonzept integrieren zu können. Möglicherweise ist ein Teil der Versager bei Hirnorganikern auf die Minderung perzeptiver Fähigkeiten zurückzuführen. Die geläufige Erklärung von R im Sinne der Verminderung assoziativer Fähigkeiten bei Formdeuteversuchen (vgl. *Bottenberg* 1967) würde sich diesem Interpretationsansatz einfügen. Pathognome Verbalisierungen (V) wie z.B. Kontaminationen und fabulierte Kombinationen werden gewöhnlich so gedeutet, daß die betreffenden Pbn nicht in der Lage sind, Deutekomponenten in einem realitätsgerechten, einsichtigen Konzept zu vereinigen. Was sich hier im Deuteverhalten der Hirnorganiker zu einzelnen Tafeln zeigt, deutet sich möglicherweise auch bei der Perzeption von Reizähnlichkeiten im Paarvergleich an, indem die Hirnorganiker weniger gut in der Lage sind, verschiedene perzeptive Invarianten zu einem zusammenfassenden, einheitlichen Ähnlichkeitsurteil zu integrieren.

4.3.2.4 Diskussion

Unsere Untersuchungen zu bestimmten Grundfragen der *differentiellen Wahrnehmung* bei der Anwendung der *Holtzman*-Inkblot-Technique enthalten zwei Aspekte, nämlich einmal eine spezielle inhaltliche, und zum anderen eine mehr theoretische Fragestellung, die sich auf den Erklärungswert der verwendeten Modellabbildung richtet.
Die *inhaltliche* Frage richtete sich vornehmlich auf einige Gesichtspunkte der diagnostischen Relevanz des HIT-Verfahrens, und zwar unter besonderer Berücksichtigung wahrnehmungspsychologischer Anteile in den Pbn-Reaktionen auf die HIT-Tafeln. Allgemein stützen unsere Befunde die Bedeutung perzeptiv-kognitiver Variablen für diagnostische Fragestellungen; denn diese Variablen haben sich bei unserer Stichprobenwahl als tragfähige differentialpsychologische Konzepte erwiesen (wie z.B. kognitive Differenzierung, Diskriminierung und Integration). Speziell konnte gezeigt werden, daß zwei diagnostisch bedeutsame Pbn-Klassen – nämlich Hirnorganiker und Normale – nicht nur aufgrund der Auswertung üblicher HIT-Deutungen unterscheidbar sind, sondern auch „schon“ dann, wenn man lediglich das Perzeptsystem der Pbn beansprucht. Auf der Basis globaler Verknüpfungsmöglichkeiten zwischen Perzeptsystem und Konzeptsystem (vgl. Diskriminanzanalyse) wurden interpretative Hypothesen zur differenzierteren Erörterung der Interdependenzen zwischen Perzepten und Konzepten hergeleitet. Die gelegentlich zugrundegelegte Annahme, daß das Perzeptsystem fundamentaler und dem Konzeptsystem vorgeordnet sei, ermöglichte zwar den Versuch einiger Kausalinterpretationen. Deutungen dieser Art müssen jedoch vorerst als reine Interpretationshypothesen betrachtet werden, die in unserer Versuchsanordnung nicht explizit prüfbar waren. Vorerst wird lediglich weiterhin die schon von *Rorschach* betonte

Konzeption gestützt, daß die diagnostische Relevanz von Formdeuteverfahren zu einem großen Teil durch einfache Gesetzmäßigkeiten der *Wahrnehmungsorganisation* der Pbn begründet werden kann.
Unser in diesem Sinne als „wahrnehmungsdiagnostisches Experiment" (vgl. *Rorschach* 1921) durchgeführter Versuch mit einem Formdeutetest diente jedoch nicht nur der Beantwortung inhaltlicher Fragen. Vielmehr sollten die empirischen Ergebnisse auch Rückschlüsse auf den *Erklärungswert* der MDS-Modelle erlauben, die für die Abbildung der analysierten Perzeptstruktur verwendet wurden. Zwei der anfangs genannten Gültigkeitsaspekte (vgl. Abb. 27, Abb. 33) wurden hier relevant, nämlich (b) die Brauchbarkeit des MDS-Modells zur Abbildung von Wahrnehmungsstrukturen (hier: Ähnlichkeitswahrnehmungen der HIT-Tafeln; Perzeptsystem) und (c) die Generalisierbarkeit von Gesetzmäßigkeiten der Perzeptstruktur auf mittelbar abhängige Verhaltensklassen (hier: Deutungen der HIT-Tafeln; Konzeptsystem).
Insbesondere bei der Abschätzung des Erklärungswertes *metrischer* Eigenschaften der durch MDS-Modelle abgebildeten Perzeptstrukturen folgten wir im Prinzip dem anfangs schon genannten Erklärungskonzept (vgl. S. 215 ff.), aus der Kombination von Modellannahmen (G_1) und experimentellen Antezedensbedingungen (A_1) bestimmte Folgerungen hinsichtlich der metrischen Organisation der beobachteten Ähnlichkeitswahrnehmungen (R_1) herzuleiten. Lassen sich diese Folgerungen empirisch nicht widerlegen, so resultiert die Möglichkeit, die beobachteten Ähnlichkeitswahrnehmungen von Hirnorganikern und Normalen in bestimmten Termen des verwendeten Strukturmodells zu erklären. So wurde unter der Annahme, daß sich das psychologische Äquivalent der Gewichtungseigenschaft der Metrik (G_{12}) als Wahrnehmungsschwierigkeit deuten läßt, und daß hirnorganische Störungen die Wahrnehmung erschweren, die Folgerung hergeleitet, daß den Ähnlichkeitswahrnehmungen von Hirnorganikern und Normalen Perzeptstrukturen unterschiedlicher Metrik anpaßbar sein sollten. Speziell wurde vermutet, daß

a) die Perzeptstruktur der Hirnorganiker am besten durch eine Metrik im Bereich der Dominanzmetrik angepraßt wird, und daß
b) die Perzeptstruktur der Normalen eher durch eine zur City-Block-Metrik tendierende Metrik repräsentierbar ist.

Beide Hypothesen enthalten die Vorhersage von Ähnlichkeitswerten eines bestimmten Metrik-Bereiches und konnten in dieser Form auf der Basis beobachteter Ähnlichkeitswerte nicht widerlegt werden. Insofern kann der Erklärungswert der durch die Metrik des MDS-Modells abgebildeten Eigenschaften des Wahrnehmungsraumes der Pbn zunächst als positiv beurteilt werden.

Diese Abschätzung der Geltung oder des Erklärungswertes der differentiellen Metrikeigenschaften eines über MDS skalierten psychologischen Reizraumes bzw. Wahrnehmungsraumes enthält allerdings – neben den formalen Restriktionen des geometrischen MDS-Modells – mindestens zwei unmittelbar erkennbare, *einschränkende Bedingungen*:

1. Die hergeleiteten Folgerungen konnten nicht einer inferenzstatistischen Falsifikationsmöglichkeit ausgesetzt werden; denn der Schätzung der bestangepaßten Metrik r konnte lediglich ein qualitativer Vergleich von Stress-Werten zugrundegelegt werden. Eine Prüfverteilung für die statistische Beurteilung der Stress-Werte existiert vorerst noch nicht, und spezielle Monte-Carlo-Untersuchungen wurden für dieses Experiment nicht durchgeführt.
2. Die wichtigste Antezedensbedingung der Hypothesenbildung – nämlich unterschiedliche Stufen der Wahrnehmungsschwierigkeit – wurde nicht experimentell hergestellt, sondern lediglich durch Selektion bestimmter Pbn-Stichproben (A_{12}; K_1 = Hirnorganiker, K_2 = Normale) realisiert (vgl. Herstellungs- und Selektionsanteil von Experimenten, *Holzkamp* 1968, 255ff.).

Insbesondere wegen der letzten Einschränkung ist es nicht auszuschließen, daß für die Erklärung der klassenspezifischen Ähnlichkeitswahrnehmungen auch Pbn-Eigenschaften in Frage kommen, die in unserem Versuch nicht kontrolliert wurden, d.h. der angestrebte Erklärungsversuch kann – wie schon diskutiert wurde – bestenfalls als „Wie-es-möglich-war, daß-Erklärung" gewertet werden. Hinsichtlich der *dimensionalen* Darstellung (vgl. G_{11}, G_{13}) der Perzeptstrukturen wurden keine strikten Folgerungen mit eindeutigen Hypothesen hergeleitet. In Verbindung mit der Selektion zweier Stichproben (vgl. A_{12}) wurde lediglich vermutet, daß die Wahrnehmungsstörungen der Hirnorganiker im Vergleich zu normalen Pbn innerhalb eines mehrdimensionalen Strukturmodells abgebildet werden können. Diese differentialpsychologisch (vgl. dazu Abb. 12) orientierte Vermutung bestätigte sich einmal auf der Ebene globaler *inter*individueller Wahrnehmungsdifferenzen (vgl. G_{13}; *Tucker & Messick*-Analyse) und auch hinsichtlich der *intra*individuellen Strukturierung der Perzepte beider Pbn-Gruppen (vgl. G_{11}). Die dimensionale Darstellung der Perzeptstrukturen ließ sich gut unter Verwendung des psychologischen Konzeptes der kognitiven Komplexität (Differenzierung, Diskriminierung, Intergration) und unter besonderer Berücksichtigung der Flächengliederung der Reize interpretieren. Insofern kann man davon ausgehen, daß sich in unserer Untersuchung die dimensionale Darstellung des MDS-Modells mindestens als gut *interpretierbar* erwiesen hat. Will man auf dieser Grundlage jedoch auch den Erklärungswert der verwendeten Dimensionskonzepte abschätzen, so ist zu berücksichtigen,

daß die psychologische Interpretationsmöglichkeit zwar eine notwendige, nicht jedoch auch eine hinreichende Bedingung für die Erklärungsfunktion mehrdimensionaler Darstellung ist.
Auch die Frage, wieweit eine mehrdimensional skalierte Wahrnehmungsstruktur Erklärungswert für mittelbar abhängige Verhaltensweisen – nämlich für *Deutungen* – hat, konnte nur auf einem globalen Niveau beantwortet werden. Es wurde lediglich die Folgerung geprüft, ob eine Klassifikationsanalyse der Pbn nach ihrem *Perzeptsystem* (vgl. G_{13}, *Tucker & Messick*-Analyse) nicht im Widerspruch zu der Klassifikation derselben Pbn nach den Deutungen ihres *Konzeptsystems* (vgl. G_{21}, G_{22}) steht. Eine Diskriminanzanalyse zeigte, daß die aus der Perzeptanalyse resultierenden Pbn-Klassen auch durch die Deutekategorien des Konzeptsystems diskriminierbar sind. Noch unmittelbarer konnte die globale Widerspruchsfreiheit perzeptiver und konzeptueller Anteile durch eine bisher nicht erwähnte multiple Regression demonstriert werden, bei der als Prädiktoren die HIT-Kategorien des Konzeptsystems und als Kriterium der Gesichtspunktfaktor F_I der interindividuellen Perzeptanalyse fungierten. Kriteriumsmessungen waren die Projektionen der Pbn auf F_I, den wir als „gestörte vs. normale Funktion bei der Wahrnehmung von Reizähnlichkeiten" interpretiert hatten. Die Gewichtung der HIT-Variablen war dabei praktisch identisch mit den in der Diskriminanzanalyse ermittelten Trenngewichten. Der multiple Korrelationskoeffizient betrug bei Einbezug aller Prädiktoren $R = 0{,}82$, d. h. in unserer Untersuchung wurden auf dieser globalen Ebene etwa 67% der gemeinsamen Varianz zwischen Konzepten und Perzepten aufgeklärt. Bei Reduktion der Prädiktoren auf die zur Interpretation der Diskriminanzfunktion herangezogenen Variablen R, V, RT, Sh und Ax beträgt die multiple Korrelation $R = 0{,}75$.

5 Schlußbetrachtung und Ausblick

Das Thema der vorliegenden Abhandlung entstammt einem Grenzgebiet zwischen methoden- und inhaltszentrierten Fragestellungen. An Methoden wurde eine bestimmte Gruppe multivariater Strukturanalysen dargestellt und diskutiert, nämlich Verfahren der multidimensionalen Skalierung (MDS), die auf dem psychologischen Konzept der Reizähnlichkeit bzw. auf dem theoretischen Konzept der metrischen Distanz aufbauen, und die im engeren Sinne als Meßmethoden verstanden werden müssen. Die Anwendung dieser Methoden auf bestimmte inhaltlich-psychologische Fragestellungen wurde am Beispiel der Strukturanalyse von Urteils- und Entscheidungsvorgängen erörtert.
Die besondere Zielsetzung der gesamten Abhandlung sollte jedoch nicht allein darin bestehen, bestimmte MDS-*Methoden*, ihre *formalen* und *theroretischen* (vor allem meßtheoretischen) Voraussetzungen und am Beispiel einiger *Experimente* ihren psychologischen Anwendungsbereich zu erörtern. Vielmehr sollte insbesondere der Frage nachgegangen werden, unter welchen formalen und empirischen Bedingungen die beschriebenen Methoden der Strukturanalyse nicht nur als leistungsfähige Hilfsmittel der Datenreduktion und Datendeskription, sondern auch als Mittel der Theorienbildung anzusehen sind, die der *theoretischen Erklärung* der beobachteten Phänomene dienen. Die Akzentuierung dieser Fragestellung orientiert sich u.a. an der Auffassung, daß durch die Verwendung struktureller Deskriptionsmethoden und ihrer Reduktionseigenschaften der resultierenden Datendeskription so einschneidende Restriktionen auferlegt werden, daß sie schon allein deshalb nicht als beliebig austauschbare, „rein" deskriptive Werkzeuge der Datenanalyse angesehen werden können. Psychologische Theorien, die sich auf Datenanalysen dieser Art gründen, sind durch die Form und Annahmen der Datendeskription strukturell in so hohem Maße determiniert, daß der Algorithmus der Datendeskription und der formale Aufbau der datenerklärenden Theorie kaum zu trennen sind (vgl. *Coombs* 1964).
Wenn hier pointiert die Auffassung vertreten wird, daß für den Fall multivariater Strukturanalysen auf der Basis geometrischer MDS-Modelle Datendeskription und Datenerklärung der Form nach kaum trennbar sind, so ist jedoch keineswegs gemeint, daß beides praktisch identisch ist. Diese Auffassung wäre genau so unrichtig wie die Behauptung, daß MDS-Modellen entweder nur

Deskriptionswert oder nur Erklärungswert zukommen kann, und daß man sich für *einen* Gesichtspunkt zu entscheiden hat. Vielmehr kann man sich unter besonderer Berücksichtigung prozessualer Gesichtspunkte den Übergang von einer reinen Datendeskription zu einer Datenerklärung als hypothetisches Kontinuum fortschreitender theoretischer Erkenntnis vorstellen, wobei an die abschließende Daten*erklärung* allerdings bestimmte Forderungen zu stellen sind, die auf keinen Fall zu vernachlässigen sind. Nach dem erörterten Schema zur deduktiv-nomologischen und statistischen Erklärung von *Hempel & Oppenheim* (1948) muß es nämlich möglich sein, aus dem Strukturmodell und zugeordneten Antezedensbedingungen bestimmte Konsequenzen zu folgern, deren Überprüfung an empirischen Daten zu theoretischen Erkenntnissen führt, die auf der Stufe der reinen Deskription der Erkenntnisobjekte nicht ersichtlich waren. Nur dann kommt der durch ein kompliziertes Strukturmodell beschriebenen theoretischen Konstruktion auch heuristischer Wert im Sinne der Bildung neuer Hypothesen und Erklärungswert im Sinne der Herleitung und Bewährung von Hypothesen zu. Neben den beiden strengen Erklärungskonzepten hatten wir auch eine „liberalisierte" Form erörtert, nämlich die „Wie-es-möglich-war, daß-Erklärung" (*Westmeyer* 1973).

In unseren *experimentellen Beispielen* aus der *Sozialpsychologie* und *differentiellen Psychologie* wurde als zu erklärender Basisbereich die subjektive Beurteilung und Wahrnehmung von Reizähnlichkeiten und die Bewertung von Alternativen in sozialen Entscheidungssituationen zugrundegelegt. Als theoretische Konstruktion dieses empirischen Basisbereiches wurde die Existenz subjektiver Wahrnehmungs- oder Urteilsräume bzw. latenter kognitiver Strukturen postuliert, die bei Anwendung bestimmter MDS-Verfahren durch das Strukturmodell des metrischen Raumes repräsentiert werden. Es war dann im einzelnen zu prüfen, ob auf der Basis bestimmter Eigenschaften dieser metrischen Repräsentation und unter Berücksichtigung zugeordneter experimenteller Antezedensbedingungen Konsequenzen herleitbar sind, die mit der Empirie nicht im Widerspruch stehen. Mindestens muß jedoch untersucht werden, ob auf der Grundlage metrischer Repräsentationen sinnvolle theoretische Interpretationen des abgebildeten psychologischen Gegenstandsbereiches möglich sind. Zu diesem Zweck wurden die Ergebnisse einer Reihe von Experimenten zur politischen und diagnostischen Urteilsbildung ausführlich diskutiert.

Angesichts der Vielfalt und inhaltlichen Heterogenität der diskutierten Experimente kann man nicht erwarten, daß aus ihren Ergebnissen schon eine abschließende und vollständige Bewertung des Erklärungswertes der zugrundegelegten MDS-Modelle hergeleitet werden kann. Dazu bedarf es gezielter Untersuchungen im Rahmen eines ausgewählten MDS-Modelles unter Berücksichtigung aller Modellannahmen und ihres empirischen Gehaltes. In vielen Fällen konnten die versuchten Erklärungen auch nicht im Sinne streng deduktiv-nomologischer und statistischer Erklärungen begründet werden. Vielmehr mußte wiederholt die von *Westmeyer* vorgeschlagene „liberalisierte" Form einer „Wie-es-möglich-war, daß-Erklärung" herangezogen werden. Die Erklärungsfunktion von MDS-Modellen besteht in diesen Fällen lediglich darin, daß sie einen *Ermöglichungsgrund* im Explanans zur Erklärung des Explanandums (Wahrnehmung von Reizähnlichkeiten, Präferenzentscheidungen etc.) abgeben. Diese Schwächung des Erklärungskonzeptes im Rahmen der Anwendung von MDS-Modellen im diskutierten Gegenstandsbereich (Wahrnehmung, Urteils- und Entscheidungsbildung) ergibt sich jedoch nicht notgedrungen; denn es ist zu berücksichtigen, daß die meisten der hier diskutierten Experimente ja nicht primär zur Abschätzung des theoretischen Erklärungswertes von MDS-Modellen durchgeführt wurden. Auf weite Sicht wären hier gezieltere Untersuchungen zu planen, in denen vor allem auch weitere Modellvorstellungen zu prüfen wären (z.B. informationstheoretische Modelle, kombinierte probabilistische Modelle, graphentheoretische und ähnliche Modelle, signal detection theory, etc.), die konkurrierende Alternativen oder mindestens Ergänzungen gegenüber den hier ausschließlich verwendeten geometrischen MDS-Modellen darstellen (Überblick vgl. z. B. *Shepard* 1972 a, b, *Cliff* 1973). Vorläufig kann man nur grob einschätzen, in welchen Bereichen sich spezifische Erklärungsmöglichkeiten mit Hilfe von MDS-Modellen abzeichnen und begründeten Anlaß für weiterführende Untersuchungen geben. In erster Linie ist dabei der Gesichtspunkt zu nennen, innerhalb einer *Theorie der Urteilsbildung* die metrischen Distanzfunktionen von MDS-Modellen zur strukturellen Repräsentation von subjektiven *Urteils- und Wahrnehmungsregeln* zu benutzen. Dieser Gesichtspunkt erwies sich in unseren Untersuchungen als tragfähige theoretische Konstruktion; denn auf der Basis metrischer und dimensionaler Eigenarten des strukturellen Aufbaus subjektiver Urteilsregeln

1. konnten Urteilsstrukturen bei der Beurteilung von Politikern erfaßt und hinsichtlich ihrer Interpretationsgültigkeit geprüft werden (vgl. 4.3.1.1),
2. konnten interindividuelle Urteilsdifferenzen bei der Beurteilung von Politikern in Hinblick auf bestimmte zweistufige Urteilsregeln aufgeklärt werden (vgl. 4.3.1.1),
3. konnten die Dimensionen individueller Urteilsstrukturen zur Herleitung mehrdimensionaler sozialer Entscheidungsstrategien verwendet werden (vgl. 4.3.1.2),
4. konnten bestimmte Zusammenhänge zwischen Urteilsbildung und sozialer Entscheidungsbildung geklärt und zur Prognose von politischen Wahlentscheidungen verwendet werden (vgl. 4.3.1.2, 4.3.1.3),
5. konnten bestimmte Diskrepanzen zwischen der Einstellungsebene und der Verhaltensebene der politischen Urteilsbildung erfaßt und theoretisch interpretiert werden (vgl. 4.3.1.2, 4.3.1.3),

6. konnten bestimmte Wahrnehmungsauffälligkeiten im Vergleich zwischen Hirnorganikern und Normalen diagnostisch relevant erklärt werden (vgl. 4.3.2.2), und
7. konnten die metrisch und dimensional repräsentierten Wahrnehmungsdifferenzen zwischen Hirnorganikern und Normalen mit der Systematik ihrer Deutungen zu projektiven Reizvorlagen in Verbindung gebracht werden (vgl. 4.3.2.3).

In Hinblick auf die von uns verwendeten Strukturmodelle lassen sich für weiterführende formale und empirische Untersuchungen zum Erklärungswert von MDS-Modellen besonders zwei Methodengruppen herausstellen, nämlich die *nonmetrische MDS* nach *Kruskal* u. a. und die Methoden von *Tucker & Messick*, *Carroll & Chang*, *Tucker* u. a. zur Aufdeckung *intra-* und *interindividueller Differenzen*.
Die nonmetrische MDS erscheint insbesondere deshalb als fruchtbarer, weiterführender Modellansatz, weil sie den empirischen Daten nur schwache (ordinale) Forderungen auferlegt, weil sie durch den Einbezug der *Minkowski*-Metriken das zugrundeliegende Metrik-Modell generalisiert und damit eine explizite Untersuchung bestimmter metrischer Eigenschaften subjektiver Urteilsräume zuläßt, und weil Ansätze einer expliziten Axiomatik mit prüfbaren Annahmen erkennbar sind.
Die *Tucker & Messick*-Prozedur hat den Vorteil, daß sie den Aufbau einer zweistufigen Urteilsregel impliziert, die sowohl *inter*individuelle als auch *intra*individuelle Aspekte der Urteilsbildung beschreibt und somit eine explizite Behandlung des Problems der Verknüpfung von allgemeinpsychologischen und differentialpsychologischen Fragestellungen erlaubt. Die ursprüngliche „points of view-Analyse" ist inzwischen vielfach weiterentwickelt und verbessert worden. Die neueren Modelle von *Carroll & Chang* und *Tucker* gehen auf ein konsistenteres, geometrisches Modell zurück, das vor allem auf der Annahme eines gemeinsamen Gruppen-Reizraumes beruht. Das dabei implizierte Konzept einstufiger Urteilsregeln läßt sich leichter axiomatisieren und vor allem auch widerspruchsfreier auf die korrespondierenden psychologischen Urteilsprozesse übertragen. Allgemein ist im Zusammenhang mit diesen *differentiellen MDS-Modellen* zu konstatieren, daß die Geltungsbegründung von strukturellen Theorien zur Urteilsbildung bzw. der Erklärungswert der verwendeten MDS-Modelle auf jeden Fall durch die Berücksichtigung individueller Differenzen leichter ermöglicht wird. Diese Optimalisierungsfähigkeit wird entweder durch den expliziten Einbezug oder durch den expliziten Ausschluß interindividueller Differenzen ausgenutzt, wie auch in unseren Anwendungen der *Tucker & Messick*-Prozedur auf Vorgänge der politischen und diagnostischen Urteilsbildung demonstriert werden konnte.

Abschließend soll in Form einer *Trendabschätzung* bzw. eines *Ausblicks* versucht werden, die in unserer Abhandlung erörterten MDS-Methoden und Methodenprobleme auf die gesamte Methodenentwicklung in diesem Bereich zu relativieren. Man gewinnt ein einigermaßen repräsentatives Bild zum gegenwärtigen Stand der Methodik, theoretischen Bedeutung und Anwendung von MDS-Modellen, wenn man z.B. die kürzlich erschienenen Bücher von *Shepard, Romney & Nerlove* (1972) und *Green & Carmone* (1972) und vor allem die letzten Jahrgänge der *Psychometrika* und des *Journal of Mathematical Psychology* durchsieht. Der Stand der allgemeinen Theorie-Diskussion im deutschsprachigen Bereich geht beispielsweise zum größten Teil aus dem Bericht über das „Braunschweiger Symposion über die Struktur psychologischer Theorien 1970" hervor, der zusammen mit den meisten Diskussionsbeiträgen in den *Psychologischen Beiträgen* 1971 abgedruckt wurde. Einen gut zusammengefaßten Überblick über das Gesamtgebiet der Skalierung vermittelt das letzte Sammelreferat von *Cliff* (1973) in der *Annual Review of Psychology*.

Wir zählen kurz und in willkürlicher Reihenfolge einige Gesichtspunkte auf, die u.E. zum gegenwärtigen Zeitpunkt bedeutsam für den Entwicklungstrend von MDS-Methoden sind:

1. Generell werden vor allem in den letzten Jahrgängen der *Psychometrika* (etwa seit 1968/69) gegenüber allgemeinen mathematisch-statistischen Methoden und Modellen zunehmend mehr Methoden der multivariaten Strukturanalyse, Meßmethoden und speziell auch MDS-Methoden behandelt.
2. Gleichzeitig ist allerdings zu beobachten, daß das zunehmende Interesse an Meß- und MDS-Methoden damit einhergeht, daß
   a) die strikte und oft zu sehr betonte *Unterscheidung* zwischen geometrischen Strukturmodellen und anderen, vor allem probabilistischen Modellen (vgl. dazu z.B. *Boyd* 1972, *Guttman* 1971, *Messick* 1972, *Kalveram* 1968) bzw. zwischen Datenmodellen und Parametermodellen (vgl. *Fischer* 1971, *Tack* 1971) zugunsten bestimmter *Verknüpfungen* in den Hintergrund tritt, wobei
   b) einerseits (sozusagen gegenläufig zur Perspektive des idealisierten „Geometrikers") die *statistischen* Eigenschaften geometrischer MDS-Modelle zunehmend stärker, mindestens durch Einplanung von Monte-Carlo-Untersuchungen, beachtet werden (vgl. z.B. *Ramsey* 1969, *Sherman* 1972, *Spence* 1972), und
   c) andererseits (sozusagen gegenläufig zur Perspektive des idealisierten „Probabilistikers") die Konzeption probabilistischer und ähnlicher Modelle (z.B. Wahlmodelle, informationstheoretische Ansätze, signal detection theory) oft durch den Einbezug von *strukturellen* Gliederungsgesichtspunkten ergänzt wird (vgl. z.B. *Bock* 1970, *Boorman & Arabie* 1972, *Nakatani* 1972 u.a.).

3. Zu dem Ausgleich zwischen der jeweiligen Bevorzugung von „Strukturmodellen“ oder „probabilistischen Modellen“ korrespondieren einerseits verstärkte Bemühungen um die theoretische *Integration* verschiedener Methoden in übergeordnete bzw. zusammenhängende Modellgruppen (vgl. z. B. *Shepard* 1972b, *Young* 1972, *Schöneman* 1972) und andererseits systematische Versuche zur *meßtheoretischen* und *axiomatischen* Begründung von Skalierungsmethoden (vgl. z. B. *Beals, Krantz & Tversky* 1968, *Tversky & Krantz* 1970, *Adams, Fagot & Robinson* 1970, *Krantz, Luce, Suppes & Tversky* 1971).
   Cliff (1973, 497 f.) geht in diesem Zusammenhang davon aus, daß man die an MDS interessierten Psychologen in zwei Kategorien aufteilen kann, nämlich „Axiomatiker“ (axiomatizers) und „Repräsentierer“ (representationalists). Die „*Axiomatiker*“ konstruieren *mögliche* Modelle, d. h. sie beschreiben insbesondere die Relationen, die in einer zu skalierenden Datenmenge vorhanden sein sollen, damit die Daten als eine bestimmte Funktion (vgl. Modell) latenter Variablen (vgl. Skalen) repräsentiert werden können. Die „*Repräsentierer*“ hingegen setzen bestimmte Modelle voraus und suchen lediglich bestangepaßte Datenbeschreibungen unter weitgehender Vernachlässigung bestimmter Modellannahmen und ihrer erklärungstheoretischen Implikationen. *Cliff* hält einen Ausgleich zwischen beiden Aspekten für wünschenswert. Wenn nämlich Meß- bzw. Skalierungsdaten *psychologische Phänomene* repräsentieren sollen, und wenn die Daten wiederum durch bestimmte Modelle repräsentiert werden, dann haben Meßmodelle nicht nur isolierte und pragmatische Bedeutung für die Skalenkonstruktion: Die auftretenden Meßprobleme müssen vielmehr sowohl in die psychologische Theorienbildung als auch in entsprechende inhaltliche Experimente integriert werden. Die „Axiomatiker“ müßten unter diesem theoretischen Gesichtspunkt also an der Verknüpfung ihrer Axiomatik mit den korrespondierenden empirischen Phänomenen interessiert sein, währenddem die „Repräsentierer“ aus den durch Meßskalen beschriebenen Phänomenen theoretisch mehr lernen können, wenn die verwendeten Skalierungsmodelle axiomatisiert und möglichst in einen größeren Theorienzusammenhang integriert sind.
   Zumindestens in diesem umgrenzten Bereich von MDS-Modellen sind also Ansätze zu erkennen, die der beispielsweise von *Holzkamp* (1972) kritisierten Verselbständigung einzelner Zweige der Methodenentwicklung durch stärkere Integration und größere Gewichtung theoretischer Implikationen entgegenwirken. Mißt man den MDS-Methoden Modellfunktion im Rahmen der psychologischen Theorienbildung bei, so müßte sich die Verbesserung der Methodenintegration auf weite Sicht auch positiv auf die Erhöhung des Integrationsgrades der inhaltlichen Theorienbildung auswirken.
4. Eine wünschenswerte „*Dynamisierung*“ der meistens statisch-strukturell

angelegten MDS-Modelle wird nicht nur durch die stärkere Beachtung der statistisch-probabilistischen Implikationen der Funktionsgleichungen innerhalb der MDS-Methoden erleichtert, sondern vor allem durch die explizite Herausarbeitung der *Mehrstufigkeit* metrischer Kombinationsregeln. Diese Entwicklung deutet sich beispielsweise in der Weiterentwicklung der *Tucker & Messick*-Prozedur durch das „Gruppen-Reizraum-Modell" von *Carroll & Chang* (1970) an, wonach individuelle Urteilsstrukturen als differentielle Transformation des gemeinsamen „Gruppen-Reizraumes" gedeutet werden. Zweistufig aufgebaut ist auch ein MDS-Modell von *Carroll* (1968, 1972), das die Verknüpfung von Reizkognition und Reizbewertung erlaubt, indem Präferenzurteile in den Reizraum vorausgegangener Kognitionen abgebildet werden (vgl. „preference mapping of stimulus space"). Auch ein „confusion-choice-Modell" von *Nakatani* (1972) ist als mehrstufiges Modell zur metrischen Strukturbeschreibung des Informationsflusses bei der Verknüpfung von perzeptiven und entscheidungstreffenden Prozessen konzipiert. Besonders deutlich wird die Mehrstufigkeit von MDS-Modellen herausgestellt, indem die Distanzzerlegung durch eine hierarchische Struktur überlagert wird (vgl. z. B. *Holman* 1972). Auch der Einbezug differentieller Aufmerksamkeitsverteilungen in die metrische Struktur von MDS-Modellen ist als eine „Dynamisierung" der statischen Konzepte zu verstehen (vgl. z. B. *Micko & Fischer* 1970).

5. Gegenüber den in der mathematischen Psychologie bevorzugten allgemeinpsychologischen Konzepten finden *differentielle* Gesichtspunkte bei der Weiterentwicklung von MDS-Methoden zunehmend mehr Beachtung, indem individuelle Differenzen explizit berücksichtigt werden (vgl. z. B. *Carroll & Chang* 1970, *Micko & Fischer* 1970, *Carroll* 1972, *Tucker* 1972).
6. Neben der theoretischen Weiterentwicklung von MDS-Methoden wird angesichts der zunehmenden Einsatzmöglichkeiten von Großrechenanlagen die Verbesserung von *Rechen-Algorithmen* systematisch vorangetrieben (vgl. *Shepard* 1972, 33ff., *Lingoes* 1972, *Spence* 1972, *Cliff* 1973, 481). In diesem Zusammenhang sind vor allem auch Ansätze zu erwähnen, in denen MDS-Versuche durch Ablauf kontrollierter Computer-Subjekt-Interaktionen optimalisiert werden (*Young & Cliff* 1972).
7. Gegenüber den klassischen, metrischen MDS-Methoden nach *Torgerson* werden *nonmetrische* MDS-Modelle mit ordinaler Ausgangsinformation in größerem Umfang entwickelt und angewendet (vgl. *Shepard, Romney & Nerlove* 1972). Mit dieser Entwicklung verbindet sich gleichzeitig die Aufgabe der bisher fast ausschließlichen Beschränkung auf euklidische Metriken.

Dieser im ganzen günstigen Perspektive der Methodenentwicklung im Bereich von MDS-Modellen fehlt allerdings bisher noch weitgehend – wie in anderen psychologischen Bereichen auch – die *systematische Bündelung* der aufgezeigten Entwicklungslinien und ihre explizite Verknüpfung mit der psychologischen Theorienbildung und entsprechenden Experimenten und Validitätsuntersuchungen in den korrespondierenden Gegenstandsbereichen. Schwach entwikkelt ist auch die Anknüpfung dieser Entwicklung an übergeordnete wissenschaftstheoretische Analysen einerseits und an praxis- und anwendungsorientierte Überlegungen andererseits.

Unsere Abhandlung richtete sich neben der Informationsvermittlung in ihrer Hauptzielsetzung vor allem auf den erstgenannten Gesichtspunkt, nämlich auf die Herausarbeitung von theoretischen und inhaltlich-experimentellen Implikationen von MDS-Methoden unter besonderer Berücksichtigung ihres Erklärungswertes für die zugrundeliegenden psychologischen Phänomene.

Literaturverzeichnis

Abelson, R. P. A technique and a model for multidimensional scaling. Publ. Op. Quart. 1954, *18*, 405–418.

Abelson, R. P. & Tuckey, J. W. Efficient conversion of nonmetric information into metric information. Proc. Amer. Statist. Section, 1959, 226–230.

Adams, E. W., Fagot, R. F. & Robinson, R. E. A theory of appropriate statistics. Psychometrika 1965, *30*, 99–127.

Adams, E. W., Fagot, R. F. & Robinson, R. E. On the empirical status of axioms in theories of fundamental measurement. J. Math. Psychol. 1970, *7*, 379–410.

Adams, K. & Ulehla, Z. J. Detection theory and problems of psychosocial discrimination. Sociological Methodology. 1971 (in Press).

Ahrens, H. J. Der Effekt der Gruppenentscheidungsstrategie auf die Optimalität von Gruppenentscheidungen. Psych. Forschung, 1966, *29*, 183–210 (a).

Ahrens, H. J. Einige Möglichkeiten der Anwendung multivariater Methoden zur Untersuchung von Erziehungsstilen. In: Th. Herrmann (Hrsg.) Psychologie der Erziehungsstile. Beiträge und Diskussionen des Braunschweiger Symposions, 1966. Göttingen: Hogrefe 1966 (b), S. 32–44.

Ahrens, H. J. Zur Systematik der Urteilsbildung bei der Beurteilung westdeutscher Politiker. Arch. ges. Psychol. 1967, *119*, 57–89 (a).

Ahrens, H. J. Zur Optimalität von Gruppenentscheidungen. Eine empirische Untersuchung zur Beurteilung westdeutscher Politiker in kleinen Gruppen. Unveröffentlichte Dissertation, Braunschweig 1967 (b).

Ahrens, H. J. Variablen der kollektiven Entscheidungsbildung bei Präferenzurteilen gegenüber westdeutschen Politikern. Psychol. Forschung, 1967, *31*, 42–63 (c).

Ahrens, H. J. Meßtheoretische Grundlagen, Methoden und empirische Gültigkeit multidimensionaler Ähnlichkeitsskalierungen. Habilitationsschrift. Heidelberg 1970.

Ahrens, H. J. Zur Bedeutung der Metrik in multidimensionalen Ähnlichkeitsskalierungen. In: Reinert, G. (Hrsg.) Bericht über den 27. Kongreß der Deutschen Gesellschaft für Psychologie in Kiel 1970. Göttingen: Hogrefe 1973, 221–229.

Ahrens, H. J. Zur Verwendung des Metrikparameters multidimensionaler Skalierungen bei der Analyse von Wahrnehmungsstrukturen. Z. exp. angew. Psychol. 1972, *19*, 173–195.

Ahrens, H. J. & Möbus, C. Zur Verwendung von Einstellungsmessungen bei der Prognose von Wahlentscheidungen. Z. exp. angew. Psychol. 1968, *15*, 543–563.

Ahrens, H. J. & Stäcker, K. H. Zur Interdependenz von Perzepten und Konzepten als differentialdiagnostisches Grundlagenproblem. Arch. ges. Psychol. 1970, *122*, 259–279.

Albert, H. & Keuth, H. (Hrsg.). Kritik der kritischen Psychologie. Hamburg: Hoffmann & Campe 1973.

Anderson, T. W. An introduction to multivariate statistical analysis. New York: John Wiley & Sons 1966.

Anderson, N. H. Functional measurement and psychophysical judgment. Psychol. Rev. 1970, *77*, 153–170.

Arabie, Ph. & Boorman, S. Multidimensional scaling of measures of distance between partitions. J. Math. Psychol. 1973, *10*, 148–204.

Arrow, K. J. Social choice and individual values. New York: John Wiley & Sons 1951.

Attneave, F. Dimensions of similarity. Amer. J. Psychol. 1950, *63*, 516–556.

Bales, R. F. & Slater, P. Role differentiation. In: Parsons, T. & Bales, R. F. (Eds.) Family, socialization, and interaction process. Glencoe: Free Press 1955.

Bartholomew, D. J. A test of homogenity for ordered alternatives. Biometrika 1959, *46*, 36–48.

Bartussek, D. Zur Interpretation der Kermatrix in der dreimodalen Faktorenanalyse von R. L. Tucker. Arbeiten aus dem Psychol. Inst. der Uni. Hamburg, Nr. 20, 1972.

Baumann, U. Psychologische Taxometrie. Bern: Huber 1971.

Beals, R. & Krantz, D. H. Metrics and geodesics induced by order relations. Math. Ztschr. 1967, *101*, 285–298.

Beals, R., Krantz, D. H. & Tversky, A. Foundations of multidimensional scaling. Psychol. Rev. 1968, *75*, 127–142.

Bechtel, G. G., Tucker, L. R. & Chang, W. C. A scalar product model for the multidimensional scaling of choice. Psychometrika 1971, *36*, 369–388.

Bellman, R. R. Introduction for matrix analysis. New York: McGraw Hill 1960.

Bennett, J. F. A method for determining the dimensionality of a set of rankorders. Unpublished doctoral dissertation, Univer. Mich., 1951.

Bennett, J. F. & Hays, W. L. Multidimensional unfolding: Determining the dimensionality of ranked preference data. Psychometrika 1960, *25*, 27–43.

Bieri, J. Cognitive complexity-simplicity and predictive behavior. J. abnorm. soc. Psychol. 1955, *51*, 263–268.

Bieri, J. & Blacker, E. The generality of cognitive complexity in the perception of people and inkblots. J. abnorm. soc. Psychol. 1956, *53*, 112–121.

Bieri, J., Atkins, A. L., Brian, S., Leaman, R. L., Miller, H. & Tripodi, T. Clinical and social judgment: The discrimination of behavioral information. New York: J. Wiley 1966.

Birnbaum, A. Statistical theory of tests of a mental ability. Ann. Math. Statist. 1958, *29*, 12–85.

Birnbaum, A. Some latent trait models and their use in inferring an examinee's ability. Princeton: ETS 1965.

Bjork, R. A. Why mathematical models? Am. Psychologist 1973, *28*, 426–434.

Black, D. The decisions of a committee using a special majority. Econometrica 1948, *16*, 245–261.

Black, D. The theory of committees and elections. Cambridge: Univ. Press 1958.

Bloxom, B. Individual differences in multidimensional scaling. Research Bulletin 68–45. Princeton, New Jersey: Educational Testing Service 1968.

Bloxom, B. The simplex in pair comparisons. Psychometrika 1972, *37*, 119–136.

Bock, R. D. A generalisation of the law of comparative judgment applied to a problem in the prediction of choice. Amer. Psychologist 1956, *11*, 442–461.

Bock, R. D. Estimating multinomial response relations. In: Bose, R. C. et al. (Eds.), Essays in probability and statistics. Chapel Hill, N. C.: Univers. North Carolina Press, 1970.

Bock, R. D. & Jones, L. V. Measurement and prediction of judgment and choice. San Fransisco: Holden-Day 1968.

Bottenberg, E. H. Rorschachtest. Psychol. u. Praxis, 1967, *11*, 69–96, 111–144.

Boorman, S. A. & Arabie, P. Structural measures and the method of sorting. In: Shepard, R. N. et al. (Eds.), Multidimensional scaling. Theory and applications in the behavioral sciences. Vol. I. New York: Seminar Press 1972, 226–251.

Braunschweiger Symposion über die Struktur psychologischer Theorien (Bericht und Zusammenstellung von H. C. Micko). Psychol. Beitr. 1971, *13*, 327–431.

Bricker, P. D. & Pruzanzky, S. Comparison of sorting and pairwise similarity judgment techniques for scaling auditory stimuli. Paper presented at 78th Meeting of the Acoustical Society of America, San Diego 1969.

Brocke, B., Röhl, W. & Westmeyer, H. Wissenschaftstheorie auf Abwegen? Probleme der Holzkampschen Wissenschaftskonzeption. Stuttgart: Kohlhammer 1973.

Boyd, J. P. Information distance for discrete structures. In: Shepard, R. N. et al. (Eds.), Multidimensional scaling. Theory and applications in the behavioral sciences. Vol. I. New York: Seminar Press 1972, 213–226.

Boyd, J. P. & Wexler, K. N. Trees with structure. J. Math. Psychol. 1973, *10*, 115–147.

Bricker, P. D. & Pruzanzky, S. Comparison of sorting and pairwise similarity judgment techniques for scaling auditory stimuli. Paper presented at 78th meeting of the Acoustical Society of America, San Diego 1969.

Brodbeck, M. Explanation, prediction, and 'imperfect' knowledge. In: Feigl, H. & Maxwell, G. (Eds.), Minnesota Studies in the Philosophy of Science. Vol. III. Minneapolis: University of Minnesota Press 1962, 231–271.

Bruckmann, G. Schätzung von Wahlresultaten aus Teilergebnissen. Wien, Würzburg: Physica-Verlag 1966.

Bruder, K. J. Kritik der bürgerlichen Psychologie. Frankfurt/M.: Fischer 1973.

Campbell, N. R. Physics. The elements. Cambridge: Univ. Press, 1920.

Campbell, N. R. An account of the principles of measurements and calculations. London: Longenans, 1928.

Carnap, R. Einführung in die symbolische Logik. Wien: Springer 1954.

Carroll, J. D. Generalization of canonical correlation analysis to three or more sets of variables. Proceedings 76th Annual Convention of APA 1968, *4*, 103–104.

Carroll, J. D. Individual differences and multidimensional scaling. In: Shepard, R. N. et al. (Eds.), Multidimensional scaling. Vol. I. New York: Seminar Press 1972, 105–158.

Carroll, J. D. & Chang, J.-J. A general index of nonlinear correlation and its application to the interpretation of multidimensional scaling solutions. Am. Psychologist 1964, *19*, 540 (Abstract).

Carroll, J. D. & Chang, J. J. Analysis of individual differences in multidimensionel scaling via an N-way of 'Eckart-Young' decomposition. Psychometrika 1970, *35*, 283–319.

Carroll, J. D. & Wish, M. Multidimensional scaling of individual differences in perception and judgment. Unpub. Manuskript. Bell Telephone Laboratories 1970.

Cattell, R. B. (Ed.). Handbook of multivariate experimental psychology. Chicago: Rand McNally & Co. 1966.

Cattell, R. B. The meaning and strategic use of factor analysis. In: Cattell, R. B. (Ed.) Handbook of multivariate experimental psychology. Chicago: Rand McNally & Co 1966, 174–244.

Cattell, R. B., Coulter, M. A. & Tsujioka, B. The taxonometric recognition of types and functional emergents. In: Cattell, R. B. (Ed.) Handbook of multivariate experimental psychology. Chicago: Rand McNally 1966, 288–330.

Churchman, C. W. & Ratoosh, P. Measurement definitions and theories. New York: Wiley 1959.

Cliff, N. Orthogonal rotation to congruence. Psychometrika 1966, *31*, 33–42.

Cliff, N. The 'idealized individual' interpretation of individual differences in multidimensional scaling. Psychometrika 1968, *33*, 225–231.

Cliff, N. Scaling. In: Ebel, R. L. & Noll, V. H. (Eds.), Encyclopedia of Educational Research. Toronto: Macmillan 1969, 1166–1174.

Cliff, N. Psychometrics. In: Wolman, B. B. (Ed.), Handbook of psychology. New York: Prentice Hall 1972, 1084–1099.

Cliff, N. Scaling. Ann. Rev. Psychol. 1973, *24*, 473–507.

Cohen, R. Systematische Tendenzen bei Persönlichkeitsbeurteilungen. Bern: Huber 1969.

Cohen, M. R. & Nagel, E. An introduction to logic and scientific method. New York: Harcourt, Brace & World, Inc. 1934.

Coleman, H., Heau, E., Peabody, R. & Rigsby, L. Computers and election analysis: The New York Times Project. Pub. Opin. Quart. 1964, *28*, 418–446.

Comrey, A. L. An operational approach to some problems in psychological measurement. Psychol. Rev. 1950, *57*, 217–228.

Cooley, W. W. & Lohnes, P. R. Multivariate procedures for the behavioral sciences. New York: Wiley 1962.

Coombs, C. H. Psychological scaling without a unit of measurement. Psychol. Rev. 1950, *57*, 145–161.

Coombs, C. H. A theory of psychological scaling. Ann Arbor: Univers. Michigan Press 1952.

Coombs, C. H. On the use of inconstistency of preferences in psychological measurement. J. Exp. Psychol. 1958, *55*, 1–7.

Coombs, C. H. A theory of data. Psychol. Rev. 1960, *67*, 143–160.

Coombs, C. H. Social choice and strength of preference. In: Thrall, R. M., Coombs, C. H. & Davis, R. L. (Eds.) Decision Processes. New York: John Wiley 1960, 68–86.

Coombs, C. H. A theory of behavioral data. New York: John Wiley 1964.

Coombs, C. H. Scaling and data theory. In: van der Kamp, L. J. Th. & Vlek, C. A. J. (Eds.) Psychological measurement theory. Proceedings of the Nuffic international summersession in science. Leyden: Univers. Press 1967, 53–108.

Coombs, C. H., Raiffa, H. & Thrall, R. M. Some views on mathematical models and measurement theory. Psychol. Rev., 1954, *61*, 132–144.

Coombs, C. H. & Milholland, J. E. Testing the "rationality" of an individual's decision making under uncertainty. Psychometrika, 1954, *19*, 212–229.

Coombs, C. H. & Kao, R. C. On a connection between factor analysis and multidimensional unfolding. In: H. Gulliksen & Messick, S. Psychological scaling. New York: John Wiley 1960, 145–154.

Coombs, C. H., Dawes, R. M. & Tversky, A. Mathematical psychology, an elementary introduction. Englewood Cliffs, N. J.: Prentice Hall 1970.

Cooper, L. G. A new solution to the additive constant problem in metric multidimensional scaling. Psychometrika 1972, *37*, 311–323.

Coxon, A. P. M. Differential cognition and evaluation: An introduction to Carroll and Chang's multidimensional scaling models. Research Memoranda No. 1, Dept. of Sociology, University of Edinburgh, 1972.

Cronbach, L. J. The two disciplines of scientific psychology. American Psychologist 1957, *12*, 671–684.

Cronbach, L. J. & Gleser, G. C. Assessing the similarity between profiles. Psychol. Bull. 1953, *50*, 456–473.

Cronbach, L. J. & Meehl, P. E. Construct validity in psychological tests. Psychol. Bull. 1955, *52*, 281–302.

Cross, D. V. Metric properties of multidimensional stimulus generalization. In: Mostofsky, D. I. (Ed.) Stimulus Generalization. Stanford: Univers. Press 1965, 72–93 (a).

Cross, D. V. Metric properties of multidimensional stimulus control. Unpublished doctoral dissertation. Univers. Michigan 1965 (b).

Damarin, F. & Messick, S. Response styles as personality variables: A theoretical integration of multivariate research. Educational Testing Service (Res. Grant M-2878) Princeton, New Jersey 1965.

Davidson, D., Suppes, P. & Siegel, S. Decision-making, an experimental approach. Stanford 1957.

Davidson, J. A. A geometrical analysis of the unfolding model: Nondegenerative solutions. Psychometrika 1972, *37*, 193–216.

Degerman, R. L. The geometric representation of some simple structures. In: Shepard, R. N. et al. (Eds.), Multidimensional scaling. Vol. I (Theory). New York: Seminar Press 1972, 193–212.

De Soto, C. B. The predilection for single orderings. J. abnorm. soc. Psychol. 1961, *62*, 16–23.

Dingler, H. Das Experiment. Sein Wesen und seine Geschichte. München 1928.

Dingler, H. Über die Geschichte und das Wesen des Experimentes. München 1952.

Duhem, P. Ziel und Struktur der physikalischen Theorien. Leipzig 1908.

Eckart, C. & Young, G. The approximation of one matrix by another of lower rank. Psychometrika, 1936, *1*, 211–218.

Edwards, W. The theory of decision-making. Psychol. Bull. 1954, *5*, 380–417.

Edwards, W. Behavioral decision theory. Ann. Rev. Psychol. 1961, *12*, 473–498.

Ekman, G. A generalized rating method for absolute scaling. Rep. Psychol. Labor. No. 39, Univers. Stockholm 1956.

Ekman, G. A direct method for multidimensional ratio scaling. Psychometrika, 1963, *28*, 33–41.

Ekman, G. Two methods for the analysis of perceptual dimensionality. Rep. Psychol. Labor. No. 176, Univers. Stockholm 1964.

Ekman, G. & Sjöberg, L. Scaling. Ann. Rev. Psychol. 1965, *16*, 451–474.

Ellis, B. Basic Concepts of Measurement. London: Cambridge Univ. Press, 1966.

Ertel, S. Standardisierung eines Eindrucksdifferentials. Z. exp. angew. Psychol. 1965, *12*, 22–58.

Eyferth, K. & Sixtl, F. Bemerkungen zu einem Verfahren der maximalen Annäherung zweier Faktorenstrukturen aneinander. Arch. ges. Psychol. 1965, *117*, 131–138.

Fechner, G. Th. Elemente der Psychophysik. 1860.

Fischer, G. H. Stochastische Testmodelle. In: G. H. Fischer (Hrsg.) Psychologische Testtheorie. Bern: Huber 1968, 78–133.

Fischer, G. H. Datenmodelle und Parametermodelle. Z. exp. angew. Psychol. 1970, *17*, 212–219.

Fischer, G. H. Einige Gedanken über formalisierte psychologische Theorien. Psychol. Beitr. 1971, *13*, 376–384.

Fischer, G. H. & Roppert, J. Bemerkungen zu einem Verfahren der Transformationsanalyse. Arch. ges. Psychol. 1964, *116*, 98–100.

Fischer, G. H. & Spada, H. Die psychometrischen Grundlagen des Rorschachtests und der Holtzman Inkblot Technique. Bern, Stuttgart, Wien: Huber 1973.

Fischer, W. & Micko, H. C. More about metrics of subjective spaces and attention distributions. J. Math. Psychol. 1972, *9*, 36–54.

Fodor, J. A. Psychological expanation: An introduction to the philosophy of psychology. New York: Random House 1968.

Gäfgen, G. Der ökonomische Behaviorismus. Kölner Ztschr. f. Soz. u. Soz. Psychol. 1957, *9*, 50–85.

Gäfgen, G. Zur Theorie kollektiver Entscheidungen in der Wirtschaft. Jahrb. f. Nationalökon. u. Stat. 1961, *173*, 1–49.

Gäfgen, G. Theorie der wirtschaftlichen Entscheidung. Tübingen: J. C. B. Mohr, 1963.

Gebhardt, F. On the similarity of factor matrices. Vortrag auf European Meeting of Statisticians. London 1966.

Gehlen, A. Der Mensch, seine Natur und seine Stellung in der Welt. 1955[5].

Gehlen, A. Die Seele im technischen Zeitalter. Hamburg: Rowohlt 1957.

Goldstein, K. M., Blackman, S. & Collins, D. J. Relationship between sociometric and multidimensional scaling measures. Perceptual & Motor Skills. 1966, *23*, 639–643.

Goodman, L. A. & Markowitz, H. Social welfare functions based on individual rankings. Amer. J. Soc. 1952, *58*, 257–262.

Goude, G. On Fundamental Measurement in Psychology. Stockholm: Almquist & Wiksell, 1962.

Green, P. E. & Maheshwari, A. A note on the multidimensional scaling of conditional proximity data. J. Market Res. 1970, 7, 106–110.

Green, P. E. & Rao, V. R. Applied Multidimensional Scaling. New York: Holt 1972.

Green, P. E. & Carmone, F. J. Multidimensional scaling and related techniques in marketing research. Boston, Mass.: Allyn and Bacon 1972 (2. Aufl.).

Groeben, N. & Westmeyer, H. Kriterien psychologischer Forschung. München: Juventa 1974 (in Druck).

Grunstra, B. R. On distinguishing types of measurement. In: Cohen, R. S. & Wartofsky, M. W. (Eds.) Boston Studies in the Philosophy of Science, Vol. V. Dordrecht: Reidel Publ. Comp. 1969, 253–304.

Guilford, J. P. Psychometric methods. New York: McGraw Hill 1954.

Guilford, J. P. Louis Leon Thurstone. Psychometrika, 1955, *20*, 263–267.

Gulliksen, H. Intercultural attitude comparisons and introductory remarks at the Princeton University conference on preference analysis and subjektive measurement. ETS Res. Memo. RM-60-8 Princeton 1960.

Gulliksen, H. Measuring and comparing values for different national groups. ETS Res. Memo. RM-61-7. Princeton 1961.

Gulliksen, H. Linear and multidimensional scaling. Psychometrika 1961, *26*, 9–25.

Gulliksen, H. & Messick, S. (Eds.) Psychological scaling. Theory and applications. New York: John Wiley 1960.

Gutjahr, W. Die Messung psychischer Eigenschaften. Berlin: VEB Deutscher Verlag der Wissenschaften 1972.

Guttman, L. A general nonmetric technique for finding the smallest euclidean space for a configuration of points. Psychometrika, 1968, *33*, 469–506.

Guttman, L. Measurement as structural theory. Psychometrika 1971, *36*, 329–347.

Habermas, J. Erkenntnis und Interesse. In: Merkur. Deutsche Zeitschrift für europäisches Denken 1965, *12*, 1139–1153.

Hake, H. W. The study of perception in the light of multivariate methods. In: Cattell, R. B. (Ed.), Handbook of multivariate experimental psychology. Chicago: Rand McNally 1966, 502–534.

Hammond, K. R., Hursch, C. J. & Todd, F. J. Analyzing the components of clinical inference. Psychol. Rev. 1964, *71*, 438–456.

Harman, H. H. Modern factor analysis. Chicago: Univers. Chicago Press 1964[3].

Hartley, R. E. Two kinds of factor analysis? Psych. 1954, *19*, 195–203.

Hays, W. L. Extension of the unfolding technique. Unpublished doctoral dissertation. Univers. Mich., 1954.

Hays, W. L. Quantification in psychology. Belmont, Calif.: Brooks & Cole Publ. Comp. 1967.

Hays, W. L. & Bennett, J. F. Multidimensional unfolding: Determining configuration from complete order of preference data. Psychometrika 1961, *26*, 221–238.

Hefner, R. Extensions of the law of comparative judgment to discriminable and multidimensional stimuli. Unpubl. doctoral dissertation. Univers. of Mich. 1958.

Heisenberg, W. Wandlungen in den Grundlagen der Naturwissenschaft. Leipzig: Hirzel 1948[8] (erste Auflage 1935).

Heisenberg, W. Physikalische Prinzipien der Quantentheorie. Stuttgart: Hirzel 1958[8] (erste Auflage 1942).

Helm, C. E. & Tucker, L. R. Individual differences in the structure of color perception. Amer. J. Psychol. 1962, *75*, 437–444.

Helmholtz, H. L. F. Handbuch der physiologischen Optik. Leipzig: Voss 1896[2].

Hempel, C. G. Fundamentals of concept formation in empirical science. International Encyclopedia of Unified Science, II, No. 7. Chicago: Univers. Press 1952.

Hempel, C. G. & Oppenheim, P. Studies in the logic of explanation. Philosophy of Science 1948, *15*, 135–175.

Hempel, C. G. Deductive-nomological vs. statistical explanation. Minnesota Studies in the Philosophy of Science. Vol. III. Minneapolis: University of Minnesota Press 1962, 98–169.

Hempel, C. G. Aspects of scientific explanation. New York: Free Press 1965.

Herrmann, Th. Antwortdiskrepanzen, Konfessionalität und Erziehungsstil. DGfP-Kongreßbericht 1967.
Herrmann, Th. Lehrbuch der empirischen Persönlichkeitsforschung. Göttingen: Hogrefe 1969.
Herrmann, Th. & Stapf, K. H. Über theoretische Konstruktionen in der Psychologie. Psychol. Beitr. 1971, *13*, 336–354.
Hill, R. J. A note on inconsistency in paired comparison judgments. Amer. soc. Rev. 1953, *18*, 564–566.
Hofer, M. Die Schülerpersönlichkeit im Urteil des Lehrers. Eine dimensionsanalytische Untersuchung zur impliziten Persönlichkeitstheorie. Weinheim: Beltz 1969.
Hofstätter, P. R. Die vier Stufen des Quantifizierungsproblems in der Psychologie. In: Philosophie der Wirklichkeitsnähe. Festschrift zum 80. Geburtstag Robert Reiningers. Wien: Verlag A. Sexl 1949, 222–236.
Hofstätter, P. R. Die Psychologie und das Leben. Wien, Stuttgart: Humboldt-Verlag 1951.
Hofstätter, P. R. Psycholgie und Mathematik. Stud. Generale 1953, *1*, 652–662.
Hofstätter, P. R. Über Ähnlichkeit. Psyche 1955, *9*, 54–80.
Hofstätter, P. R. Gruppendynamik. Kritik der Massenpsychologie. Hamburg: Rowohlt 1957.
Hofstätter, P. R. Über die Struktur des Farbsystems bei Normalen und Grünblinden. Schw. Ztschr. f. Psychol., 1957, *16*, 31–49.
Hofstätter, P. R. Einführung in die Sozialpsychologie. Stuttgart: A. Kröner 1963 (3. Aufl.).
Holman, E. W. The relation between hierarchical and euclidian models for psychological distances. Psychometrika 1972, *37*, 417–425.
Holzkamp, K. Theorie und Experiment in der Psychologie. Berlin: De Gruyter 1964.
Holzkamp, K. Zum Problem der Relevanz psychologischer Forschung für die Praxis. Psychol. Rdsch. 1970, *21*, 1–22.
Holzkamp, K. Wissenschaft als Handlung. Versuch einer neuen Grundlegung der Wissenschaftslehre. Berlin: De Gruyter 1968.
Holzkamp, K. Kritische Psychologie. Vorbereitende Arbeiten. Frankfurt/M; Fischer 1972.
Holtzman, W. H. Guide to administration and scoring in Holtzman-Inkblot-Technique. New York: Psychol. Corp. 1961.
Homans, G. L. The human group. New York: Harcourt, Brace 1950.
Horan, C. B. Multidimensional scaling: Combining observations when individuals have different perceptual structures. Psychometrika 1969, *34*, 139–165.
Horst, P. Matrix algebra for social scientists. New York 1963.
Horst, P. Factor analysis of data matrices. New York: Holt, Rinehart and Winston, 1965.
Householder, A. S. & Landahl, H. D. Mathematical Biophysics of the Central Nervous System. Math. Biophys. Monogr. 1945, 1.
Hyman, R. & Well, A. Perceptual separability and spatial models. Perception and Psychophysics, 1968, *3*, 161–165.
Indow, T. & Kanazawa, K. Multidimensional mapping of Munsell colors varying in hue, chroma, and value. J. Exp. Psychol. 1960, *59*, 330–336.

Jackson, D. N. & Messick, S. Individual differences in social perception. ETS Res. Memo. RM-61-10, Princeton 1961.

Johnson, D. M. The psychology of thought and judgment. New York: Harper & Brothers 1955.

Johnson, R. M. On a theorem stated by Eckart and Young. Psychometrika 1963, *28*, 259–263.

Johnson, R. M. Pairwise nonmetric multidimensional scaling. Psychometrika 1973, *38*, 11–19.

Johnson, S. C. Hierarchical clustering schemes. Psychometrika 1967, *32*, 241–254.

Judd, D. B. & Wyszecki, G. Color in business, science and industry. New York: Wiley 1963.

Kalveram, K. Th. Messen und Maß oder vom überflüssigen Abstand. Bericht Nr. 17 aus dem Institut für Psychologie der Universität Marburg, 1968.

Kalveram, K. Th. Über Faktorenanalyse. Kritik eines theoretischen Konzepts und seine mathematische Neuformulierung. Arch. Psychol. 1970, *122*, 92–118.

Kalveram, K. Th. Modell und Theorie in systemtheoretischer Sicht. Psychol. Beitr. 1971, *13*, 366–376.

Kendall, M. G. Rank correlation methods. London: Griffin 1948.

Kelly, G. A. The psychology of personal constructs. New York: Norton 1955.

Klahr, D. A Monte Carlo investigation of the statistical significance of Kruskal's nonmetric scaling procedure. Psychometrika 1969, *34*, 319–330.

Klaus, G. Kybernetik und Erkenntnistheorie. Berlin: VEB Deutscher Verlag der Wissenschaften 1972.

Klingberg, F. L. Studies in measurement of the relation between sovereign states. Psychometrika 1941, *6*, 335–352.

Klix, F. Gesetz und Experiment in der Psychologie. Probl. Ergebn. Psychol. III/IV, 1961, 1–36.

Kolmogorof, A. N. & Fomin, S. N. Elements of the theory of functions and functional analysis. Vol. I. Metric and normed spaces. Rochester, N. Y.: Graylock Press 1957.

Krantz, D. H. Rational distance functions for multidimensional scaling. J. Math. Psychol. 1967, *4*, 226–245.

Krantz, D. H., Luce, R. D., Suppes, P. & Tversky, A. Foundations of measurement. Vol. I: Additive and polynomial Representations. New York: Academic Press 1971.

Kristof, W. Die Beziehung zwischen mehrdimensionaler Skalierung und Faktorenanalyse. Psychologische Beiträge. 1963, *8*, 359–367.

Kristof, W. Untersuchungen zur Theorie psychologischen Messens. Meisenheim am Glan: Hain 1969.

Kruskal, J. B. Multidimensional scaling by optimizing goodness of fit to a nonmetric hypotheses. Psychometrika, 1964, *29*, 1–29 (a).

Kruskal, J. B. Nonmetric multidimensional scaling: a numerical method. Psychometrika 1964, *29*, 115–131 (b).

Kruskal, J. B. How to use MDSCAL, a program to do multidimensional scaling and multidimensional unfolding. Unpubl. Report, Bell Telephone Laboratories 1968.

Kruskal, J. B. Monotone regression: Continuity and differentiability properties. Psychometrika 1971, *36*, 57–63.

Künapas, T., Mälhammer, G. & Svenson, O. Multidimensional ratio scaling and multidimensional similarity of simple geometric figures. Scand. J. Psychol. 1964, *5*, 249–256.

Kutner, B., Wilkins, C. & Yarrow, P. Verbal attitudes and overt behaviour involving racial prejudice. J. abnorm. soc. Psychol., 1952, *47*, 649–652.

Lachman, R. The model in theory construction. In: Marx, M. H. (Ed.) Theories in contempory psychology. New York: MacMillan 1964², 78–89.

Landahl, H. D. Neural mechanisms for the concepts of difference and similarity. Bull. Math. Biophysics 1945, 7, 83–88.

Lashley, K. S. & Wade, M. The pavlovian theory of generalization. Psychol. Rev. 1946, *53*, 72–87.

Lazarsfeld, P. F. Logical and mathematical foundations of latent structure analysis. In: Stouffer, S. A. et al. (Eds.) Studies in social psychology in World War II. Vol. IV. Princeton: Univers. Press 1950.

Leinfellner, W. Einführung in die Erkenntnis- und Wissenschaftstheorie. Mannheim: Bibliogr. Inst. 1967.

Lenk, H. Erklärung, Prognose, Planung. Skizzen zu Brennpunktproblemen der Wissenschaftstheorie. Freiburg: Rombach 1972.

Levine, M. V. Transformations that render curves parallel. J. Math. Psychol. 1970, *7*, 410–443.

Lingoes, J. C. An IBM 7090 program for Guttman-Lingoes smallest space analysis. III. Behavioral Science 1966, *11*, 75–76.

Lingoes, J.C. A general survey of the Guttman-Lingoes nonmetric program series. In: Shepard, R. N. et al. (Eds.), Multidimensional scaling. Theory and applications in the behavioral sciences. Vol. I. New York: Seminar Press 1972, 52–69.

Linn, L. S. Verbal attitudes and overt behavior: A study of racial discrimination. Soc. Forces 1965, *43*, 353–364.

Lord, F. M. & Novick, M. R. Statistical theories of mental test scores. Reading (Mass.): Addison-Wesley Publ. Comp. 1968.

Luce, R. D. Individual choice behavior. New York 1959.

Luce, R. D. A choice theory analysis of similarity judgments. Psychometrika 1961, *26*, 151–163.

Luce, R. D. Detection and recognition. In: Luce, R. D., Bush, R. R. & Galanter, E. (Eds.) Handbook of mathematical psychology. Vol. I, New York: Wiley 1963, 103–191.

Luce, R. D. What sort of measurement is psychophysical measurement? Amer. Psychologist 1972, *27*, 96–106.

Luce, R. D. & Galanter, E. Psychophysical scaling. In: Luce, R. D., Bush, R. R. & Galanter, E. (Eds.) Handbook of Mathematical Psychology. Vol. I, New York: Wiley 1962, 245–309.

Luce, R. D. & Raiffa, H. Games and decisions. New York: John Wiley & Sons 1957.

Lüer, G. & Fillbrandt, H. Ein Verfahren zur Bestimmung der additiven Konstante in der multidimensionalen Skalierung. Arch. ges. Psychol. 1969, *121*, 202–204.

Lüer, G. & Fillbrandt, H. Interindividuelle Unterschiede bei der Beurteilung von Reizähnlichkeiten. Z. exp. angew. Psychologie 1970, *17*, 123–138.

Lüer, G., Osterloh, W. & Ruge, A. Versuche zur multidimensionalen Skalierung von subjektiven Reizähnlichkeiten aufgrund von Schätzurteilen, Entscheidungszeiten und

Verwechslungshäufigkeiten beim Wiedererkennen. Psychol. Forsch. 1970, *33*, 223–241.

Lundberg, U. & Ekman, G. Subjective geographie distance: A multidimensional comparison. Psychometrika 1973, *38*, 113–122

Mac Corquodale, K. & Meehl, P. E. On a distinction between hypothetical constructs and intervening variables. Psychol. Rev. 1948, *55*, 95–107.

MacDuffee, C. C. The theory of matrices. New York: Chelsea 1946.

Marquis, D. G., Guetzkow, H. & Heyns, R. W. A social study of the decison-making conference. In: Guetzkow, H. (Ed.) Groups, leadership and men. Pittburgh: Carnegie Press 1951.

Marx, M. H. The general nature of theory construction. In: Marx, M. H. (Ed.) Theories in contemporary psychology. New York: MacMillan 1964^2, 3–47.

May, K. O. Intransitivity, utility, and the aggregation of preference patterns. Econometrica 1954, *22*, 1–13.

McElwain, D. W. & Keats, J. A. Multidimensional unfolding: Some geometrical solutions. Psychometrika 1961, *26*, 325–332.

McKeon, J. J. Canonical analysis; Some relations between canonical correlation, factor analysis, discriminant function analysis and scaling theory. Psychometric Monographs Nr. 13, 1964.

McGee, V. E. Multidimensional scaling of N sets of similarity measures: A nonmetric individual differences approach. Multivariate Behavioral Research 1968, *3*, 233–248.

Meehan, E. J. Explanation in social sciences: A system paradigma. Homewood, Ill.: The Dorsey Press 1968.

Mellinger, J. Some attributes of color perception. Dissertation Univ. of North Carolina 1956.

Menger, K. Untersuchungen über allgemeine Metrik. Math. Ann. 1928, *100*, 75–163.

Messick, S. J. The perception of attitude relationships: A multidimensional approach to the structuring of social attitudes. ETS Res. Bull. Princeton 1954.

Messick, S. J. Dimensions of social desirability. J. consult. Psychol. 1960, *24*, 279–287.

Messick, S. Beyond structure: In search of functional models of psychological process. Psychometrika 1972, *37*, 357–377.

Messick, S. J. & Abelson, R. P. The additive constant problem in multidimensional scaling. Psychometrika 1956, *21*, 1–15.

Micko, H. C. Die Bestimmung subjektiver Ähnlichkeiten mit dem semantischen Differential. Z. exp. angew. Psychol. 1962, *9*, 242–280.

Micko, H. C. Parameterschätzung und Konsistenzprüfung für das semantische Differential. In: Irle, M. (Hrsg.) Ber. 26. Kongr. DGfP 1968. Göttingen: Hogrefe 1969, 579–586.

Micko, H. C. A 'Halo'-Model for multidimensional ratio scaling. Psychometrika 1970, *35*, 199–227.

Micko, H. C. Bemerkungen zur inneren und äußeren Gültigkeit am Beispiel der Faktorenanalyse. Psych. Beitr. 1971, *13*, 384–391.

Micko, H. C. & Fischer, W. The metric of multidimensional psychological spaces as a function of the differential attention to subjective attributes. J. Math. Psychol. 1970, *1*, 118–143.

Miller, G. A. Mathematics and psychology. New York 1964.

Miller, J. E., Shepard, R. N. & Chang, J. J. An analytical approach to the interpretation of multidimensional scaling solutions. Am. Psychologist 1964, *19*, 579–580.

Miron, M. S. & Osgood, C. E. Language behavior: The multivariate structure of qualification. In: Cattell, R. B. (Ed.), Handbook of multivariate experimental psychology. Chicago: Rand McNally 1966, 790–819.

Möbus, C. Nonmetric multidimensional scaling without disparities and derivatives. Unveröffentlichtes Manuskript. Heidelberg 1974.

Möbus, C. Nonmetrische multidimensionale Skalierung ohne „disparities" und „derivatives". Programmbeschreibung RESYM des Psychol. Inst. Univers. Heidelberg 1973.

Möbus, C. Die Analyse nicht-symmetrischer Ähnlichkeitsmatrizen mit MDS-Algorithmen. Unveröffentlichte Dissertation. Heidelberg 1974 (in Vorbereitung).

Möbus, C. & Ahrens, H. J. Multivariate Weiterentwicklung eines Modells zur Prognose von Wahlentscheidungen. Z. exp. angew. Psychol. 1970, *17*, 386–413.

Morris, Ch. Foundations of the theory of signs. International Encyclopedia of Unified Science 1938, 1, No. 2.

Morris, Ch. Signs, language, and behavior. Chicago 1946.

Morrison, D. F. Multivariate statistical methods. New York: Hill 1967.

Morton, A. S. Similarity as a determinant of friendship: A multidimensional study. ONR Techn. Rep., Princeton: ETS 1959.

Nagel, E. The structure of science. Problems in the logic of explanation. London: Routledge & Kegan Paul 1961.

Nakatani, L. H. Confusion-choice model for multidimensional psychophysics. J. Math. Psychol. 1972, *9*, 104–128.

Nelder, J. & Mead, R. A simplex method for function minimization. Comp. J. 1965, *7*, 308–313.

v. Neumann, J. & Morgenstern, O. Theory of games and economic behavior. Princeton (N. J.): Princeton Univers. Press 1943. (Deutsche Übersetzung: Spieltheorie und wirtschaftliches Verhalten. Würzburg: Physica-Verlag 1961.)

Orlik, P. Eine Modellstudie zur Psychophysik des Polaritätsprofils. Z. exp. angew. Psychol. 1965, *12*, 614–647.

Orlik, P. Das Dilemma der Faktorenanalyse – Zeichen einer Aufbaukrise in der modernen Psychologie. In: Diemer, A. (Hrsg.) Geschichte und Zukunft. Meisenheim: Hain, A. 1967, 368–379.

Orlik, P. Eine Technik zur erwartungstreuen Skalierung psychologischer Merkmalsräume aufgrund von Polaritätsprofilen. Z. exp. angew. Psychol. 1967, *14*, 616–650.

Osgood, C. E. The nature of measurement of meaning. Psychol. Bull. 1952, *49*, 197–237.

Osgood, C. E., Suci, G. J. & Tannenbaum, B. H. The measurement of meaning. Urbana, Ill.: Univers. of Illinois Press 1957.

Papy, G. Taximetrie. Bild der Wissenschaft, 1970, *7*, 540–546.

Paschen, H. Das Problem der Bewertung im Planungsprozeß – ein System zur Aufstellung expliziter Bewertungssysteme für komplexe Bewertungsobjekte. SfS-Mitteilungen 1972. Juli-Heft, 16–24.

Pawlik, K. Dimensionen des Verhaltens. Bern, Stuttgart: Huber 1968.

Pease, M. C. Methods of matrix algebra. New York: Academic Press 1965.

Pedersen, D. M. The measurement of individual differences in perceived personality trait relationship and their relation to certain determinants. J. soc. Psychol. 1965, *65*, 233–258.

Pfanzagl, J. A general theory of measurement-applications to utility. Princeton University, Econometric Research Program, Res. Memor. No. 5, 1958.

Pfanzagl, J. Die axiomatischen Grundlagen einer allgemeinen Theorie des Messens. Würzburg: Physica-Verlag 1959.

Pfanzagl, J. Theory of measurement. Würzburg: Physica-Verlag 1968.

Planck, M. Wege zur physikalischen Erkenntnis. Leipzig: Hirzel 1934[2].

Popper, K. R. Logik der Forschung. Tübingen: J. C. B. Mohr, 1966[2].

Radner, R. Mathematical specification of goals for decision problems. In: Shelly, M. W. & Bryan, G. L. (Eds.) Human judgments and optimality. New York: John Wiley 1964, 178–216.

Ramsey, J. O. Some statistical considerations in multidimensional scaling. Psychometrika 1969, *34*, 167–182.

Rao, C. R. Recent trends of research work in multivariate analysis. Biometrics 1972, *28*, 3–22.

Rao, V. R. The salience of price in the perception and evaluation of product quality: A multidimensional measurement model and experimental test. Unpubl. Doctoral Diss. University of Pennsylvania 1970.

Rasch, G. Probabilistic models for some intelligence and attainment tests. Kopenhagen: Nielson & Lydiche 1960.

Rasch, G. On general laws and the meaning of measurement in psychology. Proceedings of the fourth Berkeley Symposion on mathematical statistics and probability. Univers. Calif. Press 1961.

Rasch, G. An informal report on a theory of objectivity in comparisons. In: van der Kamp, L. V. Th. & Vlek, C. A. J. (Eds.), Psychological measurement theory. Proceedings of the NUFFIC international summer session in science. Den Haag 1967 (a).

Rasch, G. An individual-centered approach to item analysis with two categories of answers. In: Van der Kamp, L. J. Th. & Vlek, C. A. J. (Eds.), Psychological measurement theory. Proceedings of the NUFFIC international summer session in science. Den Haag 1967 (b).

Restle, F. A metric and an ordering on sets. Psychometrika 1959, *24*, 207–220.

Restle, F. Psychology of judgment and choice. New York: Wiley 1961.

Restle, F. & Greeno, J. G. Introduction to mathematical psychology. Reading, Mass.: Addison Wesley 1970.

Richardson, M. W. Multidimensional psychophysics. Psychol. Bull. 1938, *35*, 659–660.

Rittel, H. Bemerkungen zur Systemforschung der „ersten und zweiten Generation". SfS-Mitteilungen 1971. Oktober-Heft.

Rorschach, H. Psychodiagnostik. Bern: Huber 1921.

Rosenberg, S. & Sedlak, A. Structural representations of implicit personality theory. In: L. Berkowitz (Ed.) Advances in experimental social psychology. Vol. 6. New York: Academic Press 1972.

Ross, J. A remark on Tucker and Messick's "points of view" analysis. Psychometrika 1966, *31*, 27–31.

Ross, S. Logical foundations of psychological measurement. Kopenhagen: Munksgaard 1964.

Ross, J. & Cliff, N. A generalization of the interpoint distance model. Psychometrika 1964, *29*, 167–176.

Rowan, T. C. Some developments in multidimensional scaling applied to semantic relationship. Unpubl. doctoral dissertation. Univers. Illinois 1954.

Rozeboom, W. W. Scaling theory and the nature of measurement. Synthese 1966, *16*, 170–233.

Russell, B. Principles of Mathematics. New York: Norton 1938[2].

Sachs, M. On the elementary of measurement in general relativity: Toward a general theory. In: Cohen, R. S. & Wartofsky, M. W. (Eds.) Boston Studies in the philosophy of science. Vol. III. Dordrecht: Reidel Publ. Comp. 1967, 56–80.

Schmidt, J. Mengenlehre I. Mannheim: Bibliogr. Inst. 1966.

Schneewind, K. A. Methodisches Denken in der Psychologie. Bern: Huber 1969.

Schneider, D. J. Implicit personality theory: A review. Psychol. Bull. 1973, *79*, 294–309.

Schönemann, P. H. A generalized solution of the orthogonal procrustes problem. Psychometrika 1966, *31*, 1–10.

Schönemann, P. H. On metric multidimensional unfolding. Psychometrika 1970, *35*, 349–367.

Schönemann, P. H. An algebraic solution for a class of subjective metric models. Psychometrika 1972, *37*, 441–453.

Schönemann, P. H. & Carroll, R. M. Fitting one matrix to another under choice of a similarity transformation and a rigid motion. Psychometrika 1970, *35*, 245–255.

Schönemann, P. H. & Wang, M. M. An individual differences model for the multidimensional analysis of preference data. Psychometrika 1972, *37*, 275–311.

Schubert, H. Topologie. Stuttgart: Teubner Verlagsgesellschaft 1964.

Schroder, H. M., Driver, M. J. & Streufert, S. Human information processing. New York: Holt, Rinehart & Winston, 1967.

Scott, D. & Suppes, P. Foundational aspects of theories of measurement. J. Symbolic Logic 1958, *23*, 113–128.

Sebestyen, G. S. Decision-making processes in pattern recognition. New York: MacMillan 1962.

Seiffert, H. Einführung in die Wissenschaftstheorie I. München: Beck 1971.

Selg, H. & Bauer, W. Forschungsmethoden der Psychologie. Stuttgart: Kohlhammer 1971.

Shepard, R. N. Stimulus and response generalization: Tests of a model relating generalization to distance in psychological space. J. exp. Psychol. 1958, *55*, 509–523.

Shepard, R. N. Stimulus and response generalization: Stochastic models relating generalizations to distance in psychological space. Psychometrika 1957, *22*, 325–345.

Shepard, R. N. Similarity of stimuli and metric properties of behavioral data. In: Gulliksen, H. & Messick, S. (Eds.) Psychological scaling: Theory and applications. New York: Wiley 1960, 33–45.

Shepard, R. N. The analysis of proximities: multidimensional scaling with an unknown distance function. Psychometrika 1962, *27*, 125–139 und 219–246.

Shepard, R. N. Analysis of proximities as a technique for the study of information processing in man. Human Factors 1963, *5*, 19–34.

Shepard, R. N. Attention and the metric structure of stimulus space. J. Math. Psychol. 1964, *1*, 54–87.

Shepard, R. N. On subjectively optimum selection among multiattribute alternatives. In: Shelly, M. W. & Bryan, G. L. (Eds.) Human judgments and optimality. New York: John Wiley 1964.

Shepard, R. N. Metric structures in ordinal data. J. Math. Psychology 1966, *3*, 287–315.

Shepard, R. N. Introduction to Volume I. In: Shepard, R. N., Romney, A. K. & Nerlove, S. B. (Eds.), Multidimensional scaling. Vol. I. New York: Seminar Press 1972, 1–23.

Shepard, R. N. A taxonomy of some principal types of data and of multidimensional methods for their analysis. In: Shepard, R. N. et al. (Eds.), Multidimensional scaling. Vol. I. New York: Seminar Press 1972, 21–47.

Shepard, R. N. & Carroll, J. D. Parametric representation of nonlinear data structures. In: Krishnaiah, P. R. (Ed.) Multivariate analysis. New York: Academic Press 1966, 561–591.

Shepard, R. N., Romney, A. K. & Nerlove, S. B. (Eds.). Multidimensional scaling. Theory and applications in the behavioral sciences. Vol. I. New York: Seminar Press 1972.

Shelly, M. W. & Bryan, G. L. (Eds.). Human judgments and optimality. New York: John Wiley & Sons 1964.

Sherman, C. R. Nonmetric multidimensional scaling: A Monte Carlo Study of the basic parameters. Psychometrika 1972, *37*, 323–357.

Sixtl, F. Ein Verfahren zur Rotation von Faktorenladungen nach einem vorgegebenen Kriterium. Arch. ges. Psychol. 1964, *116*, 92–97.

Sixtl, F. Meßmethoden der Psychologie. Theoretische Grundlagen und Probleme. Weinheim: J. Beltz 1967.

Sixtl, F. Gedanken über die Verzahnung von Allgemeiner und Differentieller Psychologie. Arch. Psychol. 1972, *124*, 145–157.

Sixtl, F. Probabilistic unfolding. Psychometrika 1973, *38*, 235–248.

Sixtl, F. & Wender, K. Der Zusammenhang zwischen multidimensionalem Skalieren und Faktorenanalyse. Biometr. Zeitschrift 1964, *6*, 251–261.

Slater, P. The analysis of personal preferences. Brit. J. stat. Psychol. 1960, *13*, 119–135.

Spada, H., Scheiblechner, H. & Fischer, G. Grundlegende Probleme projektiver Formdeutetests und ihre Analyse mit Hilfe des mehrdimensionalen Modells nach Rasch. Vortrag auf der 12. Tagung für Experimentelle Psychologie, Braunschweig 1970.

Spang, H. A. A review of minimization techniques for nonlinear functions. SIAM Rev. 1962, *4*, 343–365.

Spence, K. W. Types of constructs in psychology. In: Marx, M. H. (Ed.) Theories in contempory psychology. New York: Macmillan 1964[2], 78–89.

Spence, J. A Monte Carlo evaluation of three nonmetric multidimensional scaling algorithms. Psychometrika 1972, *37*, 461–487.

Sperner, E. Einführung in die analytische Geometrie und Algebra. Bd. I u. II. Göttingen: Vandenhoeck & Ruprecht 1963.

Suppes, P. & Zinnes, J. L. Basic measurement theory. In: Luce, R. D., Bush, R. R. & Galanter, E. (Eds.) Handbook of mathematical psychology. Vol. I. New York: Wiley 1963, 1–77.

Stäcker, K. H. & Ahrens, H. J. Intra- und interindividuelle Differenzen bei der Beurteilung ausgewählter Holtzman-Tafeln. In: Merz, F. (Hrsg.) Bericht über den 25. Kongreß der Deutschen Gesellschaft f. Psychologie. Göttingen: Hogrefe 1967.

Stapf, K. H. Untersuchungen zur subjektiven Landkarte. Unveröffentlichte Dissertation. Braunschweig 1968.

Stapf, K. H. & Herrmann, Th. Erklärung und Vorhersage in der Psychologie. Berichte aus

dem Institut für Psychologie der Philipps-Universität Marburg/Lahn 1972, Nr. 31.
Stegmüller, W. Hauptströmungen der Gegenwartsphilosophie. Stuttgart: Kröner 1965[3].
Stegmüller, W. Probleme und Resultate der Wissenschaftstheorie und Analytischen Philosophie. Band I: Wissenschaftliche Erklärung und Begründung. Berlin: Springer 1969.
Stegmüller, W. Probleme und Resultate der Wissenschaftstheorie und Analytischen Philosophie. Band II: Theorie und Erfahrung. Berlin: Springer 1970.
Stenson, H. H. & Knoll, R. L. Goodness of fit for random rankings in Kruskal's nonmetric scaling procedure. Psychol. Bull. 1969, *71*, 122–126.
Stern, W. Die differentielle Psychologie in ihren methodischen Grundlagen. Leipzig 1921 (3. Auflage).
Stevens, S. S. Mathematics, measurement and psychophysics. Stevens, S. S. (Hrsg.) Handbook of experimental psychology. New York: 1951.
Stevens, S. S. Measurement, statistics, and the schemapiric view. Science 1968, *161*, 849–856.
Tack, W. H. Möglichkeiten der Analyse von Konfusionsmatrizen. Z. Psychol. 1968, *175*, 64–91.
Tack, W. H. Messung als Repräsentation empirischer Gegebenheiten. Z. exp. angew. Psychol. 1970, *17*, 184–212.
Tack, W. H. Das Entscheidbarkeitsproblem bei der Verwendung formaler Modelle. Psychol. Beitr. 1971, *13*, 355–366.
Tarski, A. Contributions to the theory of models. Indagationes Mathematicae 1954, *16*, 572–588.
Thurstone, L. L. A law of comparative judgment. Psychol. Rev. 1927, *34*, 273–286.
Thurstone, L. L. Attitudes can be measured. Amer. J. Sociol. 1928, *33*, 529–554.
Thurstone, L. L. Theory of attitude measurement. Psychol. Rev. 1929, *36*, 222–241.
Thurstone, L. L. The indifference function. J. soc. Psychol. 1931, *2*, 139–167.
Thurstone, L. L. The isolation of blocs in a legislative body by the voting records of its members. J. soc. Psychol. 1932, *3*, 425–433.
Thurstone, L. L. The prediction of choice. Psychometrika 1945, *10*, 237–253.
Thurstone, L. L. The measurement of values. Chicago: Univers. Press 1959.
Torgerson, W. S. A theoretical and empirical investigation of multidimensional scaling. Unveröffentl. Dissertation. Princeton Univers. 1951.
Torgerson, W. S. Multidimensional scaling: Theory and method. Psychometrika 1952, *17*, 401–419.
Torgerson, W. S. Theory and methods of scaling. New York: Wiley 1958, 1962[3].
Torgerson, W. S. Multidimensional scaling of similarity. Psychometrika 1965, *30*, 379–393.
Tucker, L. R. Description of paired comparison preference judgments by a multidimensional vector model. Princeton, N. J.: Educational Testing Service, Res. Memo. 1955.
Tucker, L. R. Factor analysis of double centered score matrices. ETS Res. Memo. Princeton 1956.
Tucker, L. R. Determination of a functional relationship by factor analysis. Psychometrika 1958, *23*, 19–23.
Tucker, L. R. Intraindividual and interindividual multidimensionality. In: Gulliksen, H. &

Messick, S. (Eds.). Psychological scaling: Theory and applications. New York: John Wiley 1960.

Tucker, L. R. & Messick, S. An individual differences model for multidimensional scaling. Psychometrika 1963, *28*, 333–367.

Tucker, L. R. The extension of factor analysis to threedimensional matrices. In: Frederiksen, N. & Gulliksen, H. (Eds.), Contributions to mathematical psychology. New York: Holt, Rinehart & Winston 1964, 109–127.

Tucker, L. R. Some mathematical notes on three-mode factor analysis. Psychometrika 1966, *31*, 279–311.

Tucker, L. R. Relations between multidimensional scaling and three-mode factor analysis. Psychometrika 1972, *37*, 3–27.

Tversky, A. The dimensional representation and the metric structure of similarity data. Center for Cognitive Studies, Harvard University, 1966.

Tversky, A. A general theory of polynomial conjoint measurement. J. Math. Psychol. 1967, *4*, 1–20.

Tversky, A. & Krantz, D. H. Similarity of schematic faces: A test of interdimensional additivity. Perception & Psychophysics 1969, *5*, 124–128.

Tversky, A. & Krantz, D. H. The dimensional representation and the metric structure of similarity data. J. Math. Psychol. 1970, *7*, 572–596.

Überla, K. Faktorenanalyse. Heidelberg: Springer 1968.

Vukovich, A. Faktorielle Typenbestimmung. Psychol. Beitr. 1967, *10*, 112–121.

Waern, Yvonne. Multidimensional similarity: An analysis of analyzability. Reports from the Psychological Laboratories, Univers. Stockholm No. 280, 1969.

Wagenaar, W. A. & Padmos, P. Quantitative interpretation of stress in Kruskal's multidimensional scaling technique. Brit. J. Math. Stat. Psychol. 1971, *24*, 1971.

Ward, J. H. Hierarchical groupings to optimize an objective function. J. Am. Stat. Ass. 1963, *58*, 236–244.

Weber, E. H. De pulsu, resorptione, auditu et tactu annotationes anatomicae et physiologicae, Lipsiae 1834.

Weitzman, R. A. A factor analytic method for investigating differences between groups of individual learning curves. Psychometrika 1963, *28*, 69–80.

Weizsäcker, v. C. F. & Juilfs, J. Physik der Gegenwart. Göttingen: Vandenhoeck & Rupprecht 1958[2].

Wender, K. Die psychologische Interpretation nichteuklidischer Metriken in der multidimensionalen Skalierung. Dissertation Darmstadt 1969.

Wender, K. Independence of dimensions in multidimensional scaling. Bericht aus dem Institut für Psychologie der Technischen Hochschule Darmstadt, Nr. 1, 1970.

Wender, K. A test of independence of dimensions in multidimensional scaling. Percept. Psychophys. 1971, *10*, 30–33.

Winer, B. J. Statistical principles in experimental design. New York: MacGraw Hill 1962.

Westmeyer, H. Kritik der psychologischen Unvernunft. Probleme der Psychologie als Wissenschaft. Stuttgart: Kohlhammer 1972.

Wish, M., Deutsch, M. & Biener, L. Differences in perceived similarity of nations. In: Shepard, R. N., Romney, A. K. & Nerlove, S. (Eds.), Multidimensional scaling: Theory and applications in the behavioral sciences. New York: Seminar Press 1972 (Vol. II).

Wish, M. & Carroll, J. D. Applications of "INDSCAL" to studies of human perception and judgment. In: Carterette, E. C. & Friedman, M. P. (Eds.) Handbook of Perception. New York: Academic Press 1973.

Wold, H. Estimation of principal components and related models by iterative least squares. In: Krishnaiah, P. R. (Ed.), International symposium of multivariate analysis. New York: Academic Press 1966, 391–420.

Young, F. W. Nonmetric multidimensional scaling: Recovery of metric information. Psychometrika 1970, *35*, 455–473.

Young, F. W. A model for polynomial conjoint analysis algorithms. In: Shepard, R. N. et al. (Eds.), Multidimensional scaling. Vol. I. New York: Seminar Press 1972, 69–105.

Young, F. W. & Torgerson, W. S. TORSCA: A Fortran IV program for Shepard-Kruskal multidimensional scaling analysis. Behavioral Science 1967, *12*, 498.

Young, F. W. & Cliff, N. Interactive scaling with individual subjects. Psychometrika 1972, *37*, 385–417.

Young, G. & Householder, A. S. Discussion of a set of points in terms of their mutual distances. Psychometrika, 1938, *3*, 19–22.

Zinnes, J. L. Scaling. Ann. Rev. Psychol. 1969, *20*, 447–479.

Zurmühl, R. Matrizen und ihre technischen Anwendungen. Berlin, Göttingen, Heidelberg: Springer 1964[4].

Anmerkungen

1 Im Sinne dieser Aufteilung lassen sich viele Anwendungen der multivariaten Analysetechniken kritisieren, weil meßtheoretische Forderungen an die zu analysierenden Daten kaum berücksichtigt werden. Wie *Fischer* (1968, 8) am Beispiel von klassischen Testanalysen erörtert, werden die Meßdaten schon als vorhanden vorausgesetzt, um darauf dann „die Maschinerie der klassischen Korrelations- und Regressionsrechnung loszulassen". Viele Mängel der klassischen Testtheorie sind darauf zurückzuführen, daß den resultierenden Testantworten kein explizit formalisiertes Meßmodell zugrundeliegt, während z. B. neuere Ansätze der Testtheorie von *Rasch* (1960) und *Birnbaum* (1958, 1965) durch explizit entwickelte stochastische Meßmodelle begründet sind (vgl. auch *Fischer & Spada* 1973). Insofern stellt die multivariate Analyse von Urteilsdaten im Prinzip einen günstigen Fall multivariater Methoden dar; denn die MDS enthält ein explizit formalisiertes Meßmodell, das nicht nur reduktionstechnische Details der Methode, sondern auch ihre Meßeigenschaften theoretisch begründet.
Die rigorose Unterscheidung von klassischer Testtheorie („*Gauss*-Skalierung") und moderner Testtheorie („*Rasch*-Skalierung") wird von *Gutjahr* (1972, 257ff.) kritisiert.

2 Soweit dieses Meßproblem in der prinzipiellen Nichttrennbarkeit von Meßinstrument (Beurteiler) und Meßobjekt (Urteilsobjekt) besteht (vgl. *Leinfellner* 1967, 111f.), findet sich in der *Physik* ein Sachverhalt als Vergleichsmöglichkeit, auf den insbesondere *Heisenberg* (1948, 1958) in seinen Arbeiten zur Quantenphysik aufmerksam machte. Nach der sog. „Unbestimmtheitsrelation" ist es unmöglich, gleichzeitig Ort und Impuls eines Elementarteilchens zu messen. Das entscheidend Neue an diesem Problem der Mikrophysik besteht darin, „daß unsere Bestimmung eines Zustandes grundsätzlich auf die jeweilige Beobachtungssituation bezogen werden muß und die totale Trennung von beobachtendem Subjekt und beobachtetem Objekt auch gedanklich nicht mehr vollzogen werden kann..." (*v. Weizsäcker & Juilfs* 1958, 84). Man geht von einer Wechselwirkung zwischen Meßinstrument und Meßobjekt aus. Die Meßbarkeit der Gegenstände wird nur ermöglicht durch die Mitberücksichtigung der Struktur der Meßgeräte und ihrer Rückwirkungen auf die Meßobjekte (vgl. *Planck* 1934, 203).
In einer wissenschaftstheoretischen Analyse untersucht *Sachs* (1967) Unterschiede und Gemeinsamkeiten zwischen Quantentheorie und Relativitätstheorie in bezug auf die enthaltenen Meßprobleme und mit der allgemeinen Zielsetzung, den Beitrag beider Konzeptionen für eine Theorie des Universums herauszufinden. Der Autor kommt zu dem Schluß, daß eine solche Theorie als Grundeinheit nicht die „freien Partikel" der konventionellen atomistischen Theorien zur Basis haben sollte, sondern vielmehr „elementare Interaktionen" der Form „Beobachter × Signal × Beobachtungsobjekt". Die Frage der geeigneten Metrik (z. B. euklidische Metrik vs. *Riemann*sche Metrik) zur

Abbildung aller Größen dieser elementaren Interaktion muß danach entschieden werden, welche Metrik die meisten Informationen über das Universum vermittelt.

3 Vor jeder Erörterung der allgemeineren Frage, ob und unter welchen Bedingungen physikalische Modellvorstellungen zum Meßproblem direkt auf psychologische Messungen übertragbar sind, müßte diskutiert werden, was dimensionale Betrachtungen bei physikalischen Messungen bedeuten, und ob physikalische Messungen in jedem Fall unabhängig von Strukturmodellen zu denken sind. Dabei muß vor allem zwischen dem Begriff der Dimension in geometrischen Modellen und dem als „Einheitenklasse“ (vgl. *Ellis* 1966, 139ff.) bei physikalischen Messungen verwendetem Dimensionsbegriff unterschieden werden.

Jede aktuelle und einzelne physikalische Messung muß selbstverständlich eindimensional sein. Die Frequenzbestimmung einer Schwingung setzt sich z. B. zusammen aus zwei eindimensionalen Messungen, nämlich einer Zeitmessung t und einer Messung der Anzahl von n Schwingungen der Objekte. In bezug auf die Frequenzbestimmung wäre die unabhängige Vornahme der beiden eindimensionalen Messungen sinnlos; denn weder eine reine Zeitmessung noch die einfache Auszählung von Schwingungen ergibt in diesem Fall für sich eine sinnvolle Aussage. Demgemäß werden die Messungen simultan bzw. abhängig vorgenommen (vgl. dazu auch *Pfanzagl* 1968, 30f.), und die Frequenz wird nach der Funktionalform $y = f(n, t)$ bestimmt. Man könnte nun meinen, der Wert y sei eine „zweidimensionale Messung“. Diese Interpretation ist aus zwei Gründen nicht sinnvoll:

1. y wird nicht gemessen, sondern nach einer Funktionalbeziehung berechnet. Direkt gemessen werden lediglich die Ausgangsgrößen t und n in Einheiten der entsprechenden Dimensionen, allerdings nicht unabhängig, sondern abhängig bzw. simultan.
2. y ist nicht zweidimensional im Sinne von Dimensionen einer geometrisch deutbaren Metrik, sondern lediglich zweidimensional im Sinne der funktionalen Dimensionsanalyse physikalischer Größen.

Wenn das Konzept der Dimensionalität spezifischen Explikationswert beinhalten soll, so muß man streng unterscheiden zwischen der „geometrischen Form“ und der „Funktionsform“ eines Abhängigkeitsgesetzes (vgl. *Popper* 1966, 103). Die *geometrische Form* ist durch Dimensionen einer Metrik charakterisiert, auf welche die Objekte abgebildet sind. Sie verlangt Invarianz gegenüber sämtlichen Transformationen der jeweiligen Metrik (bei euklidischer Metrik z. B. Invarianz gegenüber Koordinatendrehung). Die *Funktionsform* hingegen enthält nicht austauschbare Variablen. Die Variablenausstattung der Objekte ist zwar in kartesischen Koordinaten graphisch darstellbar (z. B. Abbildung einer Schwingung im Oszillographen). Eine Achsenrotation z. B. würde jedoch die Gesetzmäßigkeit grundsätzlich verändern. In unserem Beispiel der Frequenzbestimmung y handelt es sich um eine Funktionsform und nicht um eine geometrische Form. Demgemäß wäre es auch nicht sinnvoll, y als zweidimensionale Quantifizierung einer Schwingung im Sinne eines geometrischen Modells zu bezeichnen. In solchen Fällen kann man also auch in der Physik nicht von mehrdimensionalen Größen sprechen.

Es gibt jedoch andere Fälle in der Physik, bei denen die dimensionale Bezeichnungsweise nach einem *geometrischen Modell* angemessen erscheint. Betrachten wir z. B. eine komplexe Biegeschwingung eines Körpers (vgl. *Zurmühl* 1964, 383ff.), die sich nach unabhängigen Variablen wie Biegesteifigkeit, Masse etc. jeweils eindimensional messen läßt. Zur Zerlegung der abhängigen Biegeschwingung in unabhängige Schwingungsrichtungen kann man sich einer Eigenwertlösung bedienen und jedem Eigenwert der Frequenzmatrix eine Schwingungsrichtung zuordnen. Man kann zwar auch in diesem Fall nicht von einer mehrdimensionalen „Messung" sprechen, wohl aber von einer mehrdimensionalen Quantifizierung der Schwingung; denn die Eigenwertaussage entspricht nach den vorangegangenen Ausführungen einer „geometrischen Form".

Die Modellabhängigkeit und dimensionale Darstellung einer physikalischen Quantifizierung kann an einem weiteren Beispiel angedeutet werden (vgl. *Zurmühl* 1964, 410ff.): Es soll ein ungedämpftes Schwingungssystem endlicher Freiheitsgrade analysiert werden. Die Schwingungsgleichungen des Systems enthalten gekoppelt eine Massenmatrix A und eine Federmatrix C. Weiterhin wird die Schwingung charakterisiert durch einen Amplitudenvektor x und eine Kreisfrequenz w. Um das Schwingungssystem quantitativ zu strukturieren, kann man sich der Eigenwertaufgabe $(C - \lambda A)x = 0$ bedienen. Die Eigenwerte λ_i stellen die Wurzeln $\lambda_i = w_i^2$ der Frequenzgleichung dar, wobei $w_i = \sqrt{\lambda_i}$ die Eigenfrequenzen sind. Die den Eigenwerten λ_i zugeordneten Eigenvektoren x_i bilden ein bestimmtes Koordinatensystem, in welchem die Schwingungsgleichungen in besonders einfacher Form erscheinen: Die Bewegungsgleichungen werden in Richtung der Hauptachsen entkoppelt. Diese Art der Strukturierung des Schwingungssystems durch den Übergang auf Hauptkoordinaten stellt keine dem System direkt eigentümliche quantitative Eigenschaft dar. Sie ist vielmehr abhängig von den gerade gewählten System-Koordinaten, nämlich von einer Hauptachsenlösung. Die hier gewählte Quantifizierung eines physikalischen Schwingungsproblems ist also eindeutig abhängig von einer dimensionalen Modellvorstellung und Alternativlösungen sind prinzipiell möglich. In jedem Fall ist die Verträglichkeit des gewählten Modells mit den Meßdaten des Schwingungssystems zu prüfen.

In beiden Beispielen wird die Modellabhängigkeit einer physikalischen Quantifizierung deutlich; denn für die Aufdeckung und Quantifizierung unabhängiger Richtungen einer komplexen Schwingung ist eine geometrische Modellvorstellung nützlich, der algebraisch eine Eigenwertlösung entspricht. Weiterhin stellt die Verwendung einer bestimmten Eigenwertlösung auch spezifische Forderungen an die Datenmatrix (z. B. positiv-semidefinit) und kann insofern im *Kalveram*schen Sinne auch als „Strukturmodell" interpretiert werden.

4 *Coxon* (1972, 3) weist im Zusammenhang mit der Beurteilung von Reizpaaren auf den Begriff „three-mode"-scaling hin, weil die Datenmatrix im Grunde auf einer Tripel-Interaktion „Subjekte × Reize × Reize" beruht.

5 Gegenüber der hier angedeuteten Unterscheidung von direkten und indirekten Methoden der Gewinnung von Ähnlichkeitsurteilen (vgl. z. B. *Sixtl* 1967, 289ff., *Green & Carmone* 1972, 53ff.) bevorzugen *Ekman & Sjöberg* (1965) die Gegenüberstellung von „distance models" und „content models". Danach würde z. B. bei MDS nach *Torgerson* die Ähnlichkeitsbestimmung einem Distanzmodell zugeordnet. Bei der Verhältnisskalierung nach *Ekman* (1963) hingegen wird die Ähnlichkeit zweier Objekte von den Vpn direkt nach dem Umfang ihrer Durchschnittsmenge geschätzt. *Ekman* meint, daß direkte Schätzmethoden der Ähnlichkeit den Wahrnehmungsprozeß

der beteiligten Personen konkreter approximieren als die indirekten Abbildungsprozeduren bei Verwendung von Distanzmodellen.

6 Das in (3.1) angegebene Ähnlichkeitsmaß wurde auch von *Osgood* (1952), *Osgood & Suci* (1952) und *Hofstätter* (1955) bei der Verarbeitung von Daten aus dem semantischen Differential bzw. dem Polaritätsprofil verwendet (vgl. dazu *Micko* 1962, *Kristof* 1963, *Ertel* 1965, *Orlik* 1965, 1967, *Baumann* 1971, 39ff., u.a.). *Cronbach & Gleser* (1953) beurteilen die Ähnlichkeit von Testprofilen nach diesem Maß.
Die Verwendung des Distanzmaßes in beiden Bereichen wird von *Sixtl* (1967, 280f.) kritisiert, weil das jeweilige Profil Skalen enthält, die apriori vom Experimentator festgesetzt werden und im Gegensatz zu MDS nicht aus empirischen Ähnlichkeitsurteilen hergeleitet werden. Dadurch entsteht die Möglichkeit, daß den Ähnlichkeitsrelationen zwischen Objekten nicht notwendig die optimalen Beurteilungsmerkmale zugrundegelegt werden. *Sixtl & Wender* (1964) verglichen eine MDS von Rechteckfiguren mit einer Faktorenanalyse von Profilähnlichkeiten derselben Figuren und fanden, daß die physikalische Punktekonfiguration durch die Dimensionsanalyse der Profilurteile nur verzerrt wiedergegeben wird.
Einwände von *Torgerson* (1958, 294ff.) gegenüber dem *Osgood*schen Distanzmaß im semantischen Differential richten sich darauf, daß diese Maße keine skalierten Distanzen, sondern vielmehr nur definitorisch begründete Ähnlichkeitsindizes seien. Diese Kritik an der fehlenden theoretischen Begründung würde beispielsweise bedeuten, daß die *Osgood*schen Profildistanzen nicht als fundamentale (bzw. abgeleitete) Messungen anzusehen sind und der resultierende semantische Raum kein empirisch testbares Modell darstellt.
In einer Arbeit von *Micko* (1969) wurden diese theoretischen Implikationen kritisch analysiert und Maximum-Likelihood-Schätzungen untersucht, um aus Daten des semantischen Differentials die Distanzen als Modellparameter zu schätzen. Dabei werden bestimmte Forderungen der fundamentalen Messung insofern berücksichtigt, indem nur dann eine widerspruchsfreie Abbildung im semantischen Raum resultieren soll, wenn die empirischen Daten entsprechende restriktive Modellannahmen rechtfertigen. Die vorgeschlagenen Schätzfunktionen liefern Schätzwerte für euklidische Distanzen.

7 *Suppes & Zinnes* (1963, 60f.) halten diese Annahme nicht für sinnvoll, da die Normalverteilung von $-\infty$ nach $+\infty$ reichen muß, was jedoch wegen der Distanzeigenschaft $d(x,y), d(z,x) \geqq 0$ (keine negativen Werte) nicht erfüllt werden kann (vgl. dazu auch *Sixtl* 1967, 320f.). Statt dessen schlagen die Autoren vor, die Normalitätsannahme auf die Projektionen der Reizvektoren im m-dimensionalen Vektorraum zu beziehen. Unter dieser Bedingung haben die Quadrate der aus Projektionsdifferenzen im m-dimenionalen Raum berechneten Reizdistanzen eine nichtzentrale χ^2-Verteilung mit m Freiheitsgraden (vgl. *Hefner* 1958).
Wegen der weitreichenden Modellimplikationen wurden die multidimensionale Erweiterung der *Thurstone*-Skalierung (law of comparative judgment) und die korrespondierende Methode des Triadenvergleichs vielfach theoretisch untersucht. Wie schon kurz erörtert (vgl. S. 67f.), versuchten *Suppes & Zinnes* (1963) zu zeigen, daß ein multidimensionales *Thurstone*-System die Eigenschaften einer abgeleiteten Messung erfüllt. *Krantz* (1967) legte auf der Basis des *Luce*schen Wahlmodells (*Luce* 1959, *Luce*

& Galanter 1963) zur Analyse von Ähnlichkeitsmaßen einen Axiomatisierungsversuch zur Methode der Triaden vor und untersuchte dessen empirische Anwendbarkeit.

8 Man muß deutlich erkennen, daß durch die Lösung des Schätzproblems der additiven Konstanten der euklidische Charakter der Distanzen nicht *bewiesen*, sondern lediglich *vorausgesetzt* wird. Auch bei Nichteuklidität des psychologischen Reizraumes kann man bei geeigneter Wahl von c eine euklidische Repräsentation der Reizkonfiguration erreichen. Die Ausschließlichkeit der euklidischen Anpassung in der *Torgerson*schen Skalierung erweist sich z. B. dann als Nachteil, wenn MDS eingesetzt werden soll, um theoretischen Einblick in die Metrik-Eigenschaften der Urteilssystematik der untersuchten Subjekte zu gewinnen. Die Metrik wird dann lediglich als Hypothese betrachtet. Für diesen Zweck sind die Methoden der ordinalen Skalierung besser geeignet, die auf einer allgemeineren Klasse von metrischen Distanzen (*Minkowski* r-Metriken) basieren, in der die euklidische Metrik nur einen Spezialfall darstellt, und die somit explizit auch die Untersuchung nichteuklidischer Metrikeigenschaften von Urteilsstrukturen erlauben.
Papy (1970, 541 ff.) bemerkt zu diesem Metrik-Problem: „Es war einmal eine sehr alte Distanz... Diese verehrungswürdige alte Dame – geistig ist sie nicht mehr ganz auf der Höhe – trägt den hübschen Vornamen „Euklidisch", und „Distanz" ist der Name einer Familie, die inzwischen sehr groß geworden ist." *Papy* demonstriert in dieser popularwissenschaftlichen Arbeit am Beispiel der Belange von Taxifahrern, daß sich die euklidische „Brieftaubengeometrie" nicht immer als die günstigste Metrik erweisen muß. Idealer Arbeitsort für Taxifahrer ist eine utopische Stadt „Orthopolis" mit völlig rechtwinklig angelegten Straßen, in der sich Taxifahrer ausschließlich nach der City-Block-Metrik (oder „Taxidistanz") richten.

9 Im Prinzip wird damit eine ähnliche Betrachtungsweise gewählt, die auch z. B. vielfach der Weiterverwendung des *Brunswik*schen Wahrnehmungsmodelles zugrundegelegt wird (vgl. *Hammond, Hursch & Todd* 1964, *Cohen* 1969). Das *Brunswik*sche „Linsenmodell" enthält die Unterscheidung von distalen (nicht unmittelbar beobachtbaren) Reizen und proximalen (unmittelbar beobachtbaren) Reizen und weiterhin die resultierenden Urteile. Vor allem erlaubt dieses Modell eine Ausgliederung verschiedener Zwischenstufen des Urteilsprozesses und eröffnet günstige Möglichkeiten, die zentrale Mittelstellung des urteilenden Subjektes *zwischen* bestimmten Reizgegebenheiten und den resultierenden Urteilen empirisch zu untersuchen. So hat etwa *Cohen* (1969) diesen Ansatz verwendet, um seine Untersuchungen über systematische Tendenzen bei Persönlichkeitsbeurteilungen theoretisch zu gliedern.

Namenverzeichnis

Sachverzeichnis